数学 I+A+II+B
上級問題精講

長崎憲一 著

Advanced Exercises in mathematics I + A + II + B

旺文社

はじめに

　本書は，学習指導要領改訂に伴う『精選問題演習　数学Ⅰ＋A＋Ⅱ＋B』の改訂版であり，その編集方針は以下の通りで変わりません。

　数学的に内容のある良問を演習することによって，難関大学受験に対応できる数学Ⅰ＋A＋Ⅱ＋Bの実力を養成することを目的としています。

　これらの大学においては，入学生としてふさわしい人を選抜するために，数学の実力を的確に判定するのに適した出題がなされます。つまり，単純な計算だけで済むとか，どこかで覚えた解法がそのまま適用できるという問題は少なく，いくつかの基本事項を適切に組み合わせたり，あるいは，高校数学に現れる考え方を少しだけ発展させたりして，その場で解法を自分の頭で構成することによってはじめて解決するような問題が主流だということです。

　そのような問題に対処するには，日頃の問題演習において個々の解法を丸暗記するのではなく，問題解決の基礎となっている考え方は何かを自分で確認しておくことが大切です。そこで，過去の入試問題を中心に，目を通した多数の問題のなかから，特に，

自分の頭で考える，あるいは，そのための土台を築くのに適した問題

を精選しましたので，実際に紙と鉛筆を用意して，じっくり考えて取り組んでください。問題文からだけではなかなか解法が思いつかないときには，■解答■の前にある■精講■を，何をどのように考えるかのヒントにしてください。また，■解答■においては，

高校数学から見て標準的で，自然な考えに基づく解答

を取り上げて，それぞれの問題で理解し，身につけてほしい必須事項をわかりやすいように示すと同時に，論証が必要な部分では，同種の問題に対して自力で論述するときの参考になるように丁寧な記述を心掛けました。反面，特殊で，汎用性のない別解などで無用な時間をとらせることは避けるようにしました。

　最後に，受験数学などという特別な数学はありません。本書によって，

高校数学をまともに学び，そこから考える楽しみを味わう

ことができる受験生が増えるならば，著者の喜びとするところです。

長崎　憲一

本書の特長とアイコン説明

　時間をかけてじっくり考える価値のある問題を精選しています。
　問題編では問題だけを一覧として並べ，扱われている問題を把握しやすくなっています。
　解答編では，よく知られた有名な問題，著者が考えた問題を除き，出題大学名を表示しています。なお，出題された問題を学習効果の面から改題した場合には*の印をつけています。
　また，難易度の参考として，特に難しいと思われる問題には☆をつけました。

精講 問題を解くための考え方を示し，必要に応じて基本事項の確認や重要事項の解説などを加えています。

解答 標準的で，自然な考え方に基づく解答を取り上げました。読者が自力で解き，解答としてまとめるときの助けになるように丁寧な記述による説明を心掛けています。

注 解答における計算上の注意，説明の補足などを行います。

参考 解答の途中の別な処理法および別な方針による解答，問題の掘り下げた解説，解答と関連した入試における必須事項などを示しています。

研究 問題・解答と関連した，数学的に興味を持てるような発展的な事項を扱っています。

類題 主に，分野は関連しているが考え方が異なるような問題を選んでいます。力試しのつもりで取り組んでください。

著者紹介

長崎憲一（ながさき・けんいち）　先生は，函館で過ごした高校生時代に数学の問題を解くのが楽しかったという単純な思いのままに，東京大学理学部数学科に進学したそうです。東京大学理学系大学院修士・博士課程を終えられたあと，千葉工業大学に勤務られて非線形関数解析の研究（理学博士）と数学基礎教育に携わっていらっしゃいます。また，大学院生時代から長年にわたり駿台予備学校において大学受験生のための数学指導を続けていらっしゃいます。
　著書には，大学受験参考書としては，『精選問題演習　数学Ⅰ＋A＋Ⅱ＋B』，『精選問題演習　数学Ⅲ＋C』(旺文社)，『大学への数学Ⅰエレメンツ』，『大学への数学ニューアプローチ』シリーズ（研文書院・共著），大学教科書としては，『明解微分方程式』，『明解微分積分』，『明解複素解析』，『明解線形代数』（培風館・共著）があります。また，『全国大学入試問題正解』（旺文社）の解答者の１人で簡潔で明解な解答には定評があります。

目　次

はじめに …………………………………… 2
本書の特長とアイコン説明 ……………… 3
逆引き索引 ………………………………… 8

問題編

第1章　方程式と不等式 ………………… 10
第2章　三角関数・ベクトルと図形問題
　　　　………………………………… 14
第3章　指数関数と対数関数 …………… 21
第4章　図形と方程式 …………………… 23
第5章　微分積分 ………………………… 28
第6章　数　　列 ………………………… 33
第7章　場合の数と確率 ………………… 38
第8章　整数問題 ………………………… 47
第9章　論　　証 ………………………… 53

解答編

第1章　方程式と不等式

101　2次方程式の解の配置 …………… 58
102　2次方程式・2次不等式の整数解
　　　……………………………………… 61
　　　類題1 ……………………………… 64
103　2次関数 $f(x)$ の合成関数 ……… 65
　　　類題2 ……………………………… 66
104　3次方程式の解の表現 …………… 67
　　　類題3 ……………………………… 69
105　3次方程式の解と係数の関係 …… 70
106　1次関数の区間における最大・最小
　　　……………………………………… 72
　　　類題4 ……………………………… 73
107　2次関数の区間における最大・最小
　　　……………………………………… 74

108　2次関数の定義域と値域の関係
　　　……………………………………… 76
109　2次関数 $f(x, y)$ の範囲つきの最大・
　　　最小 ……………………………… 78
110　2次関数 $f(x, y)$ がつねに0以上で
　　　ある条件 ………………………… 80
111　正の数 x, y に関してつねに成り立つ
　　　不等式 …………………………… 81
112　相加平均・相乗平均の不等式 … 84
113　剰余の定理 ………………………… 86
　　　類題5 ……………………………… 87

第2章　三角関数・ベクトルと図形問題

201　円に内接する四角形と正弦定理
　　　……………………………………… 88
202　正弦定理の応用
　　　$a : b : c = \sin A : \sin B : \sin C$
　　　……………………………………… 90
203　円に内接する四角形と余弦定理
　　　……………………………………… 92
　　　類題6 ……………………………… 93
204　三角形の面積を2等分する線分の長
　　　さ ………………………………… 94
205　三角関数の周期性と加法定理の応用
　　　……………………………………… 96
　　　類題7 ……………………………… 99
206　2倍角・3倍角の公式の応用 ‥ 100
207　平面上のベクトルの1次独立 ‥ 102
208　円に内接する四角形に関するベクト
　　　ルの表示 ………………………… 106
　　　類題8 ……………………………… 108

- 209 空間内のベクトルの1次独立 ‥ 109
- 210 動点から2定点までの距離の和の最小値 …………………………… 113
  - 類題9 ………………………… 115
- 211 球面における反射 …………… 116
- 212 三平方の定理の応用 ………… 118
- 213 正四面体に関する計量 ……… 121
- 214 2定点を見込む角 …………… 125
- 215 側面の辺の長さが等しい四角錐 …………………………………… 127
  - 類題10 ………………………… 128
- 216 2面が底辺を共有する二等辺三角形の四面体 ………………… 129
- 217 図形問題における同値性の証明 …………………………………… 131

第3章 指数関数と対数関数

- 301 対数方程式・指数方程式 …… 134
- 302 対数不等式 …………………… 136
- 303 対数の値の評価 ……………… 138
- 304 2^n の桁数と最高位の数 ……… 140
- 305 対数不等式を満たす点 (x, y) の領域 …………………………… 142
  - 類題11 ………………………… 143

第4章 図形と方程式

- 401 点と直線の距離 ……………… 144
- 402 座標平面上の2直線のなす角 ‥ 146
- 403 2つの円の交点を通る直線 … 150
- 404 円と放物線の直交する2本の共通接線 ……………………………… 154
- 405 座標平面上の1対1の対応による図形の像 …………………………… 157
  - 類題12 ………………………… 160
- 406 2点が直線に関して対称であるための条件 ……………………… 161
- 407 放物線の凸性 ………………… 163
  - 類題13 ………………………… 164
- 408 パラメタ表示された点の軌跡 ‥ 165
- 409 パラメタを含む2直線の交点の軌跡 ……………………………… 168
  - 類題14 ………………………… 171
- 410 四分円の弦の中点が動く範囲 ‥ 172
- 411 パラメタを含む直線の通過範囲(1) …………………………………… 174
- 412 パラメタを含む直線の通過範囲(2) …………………………………… 176
- 413 領域における最大・最小 …… 178
- 414 パラメタを含む領域における最大・最小 ……………………………… 180
- 415 対称式を利用した領域における最大・最小 …………………………… 182

第5章 微分積分

- 501 3次関数の極大値・極小値 … 184
- 502 ある区間で3次関数が最小になる点 …………………………………… 186
- 503 区間における3次関数の最大値 …………………………………… 188
  - 類題15 ………………………… 189
- 504 3次方程式が3つの異なる実数解をもつ条件 ……………………… 190

- 505 方程式の解の個数への微分の応用 …………………………… 192
- 506 3次関数のグラフに引ける接線の本数 …………………………… 194
- 507 絶対値付きの3次関数の極値 ‥ 196
- 508 円錐に内接する円柱の体積の和の最大値 ………………………… 198
  - 類題16 ………………………… 199
- 509 四角形を折り曲げた四面体の体積の最大値 ……………………… 200
- 510 放物線と円に関する面積 …… 202
- 511 放物線に関する面積の最小値 ‥ 204
  - 類題17 ………………………… 206
- 512 3次関数のグラフと接線に関する面積 ……………………………… 207
- 513 絶対値を含む積分 …………… 209
- 514 定積分を用いて表された関数 ‥ 211
- 515 パラメタを含む定積分の最大・最小 ……………………………… 214
  - 類題18 ………………………… 215

第6章 数　列

- 601 等差数列の和が最大となるとき ……………………………… 216
- 602 ベクトル列への等比数列の応用 ……………………………… 218
- 603 放物線に接し，互いに外接する円の列 ……………………………… 220
- 604 漸化式 $a_{n+1}=pa_n+Ar^n$ …… 222
- 605 漸化式 $a_{n+1}=pa_n+An+B$ … 224
- 606 連立漸化式 ……………………… 226
  - 類題19 ………………………… 228
- 607 群数列 …………………………… 229
- 608 絶対値を含む$\sum$の計算 ……… 231
- 609 3辺の長さが整数である三角形の個数 ……………………………… 233
- 610 数学的帰納法 …………………… 235
  - 類題20 ………………………… 238
- 611 nの偶奇が関係する命題と数学的帰納法 ……………………………… 239
  - 類題21 ………………………… 241

第7章　場合の数と確率

- 701 ある条件を満たす4桁の整数の個数 ……………………………… 242
  - 類題22 ………………………… 243
- 702 最短経路に関する場合の数 …… 244
- 703 異なるn個のものを3つの箱に入れる場合の数 ……………… 246
- 704 区別のつかないn個のものを3つの箱に入れる場合の数 ……… 248
  - 類題23 ………………………… 251
- 705 定義にもとづいた確率 ……… 252
- 706 和事象の確率
  $P(A\cup B)=P(A)+P(B)-P(A\cap B)$ ……………………………… 254
- 707 等比数列の和に帰着する確率 ‥ 256
- 708 条件付き確率 ………………… 258
  - 類題24 ………………………… 259
- 709 異なる設定のもとでの条件付き確率 ……………………………… 260
- 710 整数nが関係する確率を最大にするnの値 ……………………… 262

711 カードゲームで勝つ選択のための確率 ……………………………… 264
712 n の偶奇によって異なる確率 ‥ 266
713 漸化式を利用して求める確率(1) ……………………………… 268
714 漸化式を利用して求める確率(2) ……………………………… 269
715 漸化式を利用して求める確率(3) ……………………………… 270
716 二項係数の計算 ……………… 272

第8章 整数問題

801 正の整数で割った余りによる整数の分類 ……………………………… 274
802 互いに素な2整数の積で表される整数 ……………………………… 276
803 整数の偶奇に関連する問題 …… 278
804 平方数 n^2 を正の整数で割った余り ……………………………… 280
　　類題25 ……………………… 282
805 合同式の応用 ………………… 283
806 1次不定方程式 $ax+by=c$ … 285
807 正の整数の約数の個数とその総和 ……………………………… 288
808 正の整数が9, 11で割り切れる条件 ……………………………… 290
　　類題26 ……………………… 293
809 鳩の巣原理 …………………… 294
　　類題27 ……………………… 295
810 3つの整数解をもつ3次方程式 ……………………………… 296

811 実数 x を超えない最大の整数 $[x]$ ……………………………… 298
812 単位分数の和に関する方程式 ‥ 300
　　類題28 ……………………… 302
813 二項係数 ${}_mC_r$ の約数 ………… 303
814 3項間の漸化式で定まる整数列の性質 ……………………………… 305
　　類題29 ……………………… 308
815 連立漸化式で定まる整数列の公約数 ……………………………… 309

第9章 論　証

901 恒等式に関する論証 ………… 311
　　類題30 ……………………… 312
902 有理数と無理数 ……………… 313
　　類題31 ……………………… 314
903 複素数の積に関する論証 …… 315
904 2組の n 個の数どうしの積の和の最大・最小 ……………………… 317
905 必要条件と十分条件 ………… 319
906 格子点を頂点とする三角形 … 321
907 格子点中心の円による座標平面の被覆 ……………………………… 323
908 整数から整数への対応に関する論証 ……………………………… 325
909 1が連続して現れるような連続する3整数の積 ……………………… 327

類題の解答 ……………………… 329

逆引き索引

　大学入試において頻出する次のような事項をまとめて勉強したいというときに便利なように，それらの事項と関連する問題番号を一覧にして示しておきます。

　　　　　　　　　　　　　　　問題番号

- ■ 2次方程式の解の配置　　　　101，102，411，415

- ■ 2次関数の値域　　　　　　　103，107，108，109，110，111

- ■ 相加平均・相乗平均の不等式　112，204，610

- ■ 図形の性質　　　　　　　　　201，203，207，208，214，217，402，609

- ■ 立体の計量　　　　　　　　　212，213，214，215，216，508，509

- ■ 軌跡・通過領域　　　　　　　408，409，410，411，412

- ■ 2変数・2動点問題　　　　　109，110，111，204，205，410，413，414，415，508

- ■ 数列とその応用　　　　　　　601〜611，703，704，711，713，714，715，814，815

- ■ 数学的帰納法　　　　　　　　104，610，611，813，814，815，904

- ■ 整数と有理数・無理数　　　　102，609，611，701，801〜815，902，906，907，909

- ■ 背理法　　　　　　　　　　　803，815，902，906

本文デザイン：大貫としみ　　図版：蔦澤　治

問題編

- 第1章　方程式と不等式 …………………… 10
- 第2章　三角関数・ベクトルと図形問題 … 14
- 第3章　指数関数と対数関数 ……………… 21
- 第4章　図形と方程式 ……………………… 23
- 第5章　微分積分 …………………………… 28
- 第6章　数　　列 …………………………… 33
- 第7章　場合の数と確率 …………………… 38
- 第8章　整数問題 …………………………… 47
- 第9章　論　　証 …………………………… 53

第1章 方程式と不等式

101 →解答 p.58

xy 平面上の原点と点 $(1, 2)$ を結ぶ線分(両端を含む)を L とする。曲線 $y=x^2+ax+b$ が L と共有点をもつような実数の組 (a, b) の集合を ab 平面上に図示せよ。

102 →解答 p.61

整数 m に対し, $f(x)=x^2-mx+\dfrac{m}{4}-1$ とおく。

(1) 方程式 $f(x)=0$ が, 整数の解を少なくとも 1 つもつような m の値を求めよ。

(2) 不等式 $f(x) \leqq 0$ を満たす整数 x が, ちょうど 4 個あるような m の値を求めよ。

103 →解答 p.65

$f(x)=x(4-x)$ とする。$0 \leqq a_1 \leqq 4$ に対して, $a_2=f(a_1)$, $a_3=f(a_2)$ と定める。

(1) $a_1 \neq a_2$, $a_1=a_3$ となるときの a_1 の値をすべて求めよ。

(2) $0 \leqq a_3 \leqq \dfrac{20}{9}$ となるような a_1 の値の範囲を求めよ。

104 → 解答 p.67

$\alpha = \sqrt[3]{7+5\sqrt{2}}$, $\beta = \sqrt[3]{7-5\sqrt{2}}$ とおく。すべての自然数 n に対して，$\alpha^n + \beta^n$ は自然数であることを示せ。

105 → 解答 p.70

実数を係数とする x についての方程式 $x^3 + ax^2 + bx + c = 0$ が異なる 3 つの解 α, β, γ をもち，それらの 2 乗 α^2, β^2, γ^2 が方程式 $x^3 + bx^2 + ax + c = 0$ の 3 つの解となるとき，定数 a, b, c の値および，方程式 $x^3 + ax^2 + bx + c = 0$ の 3 つの解を求めよ。

106 → 解答 p.72

区間 $1 \leq x \leq 3$ において関数 $f(x)$ を $f(x) = \begin{cases} 1 & (1 \leq x \leq 2) \\ x-1 & (2 \leq x \leq 3) \end{cases}$ によって定義する。いま実数 a に対して，区間 $1 \leq x \leq 3$ における関数 $f(x) - ax$ の最大値から最小値を引いた値を $V(a)$ とおく。

a がすべての実数にわたって動くとき，$V(a)$ の最小値と最小値を与える a の値を求めよ。

107 → 解答 p.74

t の関数 $f(t)$ を $f(t) = 2 + 2\sqrt{2}\,at + b(2t^2 - 1)$ とおく。区間 $-1 \leq t \leq 1$ のすべての t に対して $f(t) \geq 0$ であるような a, b を座標とする点 (a, b) の存在する範囲を図示せよ。

第 1 章　方程式と不等式

☆108 → 解答 p.76

区間 $[a, b]$ が関数 $f(x)$ に関して不変であるとは,
$$a \leq x \leq b \text{ ならば, } a \leq f(x) \leq b$$
が成り立つこととする。$f(x)=4x(1-x)$ とするとき，次の問いに答えよ。

(1) 区間 $[0, 1]$ は関数 $f(x)$ に関して不変であることを示せ。
(2) $0<a<b<1$ とする。このとき，区間 $[a, b]$ は関数 $f(x)$ に関して不変ではないことを示せ。

109 → 解答 p.78

x, y の関数 $f(x, y)=8x^2-8xy+5y^2+24x-10y+18$ がある。

(1) x, y が実数であるとき，$f(x, y)$ の最小値を求めよ。
(2) $x \geq 0, y \geq 0$ のとき，$f(x, y)$ の最小値を求めよ。
(3) x, y が整数であるとき，$f(x, y)$ の最小値を求めよ。

110 → 解答 p.80

定数 a を 0 でない実数とする。座標平面上の点 (x, y) に対して定義された関数 $f(x, y)=ax^2+2(1-a)xy+4ay^2$ を考える。すべての点 (x, y) に対して，不等式 $f(x, y) \geq 0$ が成立するための必要十分条件を求めよ。

111 → 解答 p.81

すべての正の実数 x, y に対し $\sqrt{x}+\sqrt{y} \leqq k\sqrt{2x+y}$ が成り立つような実数 k の最小値を求めよ。

112 → 解答 p.84

P は x 軸上の点で x 座標が正であり，Q は y 軸上の点で y 座標が正である。直線 PQ は原点 O を中心とする半径 1 の円に接している。また，a, b は正の定数とする。P, Q を動かすとき，$a\mathrm{OP}^2+b\mathrm{OQ}^2$ の最小値を a, b で表せ。

113 → 解答 p.86

等式 $f(x)$ を $(x+1)^2$ で割ったときの余りは $2x+3$ であり，$(x-1)^2$ で割ったときの余りは $6x-5$ である。
(1) $f(x)$ を $(x+1)^2(x-1)$ で割った余りを求めよ。
(2) $f(x)$ が 3 次式であるとき，$f(x)$ を求めよ。

第2章 三角関数・ベクトルと図形問題

201 → 解答 p.88

四角形 ABCD は半径 1 の円に内接し，対角線 AC，BD の長さはともに $\sqrt{3}$ で，A は短い方の弧 $\stackrel{\frown}{BD}$ 上にあり，B は短い方の弧 $\stackrel{\frown}{AC}$ 上にあるものとするとき，四角形の 4 辺の長さの和 AB+BC+CD+DA を L とする。

(1) $\angle ABD = \theta$ とするとき，L を θ を用いて表せ。
(2) L の最大値を求めよ。また，L が最大となるとき，四角形 ABCD の面積 S を求めよ。

202 → 解答 p.90

α，β が $\alpha > 0°$，$\beta > 0°$，$\alpha + \beta < 180°$ かつ $\sin^2\alpha + \sin^2\beta = \sin^2(\alpha + \beta)$ を満たすとき，$\sin\alpha + \sin\beta$ の取りうる範囲を求めよ。

203 → 解答 p.92

円に内接する四角形 ABCD において，4辺の長さは AB=a，BC=b，CD=c，DA=d である。また，対角線の長さは AC=x，BD=y である。
(1) x^2, y^2 を a, b, c, d で表せ。
(2) $xy = ac + bd$ が成り立つことを示せ。

204 → 解答 p.94

3辺の長さが 1, 1, a である三角形の面積を，周上の2点を結ぶ線分で2等分する。それらの線分の長さの最小値を a を用いて表せ。

205 → 解答 p.96

$0 \leq \theta < 2\pi$ を満たす θ と正の整数 m に対して，$f_m(\theta)$ を次のように定める。
$$f_m(\theta) = \sum_{k=0}^{m} \sin\left(\theta + \frac{k}{3}\pi\right)$$
(1) $f_5(\theta)$ を求めよ。
(2) θ が $0 \leq \theta < 2\pi$ の範囲を動くとき，$f_4(\theta)$ の最大値を求めよ。
(3) m がすべての正の整数を動き，θ が $0 \leq \theta < 2\pi$ の範囲を動くとき，$f_m(\theta)$ の最大値を求めよ。

206 → 解答 p.100

2つの関数を $t = \cos\theta + \sqrt{3}\sin\theta$,
$y = -4\cos 3\theta + \cos 2\theta - \sqrt{3}\sin 2\theta + 2\cos\theta + 2\sqrt{3}\sin\theta$ とする。

(1) $\cos 3\theta$ を t の関数で表せ。
(2) y を t の関数で表せ。
(3) $0 \leq \theta \leq \pi$ のとき，y の最大値，最小値とそのときの θ の値を求めよ。

207 → 解答 p.102

k は $0 < k < \dfrac{1}{2}$ を満たす実数とする。△ABC の 3 辺 BC, CA, AB 上にそれぞれ点 L, M, N を

$$\frac{BL}{BC} = \frac{CM}{CA} = \frac{AN}{AB} = k$$

となるようにとり，AL と CN の交点を P，AL と BM の交点を Q，BM と CN の交点を R とする。

(1) CP : PN $= t : 1-t$ とするとき，t を k を用いて表せ。
(2) △PQR の面積が △ABC の面積の $\dfrac{1}{2}$ となるような k の値を求めよ。

208 → 解答 p.106

円に内接する四角形 ABPC は次の条件(イ), (ロ)を満たすとする。

(イ) 三角形 ABC は正三角形である。
(ロ) AP と BC の交点は線分 BC を $p : 1-p$ $(0 < p < 1)$ の比に内分する。
　このときベクトル $\overrightarrow{AP}$ を $\overrightarrow{AB}$, $\overrightarrow{AC}$, p を用いて表せ。

209 → 解答 p.109

右図のような1辺の長さが1の立方体OABC-DEFGを考える。辺AEの中点をM, 辺DGの中点をNとする。Xを辺DE上の点, Yを辺BC上の点とし, DXの長さをx, CYの長さをyとする。このとき, 次の問に答えよ。

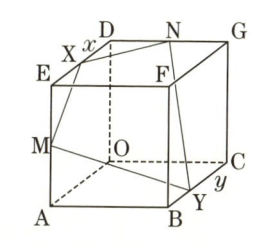

(1) 4点X, M, Y, Nが同一平面上にあるための必要十分条件をxとyを用いて表せ。

(2) x, yが(1)の条件を満たしながら動くとき, 三角形XMYの面積の最小値と最大値を求めよ。また, そのときのx, yの組をすべて求めよ。

210 → 解答 p.113

点A(1, 2, 4)を通り, ベクトル$\vec{n}=(-3, 1, 2)$に垂直な平面をαとする。平面αに関して同じ側に2点B(−2, 1, 7), C(1, 3, 7)がある。

(1) 平面αに関して点Bと対称な点Dの座標を求めよ。

(2) 平面α上の点Pで, BP+CPを最小にする点Pの座標とそのときの最小値を求めよ。

211 →解答 p.116

座標空間内に点 A(5, 4, 2) を中心とする半径 7 の球面 S がある。原点 O からベクトル $\vec{u}=(1, 1, -2)$ の向きに出た光線が球面 S 上の点 B で反射され、球面 S 上の点 C に達した。点 B での反射により、点 C は直線 OB と直線 AB で作られる平面上にあり、直線 AB は ∠OBC を 2 等分することになる。

(1) B の座標を求めよ。
(2) B で反射した光線の方向ベクトルを 1 つ示せ。
(3) C の座標を求めよ。

☆212 →解答 p.118

右の図のような三角形 ABC を底面とする三角柱 ABC-DEF を考える。

(1) AB=AC=5, BC=3, AD=10 とする。三角形 ABC と三角形 DEF とに交わらない平面 H と三角柱との交わりが正三角形となるとき、その正三角形の面積を求めよ。
(2) 底面がどのような三角形であっても高さが十分に高ければ、三角形 ABC と三角形 DEF とに交わらない平面 H と三角柱との交わりが正三角形となりうることを示せ。

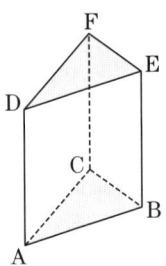

213 → 解答 p.121

xyz 空間に 3 点 A$(1,\ 0,\ 0)$, B$(-1,\ 0,\ 0)$, C$(0,\ \sqrt{3},\ 0)$ をとる。△ABC を 1 つの面とし，$z \geqq 0$ の部分に含まれる正四面体 ABCD をとる。さらに △ABD を 1 つの面とし，点 C と異なる点 E をもう 1 つの頂点とする正四面体 ABDE をとる。

(1) 点 E の座標を求めよ。
(2) 正四面体 ABDE の $y \leqq 0$ の部分の体積を求めよ。

214 → 解答 p.125

1 辺の長さ 2 の正四面体 ABCD の表面上にあって ∠APB $>$ 90° を満たす点 P 全体のなす集合を M とする。

(1) △ABC 上にある M の部分を図示し，その面積を求めよ。
(2) M の面積を求めよ。

215 →解答 p.127

点 O を頂点とし，四角形 ABCD を底面とする四角錐 O-ABCD があり，OA＝OB＝OC＝OD＝7，AB＝7，BC＝2，CD＝DA＝5 である。
(1) 四角形 ABCD は円に内接することを証明せよ。
(2) 四角錐 O-ABCD の体積 V を求めよ。

216 →解答 p.129

半径 r の球面上に4点 A，B，C，D がある。四面体 ABCD の各辺の長さは，AB＝$\sqrt{3}$，AC＝AD＝BC＝BD＝CD＝2 を満たしている。このとき r の値を求めよ。

☆217 →解答 p.131

平面上の鋭角三角形 △ABC の内部（辺や頂点は含まない）に点 P をとり，A′ を B，C，P を通る円の中心，B′ を C，A，P を通る円の中心，C′ を A，B，P を通る円の中心とする。このとき A，B，C，A′，B′，C′ が同一円周上にあるための必要十分条件は P が △ABC の内心に一致することであることを示せ。

第3章 指数関数と対数関数

301 → 解答 p.134

(1) a を実数とする。x に関する方程式 $\log_3(x-1)=\log_9(4x-a-3)$ が異なる2つの実数解をもつとき，a のとりうる値の範囲を求めよ。

(2) a を実数とする。x についての方程式 $\log_2(a+4^x)=x+1$ の実数解をすべて求めよ。

302 → 解答 p.136

実数 a は $a>0$, $a\neq 1$ を満たすとする。このとき，不等式
$$\log_a(x+a)<\log_{a^2}(x+a^2)$$
を満たす x の値の範囲を a を用いて表せ。

303 → 解答 p.138

(1) k, n は不等式 $k\leqq n$ を満たす自然数とする。このとき，
$2^{k-1}n(n-1)(n-2)\cdots\cdots(n-k+1)\leqq n^k k!$ が成り立つことを示せ。

(2) 自然数 n に対して，$\left(1+\dfrac{1}{n}\right)^n<3$ が成り立つことを示せ。

(3) $\log_{10}3>\dfrac{9}{19}$ を示せ。

(4) $3^5<250$, $2^{10}>1000$ を用いて，$\log_{10}3<\dfrac{12}{25}$ を示せ。

304 → 解答 p.140

(1) 2^{555} を十進法で表したときの桁数と最高位(先頭)の数字を求めよ。ただし，$\log_{10} 2 = 0.3010$ とする。

☆(2) 集合 $\{2^n \mid n \text{ は整数で } 1 \leq n \leq 555\}$ の中に，十進法で表したとき最高位の数字が1となるもの，4となるものはそれぞれ何個あるか。

305 → 解答 p.142

x, y は $x \neq 1, y \neq 1$ を満たす正の数で，不等式
$$\log_x y + \log_y x > 2 + (\log_x 2)(\log_y 2)$$
を満たすとする。このとき x, y の組 (x, y) の範囲を座標平面上に図示せよ。

第4章 図形と方程式

401 →解答 p.144

平面上に，点 O を中心とし点 A_1, A_2, A_3, A_4, A_5, A_6 を頂点とする正六角形がある。O を通りその平面上にある直線 l を考え，各 A_k と l との距離をそれぞれ d_k とする。このとき
$$D = d_1^2 + d_2^2 + d_3^2 + d_4^2 + d_5^2 + d_6^2$$
は l によらず一定であることを示し，その値を求めよ。ただし，$OA_k = r$ とする。

402 →解答 p.146

xy 平面の放物線 $y = x^2$ 上の3点 P, Q, R が次の条件を満たしている。
△PQR は1辺の長さ a の正三角形であり，点 P, Q を通る直線の傾きは $\sqrt{2}$ である。このとき，a の値を求めよ。

403 →解答 p.150

2つの円 $C_1 : x^2 + y^2 - 4y + 3 = 0$, $C_2 : x^2 + y^2 - 6x - 2ay + 9 = 0$ が異なる2点 P, Q で交わっている。
(1) 定数 a の値の範囲を求めよ。
(2) 2交点 P, Q を通る直線の方程式を求めよ。
(3) 線分 PQ の長さが $\sqrt{2}$ となるときの a の値を求めよ。

404 →解答 p.154

原点を中心とする半径 r の円と放物線 $y=\dfrac{1}{2}x^2+1$ との両方に接する直線のうちに，たがいに直交するものがある。r の値を求めよ。

405 →解答 p.157

xy 平面上で，円 $C : x^2+y^2=1$ の外部にある点 $P(a, b)$ を考える。点Pから円Cに引いた2つの接線の接点を Q_1，Q_2 とし，線分 Q_1Q_2 の中点をQとする。点Pが円Cの外部で，$x(x-y+1)<0$ を満たす範囲にあるとき，点Qの存在する範囲を図示せよ。

406 →解答 p.161

放物線 $y=x^2$ 上に，直線 $y=ax+1$ に関して対称な位置にある異なる2点P，Qが存在するような a の範囲を求めよ。

407 → 解答 p.163

c を $c > \dfrac{1}{4}$ を満たす実数とする。xy 平面上の放物線 $y = x^2$ を A とし，直線 $y = x - c$ に関して A と対称な放物線を B とする。点 P が放物線 A 上を動き，点 Q が放物線 B 上を動くとき，線分 PQ の長さの最小値を c を用いて表せ。

408 → 解答 p.165

時刻 t $(0 \leqq t \leqq 2\pi)$ における座標がそれぞれ $(\cos t, \ 2 + \sin t)$，$(2\sqrt{3} + \sin t, \ -\cos t)$ で表される動点 P，Q について，線分 PQ の中点を R とする。

(1) 点 R の描く図形の方程式を求めよ。
(2) 点 R が原点 O から最も遠ざかるときの時刻 t を求めよ。

409 → 解答 p.168

a を実数とするとき，2 直線
$\quad l : (a-1)x - (a+1)y + a + 1 = 0$
$\quad m : ax - y - 1 = 0$
の交点を P とする。

(1) a がすべての実数値をとるとき，P の軌跡を図示せよ。
(2) a がすべての正の値をとるとき，P の軌跡を図示せよ。

410 → 解答 p.172

曲線 $x^2+y^2=100$ ($x≧0$ かつ $y≧0$) を C とする。点 P, Q は C 上にあり，線分 PQ の中点を R とする。ただし，点 P と点 Q が一致するときは，点 R は点 P に等しいものとする。

(1) 点 P の座標が (6, 8) であり，点 Q が C 上を動くとき，点 R の軌跡を求めよ。

☆(2) 点 P, Q が C 上を自由に動くとき，点 R の動く範囲を図示し，その面積を求めよ。

411 → 解答 p.174

実数 t が $t≧0$ を動くとき，直線 $l_t : y=tx-t^2+1$ が通り得る範囲 D を図示せよ。

412 → 解答 p.176

$0≦t≦1$ を満たす実数 t に対して，xy 平面上の点 A, B を $A\left(\dfrac{2(t^2+t+1)}{3(t+1)}, -2\right)$, $B\left(\dfrac{2}{3}t, -2t\right)$ と定める。t が $0≦t≦1$ を動くとき，直線 AB の通り得る範囲を図示せよ。

413 → 解答 p.178

座標平面上で,連立不等式 $y-5x \leq -28$, $2y+5x \leq 34$, $y \geq -3$ の表す領域を A, 不等式 $x^2+y^2 \leq 2$ の表す領域を B とする。

(1) 点 (x, y) が領域 A を動くとき,$y-2x$ の最大値と最小値を求めよ。

(2) k を実数とし,点 (x, y) が領域 A を動くときの $y-kx$ の最小値と点 (x, y) が領域 B を動くときの $y-kx$ の最大値が同じ値 m であるとする。このとき,k と m の値を求めよ。

414 → 解答 p.180

a を正の実数とする。次の 2 つの不等式を同時に満たす点 (x, y) 全体からなる領域を D とする。
$$y \geq x^2, \quad y \leq -2x^2+3ax+6a^2$$
領域 D における $x+y$ の最大値,最小値を求めよ。

415 → 解答 p.182

実数 x, y が $x^2+y^2 \leq 1$ を満たしながら変化するとする。

(1) $s=x+y$, $t=xy$ とするとき,点 (s, t) の動く範囲を st 平面上に図示せよ。

(2) 負でない定数 m をとるとき,$xy+m(x+y)$ の最大値,最小値を m を用いて表せ。

第5章 微分積分

501 → 解答 p.184

関数 $f(x)=x^3-3ax^2+3bx$ の極大値と極小値の和および差がそれぞれ -18, 32 であるとき，定数 a, b の値を求めよ．

502 → 解答 p.186

θ は，$0°<\theta<45°$ の範囲の角度を表す定数とする．$-1\leqq x\leqq 1$ の範囲で，関数 $f(x)=|x+1|^3+|x-\cos 2\theta|^3+|x-1|^3$ が最小値をとるときの変数 x の値を，$\cos\theta$ で表せ．

503 → 解答 p.188

a を定数とし，$f(x)=x^3-3ax^2+a$ とする．$x\leqq 2$ の範囲で $f(x)$ の最大値が 105 となるような a をすべて求めよ．

504 → 解答 p.190

a, b は実数の定数とする。3次方程式 $2x^3-3ax^2+3b=0$ が，$(\alpha-1)(\beta-1)(\gamma-1)<0$ であるような3つの異なる実数解 α, β, γ をもつために a, b の満たすべき条件を求めよ。また，その条件を満たす a, b を座標とする点 (a, b) の存在範囲を図示せよ。

505 → 解答 p.192

関数 $f(x)$, $g(x)$, $h(x)$ を次で定める。
$$f(x)=x^3-3x, \quad g(x)=\{f(x)\}^3-3f(x), \quad h(x)=\{g(x)\}^3-3g(x)$$
このとき，以下の問いに答えよ。
(1) a を実数とする。$f(x)=a$ を満たす実数 x の個数を求めよ。
(2) $g(x)=0$ を満たす実数 x の個数を求めよ。
(3) $h(x)=0$ を満たす実数 x の個数を求めよ。

☆506 → 解答 p.194

3次関数 $y=x^3+kx$ のグラフを考える。連立不等式 $y>-x$, $y<-1$ が表す領域を A とする。A のどの点からもこの3次関数のグラフに接線が3本引けるための，k についての必要十分条件を求めよ。

507 → 解答 p.196

関数 $y=x(x-1)(x-3)$ のグラフを C, 原点 O を通る傾き t の直線を l とし, C と l が O 以外に共有点をもつとする。C と l の共有点を O, P, Q とし, $|\overrightarrow{OP}|$ と $|\overrightarrow{OQ}|$ の積を $g(t)$ とおく。ただし, それら共有点の 1 つが接点である場合は, O, P, Q のうちの 2 つが一致して, その接点であるとする。関数 $g(t)$ の増減を調べ, その極値を求めよ。

508 → 解答 p.198

(1) 底面の半径が a, 高さが $2a$ の直円錐を考える。この直円錐と軸が一致する直円柱で, 直円錐に内接するものの体積 U の最大値を求めよ。

(2) 底面の半径が 1, 高さが 2 の直円錐を考える。この直円錐と軸が一致する 2 つの直円柱 A, B において, 直円柱 A は直円錐に内接し, 直円柱 B は, 下底が直円柱 A の上底面上にあり, 上底の周の円は直円錐面上にあるとする。
　この 2 つの直円柱 A, B の体積の和 V の最大値を求めよ。

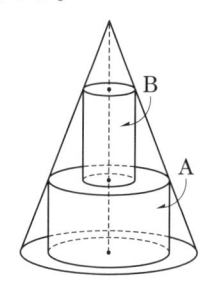

509 → 解答 p.200

四角形 ABCD は半径 1 の円 O に内接し, AB=AD, CB=CD を満たしている。

(1) 線分 AC は円 O の直径であることを示せ。
　辺 CB, CD の中点をそれぞれ M, N とする。四角形 ABCD を線分 AM, AN, MN に沿って折り曲げて点 B, C, D を重ね, 四面体 AMNC をつくる。$x=$CM ($0<x<1$) とおく。

(2) 四面体 AMNC の体積 V を x を用いて表し, $0<x<1$ における V の最大値を求めよ。

510 → 解答 p.202

円 C は放物線 $P: y=x^2$ と点 $A\left(\dfrac{\sqrt{3}}{2}, \dfrac{3}{4}\right)$ において共通の接線をもち，さらに x 軸と $x>0$ の部分で接している．

(1) 円 C の中心 B の座標を求めよ．
(2) 円 C，放物線 P と x 軸とによって囲まれて，円 C の外部にある部分の面積 S を求めよ．

511 → 解答 p.204

xy 平面において，曲線 $C: y=|x^2+2x-3|$ と点 $A(-3, 0)$ を通る傾き m の直線 l が A 以外の異なる 2 点で交わっている．

(1) m の値の範囲を求めよ．
(2) (1)の m の値の範囲において，C と l で囲まれる図形の面積 S を m の式で表せ．さらに，S が最小となるときの m の値を求めよ．

512 → 解答 p.207

xy 平面上で，曲線 $C: y=x^3+ax^2+bx+c$ 上の点 P における接線 l が，P と異なる点 Q で C と交わるとする．l と C で囲まれた部分の面積と，Q における接線 m と C で囲まれた部分の面積の比を求め，これが一定であることを示せ．

513 → 解答 p.209

$x \geqq 0$ において, $f(x) = \int_0^x |t^2 - 4t + 3| dt$ とする.

(1) $f(x)$ を x の式で表せ.
(2) $f(x) = 2$ を満たす x を求めよ.

514 → 解答 p.211

(1) 関数 $f(x)$ が $f(x) = x^2 - x\int_0^2 |f(t)| dt$ を満たしているとする. このとき, $f(x)$ を求めよ.
(2) 次の関係式を満たす定数 a および関数 $g(x)$ を求めよ.
$$\int_a^x \{g(t) + tg(a)\} dt = x^2 - 2x - 3$$

515 → 解答 p.214

2つの関数 $f(x) = ax^3 + bx^2 + cx$, $g(x) = px^3 + qx^2 + rx$ が次の5つの条件を満たしているとする.
$$f'(0) = g'(0), \ f(-1) = -1, \ f'(-1) = 0, \ g(1) = 3, \ g'(1) = 0$$
ここで, $f(x)$, $g(x)$ の導関数をそれぞれ $f'(x)$, $g'(x)$ で表している.
このような関数のうちで, 定積分
$$\int_{-1}^0 \{f''(x)\}^2 dx + \int_0^1 \{g''(x)\}^2 dx$$
の値を最小にするような $f(x)$ と $g(x)$ を求めよ. ただし, $f''(x)$, $g''(x)$ はそれぞれ $f'(x)$, $g'(x)$ の導関数を表す.

第6章 数　　列

601　→ 解答 p.216

数列 $a_1, a_2, \ldots, a_n, \ldots$ は，初項 a，公差 d の等差数列であり，$a_3=12$ かつ $S_8>0$, $S_9 \leqq 0$ を満たす。ただし，$S_n=a_1+a_2+\cdots+a_n$ である。

(1) 公差 d がとる値の範囲を求めよ。
(2) $a_n\,(n>3)$ がとる値の範囲を，n を用いて表せ。
(3) $a_n>0$, $a_{n+1}\leqq 0$ となる n の値を求めよ。
(4) S_n が最大となるときの n の値をすべて求めよ。また，そのときの S_n を d の式で表せ。

602　→ 解答 p.218

平面上に3点 $A_0(0, 0)$, $B_0(2, 0)$, $C_0(1, \sqrt{3})$ がある。$\triangle A_0B_0C_0$ について，辺 A_0B_0, B_0C_0, C_0A_0 をそれぞれ $2:1$ に内分する点を A_1, B_1, C_1 とする。次に，$\triangle A_1B_1C_1$ について，辺 A_1B_1, B_1C_1, C_1A_1 をそれぞれ $2:1$ に内分する点を A_2, B_2, C_2 とする。この操作を n 回繰り返したとき得られる点を A_n, B_n, C_n とする。

(1) $\angle A_0A_1A_2$ の大きさおよび線分の長さの比 $A_0A_1:A_1A_2$ を求めよ。
(2) 点 A_{2n} の座標を求めよ。

603

座標平面上で不等式 $y \geq x^2$ の表す領域を D とする。D 内にあり y 軸上に中心をもち原点を通る円のうち，最も半径の大きい円を C_1 とする。自然数 n について，円 C_n が定まったとき，C_n の上部で C_n に外接する円で，D 内にあり y 軸上に中心をもつもののうち，最も半径の大きい円を C_{n+1} とする。C_n の半径を r_n とし，中心を $A_n(0, a_n)$ とする。

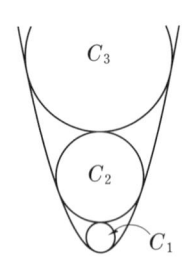

(1) r_1 を求めよ。
(2) r_n, a_n を n の式で表せ。

604

数列 $\{a_n\}$ を $a_1=5$, $a_{n+1}=2a_n+3^n$ $(n=1, 2, \cdots\cdots)$ で定める。

(1) a_n を求めよ。
(2) $a_n < 10^{10}$ を満たす最大の正の整数 n を求めよ。ただし，$\log_{10}2=0.3010$, $\log_{10}3=0.4771$ としてよい。

605 → 解答 p.224

数列 $\{a_n\}$ の初項 a_1 から第 n 項 a_n までの和 S_n が，$S_1=0$, $S_{n+1}-3S_n=n^2$ ($n=1,\ 2,\ 3,\ \cdots\cdots$) を満たす。
(1) 数列 $\{a_n\}$ が満たす漸化式を a_n と a_{n+1} の関係式で表せ。
(2) 一般項 a_n を求めよ。

606 → 解答 p.226

文字 A，B，C を重複を許して横一列に並べてできる列のうち同じ文字が隣り合わないものを考える。文字 A，B，C を合わせて n 個使って作られるこのような列のうち，両端が同じ文字である列の個数を a_n とし，両端が異なる文字である列の個数を b_n とする。ただし，$n \geq 2$ とする。
(1) a_{n+1}，b_{n+1} を a_n，b_n を用いて表せ。
(2) a_n，b_n を求めよ。

607

数列 1, 1, 3, 1, 3, 5, 1, 3, 5, 7, 1, 3, 5, 7, 9, 1, …… において，次の問いに答えよ。ただし，k, n は自然数とする。
(1) $(k+1)$ 回目に現れる 1 は第何項か。
(2) 第 400 項を求めよ。
(3) 初項から第 n 項までの和を S_n とするとき，$S_n > 2700$ となる最小の n を求めよ。

608

x を実数とする。関数
$$f(x)=\sum_{k=1}^{100}|kx-1|=|x-1|+|2x-1|+|3x-1|+\cdots\cdots+|100x-1|$$
を最小にする x の値と最小値を求めよ。

609

n を正の整数とする。
(1) 周の長さが $12n$ である三角形の 3 辺の長さを x, y, z（ただし，$x \geqq y \geqq z$）とおくとき，このような x, y を座標とする点 (x, y) の存在範囲を xy 平面に図示せよ。
(2) 周の長さが $12n$ で，各辺の長さが整数である三角形のうち，互いに合同でないものは全部で何個あるか。

☆**610** → 解答 p.235

n 個の正の数 $x_1, x_2, \cdots\cdots, x_n$ が $x_1 x_2 \cdots\cdots\cdot x_n = 1$ を満たしているとき，
$$x_1 + x_2 + \cdots\cdots + x_n \geqq n$$
が成り立つことを示せ。ただし，$n \geqq 2$ とする。

611 → 解答 p.239

正の整数 $n = 2^a b$（ただし a は 0 以上の整数で b は奇数）に対して $f(n) = a$ とおくとき，次の問いに答えよ。

(1) 正の整数 k, m に対して $f(km) = f(k) + f(m)$ であることを示せ。
(2) $f(3^n + 1)$ $(n = 0, 1, 2, \cdots\cdots)$ を求めよ。
☆(3) $f(3^n - 1) - f(n)$ $(n = 1, 2, 3, \cdots\cdots)$ を求めよ。

第7章 場合の数と確率

701 → 解答 p.242

次の条件を満たす正の整数全体の集合を S とおく。
「各桁の数字は互いに異なり，どの2つの桁の数字の和も9にならない。」
ただし，S の要素は10進法で表す。また，1桁の正の整数は S に含まれるとする。

(1) S の要素でちょうど4桁のものは何個あるか。
(2) 小さい方から数えて2000番目の S の要素を求めよ。

702 → 解答 p.244

図1と図2は碁盤の目状の道路とし，すべて等間隔であるとする。
(1) 図1において，点Aから点Bに行く最短経路は全部で何通りあるか求めよ。
(2) 図1において，点Aから点Bに行く最短経路で，点Cと点Dのどちらも通らないものは全部で何通りあるか求めよ。
(3) 図2において，点Aから点Bに行く最短経路は全部で何通りあるか求めよ。ただし，斜線の部分は通れないものとする。

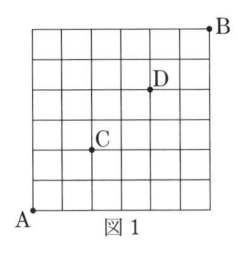

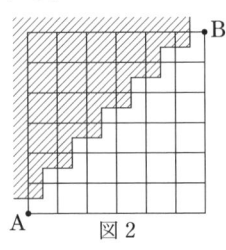

703 → 解答 p.246

n を正の整数とし，1から n まで異なる番号のついた n 個のボールを3つの箱に分けて入れる問題を考える。ただし，1個のボールも入らない箱があってもよいものとする。次の場合について，それぞれ相異なる入れ方の総数を求めたい。

(1) A, B, C と区別された3つの箱に入れる場合，その入れ方は全部で何通りあるか。

(2) 区別のつかない3つの箱に入れる場合，その入れ方は全部で何通りあるか。

704 → 解答 p.248

n を正の整数とし，互いに区別のつかない n 個のボールを3つの箱に分けて入れる問題を考える。ただし，1個のボールも入らない箱があってもよいものとする。次の場合について，それぞれ相異なる入れ方の総数を求めたい。

(1) A, B, C と区別された3つの箱に入れる場合，その入れ方は全部で何通りあるか。

☆(2) n が6の倍数 $6m$ であるとき，区別のつかない3つの箱に入れる場合，その入れ方は全部で何通りあるか。

705 → 解答 p.252

n は 2 以上の整数とする。座標平面上の,x 座標,y 座標がともに 0 から $n-1$ までの整数であるような n^2 個の点のうちから,異なる 2 個の点 (x_1, y_1),(x_2, y_2) を無作為に選ぶ。
(1) $x_1 \neq x_2$ かつ $y_1 \neq y_2$ である確率を求めよ。
(2) $x_1 + y_1 = x_2 + y_2$ である確率を求めよ。

706 → 解答 p.254

n を 3 以上の自然数とする。1 個のさいころを n 回投げるとき,次の確率を求めよ。
(I)(1) 出る目の最小値が 2 である確率 p
(2) 出る目の最小値が 2 かつ最大値が 5 である確率 q
(II)(1) 1 の目が少なくとも 1 回出て,かつ 2 の目も少なくとも 1 回出る確率 r
(2) 1 の目が少なくとも 2 回出て,かつ 2 の目も少なくとも 1 回出る確率 s

707 → 解答 p.256

「1つのサイコロを振り，出た目が4以下ならばAに1点を与え，5以上ならばBに1点を与える」という試行を繰り返す。

(1) AとBの得点差が2になったところでやめて得点の多いほうを勝ちとする。n 回以下の試行でAが勝つ確率 p_n を求めよ。

(2) Aの得点がBの得点より2多くなるか，またはBの得点がAの得点より1多くなったところでやめて，得点の多いほうを勝ちとする。n 回以下の試行でAが勝つ確率 q_n を求めよ。

708 → 解答 p.258

2地点間を，ある通信方法を使って，A，Bという2種類の信号を送信側から受信側へ送るとする。この通信方法では，送信側がAを送ったとき，受信側がこれを正しくAと受け取る確率は $\dfrac{4}{5}$，誤ってBと受け取る確率は $\dfrac{1}{5}$ である。また，送信側がBを送ったとき，受信側は確率 $\dfrac{9}{10}$ で正しくBと受け取り，確率 $\dfrac{1}{10}$ で誤ってAと受け取る。いま，送信側が確率 $\dfrac{4}{7}$ でAを，確率 $\dfrac{3}{7}$ でBを受信側へ送るとき，次の確率を求めよ。

(1) 受信側がAという信号を受け取る確率
(2) 受信側が信号を誤って受け取る確率
(3) 受信側が受け取った信号がAのとき，それが正しい信号である確率

709 → 解答 p.260

$3n$ 個 ($n \geq 3$) の小箱が1列に並んでいる。おのおのの小箱には小石を1個だけ入れることができる。1番目，2番目，3番目の3個の小箱の中にあわせて2個の小石が入っている状態をA，2番目，3番目，4番目の3個の小箱の中にあわせて2個の小石が入っている状態をBで表す。このとき，次の問いに答えよ。

(1) $3n$ 個の小箱において，おのおのに小石が入っているかどうかを独立試行とみなすことができるとし，各小箱に確率 $\dfrac{1}{3}$ で小石が入っているとする。事象AとBがともに起こっているとき，2番目の小箱に小石の入っている確率を求めよ。

(2) $3n$ 個の小箱から無作為に選ばれた n 個の小箱に小石が入っているとしよう。事象AとBがともに起こっているとき，2番目の小箱に小石の入っている確率を求めよ。

710 → 解答 p.262

袋の中に白球 10 個，黒球 60 個が入っている。この袋の中から1球ずつ 40 回取り出すとき，次の各場合において，白球が何回取り出される確率がもっとも大きいか。

(1) 取り出した球をもとに戻すとき
(2) 取り出した球をもとに戻さないとき

711 → 解答 p.264

N を 1 以上の整数とする。数字 $1, 2, \ldots, N$ が書かれたカードを 1 枚ずつ，計 N 枚用意し，甲，乙のふたりが次の手順でゲームを行う。

(i) 甲が 1 枚カードをひく。そのカードに書かれた数を a とする。ひいたカードはもとに戻す。

(ii) 甲はもう 1 回カードをひくかどうかを選択する。ひいた場合は，そのカードに書かれた数を b とする。ひいたカードはもとに戻す。ひかなかった場合は，$b=0$ とする。$a+b>N$ の場合は乙の勝ちとし，ゲームは終了する。

(iii) $a+b \leqq N$ の場合は，乙が 1 枚カードをひく。そのカードに書かれた数を c とする。ひいたカードはもとに戻す。$a+b<c$ の場合は乙の勝ちとし，ゲームは終了する。

(iv) $a+b \geqq c$ の場合は，乙はもう 1 回カードをひく。そのカードに書かれた数を d とする。$a+b<c+d \leqq N$ の場合は乙の勝ちとし，それ以外の場合は甲の勝ちとする。

(ii)の段階で，甲にとってどちらの選択が有利であるかを，a の値に応じて考える。以下の問いに答えよ。

(1) 甲が 2 回目にカードをひかないことにしたとき，甲の勝つ確率を a を用いて表せ。

(2) 甲が 2 回目にカードをひくことにしたとき，甲の勝つ確率を a を用いて表せ。

ただし，各カードがひかれる確率は等しいものとする。

☆**712**　→ 解答 p.266

　　A，Bの2人がいる。投げたとき表裏の出る確率がそれぞれ $\frac{1}{2}$ のコインが1枚あり，最初はAがそのコインを持っている。次の操作を繰り返す。

(i)　Aがコインを持っているときは，コインを投げ，表が出ればAに1点を与え，コインはAがそのまま持つ。裏が出れば，両者に点を与えず，AはコインをBに渡す。

(ii)　Bがコインを持っているときは，コインを投げ，表が出ればBに1点を与え，コインはBがそのまま持つ。裏が出れば，両者に点を与えず，BはコインをAに渡す。

　そしてA，Bのいずれかが2点を獲得した時点で，2点を獲得した方の勝利とする。たとえば，コインが表，裏，表，表と出た場合，この時点でAは1点，Bは2点を獲得しているのでBの勝利となる。

　A，Bあわせてちょうど n 回コインを投げ終えたときにAの勝利となる確率 $p(n)$ を求めよ。

713 → 解答 p.268

2つの箱 A, B のそれぞれに赤玉が1個, 白玉が3個, 合計4個ずつ入っている。1回の試行で箱Aの玉1個と箱Bの玉1個を無作為に選び交換する。この試行を n 回繰り返した後, 箱Aに赤玉が1個, 白玉が3個入っている確率 p_n を求めよ。

714 → 解答 p.269

1個のサイコロを投げて, 5または6の目が出れば2点, 4以下の目が出れば1点の得点が与えられる。サイコロを繰り返し投げるとき, 得点の合計が途中でちょうど n 点となる確率を p_n とする。

(1) $p_{n+2} = \dfrac{2}{3} p_{n+1} + \dfrac{1}{3} p_n$ が成立することを示せ。

(2) $p_{n+1} - p_n$ を n の式で表し, p_n を求めよ。

(3) 得点の合計が途中で n 点とならないで $2n$ 点となる確率を求めよ。

715 → 解答 p.270

片面を白色に，もう片面を黒色に塗った正方形の板が3枚ある。この3枚の板を机の上に横に並べ，次の操作を繰り返し行う。

　さいころを振り，出た目が1, 2であれば左端の板を裏返し，3, 4であればまん中の板を裏返し，5, 6であれば右端の板を裏返す。

たとえば，最初，板の表の色の並び方が「白白白」であったとし，1回目の操作で出たさいころの目が1であれば，色の並び方は「黒白白」となる。更に，2回目の操作を行って出たさいころの目が5であれば，色の並び方は「黒白黒」となる。

(1)「白白白」から始めて，3回の操作の結果，色の並び方が「黒白白」となる確率を求めよ。

(2)「白白白」から始めて，n回の操作の結果，色の並び方が「黒白白」または「白黒白」または「白白黒」となる確率を p_n とする。
　p_{2k+1}（kは自然数）を求めよ。

716 → 解答 p.272

n を自然数とする。

(1) $\displaystyle\sum_{k=1}^{n} k\,{}_n\mathrm{C}_k$ を求めよ。

☆(2) $\displaystyle\sum_{k=0}^{n-1} \frac{{}_{2n}\mathrm{C}_{2k+1}}{2k+2}$ を求めよ。

第8章 整数問題

801 → 解答 p.274

任意の整数 n に対して，$n^9 - n^3$ は 72 で割り切れることを示せ。

802 → 解答 p.276

3 以上 9999 以下の奇数 a で，$a^2 - a$ が 10000 で割り切れるものをすべて求めよ。

803 → 解答 p.278

(I) k は正の整数とする。方程式 $x^2 - y^2 = k$ が整数 x, y の解 (x, y) をもつための必要十分条件を求めよ。

(II) a, b は正の整数で，$a < b$ とするとき，a 以上 b 以下の整数の総和を S とする。
  (1) $S = 500$ を満たす組 (a, b) をすべて求めよ。
  (2) k を正の整数とするとき，$S = 2^k$ を満たす組 (a, b) は存在しないことを示せ。

804 → 解答 p.280

直角三角形の 3 辺の長さがすべて整数であるとき,面積は 6 の倍数であることを示せ。

805 → 解答 p.283

p を素数とし,a は p では割り切れない正の整数とする。

(1) $k=1, 2, \ldots, p-1$ に対して,ka を p で割った余りを r_k とする。i, j を $1 \leq i < j \leq p-1$ を満たす整数とするとき,$r_i \neq r_j$ を示せ。

(2) $a^{p-1}-1$ は p で割り切れることを示せ。

806 → 解答 p.285

(I) a, b は互いに素な正の整数とする。

(1) k を整数とするとき,kb を a で割った余りを $r(k)$ で表す。k, l を $a-1$ 以下の正の整数とするとき,$k \neq l$ ならば $r(k) \neq r(l)$ であることを示せ。

(2) $ma+nb=1$ を満たす整数 m, n が存在することを示せ。

(II) (1) 2432 と 703 の最大公約数 d を求めよ。

(2) $2432x+703y=d$ を満たす整数 x, y を求めよ。

807

(I) 正の約数の個数が 28 個である最小の正の整数を求めよ。

(II) 正の整数 a, b に対して，$n = 2^a \cdot 3^b$ とし，n のすべての約数の和を S とする。$S = \dfrac{5}{2}n$ となるとき，a, b, n の値を求めよ。

808

正の整数 N は 10 進法で $a_n a_{n-1} \cdots\cdots a_1 a_0$ ($a_n, a_{n-1}, \cdots\cdots, a_1, a_0$ は 0 以上，9 以下の整数で，$a_n \neq 0$) と表されている。このとき，
$$\alpha = a_n + a_{n-1} + \cdots\cdots + a_1 + a_0$$
$$\beta = (-1)^n a_n + (-1)^{n-1} a_{n-1} + \cdots\cdots - a_1 + a_0$$
とする。

(1) N が 99 で割り切れるための必要十分条件は，α が 9 で割り切れ，かつ β が 11 で割り切れることであることを示せ。

(2) α を 9 で割った余りが 6，β を 11 で割った余りが 3 であるとき，N を 99 で割った余りを求めよ。

☆809 → 解答 p.294

A を 100 以下の自然数の集合とする．また，50 以下の自然数 k に対し，A の要素でその奇数の約数のうち最大のものが $2k-1$ となるものからなる集合を A_k とする．

(1) A の各要素は，A_1 から A_{50} までの 50 個の集合のうちのいずれか 1 つに属することを示せ．

(2) A の部分集合 B が 51 個の要素からなるとき，$\dfrac{y}{x}$ が整数となるような B の異なる要素 x, y が存在することを示せ．

(3) 50 個の要素からなる A の部分集合 C で，その中に $\dfrac{y}{x}$ が整数となるような異なる要素 x, y が存在しないものを 1 つ求めよ．

810 → 解答 p.296

3 次方程式 $x^3-12x^2+41x-a=0$ の 3 つの解がすべて整数となるような定数 a と，そのときの 3 つの解を求めよ．

811 → 解答 p.298

(1) 不等式 $\dfrac{1995}{n}-\dfrac{1995}{n+1}\geqq 1$ を満たす最大の正の整数 n を求めよ．

(2) 次の 1995 個の整数の中に異なる整数は何個あるか．その個数を求めよ．

$$\left[\dfrac{1995}{1}\right],\ \left[\dfrac{1995}{2}\right],\ \left[\dfrac{1995}{3}\right],\ \cdots\cdots,\ \left[\dfrac{1995}{1994}\right],\ \left[\dfrac{1995}{1995}\right]$$

ここに，$[x]$ は，x を超えない最大の整数を表す（たとえば，$[2]=2$, $[2.7]=2$）．

812 → 解答 p.300

x, y, z は正の整数とする。

(1) $\dfrac{1}{x}+\dfrac{1}{y}+\dfrac{1}{z}=1$ を満たす x, y, z の組 (x, y, z) は何通りあるか。

☆(2) r を正の有理数とするとき，$\dfrac{1}{x}+\dfrac{1}{y}+\dfrac{1}{z}=r$ を満たす x, y, z の組 (x, y, z) は有限個しかないことを証明せよ。ただし，そのような組が存在しない場合は 0 個とし，有限個であるとみなす。

813 → 解答 p.303

自然数 $m \geqq 2$ に対し，$m-1$ 個の二項係数

$$_m\mathrm{C}_1, \quad _m\mathrm{C}_2, \quad \cdots\cdots, \quad _m\mathrm{C}_{m-1}$$

を考え，これらすべての最大公約数を d_m とする。すなわち d_m はこれらすべてを割り切る最大の自然数である。

(1) m が素数ならば，$d_m = m$ であることを示せ。
(2) すべての自然数 k に対し，$k^m - k$ が d_m で割り切れることを，k に関する数学的帰納法によって示せ。
(3) m が偶数のとき d_m は 1 または 2 であることを示せ。

814 → 解答 p.305

整数からなる数列 $\{a_n\}$ を漸化式
$$a_1=1,\ a_2=3,\ a_{n+2}=3a_{n+1}-7a_n\quad (n=1,\ 2,\ \cdots\cdots)$$
によって定める。

(1) a_n が偶数となることと，n が3の倍数となることとは同値であることを示せ。

(2) a_n が10の倍数となるための条件を(1)と同様の形式で求めよ。

☆815 → 解答 p.309

n を2以上の自然数とし，整式 x^n を $x^2-6x-12$ で割った余りを $a_n x+b_n$ とする。

(1) $a_{n+1},\ b_{n+1}$ を a_n と b_n を用いて表せ。

(2) 各 n に対して，a_n と b_n の公約数で素数となるものをすべて求めよ。

第9章 論証

901 → 解答 p.311

1次式 $A(x)$, $B(x)$, $C(x)$ に対して $\{A(x)\}^2+\{B(x)\}^2=\{C(x)\}^2$ が成り立つとする。このとき，$A(x)$ と $B(x)$ はともに $C(x)$ の定数倍であることを示せ。

902 → 解答 p.313

n を1以上の整数とするとき，次の2つの命題はそれぞれ正しいか。正しいときは証明し，正しくないときはその理由を述べよ。

命題 p：ある n に対して，$\sqrt{n}$ と $\sqrt{n+1}$ はともに有理数である。

命題 q：すべての n に対して，$\sqrt{n+1}-\sqrt{n}$ は無理数である。

903 → 解答 p.315

(1) 複素数 α, β に対して $\alpha\beta=0$ ならば，$\alpha=0$ または $\beta=0$ であることを示せ。

(2) 複素数 α に対して α^2 が正の実数ならば，α は実数であることを示せ。

(3) 複素数 α_1, α_2, ……, α_{2n+1}（n は自然数）に対して，$\alpha_1\alpha_2$, ……, $\alpha_k\alpha_{k+1}$, ……, $\alpha_{2n}\alpha_{2n+1}$ および $\alpha_{2n+1}\alpha_1$ がすべて正の実数であるとする。このとき，α_1, α_2, ……, α_{2n+1} はすべて実数であることを示せ。

☆904 → 解答 p.317

$a_1 > a_2 > \cdots > a_n$ および $b_1 > b_2 > \cdots > b_n$ を満たす $2n$ 個の実数がある。集合 $\{a_1, a_2, \cdots, a_n\}$ から要素を1つ，集合 $\{b_1, b_2, \cdots, b_n\}$ から要素を1つ取り出して掛け合わせ，積を作る。どの要素も一度しか使わないこととし，この操作を繰り返し n 個の積を作る。それら n 個の積の和を S とする。

(1) $n=2$ のとき，S の最大値と最小値を求めよ。
(2) n が2以上のとき，S の最大値と最小値を求めよ。

905 → 解答 p.319

a, b を正の実数とする。

(1) $0 < a < 1$ を満たすどのような a に対しても $|4x-1| \leqq a$ かつ $|4y-1| \leqq a$ が $|x-y| \leqq b$ かつ $|x+y| \leqq b$ であるための十分条件であるという。そのような b の最小値を求めよ。

(2) a を $1 < a$ とする。$|4x-1| \leqq a$ かつ $|4y-1| \leqq a$ が $|x-y| \leqq 1$ かつ $|x+y| \leqq 1$ であるための必要条件であるという。そのような a の最小値を求めよ。

906 → 解答 p.321

xy 平面上の点 (a, b) は，a と b がともに整数のときに格子点と呼ばれる。

(I) xy 平面において，3つの頂点がすべて格子点である正三角形は存在しないことを示せ。ただし，必要ならば $\sqrt{3}$ が無理数であることは証明なしで使ってよい。

(II) (1) 格子点を頂点とする三角形の面積は $\dfrac{1}{2}$ 以上であることを示せ。

(2) 格子点を頂点とする凸四角形の面積が1であるとき，この四角形は平行四辺形であることを示せ。

907 → 解答 p.323

座標平面上の点の集合 S を
$$S = \{(a-b,\ a+b) \mid a,\ b \text{ は整数}\}$$
とするとき，次の命題が成り立つことを証明せよ。

(1) 座標平面上の任意の点 P に対し，S の点 Q で P と Q の距離が1以下となるものが存在する。

(2) 1辺の長さが2より大きい正方形は，必ずその内部に S の点を含む。

908 → 解答 p.325

(1) 円周上に m 個の赤い点と n 個の青い点を任意の順序に並べる。これらの点により，円周は $(m+n)$ 個の弧に分けられる。このとき，これらの弧のうち両端の点の色が異なるものの数は偶数であることを証明せよ。ただし，$m \geqq 1$, $n \geqq 1$ であるとする。

(2) n, k は自然数で $k \leqq n$ とする。穴のあいた $2k$ 個の白玉と $(2n-2k)$ 個の黒玉にひもを通して輪を作る。このとき適当な 2 箇所でひもを切って n 個ずつの 2 組に分け，どちらの組も白玉 k 個，黒玉 $(n-k)$ 個からなるようにできることを示せ。

☆909 → 解答 p.327

次の命題 P を証明したい。

命題 P
次の条件 (a), (b) をともに満たす自然数 (1 以上の整数) A が存在する。
(a) A は連続する 3 つの自然数の積である。
(b) A を 10 進法で表したとき，1 が連続して 99 回以上現れるところがある。

(1) y を自然数とする。このとき不等式
$$x^3+3yx^2<(x+y-1)(x+y)(x+y+1)<x^3+(3y+1)x^2$$
が成り立つような正の実数 x の範囲を求めよ。

(2) 命題 P を証明せよ。

解答編

第1章　方程式と不等式　……………… 58

第2章　三角関数・ベクトルと図形問題…88

第3章　指数関数と対数関数　………… 134

第4章　図形と方程式　………………… 144

第5章　微分積分　……………………… 184

第6章　数　　列　……………………… 216

第7章　場合の数と確率　……………… 242

第8章　整数問題　……………………… 274

第9章　論　　証　……………………… 311

類題の解答　……………………………… 329

101 2次方程式の解の配置

xy 平面上の原点と点 $(1, 2)$ を結ぶ線分 (両端を含む) を L とする。曲線 $y=x^2+ax+b$ が L と共有点をもつような実数の組 (a, b) の集合を ab 平面上に図示せよ。 (京都大)

精 講　L を含む直線と曲線の方程式から y を消去して得られる 2 次方程式が，$0 \leqq x \leqq 1$ に解をもつ条件に帰着します。

ここで，2 次方程式
$$f(x)=ax^2+bx+c=0 \quad \cdots\cdots(*)$$
の解の存在範囲について復習しておきましょう。

以下では，$a>0$ とし，$k<l$ とする。

・$(*)$ の 1 解は $k<x<l$ にあり，他の解は $x<k$ または $x>l$ にある
$\iff f(k) \cdot f(l) <0$

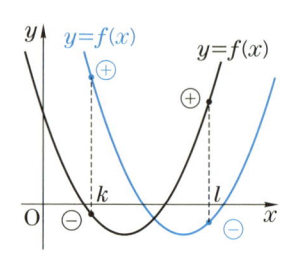

・"$(*)$ の 2 解 (重解を含む) がいずれも $k<x<l$ にある" ……(☆) のは，$y=f(x)$ すなわち，
$$y=a\left(x+\frac{b}{2a}\right)^2-\frac{b^2-4ac}{4a}$$
のグラフが右図のようになるときである。

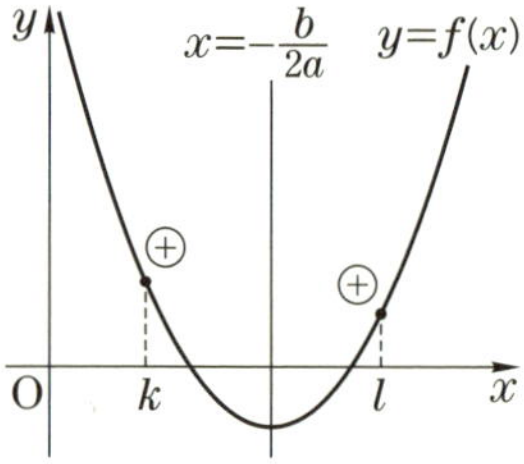

したがって，
$$(☆) \iff \begin{cases} (A) & (\text{頂点の } y \text{ 座標}) \leqq 0 \\ (B) & \text{軸の位置}: k<-\dfrac{b}{2a}<l \\ (C) & \text{区間の端点での値}: f(k)>0, \ f(l)>0 \end{cases}$$

ここで，(A)は $(*)$ の判別式 $b^2-4ac \geqq 0$ と同値である。

本問において，これらをどのように適用するとよいでしょうか。

解答 $L: y = 2x$ ……① かつ $0 \leq x \leq 1$ ……②
と曲線 $y = x^2 + ax + b$ ……③ が共有
点をもつのは, "①, ③から得られる2次方程式
$$2x = x^2 + ax + b$$
$$\therefore \quad x^2 - (2-a)x + b = 0 \quad \cdots\cdots ④$$
が②の範囲に少なくとも1つの解をもつ"……(∗)
ときである。さらに, (∗)は

$\begin{cases} \text{(i)} & 0 < x < 1 \text{ に1解を, } x < 0 \text{ または } x > 1 \text{ に他} \\ & \text{の解をもつ} \\ \text{(ii)} & x = 0 \text{ または } 1 \text{ が解である} \\ \text{(iii)} & 0 < x < 1 \text{ に2解をもつ} \end{cases}$

のいずれかである。

④の左辺を $f(x)$ とおき,
$$y = f(x) = \left(x - \frac{2-a}{2}\right)^2 - \frac{(2-a)^2}{4} + b$$
のグラフを考えると, それぞれの条件は

(i) $f(0) \cdot f(1) < 0$ $\therefore$ $b(b+a-1) < 0$ ← 注 1° 参照。

(ii) $f(0) \cdot f(1) = 0$ $\therefore$ $b(b+a-1) = 0$

(iii) $\begin{cases} \text{頂点の } y \text{ 座標}: -\dfrac{(2-a)^2}{4} + b \leq 0 \\ \text{軸の位置}: 0 < \dfrac{2-a}{2} < 1 \\ \text{区間の端点での値}: f(0) > 0, \ f(1) > 0 \\ \qquad\qquad \therefore \ b > 0, \ b+a-1 > 0 \end{cases}$ ← 注 2° 参照。

であるから, まとめると
$$b(b+a-1) \leq 0 \quad \text{または}$$
"$b \leq \dfrac{1}{4}(a-2)^2, \ 0 < a < 2, \ b > 0$
　　　　かつ $b+a-1 > 0$"
となる。

これより, 求める (a, b) の集合は右図の斜線部分(境界を含む)である。

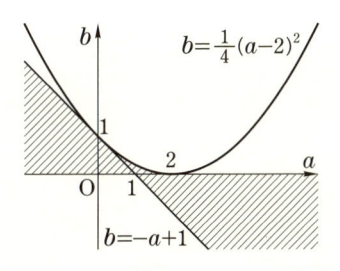

注 1° (i)が成り立つ条件は右図から
わかるように，$f(0)$ と $f(1)$ が異
符号であることである。

また，$y=f(x)$ が下に凸である放
物線であるから，一般に，2次方程式
$f(x)=0$ が $x>k$，$x<k$ の範囲に解
を1つずつもつための条件が

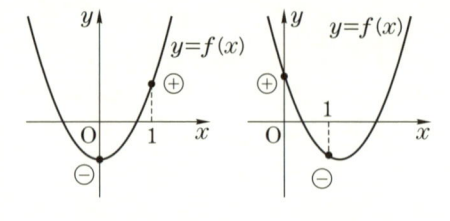

$$f(k)<0$$

であることもわかる。

2° (iii)，つまり，2次方程式がある区間に2つの解をもつた
めの条件を求めるには，精講 にあるように

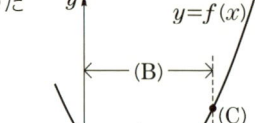

  (A) 頂点の y 座標の符号 (判別式の符号)
  (B) 放物線の軸の位置
  (C) 区間の端点での値の符号

の3つを調べなければならない。

　(A)，(B)，(C)の1つを忘れた場合には，それぞれ次の
(図A)，(図B)，(図C) のような場合が起こり得るので，こ
れらの条件はいずれも欠かすことができない。

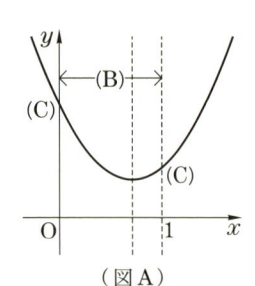

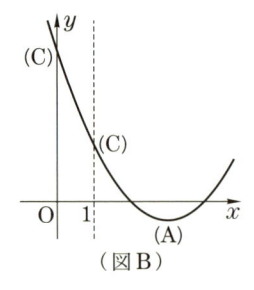

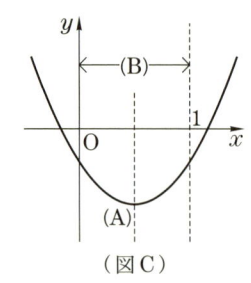

（図A）　　（図B）　　（図C）

102　2次方程式・2次不等式の整数解

整数 m に対し，$f(x)=x^2-mx+\dfrac{m}{4}-1$ とおく。

(1) 方程式 $f(x)=0$ が，整数の解を少なくとも1つもつような m の値を求めよ。

(2) 不等式 $f(x)\leqq 0$ を満たす整数 x が，ちょうど4個あるような m の値を求めよ。

(秋田大)

精講　$f(x)$ の式には m の1次の項しか含まれていないことに着目すると，$f(x)=0$，$f(x)\leqq 0$ は"パラメタの分離"によって，放物線 $y=x^2-1$ と直線 $y=m\left(x-\dfrac{1}{4}\right)$ の関係に帰着されます。

また，整数問題とみなすと，(1)では解と係数の関係を利用して2つの整数解の満たすべき関係式が導かれます。(2)では，不等式 $f(x)\leqq 0$ を満たす整数がちょうど4個であるとき，不等式の解の区間幅から m を絞りこむ方法もあります。

解答　(1) 2次方程式 $f(x)=0$，つまり
$$x^2-mx+\dfrac{m}{4}-1=0 \quad \cdots\cdots\text{①}$$
∴　$x^2-1=m\left(x-\dfrac{1}{4}\right)$

の実数解は放物線 $y=x^2-1$ ……② と直線 $y=m\left(x-\dfrac{1}{4}\right)$ ……③ の共有点の x 座標に等しい。

①において，（2解の和）$=m$ が整数であるから，解の1つが整数のとき，他の解も整数である。したがって，"②,③が2つの共有点をもち，それらの x 座標が整数である"……(＊) ような m の値を求めるとよい。

③は点 $A\left(\dfrac{1}{4}, 0\right)$ を通り,傾きが m の直線であるから,右図より②, ③の2つの共有点は

(i) $m>0$ のときには $-1<x<\dfrac{1}{4}$, $1<x$

(ii) $m<0$ のときには $x<-1$, $\dfrac{1}{4}<x<1$

(iii) $m=0$ のときには $x=-1$, 1

にある。これより,

(i)のとき,$-1<x<\dfrac{1}{4}$ にある整数は $x=0$ で,共有点は $(0, -1)$ であるから,$m=4$ であり,①の2解が 0, 4 となるので,(∗) を満たす。

(ii)のとき,$\dfrac{1}{4}<x<1$ には整数はないので,(∗) を満たさない。

(iii)のときは,(∗) を満たす。

以上から,**$m=0$, 4** である。

(2) $f(x) \leqq 0$,つまり,
$$x^2-1 \leqq m\left(x-\dfrac{1}{4}\right) \qquad \cdots\cdots ④$$

を満たす x は,放物線②の直線③より下方(端点を含む)にある部分 C にある点の x 座標に等しい。したがって,"C 上に x 座標が整数である点がちょうど4個ある"……(☆) ような m の値を求めるとよい。

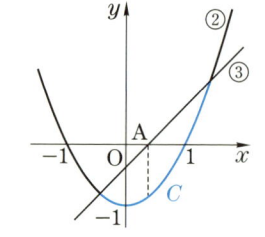

ここで,(1)より④を満たす整数 x は $m=0$ のときは $x=-1$, 0, 1 で,$m=4$ のときは,$x=0$, 1, 2, 3, 4 でいずれも (☆) を満たさない。

したがって,グラフより (☆) が成り立つときの4個の点の x 座標は

(I) $m>4$ のとき $x=1, 2, 3, 4$
(II) $0<m<4$ のとき $x=0, 1, 2, 3$
(III) $m<0$ のとき $x=0, -1, -2, -3$

に限られることがわかる。これより,m の満たすべ

← まず,C の両端の点の x 座標が整数となる場合(つまり,(1)の場合)を調べている。

き条件は

(I) $m > 4$ のとき, ②上の点 $(5, 24)$ が③より上方にあるから
$$24 > m\left(5 - \frac{1}{4}\right) \quad \therefore \quad 4 < m < \frac{96}{19}$$
であり, これを満たす整数 m は $m = 5$ である。

(II) $0 < m < 4$ のとき, ②上の点 $(3, 8)$ が③より下方, または③上にあるから
$$8 \leqq m\left(3 - \frac{1}{4}\right) \quad \therefore \quad \frac{32}{11} \leqq m < 4$$
であり, これを満たす整数 m は $m = 3$ である。

(III) $m < 0$ のとき, ②上の点 $(-3, 8)$ は③より下方, または③上にあって, 点 $(-4, 15)$ は③より上方にあるから,
$$8 \leqq m\left(-3 - \frac{1}{4}\right) \quad かつ \quad 15 > m\left(-4 - \frac{1}{4}\right)$$
$$\therefore \quad -\frac{60}{17} < m \leqq -\frac{32}{13}$$
であり, これを満たす整数 m は $m = -3$ である。

(I), (II), (III) より求める m の値は
$$m = 5, \ 3, \ -3$$
である。

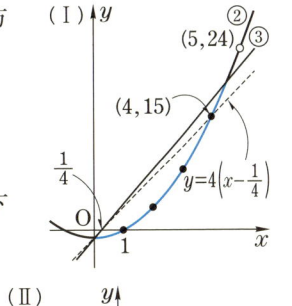

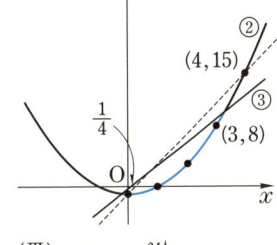

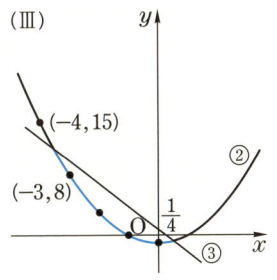

◁ 別解

(1) $f(x) = 0$ の2つの解を $\alpha, \beta \ (\alpha \leqq \beta \ \cdots\cdots ⑤)$ とすると, 解と係数の関係より
$$\alpha + \beta = m, \quad \alpha\beta = \frac{m}{4} - 1 \quad \cdots\cdots ⑥$$
である。2解の和 m が整数であるから, α, β の一方が整数ならば, 他方も整数である。

⑥の2式から m を消去すると
$$\alpha\beta = \frac{1}{4}(\alpha + \beta) - 1$$

∴ $(4\alpha-1)(4\beta-1)=-15$

となる。⑤のもとでは

$(4\alpha-1,\ 4\beta-1)$
$=(-15,\ 1),\ (-5,\ 3),\ (-3,\ 5),\ (-1,\ 15)$

となるが，$\alpha,\ \beta$ が整数であることより

$(\alpha,\ \beta)=(-1,\ 1),\ (0,\ 4)$

である。したがって，$m=\alpha+\beta$ より

$m=0,\ 4$

である。

← $\left(\alpha-\dfrac{1}{4}\right)\left(\beta-\dfrac{1}{4}\right)=-\dfrac{15}{16}$ として，両辺に 16 をかけた。

← $(-15,\ 1)$ のとき，
$(\alpha,\ \beta)=\left(-\dfrac{7}{2},\ \dfrac{1}{2}\right)$
$(-3,\ 5)$ のとき，
$(\alpha,\ \beta)=\left(-\dfrac{1}{2},\ \dfrac{3}{2}\right)$

(2) $f(x)\leqq 0$ ……⑦ の解は $\alpha\leqq x\leqq\beta$ ……⑧ である。

"⑧を満たす整数 x がちょうど 4 個である"
……(☆☆)

とき，

$3\leqq\beta-\alpha<5$

であることが必要である。これより，

$3^2\leqq(\beta-\alpha)^2<5^2$
$9\leqq(\alpha+\beta)^2-4\alpha\beta<25$

であり，⑥を代入すると

$9\leqq m^2-m+4<25$

∴ $5\leqq m(m-1)<21$ ……⑨

となる。⑨を満たす整数 m は

$m=-4,\ -3,\ -2,\ 3,\ 4,\ 5$ ……⑩

である。⑩の m に対して，⑦の解を調べると，(☆☆)を満たす m は

$m=-3,\ 3,\ 5$

である。

← $\dfrac{21}{4}\leqq\left(m-\dfrac{1}{2}\right)^2<\dfrac{85}{4}$
を考えてもよい。

← ⑦の解を m で表すと
$\dfrac{m-\sqrt{m^2-m+4}}{2}\leqq x$
$\leqq\dfrac{m+\sqrt{m^2-m+4}}{2}$

(・は整数)

類題 1 → 解答 p.329

$p,\ q$ を整数とする。2 次方程式 $x^2+px+q=0$ が異なる 2 つの実数解 $\alpha,\ \beta$ $(\alpha<\beta)$ をもち，区間 $[\alpha,\ \beta]$ には，ちょうど 2 つの整数が含まれているとする。α が整数でないとき，$\beta-\alpha$ の値を求めよ。

(山口大)

103 2次関数 $f(x)$ の合成関数

$f(x)=x(4-x)$ とする。$0 \leq a_1 \leq 4$ に対して、$a_2=f(a_1)$, $a_3=f(a_2)$ と定める。

(1) $a_1 \neq a_2$, $a_1=a_3$ となるときの a_1 の値をすべて求めよ。

(2) $0 \leq a_3 \leq \dfrac{20}{9}$ となるような a_1 の値の範囲を求めよ。 (一橋大)

精講 $a_3=f(a_2)=f(f(a_1))$ ですが、$f(f(x))$ を x の式 (4次式) で表す必要はありません。(1) $a_3=a_1$ より a_1 と a_2 だけの連立方程式を解くことになります。そのとき、a_1 と a_2 に関する対称性に着目しましょう。(2) a_3 の範囲から a_2 の範囲を求め、そのあとで a_1 の範囲を定めると考えると、$y=f(x)$ のグラフを考えるだけで解決します。

解答 (1) $0 \leq a_1 \leq 4$ ……① であり、
$$a_2=f(a_1)=a_1(4-a_1) \quad \cdots\cdots ②$$
$$a_3=f(a_2)=a_2(4-a_2) \quad \cdots\cdots ③$$
である。$a_1=a_3$ のとき、③は
$$a_1=a_2(4-a_2) \quad \cdots\cdots ④$$
となるので、②−④ より
$$a_2-a_1=4(a_1-a_2)-(a_1{}^2-a_2{}^2)$$
$$\therefore \quad (a_1-a_2)(a_1+a_2-5)=0$$
となる。$a_1 \neq a_2$ ……⑤ より
$$a_1+a_2=5 \quad \cdots\cdots ⑥$$
となるので、$a_2=5-a_1$ を②に代入して

←注 参照。

$$5-a_1=a_1(4-a_1)$$
$$\therefore \quad a_1{}^2-5a_1+5=0$$
となる。これより
$$\boldsymbol{a_1=\dfrac{5\pm\sqrt{5}}{2}} \quad \left(a_2=\dfrac{5\mp\sqrt{5}}{2} \text{ (複号同順)}\right)$$
であり、これは①、⑤を満たす。

(2) $0 \leq x \leq 4$ における
$$y = f(x), \text{つまり}, y = x(4-x)$$
のグラフを参考にすると， 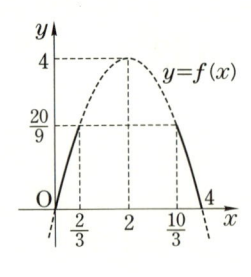
$$0 \leq a_3 \leq \frac{20}{9}, \text{つまり}, 0 \leq f(a_2) \leq \frac{20}{9}$$
となる a_2 の範囲は $f(x) = \frac{20}{9}$ の解が $x = \frac{2}{3}, \frac{10}{3}$ であることから，
$$0 \leq a_2 \leq \frac{2}{3} \text{ または } \frac{10}{3} \leq a_2 \leq 4 \quad \cdots\cdots ⑦$$
である。さらに，⑦，つまり 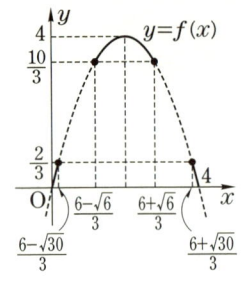
$$0 \leq f(a_1) \leq \frac{2}{3} \text{ または } \frac{10}{3} \leq f(a_1) \leq 4$$
となる a_1 の範囲は，同様に $f(x) = \frac{2}{3}$ の解が $x = \frac{6 \pm \sqrt{30}}{3}$, $f(x) = \frac{10}{3}$ の解が $x = \frac{6 \pm \sqrt{6}}{3}$ であることから，
$$0 \leq a_1 \leq \frac{6-\sqrt{30}}{3}, \quad \frac{6-\sqrt{6}}{3} \leq a_1 \leq \frac{6+\sqrt{6}}{3}$$
$$\text{または } \frac{6+\sqrt{30}}{3} \leq a_1 \leq 4$$
である。

注 ②，④は，a_1, a_2 に関して対称であるから，②－④から⑥を導いたあと，②＋④より
$$a_1 + a_2 = 4(a_1 + a_2) - (a_1{}^2 + a_2{}^2)$$
$$(a_1 + a_2)^2 - 2a_1 a_2 - 3(a_1 + a_2) = 0$$
$$5^2 - 2a_1 a_2 - 3 \cdot 5 = 0 \quad \therefore \quad a_1 a_2 = 5 \quad \cdots\cdots ⑧$$
となる。⑥，⑧より，a_1, a_2 は $x^2 - 5x + 5 = 0$ の2解として求まる。

類題2 → 解答 p.330

a を2以上の実数とし，$f(x) = (x+a)(x+2)$ とする。このとき $f(f(x)) > 0$ がすべての実数 x に対して成り立つような a の範囲を求めよ。

(京都大)

104　3次方程式の解の表現

$\alpha = \sqrt[3]{7+5\sqrt{2}}$, $\beta = \sqrt[3]{7-5\sqrt{2}}$ とおく。すべての自然数 n に対して，$\alpha^n + \beta^n$ は自然数であることを示せ。　　　　　　　　　　　　　　　（一橋大）

精講　$\alpha^n + \beta^n$ は α, β の対称式ですから，基本対称式 $\alpha+\beta$, $\alpha\beta$ に着目します。$\alpha\beta$ の値は簡単ですが，$\alpha+\beta$ の値はすぐにはわかりません。そこで，$\alpha^3 + \beta^3$ の値を利用して $\alpha+\beta$ の値を求めます。

次に，数学的帰納法を用いることになりますが，$n=k$, $k+1$ での成立から $n=k+2$ での成立を示すタイプです。

解答　$\alpha = \sqrt[3]{7+5\sqrt{2}}$, $\beta = \sqrt[3]{7-5\sqrt{2}}$ のとき
$$\alpha\beta = \sqrt[3]{7^2 - (5\sqrt{2})^2} = \sqrt[3]{-1} = -1 \quad \cdots\cdots ①$$
$$\alpha^3 + \beta^3 = 7+5\sqrt{2} + 7-5\sqrt{2} = 14 \quad \cdots\cdots ②$$
である。さらに，②を
$$(\alpha+\beta)^3 - 3\alpha\beta(\alpha+\beta) = 14$$
と表して，①を代入すると
$$(\alpha+\beta)^3 + 3(\alpha+\beta) - 14 = 0$$
となる。$\alpha+\beta = x$ とおくと
$$x^3 + 3x - 14 = 0$$
$$(x-2)(x^2 + 2x + 7) = 0$$
となるが，$x = \alpha+\beta$ は実数であるから， ← $x^2+2x+7 = (x+1)^2 + 6 > 0$
$$x = 2 \quad \therefore \quad \alpha+\beta = 2 \quad \cdots\cdots ③$$
である。

①，③を用いて，$u_n = \alpha^n + \beta^n$ $(n=1, 2, \cdots\cdots)$ が自然数であることを数学的帰納法によって示す。

(I) 　$u_1 = \alpha+\beta = 2$
　　　$u_2 = \alpha^2 + \beta^2 = (\alpha+\beta)^2 - 2\alpha\beta = 2^2 - 2\cdot(-1) = 6$
より，u_1, u_2 は自然数である。

← (II)では u_k, u_{k+1} から u_{k+2} が自然数であることを示すことになるので，(I)においては u_1 だけではなく，u_2 についても調べておく必要がある。

(II)　u_k, u_{k+1} (k は自然数) が自然数であるとすると
$$u_{k+2} = \alpha^{k+2} + \beta^{k+2}$$
$$= (\alpha+\beta)(\alpha^{k+1} + \beta^{k+1}) - \alpha\beta(\alpha^k + \beta^k)$$
$$= 2u_{k+1} + u_k$$

← 注 参照。

第1章　方程式と不等式

より，u_{k+2} も自然数である。

以上，(I), (II) より，$u_n = \alpha^n + \beta^n$ ($n=1, 2, \cdots\cdots$) は自然数である。　　　　　　　　　　　　（証明おわり）

注 ③, ① より α, β は x についての 2 次方程式 $x^2-2x-1=0$ ……④ の 2 解であるから，
$$\alpha^2-2\alpha-1=0 \quad \cdots\cdots ⑤, \quad \beta^2-2\beta-1=0 \quad \cdots\cdots ⑥$$
が成り立つ。⑤×α^k＋⑥×β^k より
$$\alpha^{k+2}+\beta^{k+2}-2(\alpha^{k+1}+\beta^{k+1})-(\alpha^k+\beta^k)=0$$
$$\therefore \quad u_{k+2}-2u_{k+1}-u_k=0 \quad \therefore \quad u_{k+2}=2u_{k+1}+u_k$$
を導くこともできる。

研究

104 は 3 次方程式の一般的な解法に基づいた問題である。ここでは，その解法について説明しておこう。

3 次方程式
$$x^3+ax^2+bx+c=0 \quad (a, b, c \text{ は実数}) \quad \cdots\cdots ㋐$$
は
$$\left(x+\frac{a}{3}\right)^3+\left(b-\frac{a^2}{3}\right)\left(x+\frac{a}{3}\right)+\frac{2}{27}a^3-\frac{1}{3}ab+c=0$$
となるので，
$$b-\frac{a^2}{3}=3p, \quad \frac{2}{27}a^3-\frac{1}{3}ab+c=q$$
となる p, q をとり，$x+\dfrac{a}{3}$ を新しく x と置き換えると，
$$x^3+3px+q=0 \qquad \cdots\cdots ㋑$$
となる。そこで，㋑を解くために，
$$u^3+v^3=q, \quad uv=-p \qquad \cdots\cdots ㋒$$
を満たす u, v を考えると，㋑は
$$x^3+u^3+v^3-3xuv=0$$
$$\therefore \quad (x+u+v)(x^2+u^2+v^2-ux-vx-uv)=0 \quad \cdots\cdots ㋓$$
となる。㋓の解の 1 つは
$$x=-(u+v)$$
であり，残りの解は
$$x^2-(u+v)x+u^2+v^2-uv=0$$

から得られることになる。このようにして，3次方程式㋐の解が求まることがわかる。

　ここで，㋒より
$$u^3+v^3=q, \quad u^3v^3=-p^3$$
であるから，u^3, v^3 は
$$X^2-qX-p^3=0$$
の2解であり，u, v はその3乗根として求まる。

◀解答▶ に現れる3次方程式
$$x^3+3x-14=0 \quad\quad\quad\quad \cdots\cdots ㋔$$
においては，㋑で $p=1$, $q=-14$ が対応するので，
$$u^3+v^3=-14, \quad u^3v^3=(-1)^3=-1$$
であり，u^3, v^3 は
$$X^2+14X-1=0$$
の2解と一致するから，
$$u^3, \; v^3 = -7\pm5\sqrt{2}$$
である。したがって，㋔の解の1つとして
$$\begin{aligned}x &= -(u+v) = -(\sqrt[3]{-7-5\sqrt{2}}+\sqrt[3]{-7+5\sqrt{2}}) \\ &= \sqrt[3]{7+5\sqrt{2}}+\sqrt[3]{7-5\sqrt{2}}\end{aligned}$$
が得られることになる。

　また，㋔は
$$(x-2)(x^2+2x+7)=0$$
となるので，㋔の実数解は $x=2$ に限ることから，
$$\sqrt[3]{7+5\sqrt{2}}+\sqrt[3]{7-5\sqrt{2}}=2$$
であることがわかる。

　実際，α, β は㊟の2次方程式④の2解 $x=1\pm\sqrt{2}$ と等しいことより
$$\alpha=\sqrt[3]{7+5\sqrt{2}}=1+\sqrt{2}, \quad \beta=\sqrt[3]{7-5\sqrt{2}}=1-\sqrt{2}$$
である。

類題3　→解答 p.330

$$\alpha=\sqrt[3]{\sqrt{\frac{28}{27}}+1}-\sqrt[3]{\sqrt{\frac{28}{27}}-1} \text{ とする。}$$

(1) 整数を係数とする3次方程式で，α を解にもつものがあることを示せ。
(2) α は整数であることを示せ。また，その整数を答えよ。　　　　（大阪教育大）

105　3次方程式の解と係数の関係

実数を係数とする x についての方程式 $x^3+ax^2+bx+c=0$ が異なる3つの解 α, β, γ をもち，それらの2乗 $\alpha^2, \beta^2, \gamma^2$ が方程式 $x^3+bx^2+ax+c=0$ の3つの解となるとき，定数 a, b, c の値および，方程式 $x^3+ax^2+bx+c=0$ の3つの解を求めよ。　　　　　　　　　　（大阪府大）

精講　3次方程式 $ax^3+bx^2+cx+d=0$ の3つの解を α, β, γ とするとき，
$$ax^3+bx^2+cx+d=a(x-\alpha)(x-\beta)(x-\gamma)$$
となりますから，右辺を展開して，両辺の係数を比較することによって，3次方程式の解と係数の関係：
$$\alpha+\beta+\gamma=-\frac{b}{a},\ \alpha\beta+\beta\gamma+\gamma\alpha=\frac{c}{a},\ \alpha\beta\gamma=-\frac{d}{a}$$
が導かれます。本問ではこの関係を利用することになります。

解答　2つの3次方程式
$$x^3+ax^2+bx+c=0 \quad \cdots\cdots(*)$$
$$x^3+bx^2+ax+c=0$$
の解と係数の関係から

$\begin{cases} \alpha+\beta+\gamma=-a & \cdots\cdots① \\ \alpha\beta+\beta\gamma+\gamma\alpha=b & \cdots\cdots② \\ \alpha\beta\gamma=-c & \cdots\cdots③ \end{cases}$ 　$\begin{cases} \alpha^2+\beta^2+\gamma^2=-b & \cdots\cdots④ \\ \alpha^2\beta^2+\beta^2\gamma^2+\gamma^2\alpha^2=a & \cdots\cdots⑤ \\ \alpha^2\beta^2\gamma^2=-c & \cdots\cdots⑥ \end{cases}$

が成り立つ。

③を⑥に代入して
$$(-c)^2=-c \quad \therefore\quad c(c+1)=0$$
より，$c=0, -1$ である。

(ⅰ)　$c=0$ のとき

$\alpha\beta\gamma=0$ より $\gamma=0$ とすると，α, β, γ が異なることより，$\alpha\beta\neq0$ 　$\cdots\cdots⑦$ であり，①，②は
$$\alpha+\beta=-a,\ \alpha\beta=b \qquad\cdots\cdots⑧$$
となる。④，⑤はそれぞれ
$$\alpha^2+\beta^2=-b,\ \alpha^2\beta^2=a$$
$$\therefore\ (\alpha+\beta)^2-2\alpha\beta=-b,\ (\alpha\beta)^2=a$$

←①〜⑥は α, β, γ に関して対称であるから，$\gamma=0$ としてよい。

となり，⑧を代入すると，それぞれ
$$(-a)^2-2b=-b, \quad b^2=a$$
$$\therefore \quad a^2=b, \quad b^2=a$$
となる．2式から b を消去すると，
$$(a^2)^2=a \quad \therefore \quad a(a-1)(a^2+a+1)=0$$

◀ $a^2+a+1=0$ を満たす実数 a はない．

となるが，a は実数であり，⑦より
$a=\alpha^2\beta^2\neq 0$ であるから，$(a, b)=(1, 1)$ である．
このとき，(＊) の解は
$$x^3+x^2+x=0 \quad \text{より} \quad x=0, \frac{-1\pm\sqrt{3}\,i}{2}$$

◀ $x(x^2+x+1)=0$

である．

(ii) $c=-1$ のとき
　$\alpha\beta\gamma=1$ ……⑨ であるから，④，⑤を
$$\begin{cases}(\alpha+\beta+\gamma)^2-2(\alpha\beta+\beta\gamma+\gamma\alpha)=-b \\ (\alpha\beta+\beta\gamma+\gamma\alpha)^2-2\alpha\beta\gamma(\alpha+\beta+\gamma)=a\end{cases}$$

◀ $(\alpha\beta+\beta\gamma+\gamma\alpha)^2$
$=\alpha^2\beta^2+\beta^2\gamma^2+\gamma^2\alpha^2$
$+2\alpha\beta\cdot\beta\gamma+2\beta\gamma\cdot\gamma\alpha$
$+2\gamma\alpha\cdot\alpha\beta$
より．

と変形して，①，②，⑨を代入すると
$$\begin{cases}(-a)^2-2b=-b \\ b^2-2\cdot1\cdot(-a)=a\end{cases} \quad\therefore\quad \begin{cases}b=a^2 \\ a=-b^2\end{cases}$$
となる．2式から，b を消去すると
$$a=-(a^2)^2 \quad\therefore\quad a(a+1)(a^2-a+1)=0$$

◀ $a^2-a+1=0$ を満たす実数 a はない．

となるが，a は実数であるから $a=0, -1$ であり，
$(a, b)=(0, 0), (-1, 1)$ である．このとき，(＊) の解はそれぞれ
$$x^3-1=0 \quad\text{より}\quad x=1, \frac{-1\pm\sqrt{3}\,i}{2}$$

◀ $(x-1)(x^2+x+1)=0$

$$x^3-x^2+x-1=0 \quad\text{より}\quad x=1, \pm i$$

◀ $(x-1)(x^2+1)=0$

である．
以上より，
$$\begin{cases}(a, b, c)=(1, 1, 0), \text{ 3解は } x=0, \dfrac{-1\pm\sqrt{3}\,i}{2} \\ (a, b, c)=(0, 0, -1), \text{ 3解は } x=1, \dfrac{-1\pm\sqrt{3}\,i}{2} \\ (a, b, c)=(-1, 1, -1), \text{ 3解は } x=1, \pm i\end{cases}$$
である．

106　1次関数の区間における最大・最小

区間 $1 \leq x \leq 3$ において関数 $f(x)$ を $f(x) = \begin{cases} 1 & (1 \leq x \leq 2) \\ x-1 & (2 \leq x \leq 3) \end{cases}$ によって定義する。いま実数 a に対して，区間 $1 \leq x \leq 3$ における関数 $f(x) - ax$ の最大値から最小値を引いた値を $V(a)$ とおく。

a がすべての実数にわたって動くとき，$V(a)$ の最小値と最小値を与える a の値を求めよ。

(東京大*)

精講　1次関数 $h(x) = ax + b$ の区間 $x_1 \leq x \leq x_2$ における最大値を M，最小値を m とするとき，一般に次のことが成り立ちます。

(i) $a \geq 0$ のとき
$$M = h(x_2), \quad m = h(x_1)$$
(ii) $a < 0$ のとき
$$M = h(x_1), \quad m = h(x_2)$$

であることがグラフからわかります。いずれの場合にも，最大値，最小値は区間の端点 $x = x_1, x_2$ における $h(x)$ の値であることを覚えておきましょう。

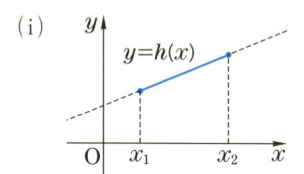

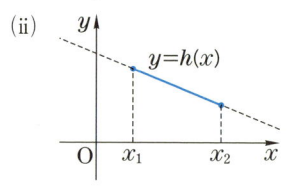

本問では，$f(x) - ax$ は区間 $1 \leq x \leq 2$, $2 \leq x \leq 3$ においては，それぞれ1次式で表されるので，上の事実を利用することになります。

解答　$g(x) = f(x) - ax$ とおくと，
$$g(x) = \begin{cases} 1 - ax = -ax + 1 & (1 \leq x \leq 2) \\ x - 1 - ax = (1-a)x - 1 & (2 \leq x \leq 3) \end{cases}$$
である。$g(x)$ は区間

　　　$1 \leq x \leq 2$ ……①　$2 \leq x \leq 3$ ……②

それぞれでは，1次式で表されるから，$g(x)$ の

　　　①における最大値，最小値は $g(1)$ または $g(2)$

であり，

　　　②における最大値，最小値は $g(2)$ または $g(3)$

である。
　したがって，①，②を合わせた区間
$$1 \leqq x \leqq 3$$
における最大値M，最小値mはそれぞれ
$$g(1)=1-a, \ g(2)=1-2a, \ g(3)=2-3a$$
の最大値，最小値と一致するから，
　グラフより
$a \leqq 0$ のとき
$$M=2-3a, \ m=1-a$$
$\therefore \ V(a)=M-m=1-2a$
$0 \leqq a \leqq \dfrac{1}{2}$ のとき
$$M=2-3a, \ m=1-2a$$
$\therefore \ V(a)=1-a$
$\dfrac{1}{2} \leqq a \leqq 1$ のとき
$$M=1-a, \ m=1-2a$$
$\therefore \ V(a)=a$
$a \geqq 1$ のとき
$$M=1-a, \ m=2-3a$$
$\therefore \ V(a)=2a-1$
である。
　以上より，$b=V(a)$ のグラフは右のようになるから，$V(a)$ は
$$a=\dfrac{1}{2} \ \text{のとき，最小値} \ \dfrac{1}{2}$$
をとる。

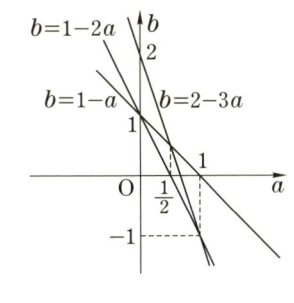

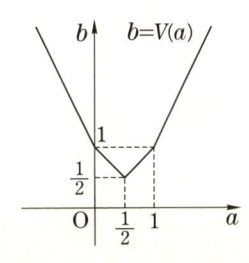

類題 4　→ 解答 p.331

　xy 平面内の領域 $-1 \leqq x \leqq 1$, $-1 \leqq y \leqq 1$ において
$$1-ax-by-axy$$
の最小値が正となるような定数 a, b を座標とする点 (a, b) の範囲を図示せよ。

(東京大)

107　2次関数の区間における最大・最小

t の関数 $f(t)$ を $f(t)=2+2\sqrt{2}\,at+b(2t^2-1)$ とおく。区間 $-1\leqq t\leqq 1$ のすべての t に対して $f(t)\geqq 0$ であるような a, b を座標とする点 (a, b) の存在する範囲を図示せよ。

(東京大*)

精講　　$u=f(t)$ のグラフを考えましょう。$b>0$ のときにはグラフは下に凸な放物線ですから，軸と区間 $-1\leqq t\leqq 1$ の位置関係によって場合分けをすることになります。一方，$b\leqq 0$ のときにはグラフは上に凸な放物線か直線になるので，次の事実を利用できます。

一般に，$y=g(x)$ のグラフが区間 $I:a\leqq x\leqq b$ において，上に凸（あるいは線分）であるとき，

　　　　I において $g(x)\geqq 0 \iff$ "$g(a)\geqq 0$ かつ $g(b)\geqq 0$"

が成り立つ。また，I において下に凸（あるいは線分）であるとき，

　　　　I において $g(x)\leqq 0 \iff$ "$g(a)\leqq 0$ かつ $g(b)\leqq 0$"

が成り立つ。

解答　　$f(t)=2+2\sqrt{2}\,at+b(2t^2-1)$
$\qquad\qquad =2bt^2+2\sqrt{2}\,at+2-b$

において，

　　"$-1\leqq t\leqq 1$ のすべての t に対して $f(t)\geqq 0$ である"……(*)

ための a, b の条件を tu 平面における $u=f(t)$ ……①

のグラフを利用して求める。

(i) $b\leqq 0$ のとき

$b<0$ のとき，①は上に凸な放物線であり，$b=0$ のときは直線であるから，

　　　　(*) $\iff f(-1)\geqq 0$ かつ $f(1)\geqq 0$
　　　　$\therefore\ b\geqq 2\sqrt{2}\,a-2$ かつ $b\geqq -2\sqrt{2}\,a-2$

である。

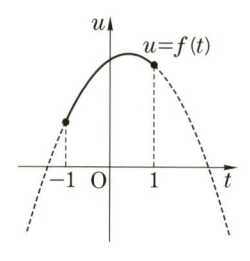

(ii) $b>0$ のとき

$$f(t)=2b\left(t+\frac{\sqrt{2}\,a}{2b}\right)^2-\frac{a^2}{b}+2-b$$

であり，①は下に凸な放物線で，軸は $t=-\dfrac{\sqrt{2}\,a}{2b}$ である。したがって

・$-\dfrac{\sqrt{2}\,a}{2b}\leqq -1$　つまり　$b\leqq \dfrac{\sqrt{2}}{2}a$ のとき

　　$(*) \iff f(-1)\geqq 0$　　$\therefore\ b\geqq 2\sqrt{2}\,a-2$

・$-1\leqq -\dfrac{\sqrt{2}\,a}{2b}\leqq 1$　つまり

　　$b\geqq -\dfrac{\sqrt{2}}{2}a$ かつ $b\geqq \dfrac{\sqrt{2}}{2}a$ のとき

　　$(*) \iff f\left(-\dfrac{\sqrt{2}\,a}{2b}\right)\geqq 0$

　　　　$\therefore\ -\dfrac{a^2}{b}+2-b\geqq 0$

　　　　$\therefore\ a^2+(b-1)^2\leqq 1$

・$-\dfrac{\sqrt{2}\,a}{2b}\geqq 1$　つまり　$b\leqq -\dfrac{\sqrt{2}}{2}a$ のとき

　　$(*) \iff f(1)\geqq 0$　　$\therefore\ b\geqq -2\sqrt{2}\,a-2$

である。
(i), (ii)より，(∗)のための条件は
$b\leqq 0$ のとき

　　$b\geqq 2\sqrt{2}\,a-2$ かつ $b\geqq -2\sqrt{2}\,a-2$,

$b>0$ のとき

　　"$b\leqq \dfrac{\sqrt{2}}{2}a$ かつ $b\geqq 2\sqrt{2}\,a-2$",

　または　"$b\geqq -\dfrac{\sqrt{2}}{2}a$ かつ $b\geqq \dfrac{\sqrt{2}}{2}a$

　　　　　　　　かつ $a^2+(b-1)^2\leqq 1$"

　または　"$b\leqq -\dfrac{\sqrt{2}}{2}a$ かつ $b\geqq -2\sqrt{2}\,a-2$"

であるから，点 $(a,\ b)$ の存在する範囲は右図の斜線部分(境界を含む)である。

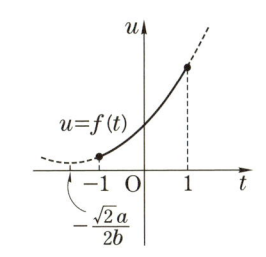

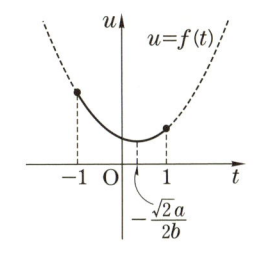

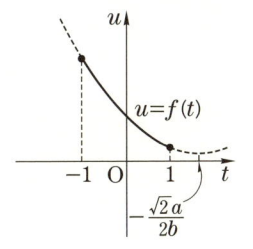

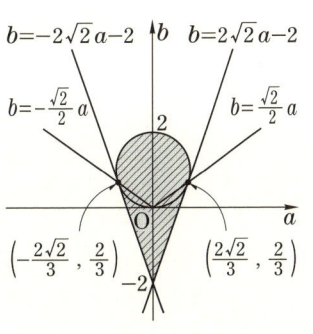

注　直線 $b=\pm 2\sqrt{2}\,a-2$ は円 $a^2+(b-1)^2=1$ とそれぞれ点 $\left(\pm\dfrac{2\sqrt{2}}{3},\ \dfrac{2}{3}\right)$ (複号同順)で接している。

108 2次関数の定義域と値域の関係

区間 $[a, b]$ が関数 $f(x)$ に関して不変であるとは，
$$a \leq x \leq b \text{ ならば, } a \leq f(x) \leq b$$
が成り立つこととする。$f(x) = 4x(1-x)$ とするとき，次の問いに答えよ。

(1) 区間 $[0, 1]$ は関数 $f(x)$ に関して不変であることを示せ。

(2) $0 < a < b < 1$ とする。このとき，区間 $[a, b]$ は関数 $f(x)$ に関して不変ではないことを示せ。

(九州大)

精講 (2) $0 < a < b < 1$ のもとで，$f(x)$ の区間 $[a, b]$ における最小値，最大値を調べるのは面倒です。そこで，$[a, b]$ が $f(x)$ に関して不変であるとすると，$f\left(\dfrac{1}{2}\right) = 1 \in [a, b]$ より $\dfrac{1}{2}$ は $[a, b]$ に含まれないことがわかります。これを利用して，議論を進めましょう。

解答 (1) $f(x) = 4x(1-x) = -4\left(x - \dfrac{1}{2}\right)^2 + 1$

のグラフ(右図)から，$0 \leq x \leq 1$ において，
$0 \leq f(x) \leq 1$ であり，区間 $[0, 1]$ は $f(x)$ に関して不変である。 　　(証明おわり)

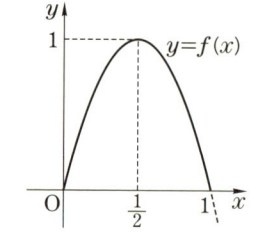

(2) $0 < a < b < 1$ であるから，$\dfrac{1}{2} \in [a, b]$ とすると，

$f\left(\dfrac{1}{2}\right) = 1 \in [a, b]$ となるので区間 $[a, b]$ は不変で

はない。したがって，$\dfrac{1}{2} \in [a, b]$ であるから，

$$0 < a < b < \dfrac{1}{2} \quad \cdots\cdots ①, \quad \dfrac{1}{2} < a < b < 1 \quad \cdots\cdots ②$$

の場合を調べると十分である。

①のとき，右のグラフより
　　$b < f(b)$，したがって，$f(b) \in [a, b]$
であるから，$[a, b]$ は不変ではない。

②のとき，$y = f(x)$ は区間 $[a, b]$ では減少であり，$f(b) \leq f(x) \leq f(a)$ であるから，不変であるためには

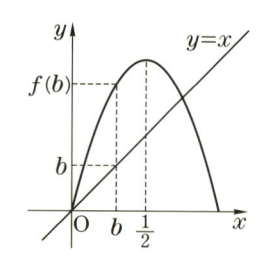

$a \leq f(b)$ かつ $f(a) \leq b$

∴ $a \leq 4b(1-b)$ …③ かつ $4a(1-a) \leq b$ …④

でなければならない。

③は $b=\dfrac{1}{2}$ を軸とする放物線 $a=4b(1-b)$ の左方を表すから，③かつ④を満たす領域は右図の青の部分であり，②の表す領域（斜線部分）と共有点をもたないので，この場合も不変となる区間 $[a,\ b]$ はない。　　　　　（証明おわり）

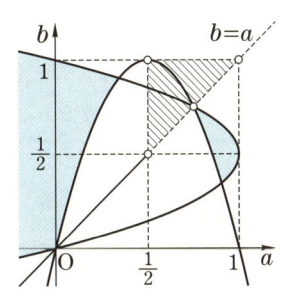

参考

(2)では，$[a,\ b]$ が不変となるためには，

　"$f(a),\ f(b) \in [a,\ b]$ より　$a \leq f(a),\ f(b) \leq b$"

でなければならない。このことから，以下のような証明も考えられる。

別解

区間 $[a,\ b]$ が不変であるとき，

　　$a \leq f(a)$ かつ $f(b) \leq b$

∴ $a(4a-3) \leq 0$ かつ $b(4b-3) \geq 0$

であるから，$0 < a < b < 1$ と合わせると

　　$0 < a \leq \dfrac{3}{4}$ かつ $\dfrac{3}{4} \leq b < 1$ ……⑤

である。また，$\dfrac{1}{2} \in [a,\ b]$ とすると，

$f\left(\dfrac{1}{2}\right) = 1 \notin [a,\ b]$ となるので，$\dfrac{1}{2} \notin [a,\ b]$ である。

したがって，⑤と合わせると

　　$\dfrac{1}{2} < a \leq \dfrac{3}{4} \leq b < 1$ ……⑥

でなければならないが，このとき，

$\left|\dfrac{f(b)-f(a)}{b-a}\right| = 4(b+a-1) > 4\left(\dfrac{3}{4}+\dfrac{1}{2}-1\right) = 1$

∴ $f(a) - f(b) > b - a = ([a,\ b]$ の区間の幅$)$

となり，$f(a),\ f(b)$ の少なくとも一方は，$[a,\ b]$ に含まれない。したがって，$[a,\ b]$ は不変ではない。

（証明おわり）

← ⑥のもとでは，$a \leq x \leq b$ における平均変化率の絶対値が 1 より大きいだろうと予想して計算している。

109 2次関数 $f(x, y)$ の範囲つきの最大・最小

x, y の関数 $f(x, y) = 8x^2 - 8xy + 5y^2 + 24x - 10y + 18$ がある。
(1) x, y が実数であるとき，$f(x, y)$ の最小値を求めよ。
(2) $x \geq 0, y \geq 0$ のとき，$f(x, y)$ の最小値を求めよ。
(3) x, y が整数であるとき，$f(x, y)$ の最小値を求めよ。

精講　2変数の最大最小問題の解法の1つは，「まず一方を固定して他方の変数だけの関数として最小値，最大値を求めて，次に固定しておいた変数を変化させる」ことです。

本問でも，y をまず固定して，$f(x, y)$ を x の2次関数と考えて平方完成します。

解答
(1) $f(x, y)$
$= 8x^2 - 8(y-3)x + 5y^2 - 10y + 18$
$= 8\left(x - \dfrac{y-3}{2}\right)^2 + 3y^2 + 2y$
$= 8\left(x - \dfrac{y-3}{2}\right)^2 + 3\left(y + \dfrac{1}{3}\right)^2 - \dfrac{1}{3}$ …①

← まず，y を固定して（定数と考えて），x の関数と考えると，$x = \dfrac{y-3}{2}$ のとき最小値 $3y^2 + 2y$ をとる。次に，y を変化させると，$y + \dfrac{1}{3} = 0$ のとき最小値 $-\dfrac{1}{3}$ をとる。

となるから，$f(x, y)$ は

$x - \dfrac{y-3}{2} = 0, \quad y + \dfrac{1}{3} = 0$

$\therefore \quad x = -\dfrac{5}{3}, \quad y = -\dfrac{1}{3}$

のとき，最小値 $-\dfrac{1}{3}$ をとる。

(2) $y(\geq 0)$ を固定して，x だけを $x \geq 0$ の範囲で変化させたときの $f(x, y)$ の最小値を $m(y)$ とおく。
①より，
(i) $\dfrac{y-3}{2} < 0$，つまり，$0 \leq y < 3$ のとき
$m(y) = f(0, y)$
$= 5y^2 - 10y + 18$
$= 5(y-1)^2 + 13$

← x の2次関数①を最小にする $x = \dfrac{y-3}{2}$ が $x \geq 0$ の範囲に
(i) 含まれない場合
(ii) 含まれる場合
に分けて調べる。

(ii) $\dfrac{y-3}{2} \geqq 0$, つまり, $y \geqq 3$ のとき

$$m(y) = f\left(\dfrac{y-3}{2},\ y\right)$$
$$= 3\left(y+\dfrac{1}{3}\right)^2 - \dfrac{1}{3}$$

である。

次に, y を(i), (ii)それぞれの範囲で変化させたときの $m(y)$ の最小値は

　(i) のとき　$m(1) = 13$
　(ii) のとき　$m(3) = 33$

であるから, 求める最小値は **13** である。

(3) 整数 y を固定して, 整数 x を変化させたときの $f(x,\ y)$ の最小値を $M(y)$ とおく。①において, $\dfrac{y-3}{2}$ が整数であるかどうかで場合分けをして調べる。

(iii) $\dfrac{y-3}{2}$ が整数である, つまり, y が奇数のとき

$$M(y) = f\left(\dfrac{y-3}{2},\ y\right) = 3\left(y+\dfrac{1}{3}\right)^2 - \dfrac{1}{3}$$

となるから, $M(y)$ は $y = -1$ のとき最小値 1 をとる。

⬅ $y = -\dfrac{1}{3}$ に最も近い奇数 y は $y = -1$ であり, $x = -2$ となる。

(iv) $\dfrac{y-3}{2}$ が整数でない, つまり, y が偶数のとき

$$M(y) = f\left(\dfrac{y-3}{2} \pm \dfrac{1}{2},\ y\right)$$
$$= 8\left(\pm\dfrac{1}{2}\right)^2 + 3\left(y+\dfrac{1}{3}\right)^2 - \dfrac{1}{3}$$
$$= 3\left(y+\dfrac{1}{3}\right)^2 + \dfrac{5}{3}$$

となるから, $M(y)$ は $y = 0$ のとき最小値 2 をとる。

⬅ $\dfrac{y-3}{2} = (整数) + \dfrac{1}{2}$ に最も近い整数は $\dfrac{y-3}{2} \pm \dfrac{1}{2}$ である。

⬅ $-\dfrac{1}{3}$ に最も近い偶数 y は $y = 0$ であり, $x = -1,\ -2$ となる。

以上より, 求める最小値は **1** である。

110 2次関数 $f(x, y)$ がつねに0以上である条件

> 定数 a を 0 でない実数とする。座標平面上の点 (x, y) に対して定義された関数 $f(x, y) = ax^2 + 2(1-a)xy + 4ay^2$ を考える。すべての点 (x, y) に対して，不等式 $f(x, y) \geq 0$ が成立するための必要十分条件を求めよ。　（慶應大*）

精講　2つの変数 x, y に関する問題の処理法の1つに，まず x, y のいずれか一方を固定して考える方法があります。本問でも，まず y を固定すると，$f(x, y)$ は x の2次関数となります。そこで，次のことを思い出しましょう。

---

a, b, c を定数とするとき，

すべての実数 x に対して $ax^2 + bx + c \geq 0$ である

$\iff$ "$a > 0$ かつ $b^2 - 4ac \leq 0$" または "$a = b = 0$ かつ $c \geq 0$"

解答　"すべての実数 x, y に対して $f(x, y) \geq 0$ である" ……(*)　ための条件を求める。

まず，y を固定して考えると，$a \neq 0$ より
$$f(x, y) = ax^2 + 2(1-a)yx + 4ay^2$$
は x の2次関数である。

すべての実数 x に対して $f(x, y) \geq 0$ であるための条件は，
$$\begin{cases} (x^2 \text{の係数}) = a > 0 \\ \dfrac{1}{4}(\text{判別式}) = \{(1-a)y\}^2 - 4a^2 y^2 \leq 0 \end{cases}$$

$\therefore \quad a > 0$ かつ $(3a^2 + 2a - 1)y^2 \geq 0$ ……①

が成り立つことである。

したがって，(*) が成り立つための必要十分条件は，①がすべての実数 y に対して成り立つことであるから，

$a > 0$ かつ $3a^2 + 2a - 1 \geq 0$

$\therefore \quad a \geq \dfrac{1}{3}$

である。

← $f(x, y) \geq 0$ は $y = 0$ のとき
$ax^2 \geq 0$
となる。
また，$y \neq 0$ のとき，両辺を y^2 で割ると
$a\left(\dfrac{x}{y}\right)^2 + 2(1-a)\cdot\dfrac{x}{y} + 4a \geq 0$
となる。これを利用して a の条件を求めてもよい。

← $3a^2 + 2a - 1 = (a+1)(3a-1)$

111 正の数 x, y に関してつねに成り立つ不等式

すべての正の実数 x, y に対し $\sqrt{x}+\sqrt{y} \leqq k\sqrt{2x+y}$ が成り立つような実数 k の最小値を求めよ。

（東京大）

精講 この問題の処理においては，両辺が x, y の式として"同次"であること，すなわち，両辺を $\sqrt{x}$ あるいは $\sqrt{y}$ で割ることによって1変数の問題に帰着できることに気がつかないと面倒なことになります。

さらに，両辺を2乗して根号を取り除いて問題を簡単化して考えます。

解答 $x>0$, $y>0$ であるから，
$$\sqrt{x}+\sqrt{y} \leqq k\sqrt{2x+y} \quad \cdots\cdots ①$$
は，両辺を $\sqrt{x}$ で割った不等式
$$1+\sqrt{\frac{y}{x}} \leqq k\sqrt{2+\frac{y}{x}} \quad \cdots\cdots ①'$$
と同値である。ここで，$t=\sqrt{\dfrac{y}{x}}$ とおくと
$$1+t \leqq k\sqrt{2+t^2} \quad \cdots\cdots ②$$
となるが，$t>0$ $\cdots\cdots ③$ において，②が成り立つためには，まず，
$$k>0 \quad \cdots\cdots ④$$
でなければならない。このとき，②は
$$(1+t)^2 \leqq (k\sqrt{2+t^2})^2$$
$$\therefore \quad (k^2-1)t^2 -2t +2k^2-1 \geqq 0 \quad \cdots\cdots ⑤$$

←③のもとで，②の左辺は正であるから。

と同値であるから，⑤の左辺を $f(t)$ とおくとき，
"③において，$f(t) \geqq 0$ である" $\cdots\cdots (*)$
ような k の範囲を調べる。

←$f(t)=(k^2-1)t^2-2t+2k^2-1$

$k^2-1=0$ つまり，$k=1$ のとき
$$f(t) = -2t+1$$
となるので，$(*)$ は成り立たない。したがって，
$$(t^2 \text{の係数})=k^2-1>0$$
$$\therefore \quad k>1 \quad \cdots\cdots ⑥$$

←**注** 参照。

でなければならない。このとき，

$$f(t) = (k^2-1)\left(t - \frac{1}{k^2-1}\right)^2 - \frac{1}{k^2-1} + 2k^2 - 1$$

は③においては，$t = \dfrac{1}{k^2-1}$ のとき最小となるから，
(∗)の条件は

$\qquad k>1$　かつ　$f\left(\dfrac{1}{k^2-1}\right) = -\dfrac{1}{k^2-1} + 2k^2 - 1 \geqq 0$　　←分母を払うと
$\qquad\qquad\qquad\qquad\qquad\qquad\qquad\qquad\qquad\quad -1 + (2k^2-1)(k^2-1) \geqq 0$
∴　$k>1$　かつ　$k^2(2k^2-3) \geqq 0$
∴　$k \geqq \sqrt{\dfrac{3}{2}}$

である。

したがって，求める最小値は $k = \sqrt{\dfrac{3}{2}}$ である。

注　$k>1$ ……⑥ のもとで，放物線 $u = f(t)$ の軸は $t>0$ ……③ の範囲にあるので，(∗)が成り立つ条件は，

$\qquad \dfrac{1}{4}(\text{判別式}) = 1 - (k^2-1)(2k^2-1) \leqq 0$

∴　$k^2(2k^2-3) \geqq 0$

であると考えてもよい。

参考

1°　**解答**で④を導いたあと，いわゆる，"パラメタの分離"を思い出すと，次のように処理できる。

[④以下の**別解**]
③，④のもとでは，②は

$\qquad \dfrac{1+t}{\sqrt{2+t^2}} \leqq k$

∴　$\dfrac{(1+t)^2}{2+t^2} \leqq k^2$ 　　　　　　　　……⑦

と同値であるから，k^2 が⑦の左辺 $F = \dfrac{(1+t)^2}{2+t^2}$ の　　←分数関数の微分を知っているときには，$t > 0$ における F の増減を調べて，F の最大値を求めるとよい。

最大値以上であるとよい。

F の最大値を求めるために，$t+1 = s$ と置き換えると，③より

$\qquad s > 1$ 　　　　　　　　　　　　　……⑧

であり，

$$F = \frac{s^2}{2+(s-1)^2} = \frac{s^2}{s^2-2s+3}$$
$$= \frac{1}{1-\frac{2}{s}+\frac{3}{s^2}} = \frac{1}{3\left(\frac{1}{s}-\frac{1}{3}\right)^2+\frac{2}{3}}$$

← このままでは分子，分母がともに変化するので，一方だけが変化するように工夫した。代わりに $\frac{1}{F}$ を考えてもよい。

となる。これより，分母は
$$\frac{1}{s}-\frac{1}{3}=0 \quad \therefore \quad s=3$$

のとき最小となり，F は最大値 $\frac{3}{2}$ をとる。

したがって，(＊) の条件は
$$\frac{3}{2} \leq k^2 \quad \therefore \quad k \geq \sqrt{\frac{3}{2}}$$

であり，求める k の最小値は $\sqrt{\frac{3}{2}}$ である。

2° <解答> で③を導いたあと $\sqrt{2+t^2}$ の根号をはずすと考えると次のような変数変換が有効であるが，少し特殊すぎる解法である。

[③以下の <別解>]

$t=\sqrt{2}\tan\theta$ とおくと，③より
$$0<\theta<\frac{\pi}{2} \qquad \cdots\cdots ⑨$$

であり，②は
$$1+\sqrt{2}\tan\theta \leq k\sqrt{2(1+\tan^2\theta)}$$
$$\therefore \quad \cos\theta+\sqrt{2}\sin\theta \leq \sqrt{2}\,k$$

← $\sqrt{2(1+\tan^2\theta)} = \frac{\sqrt{2}}{\cos\theta}$

より
$$\sqrt{3}\sin(\theta+\alpha) \leq \sqrt{2}\,k \qquad \cdots\cdots ⑩$$

となる。ここで，α は $\sin\alpha=\frac{1}{\sqrt{3}}$，$\cos\alpha=\frac{\sqrt{2}}{\sqrt{3}}$

を満たす鋭角である。したがって，⑨において⑩が成り立つ条件は
$$\sqrt{3} \leq \sqrt{2}\,k \quad \therefore \quad \sqrt{\frac{3}{2}} \leq k$$

であるから，求める最小値は $k=\sqrt{\frac{3}{2}}$ である。

112 相加平均・相乗平均の不等式

Pはx軸上の点でx座標が正であり,Qはy軸上の点でy座標が正である。直線PQは原点Oを中心とする半径1の円に接している。また,a,bは正の定数とする。P,Qを動かすとき,$a\text{OP}^2+b\text{OQ}^2$の最小値を$a$,$b$で表せ。

(一橋大)

精講　変数のとり方はいくつかありますが,結局は相加平均・相乗平均の不等式に帰着するはずです。

相加平均・相乗平均の不等式

正の数a,bに対して,$\dfrac{a+b}{2} \geqq \sqrt{ab}$　が成り立つ。

等号は$a=b$のときに限って成り立つ。

以下に示されるように,多くの場合
$$a+b \geqq 2\sqrt{ab}$$
の形で応用されます。

解答　直線PQの方程式を,正の定数m,nを用いて $y=-mx+n$ ……① と表すとき,PQが原点Oを中心とする半径1の円に接することから,

　　(原点Oから①までの距離)＝(円の半径)

$$\dfrac{n}{\sqrt{1+m^2}}=1 \quad \therefore \quad n^2=1+m^2 \quad \cdots\cdots ②$$

である。また,$\text{P}\left(\dfrac{n}{m},\ 0\right)$,$\text{Q}(0,\ n)$であるから,

$$a\text{OP}^2+b\text{OQ}^2=a\left(\dfrac{n}{m}\right)^2+bn^2$$

$$=a\cdot\dfrac{1+m^2}{m^2}+b(1+m^2)=\dfrac{a}{m^2}+bm^2+a+b \quad \text{←②を代入した。}$$

$$\geqq 2\sqrt{\dfrac{a}{m^2}\cdot bm^2}+a+b \quad \cdots\cdots ③ \quad \text{←(相加平均)≧(相乗平均)より。}$$

$$=2\sqrt{ab}+a+b=(\sqrt{a}+\sqrt{b})^2$$

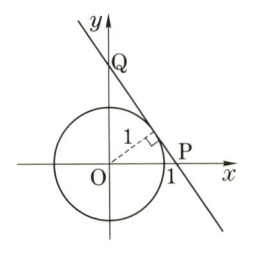

が成り立ち，さらに，③の等号は，
$$\frac{a}{m^2}=bm^2 \text{ つまり } m=\sqrt[4]{\frac{a}{b}}$$
のとき成り立つ。これより，$a\mathrm{OP}^2+b\mathrm{OQ}^2$ の最小値は $(\sqrt{a}+\sqrt{b})^2$ である。

← 等号が成立することを必ず確認しなければならない。

参考

単位円の接線の公式を利用して，次のように解くこともできる。

別解

PQ が単位円：$x^2+y^2=1$ と点 $(\cos\theta,\ \sin\theta)$ $\left(0<\theta<\dfrac{\pi}{2}\right)$ で接しているとすると，

PQ： $x\cos\theta+y\sin\theta=1$

である。これより，
$$\mathrm{P}\left(\frac{1}{\cos\theta},\ 0\right),\ \mathrm{Q}\left(0,\ \frac{1}{\sin\theta}\right)$$
であり，
$$\begin{aligned}
&a\mathrm{OP}^2+b\mathrm{OQ}^2 \\
&=\frac{a}{\cos^2\theta}+\frac{b}{\sin^2\theta} \\
&=a(1+\tan^2\theta)+b\left(1+\frac{1}{\tan^2\theta}\right) \\
&=a+b+a\tan^2\theta+\frac{b}{\tan^2\theta} \\
&\geqq a+b+2\sqrt{a\tan^2\theta\cdot\frac{b}{\tan^2\theta}} \\
&=(\sqrt{a}+\sqrt{b})^2
\end{aligned}$$

← 円 $x^2+y^2=r^2$ $(r>0)$ 上の点 $(x_1,\ y_1)$ における接線の方程式は
$$x_1 x+y_1 y=r^2$$
である。

← $\cos^2\theta+\sin^2\theta=1$ に $\dfrac{1}{\cos^2\theta},\ \dfrac{1}{\sin^2\theta}$ をかけた式を用いた。

である。不等号における等号は
$$a\tan^2\theta=\frac{b}{\tan^2\theta} \text{ より } \tan\theta=\sqrt[4]{\frac{b}{a}}$$
のとき成り立つので，求める最小値は $(\sqrt{a}+\sqrt{b})^2$ である。

113 剰余の定理

等式 $f(x)$ を $(x+1)^2$ で割ったときの余りは $2x+3$ であり，$(x-1)^2$ で割ったときの余りは $6x-5$ である。
(1) $f(x)$ を $(x+1)^2(x-1)$ で割った余りを求めよ。
(2) $f(x)$ が3次式であるとき，$f(x)$ を求めよ。 　　　　　　　　(同志社大*)

精講　$f(x)$ を $(x+1)^2$ で割った式
$$f(x)=(x+1)^2 A(x)+2x+3$$
を利用して，$f(x)$ を $(x+1)^2(x-1)$ で割った余りを求めることになります。そこで

> **剰余の定理**
> 整式 $P(x)$ を1次式 $x-\alpha$ で割ったときの余りは $P(\alpha)$ である。
> また，$P(x)$ を1次式 $ax+b$ で割ったときの余りは $P\left(-\dfrac{b}{a}\right)$ である。

を適用して，$A(x)$ を $x-1$ で割った式を考えることになります。

解答　(1) $f(x)$ を $(x+1)^2$，$(x-1)^2$ で割ったときの商をそれぞれ $A(x)$，$B(x)$ とすると
$$f(x)=(x+1)^2 A(x)+2x+3 \quad \cdots\cdots ①$$
$$f(x)=(x-1)^2 B(x)+6x-5 \quad \cdots\cdots ②$$
となる。①，②で $x=1$ とおいた式より
$$4A(1)+5=1$$　　　　　　　　　　　　　　　←両辺ともに $f(1)$ を表す。
$$\therefore \quad A(1)=-1$$
であるから，$A(x)$ を $x-1$ で割った商を $P(x)$ とすると，
$$A(x)=(x-1)P(x)-1$$
である。①に代入すると，
$$f(x)=(x+1)^2\{(x-1)P(x)-1\}+2x+3$$
$$=(x+1)^2(x-1)P(x)-x^2+2 \quad \cdots\cdots ③$$
となるので，求める余りは $-x^2+2$ である。

(2) ①, ②それぞれで $x=-1$ とおいた式より
$$1=4B(-1)-11$$
$$\therefore \quad B(-1)=3$$

← 両辺ともに $f(-1)$ を表す。

であるから，$B(x)$ を $x+1$ で割ったときの商を $Q(x)$ とすると，
$$B(x)=(x+1)Q(x)+3$$
である。②に代入すると
$$f(x)=(x-1)^2\{(x+1)Q(x)+3\}+6x-5$$
$$=(x-1)^2(x+1)Q(x)+3x^2-2 \quad \cdots\cdots ④$$
となる。

$f(x)$ が 3 次式のとき，③，④において $P(x)$, $Q(x)$ は 0 以外の定数であり，それらは $f(x)$ の x^3 の係数であるから互いに等しい。したがって，$P(x)=Q(x)=a$ (定数) とすると，③，④より
$$f(x)=a(x+1)^2(x-1)-x^2+2$$
$$=a(x^3+x^2-x-1)-x^2+2 \quad \cdots\cdots ⑤$$
$$f(x)=a(x-1)^2(x+1)+3x^2-2$$
$$=a(x^3-x^2-x+1)+3x^2-2 \quad \cdots\cdots ⑥$$
となる。⑤，⑥が一致することから，定数項に着目すると，
$$-a+2=a-2 \quad \therefore \quad a=2$$
である。このとき，⑤，⑥は一致して
$$\boldsymbol{f(x)=2x^3+x^2-2x}$$
である。

類題 5　→ 解答 p.331

n を自然数とし，多項式 $P(x)$ を $P(x)=(x+1)(x+2)^n$ と定める。
(1) $P(x)$ を $x-1$ で割ったときの余りを求めよ。
(2) $(x+2)^n$ を x^2 で割ったときの余りを求めよ。
(3) $P(x)$ を x^2 で割ったときの余りを求めよ。
(4) $P(x)$ を $x^2(x-1)$ で割ったときの余りを求めよ。

(神戸大)

第 2 章　三角関数・ベクトルと図形問題

201　円に内接する四角形と正弦定理

　四角形 ABCD は半径 1 の円に内接し，対角線 AC, BD の長さはともに $\sqrt{3}$ で，A は短い方の弧 $\overparen{BD}$ 上にあり，B は短い方の弧 $\overparen{AC}$ 上にあるものとするとき，四角形の 4 辺の長さの和 AB+BC+CD+DA を L とする。
(1)　$\angle ABD = \theta$ とするとき，L を θ を用いて表せ。
(2)　L の最大値を求めよ。また，L が最大となるとき，四角形 ABCD の面積 S を求めよ。
(弘前大*)

精講　円に内接する四角形の問題ですが，対角線 (AC, BD) によって分割されたあとのいずれの三角形においても，既知の辺の長さは 1 辺 (AC, BD) だけですから，正弦定理を利用することになります。

解答　(1)　△ABD において，正弦定理より
$$\frac{BD}{\sin \angle BAD} = 2 \cdot 1$$
∴　$\sin \angle BAD = \frac{1}{2} BD = \frac{\sqrt{3}}{2}$

であり，長い方の弧 $\overparen{BCD}$ の円周角であるから，
　　$\angle BAD = 120°$
である。また，弧 $\overparen{BAD}$ = 弧 $\overparen{ABC}$ であるから，
　　$\overparen{DA} = \overparen{BC}$, つまり DA = BC　……①

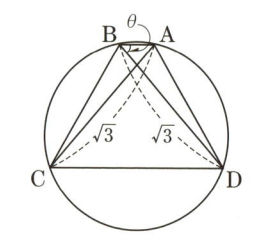

← AC=BD より。
← $\overparen{BAD}$, $\overparen{ABC}$ から $\overparen{AB}$ を除いただけ。

であり，
　　$\angle BAC = \angle ABD = \theta$
である。以上より，
　　$\angle ADB = 60° - \theta$, $\angle CAD = 120° - \theta$
であるから，△ABD, △ACD において
$$\frac{DA}{\sin \theta} = \frac{AB}{\sin(60° - \theta)} = 2, \quad \frac{CD}{\sin(120° - \theta)} = 2$$
である。①と合わせると
　　$DA = BC = 2\sin\theta$
　　$AB = 2\sin(60° - \theta) = \sqrt{3}\cos\theta - \sin\theta$
　　$CD = 2\sin(120° - \theta) = \sqrt{3}\cos\theta + \sin\theta$

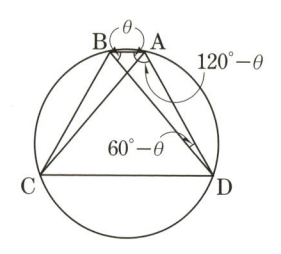

となるので，
$$L = 2\cdot 2\sin\theta + (\sqrt{3}\cos\theta - \sin\theta) + \sqrt{3}\cos\theta + \sin\theta$$
$$= 4\sin\theta + 2\sqrt{3}\cos\theta \quad\cdots\cdots ②$$
である。

(2) ②より
$$L = 2\sqrt{7}\sin(\theta + \alpha)$$

と表される。α は $\cos\alpha = \dfrac{2}{\sqrt{7}}$, $\sin\alpha = \dfrac{\sqrt{3}}{\sqrt{7}}$ を満たす鋭角で，$\alpha > 30°$ である。$\overparen{AD}$ の長さは 0 から $\overparen{BD}$ の長さまで変わるから，その円周角 θ の変域は
$$0° < \theta < 60°$$

← $\sin\alpha = \dfrac{\sqrt{3}}{\sqrt{7}} > \dfrac{1}{2}$ より。

← $\overparen{BD} = \dfrac{1}{3}$(円周) より。

← $30° < \alpha < 90°$ より $0° < 90° - \alpha < 60°$ である。

である。したがって，L は $\theta + \alpha = 90°$，つまり $\theta = 90° - \alpha$ のとき，**最大値 $2\sqrt{7}$** をとる。

AC と BD の交点を E とおくと，△ABE の外角として，∠AED $= 2\theta$ となるから，
$$S = \dfrac{1}{2} AC \cdot BD \cdot \sin 2\theta = \dfrac{3}{2}\sin 2\theta \quad\cdots\cdots ③$$

であり，L が最大となる $\theta = 90° - \alpha$ のとき
$$S = \dfrac{3}{2}\sin(180° - 2\alpha) = 3\sin\alpha\cos\alpha$$
$$= 3\cdot\dfrac{\sqrt{3}}{\sqrt{7}}\cdot\dfrac{2}{\sqrt{7}} = \dfrac{6\sqrt{3}}{7}$$

である。

注 ③は，右図より
$$S = \dfrac{1}{2}(\text{平行四辺形 FGHI})$$
$$= \dfrac{1}{2}\cdot FG\cdot GH\sin 2\theta = \dfrac{1}{2}\cdot AC\cdot BD\cdot \sin 2\theta$$

と導かれる。

参考

(2)では，$\theta = 90° - \alpha$ のとき，四角形 ABCD が
$$AB = \dfrac{1}{\sqrt{7}},\ BC = DA = \dfrac{4}{\sqrt{7}},\ CD = \dfrac{5}{\sqrt{7}}$$

の等脚台形であることを利用して S を求めることもできる。

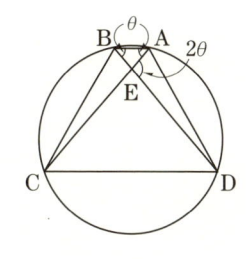

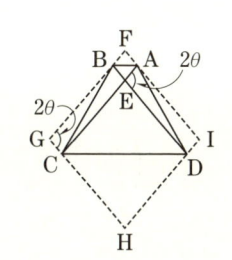

202 正弦定理の応用 $a:b:c=\sin A:\sin B:\sin C$

α, β が $\alpha>0°$, $\beta>0°$, $\alpha+\beta<180°$ かつ $\sin^2\alpha+\sin^2\beta=\sin^2(\alpha+\beta)$ を満たすとき，$\sin\alpha+\sin\beta$ の取りうる範囲を求めよ。　　　　　　　(京都大)

精講　$\alpha>0°$, $\beta>0°$, $\alpha+\beta<180°$ より，α, β はある三角形の2つの内角と考えることができます。このとき，残りの角は $180°-(\alpha+\beta)$ ですから，与えられた等式は3つの内角の正弦(sin)に関する関係式です。

正弦定理から「三角形において，3辺の長さの比は対角の正弦の比に等しい」ことを思い出しましょう。

解答　$\alpha>0°$, $\beta>0°$, $\alpha+\beta<180°$ ……①
より，3つの内角が
　　α, β, $180°-(\alpha+\beta)$
である △ABC を考えて，
　　$\angle A=\alpha$, $\angle B=\beta$, $\angle C=180°-(\alpha+\beta)$
　　$BC=a$, $CA=b$, $AB=c$
とし，△ABC の外接円の半径を R とする。
正弦定理より
$$\frac{a}{2R}=\sin\alpha, \quad \frac{b}{2R}=\sin\beta,$$
$$\frac{c}{2R}=\sin\{180°-(\alpha+\beta)\}=\sin(\alpha+\beta)$$
であるから，
　　$\sin^2\alpha+\sin^2\beta=\sin^2(\alpha+\beta)$
は
$$\left(\frac{a}{2R}\right)^2+\left(\frac{b}{2R}\right)^2=\left(\frac{c}{2R}\right)^2$$
　　∴　$a^2+b^2=c^2$
となるので，△ABC は $\angle C=90°$ の直角三角形である。したがって，
　　$180°-(\alpha+\beta)=90°$
　　∴　$\alpha+\beta=90°$　　　　　　　　　　……②
であるから，

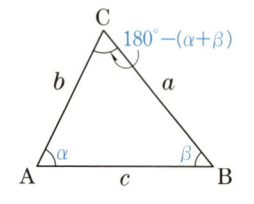

←△ABC の3辺の長さがこの関係式を満たすとき，三平方の定理の逆より，△ABC は直角三角形である。

$$\sin\alpha+\sin\beta=\sin\alpha+\sin(90°-\alpha)$$
$$=\sin\alpha+\cos\alpha$$
$$=\sqrt{2}\sin(\alpha+45°)$$

となる。①，②より
$$0°<\alpha<90°$$
であるから，求める範囲は
$$1<\sin\alpha+\sin\beta\leqq\sqrt{2}$$
である。

←$\beta=90°-\alpha$ より
　$\alpha>0°$，$90°-\alpha>0°$
　∴　$0°<\alpha<90°$

参考

加法定理を利用して以下のように解くこともできる。

別解

$$\sin^2\alpha+\sin^2\beta=\sin^2(\alpha+\beta)$$
より
$$\sin^2\alpha+\sin^2\beta=(\sin\alpha\cos\beta+\cos\alpha\sin\beta)^2$$
$$\sin^2\alpha+\sin^2\beta$$
$$=\sin^2\alpha\cos^2\beta+2\sin\alpha\cos\beta\cos\alpha\sin\beta$$
$$+\cos^2\alpha\sin^2\beta$$
$$\sin^2\alpha(1-\cos^2\beta)+\sin^2\beta(1-\cos^2\alpha)$$
$$=2\sin\alpha\cos\beta\cos\alpha\sin\beta$$
∴　$2\sin^2\alpha\sin^2\beta=2\sin\alpha\sin\beta\cos\alpha\cos\beta$　……③

←この式で右辺の第1項，第3項を左辺に移項する。

となる。ここで，
$$\alpha>0°,\ \beta>0°,\ \alpha+\beta<180°　……①$$
より
$$0°<\alpha<180°,\ 0°<\beta<180°$$
であり，$\sin\alpha\sin\beta\neq 0$ であるから，③の両辺を $2\sin\alpha\sin\beta$ で割って，移項すると
$$\cos\alpha\cos\beta-\sin\alpha\sin\beta=0$$
∴　$\cos(\alpha+\beta)=0$

となる。したがって，①より
$$\alpha+\beta=90°$$
である。（以下は 解答 と同じである。）

←$0°<\alpha+\beta<180°$ かつ
　$\cos(\alpha+\beta)=0$ より
　$\alpha+\beta=90°$

203 円に内接する四角形と余弦定理

円に内接する四角形 ABCD において，4辺の長さは $AB=a$, $BC=b$, $CD=c$, $DA=d$ である。また，対角線の長さは $AC=x$, $BD=y$ である。
(1) x^2, y^2 を a, b, c, d で表せ。
(2) $xy=ac+bd$ が成り立つことを示せ。

(宮城教育大*，熊本大*)

精講　四角形の形状は 4辺の長さだけでは決定されません。このことは，4辺の長さが等しくても正方形と限らないことから明らかです。しかし，円に内接する四角形においては，4辺の長さによって形状は 1通りに定まります。

そこでは，"円に内接する四角形において，向かい合う内角の和が 180°である"ことと余弦定理が用いられます。

解答　(1) 四角形 ABCD は円に内接しているから

$$A+C=180°, \quad B+D=180° \quad \cdots\cdots ①$$

である。

△BAC，△DAC に余弦定理を用いると，

$$x^2=a^2+b^2-2ab\cos B \quad \cdots\cdots ②$$

$$x^2=c^2+d^2-2cd\cos D$$
$$\quad =c^2+d^2-2cd\cos(180°-B)$$

∴　$x^2=c^2+d^2+2cd\cos B \quad \cdots\cdots ③$

← ①より

である。

②×cd＋③×ab より

$$(ab+cd)x^2=cd(a^2+b^2)+ab(c^2+d^2)$$
$$=cda^2+(c^2+d^2)ba+cb\cdot db$$
$$=(ca+db)(da+cb)$$
$$=(ac+bd)(ad+bc)$$

← a の 2次式とみなして因数分解する。

∴　$x^2=\dfrac{(ac+bd)(ad+bc)}{ab+cd} \quad \cdots\cdots ④$

である。

同様に，△ABD，△CBD に余弦定理を用いると

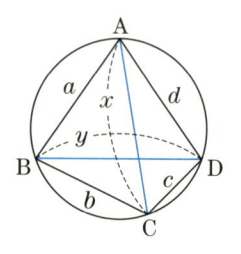

$$y^2 = a^2 + d^2 - 2ad\cos A \quad \cdots\cdots ⑤$$
$$y^2 = b^2 + c^2 - 2bc\cos C$$
$$= b^2 + c^2 - 2bc\cos(180°-A)$$
$$\therefore \quad y^2 = b^2 + c^2 + 2bc\cos A \quad \cdots\cdots ⑥$$

← ①より
$\cos C = \cos(180°-A)$
$\qquad = -\cos A$

である。

⑤×bc＋⑥×ad より
$$(ad+bc)y^2 = bc(a^2+d^2) + ad(b^2+c^2)$$
$$= bca^2 + (b^2+c^2)da + bd\cdot cd$$
$$= (ba+cd)(ca+bd)$$
$$= (ab+cd)(ac+bd)$$
$$\therefore \quad \boldsymbol{y^2 = \frac{(ab+cd)(ac+bd)}{ad+bc}} \quad \cdots\cdots ⑦$$

である。

(2) ④, ⑦の辺々をかけ合わせると
$$x^2y^2 = \frac{(ac+bd)(ad+bc)}{ab+cd} \cdot \frac{(ab+cd)(ac+bd)}{ad+bc}$$
$$\therefore \quad (xy)^2 = (ac+bd)^2$$
$$\therefore \quad xy = ac+bd$$

が成り立つ。　　　　　　　　　　　　　　（証明おわり）

参考

(2)では，"円に内接する四角形において，2組の対辺どうしの長さの積の和は2本の対角線の長さの積に等しい"ことを示した。次にまとめておく。

トレミーの定理

円に内接する四角形 ABCD において，
$$AB\cdot CD + BC\cdot DA = AC\cdot BD$$
が成り立つ。

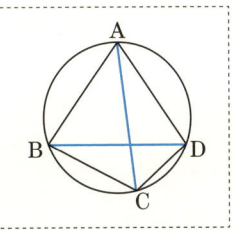

類題 6 → 解答 p.332

円 O_1 に外接し，円 O_2 に内接する四角形 ABCD がある。AB＝7，BC＝6，CD＝5 であるとき，次の問いに答えよ。

(1) 辺 DA の長さを求めよ。
(2) 円 O_1 および円 O_2 の半径をそれぞれ求めよ。

（広島大*）

204 三角形の面積を2等分する線分の長さ

3辺の長さが1, 1, a である三角形の面積を，周上の2点を結ぶ線分で2等分する。それらの線分の長さの最小値を a を用いて表せ。　　　　（東京工大）

精講　三角形の面積公式，余弦定理を用いて計算すると，2つの正の変数の積が一定のもとで，それらの和が最小となる場合を調べることになります。相加平均・相乗平均の不等式の出番ですが，最小値となるためには，不等号（≧）における等号が成り立つことが必要です。そのチェックを忘れてはいけません。

解答　$AB=AC=1$, $BC=a$ の $\triangle ABC$ を考えると，三角形の成立条件より

　　← $|1-1|<a<1+1$
　　　∴　$0<a<2$

$0<a<2$　……①　である。$\triangle ABC$ は二等辺三角形であるから，その面積を2等分する線分の両端を P, Q とし，次の(i), (ii)それぞれの場合の PQ^2 の最小値を m_1, m_2 とする。

(i) P, Q が AB, AC 上にあるとき，
　$AP=x$, $AQ=y$ とおくと
　　　$0<x\leqq1$, $0<y\leqq1$　　　……②

であり，$\triangle APQ = \dfrac{1}{2}\triangle ABC$ より

$$\dfrac{1}{2}xy\sin A = \dfrac{1}{2}\cdot\dfrac{1}{2}\cdot 1\cdot 1\cdot\sin A$$

∴　$xy=\dfrac{1}{2}$　　　……③

である。$\cos A = \dfrac{1^2+1^2-a^2}{2\cdot 1\cdot 1} = \dfrac{2-a^2}{2}$

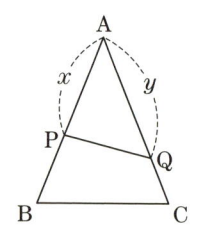

　　← 余弦定理より。

であるから

$$PQ^2 = x^2+y^2-2xy\cos A = x^2+y^2-\dfrac{2-a^2}{2}$$

$$\geqq 2\sqrt{x^2y^2}-\dfrac{2-a^2}{2}　……④$$

　　← (相加平均)≧(相乗平均)

$$= 2\cdot\dfrac{1}{2}-\dfrac{2-a^2}{2} = \dfrac{a^2}{2}$$

　　← $\sqrt{x^2y^2}=xy=\dfrac{1}{2}$

となる。④の等号は③かつ $x^2=y^2$ のとき，つまり，$x=y=\dfrac{1}{\sqrt{2}}$ のとき成り立つので，$m_1=\dfrac{a^2}{2}$ である。　⇐ $x=y=\dfrac{1}{\sqrt{2}}$ は②を満たす。

(ii) P，Q が AB，BC 上にあるとき，BP$=u$，BQ$=v$ とおくと，
$$0<u\leqq 1,\ 0<v\leqq a \quad \cdots\cdots ⑤$$
であり，$\triangle$BPQ$=\dfrac{1}{2}\triangle$ABC より，
$$uv=\dfrac{a}{2} \quad \cdots\cdots ⑥$$

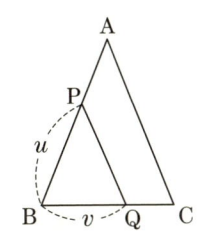

である。$\cos B=\dfrac{a}{2}$ であるから，
$$PQ^2=u^2+v^2-2uv\cos B=u^2+v^2-\dfrac{a^2}{2}$$
$$\geqq 2\sqrt{u^2v^2}-\dfrac{a^2}{2}=a-\dfrac{a^2}{2}$$

⇐ AB=AC より
$\cos B=\dfrac{\frac{1}{2}BC}{AB}=\dfrac{a}{2}$

⇐ (相加平均)≧(相乗平均)

となる。不等式の等号成立は $u=v=\sqrt{\dfrac{a}{2}}\quad \cdots\cdots ⑦$　⇐ ⑥かつ $u^2=v^2$ より。

のときであり，⑦の u, v が⑤を満たすのは $\dfrac{1}{2}\leqq a<2$ のときに限るから，

$\dfrac{1}{2}\leqq a<2$ のとき $m_2=a-\dfrac{a^2}{2}$

$0<a<\dfrac{1}{2}$ のとき $m_2>a-\dfrac{a^2}{2}$

⇐ ①かつ
$\sqrt{\dfrac{a}{2}}\leqq 1$, $\sqrt{\dfrac{a}{2}}\leqq a$
より $\dfrac{1}{2}\leqq a<2$

⇐ ⑤のもとで，不等式の等号は成り立たないので，$PQ^2>a-\dfrac{a^2}{2}$ となっている。

である。ここで，$\dfrac{a^2}{2}-\left(a-\dfrac{a^2}{2}\right)=a(a-1)$ の符号に注意すると，

$0<a\leqq 1$ のとき $m_1=\dfrac{a^2}{2}\leqq a-\dfrac{a^2}{2}\leqq m_2$

$1\leqq a<2$ のとき $m_1=\dfrac{a^2}{2}\geqq a-\dfrac{a^2}{2}=m_2$

⇐ 特に，
$0<a<\dfrac{1}{2}$ のとき
$m_1=\dfrac{a^2}{2}<a-\dfrac{a^2}{2}<m_2$
である。

である。したがって，PQ の長さの最小値は

$0<a\leqq 1$ のとき $\dfrac{a}{\sqrt{2}}$，$1\leqq a<2$ のとき $\sqrt{a-\dfrac{a^2}{2}}$

である。

205 三角関数の周期性と加法定理の応用

$0 \leq \theta < 2\pi$ を満たす θ と正の整数 m に対して,$f_m(\theta)$ を次のように定める。
$$f_m(\theta) = \sum_{k=0}^{m} \sin\left(\theta + \frac{k}{3}\pi\right)$$

(1) $f_5(\theta)$ を求めよ。

(2) θ が $0 \leq \theta < 2\pi$ の範囲を動くとき,$f_4(\theta)$ の最大値を求めよ。

(3) m がすべての正の整数を動き,θ が $0 \leq \theta < 2\pi$ の範囲を動くとき,$f_m(\theta)$ の最大値を求めよ。

(一橋大*)

精講 $g_k(\theta) = \sin\left(\theta + \dfrac{k}{3}\pi\right)$ $(k=0, 1, 2, \cdots\cdots)$ とおくとき,$\sin(\alpha+\pi) = -\sin\alpha$,$\sin(\alpha+2\pi) = \sin\alpha$ を用いると,$g_{k+3}(\theta)$,$g_{k+6}(\theta)$ は $g_k(\theta)$ で表されて,$g_k(\theta)$ $(k=0, 1, 2, \cdots\cdots)$ では6個ごとに同じものが現れることがわかります。その結果,(3)では,$f_m(\theta)$ $(m=1, 2, \cdots\cdots)$ において,$f_{m+6}(\theta)$ と $f_m(\theta)$ の関係がわかるはずです。

解答 (1) $k=0, 1, 2, \cdots\cdots$ に対して
$$g_k(\theta) = \sin\left(\theta + \frac{k}{3}\pi\right)$$
とおくと,
$$f_m(\theta) = \sum_{k=0}^{m} \sin\left(\theta + \frac{k}{3}\pi\right) = \sum_{k=0}^{m} g_k(\theta)$$
である。ここで,
$$g_{k+3}(\theta) = \sin\left(\theta + \frac{k+3}{3}\pi\right) = \sin\left(\theta + \frac{k}{3}\pi + \pi\right)$$
$$= -\sin\left(\theta + \frac{k}{3}\pi\right) = -g_k(\theta) \quad \cdots\cdots ①$$

← $\sin(\alpha+\pi) = -\sin\alpha$ より。

であるから,
$$f_5(\theta) = \sum_{k=0}^{5} g_k(\theta)$$
$$= g_0(\theta) + g_1(\theta) + g_2(\theta) + g_3(\theta) + g_4(\theta) + g_5(\theta)$$
$$= g_0(\theta) + g_1(\theta) + g_2(\theta) - g_0(\theta) - g_1(\theta) - g_2(\theta)$$
$$= 0$$

← ①で,$k=0, 1, 2$ とおいた式を用いた。

である。

(2) 同様に，①より
$$f_4(\theta) = g_0(\theta) + g_1(\theta) + g_2(\theta) + g_3(\theta) + g_4(\theta)$$
$$= g_0(\theta) + g_1(\theta) + g_2(\theta) - g_0(\theta) - g_1(\theta)$$
$$= g_2(\theta) = \sin\left(\theta + \frac{2}{3}\pi\right)$$

となる。したがって，$0 \leq \theta < 2\pi$ のとき，$f_4(\theta)$ の最大値は 1 である。

← $\theta + \frac{2}{3}\pi = 2\pi + \frac{\pi}{2}$ より $\theta = \frac{11}{6}\pi$ のとき最大となる。

(3) $g_k(\theta)$ について，
$$g_{k+6}(\theta) = \sin\left(\theta + \frac{k+6}{3}\pi\right)$$
$$= \sin\left(\theta + \frac{k}{3}\pi + 2\pi\right) = \sin\left(\theta + \frac{k}{3}\pi\right)$$
$$= g_k(\theta)$$

← $\sin(\alpha + 2\pi) = \sin\alpha$ より。

であるから，$g_k(\theta)$ $(k = 0, 1, 2, \cdots\cdots)$ は 6 個ごとに同じものが現れる。

(1)の結果，すなわち，$g_k(\theta)$ $(k = 0, 1, 2, \cdots\cdots)$ の最初の 6 個の和は 0 であることを考え合わせると $g_k(\theta)$ $(k = 0, 1, 2, \cdots\cdots)$ の最初から 6 個ずつの和はすべて 0 であるから，$f_0(\theta) = g_0(\theta) = \sin\theta$ とすると，$f_m(\theta)$ $(m = 0, 1, 2, \cdots\cdots)$ においては，
$$f_0(\theta), \ f_1(\theta), \ f_2(\theta), \ f_3(\theta), \ f_4(\theta), \ f_5(\theta) \ \cdots\cdots ②$$
が繰り返して現れる。よって，②に現れる関数の最大値を調べるとよい。

← 注 参照。

$$f_0(\theta) = \sin\theta$$
$$f_1(\theta) = \sin\theta + \sin\left(\theta + \frac{\pi}{3}\right)$$
$$= \frac{3}{2}\sin\theta + \frac{\sqrt{3}}{2}\cos\theta = \sqrt{3}\sin\left(\theta + \frac{\pi}{6}\right)$$
$$f_2(\theta) = \sin\theta + \sin\left(\theta + \frac{\pi}{3}\right) + \sin\left(\theta + \frac{2}{3}\pi\right)$$
$$= \sin\theta + \sqrt{3}\cos\theta = 2\sin\left(\theta + \frac{\pi}{3}\right)$$
$$f_3(\theta) = g_0(\theta) + g_1(\theta) + g_2(\theta) + g_3(\theta)$$
$$= g_0(\theta) + g_1(\theta) + g_2(\theta) - g_0(\theta)$$
$$= g_1(\theta) + g_2(\theta)$$

← 加法定理で展開したあと，三角関数の合成を行った。

$$= \sin\left(\theta + \frac{\pi}{3}\right) + \sin\left(\theta + \frac{2}{3}\pi\right) = \sqrt{3}\cos\theta$$

$$f_4(\theta) = \sin\left(\theta + \frac{2}{3}\pi\right)$$

$$f_5(\theta) = 0$$

であるから,$f_0(\theta)$,$f_1(\theta)$,$f_2(\theta)$,$f_3(\theta)$,$f_4(\theta)$,$f_5(\theta)$ の最大値は順に,1,$\sqrt{3}$,2,$\sqrt{3}$,1,0 である。

← $m=6l+2$ $(l=0, 1, 2, \cdots\cdots)$,$\theta=\dfrac{\pi}{6}$ のとき,最大値 2 をとる。

したがって,すべての正の整数 m と $0 \leqq \theta < 2\pi$ に対する $f_m(\theta)$ の最大値は 2 である。

注 $f_m(\theta)$ $(m=0, 1, 2, \cdots\cdots)$ は,②のいずれかと一致することを式を用いて示すと次のようになる。

正の整数 m が $m=6l+j$ (l は 0 以上の整数,$j=0, 1, 2, 3, 4, 5$)と表されるとき,$g_k(\theta)$ $(k=0, 1, 2, \cdots\cdots)$ は 6 個ごとに同じものが現れ,かつ,最初から 6 個ずつの和が 0 であるから,

$$\begin{aligned}
f_m(\theta) = f_{6l+j}(\theta) &= \sum_{k=0}^{6l+j} g_k(\theta) \\
&= g_0(\theta) + g_1(\theta) + \cdots\cdots + g_5(\theta) \\
&\quad + g_6(\theta) + g_7(\theta) + \cdots\cdots + g_{11}(\theta) \\
&\quad + \cdots\cdots \\
&\quad + g_{6l-6}(\theta) + g_{6l-5}(\theta) + \cdots\cdots + g_{6l-1}(\theta) \\
&\quad + g_{6l}(\theta) + g_{6l+1}(\theta) + \cdots\cdots + g_{6l+j}(\theta) \\
&= 0 + 0 + \cdots\cdots + 0 + g_0(\theta) + g_1(\theta) + \cdots\cdots + g_j(\theta) \\
&= f_j(\theta)
\end{aligned}$$

となる。これより,$f_m(\theta)$ は②のいずれかと一致する。

参考

(1)で示したことを発展させると,次のようなことがわかる。

$k=0, 1, 2, \cdots\cdots$ に対して,点 P_k を $P_k\left(\cos\left(\theta + \dfrac{k}{3}\pi\right), \sin\left(\theta + \dfrac{k}{3}\pi\right)\right)$ によって定めると,P_k はすべて単位円

$$C : x^2 + y^2 = 1$$

上にあり,P_1,P_2,$\cdots\cdots$ は $P_0(\cos\theta, \sin\theta)$ を反時計回りに $\dfrac{\pi}{3}$ ずつ回転して得られる点である。つまり,

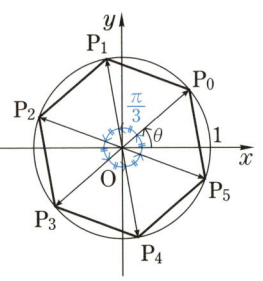

P_0, P_1, P_2, P_3, P_4, P_5 は C に内接する正六角形の頂点となるので,

$\overrightarrow{OP_0}+\overrightarrow{OP_1}+\overrightarrow{OP_2}+\overrightarrow{OP_3}+\overrightarrow{OP_4}+\overrightarrow{OP_5}$ ……㋐
$=\overrightarrow{OP_0}+\overrightarrow{OP_1}+\overrightarrow{OP_2}-\overrightarrow{OP_0}-\overrightarrow{OP_1}-\overrightarrow{OP_2}$
$=\vec{0}$ ……㋑

となる。㋐を成分で表すと

$$\left(\sum_{k=0}^{5}\cos\left(\theta+\frac{k}{3}\pi\right),\ \sum_{k=0}^{5}\sin\left(\theta+\frac{k}{3}\pi\right)\right)$$

であるから,㋑より

$$\sum_{k=0}^{5}\cos\left(\theta+\frac{k}{3}\pi\right)=0,\ \sum_{k=0}^{5}\sin\left(\theta+\frac{k}{3}\pi\right)=0$$

が成り立つ。この右式が $f_5(\theta)=\sum_{k=0}^{5}g_k(\theta)=0$ を意味する。

同様に考えると,任意の 0 以上の整数 n に対して P_n, P_{n+1}, P_{n+2}, P_{n+3}, P_{n+4}, P_{n+5} も C に内接する正六角形の頂点となることから,

$$g_n(\theta)+g_{n+1}(\theta)+g_{n+2}(\theta)+g_{n+3}(\theta)+g_{n+4}(\theta)+g_{n+5}(\theta)=0$$

が成り立つこともわかる。

類題 7 → 解答 p.332

$i=\sqrt{-1}$ とする。

(1) 実数 α, β について,等式

$$(\cos\alpha+i\sin\alpha)(\cos\beta+i\sin\beta)=\cos(\alpha+\beta)+i\sin(\alpha+\beta)$$

が成り立つことを示せ。

(2) 自然数 n に対して,

$$z=\sum_{k=1}^{n}\left(\cos\frac{2\pi k}{n}+i\sin\frac{2\pi k}{n}\right)$$

とおくとき,等式

$$z\left(\cos\frac{2\pi}{n}+i\sin\frac{2\pi}{n}\right)=z$$

が成り立つことを示せ。

(3) 2 以上の自然数 n について,等式

$$\sum_{k=1}^{n}\cos\frac{2\pi k}{n}=\sum_{k=1}^{n}\sin\frac{2\pi k}{n}=0$$

が成り立つことを示せ。

(神戸大)

206 2倍角・3倍角の公式の応用

2つの関数を $t = \cos\theta + \sqrt{3}\sin\theta$,
$y = -4\cos 3\theta + \cos 2\theta - \sqrt{3}\sin 2\theta + 2\cos\theta + 2\sqrt{3}\sin\theta$ とする。

(1) $\cos 3\theta$ を t の関数で表せ。

(2) y を t の関数で表せ。

(3) $0 \leq \theta \leq \pi$ のとき，y の最大値，最小値とそのときの θ の値を求めよ。

(東北大*)

精講 (1)は簡単ではありません。そこで，$t = 2\cos\left(\theta - \dfrac{\pi}{3}\right)$ を簡単な形にするために $\alpha = \theta - \dfrac{\pi}{3}$ とおくと，$t = 2\cos\alpha$ となりますので，このとき $\cos 3\theta = \cos\left\{3\left(\alpha + \dfrac{\pi}{3}\right)\right\}$ を $\cos\alpha\left(= \dfrac{t}{2}\right)$ で表すことを考えます。

解答 (1) $t = \cos\theta + \sqrt{3}\sin\theta = 2\cos\left(\theta - \dfrac{\pi}{3}\right)$ ……①

より，$\alpha = \theta - \dfrac{\pi}{3}$ とおくと，

$\quad t = 2\cos\alpha \quad \therefore \quad \cos\alpha = \dfrac{t}{2}$ ……②

となるので，

$\cos 3\theta = \cos\left\{3\left(\alpha + \dfrac{\pi}{3}\right)\right\} = \cos(3\alpha + \pi)$ ← $\theta = \alpha + \dfrac{\pi}{3}$ である。

$\quad = -\cos 3\alpha = -4\cos^3\alpha + 3\cos\alpha$

$\quad = -\dfrac{1}{2}t^3 + \dfrac{3}{2}t$ ← ②より。

である。

(2) $\cos 2\theta - \sqrt{3}\sin 2\theta$

$\quad = 2\cos\left(2\theta + \dfrac{\pi}{3}\right) = 2\cos\left\{2\left(\alpha + \dfrac{\pi}{3}\right) + \dfrac{\pi}{3}\right\}$

$\quad = 2\cos(2\alpha + \pi) = -2\cos 2\alpha$

$\quad = -2(2\cos^2\alpha - 1) = -t^2 + 2$ ← ②より。

であるから，

$$y = -4\cos 3\theta + \cos 2\theta - \sqrt{3}\sin 2\theta$$
$$\qquad + 2(\cos\theta + \sqrt{3}\sin\theta)$$
$$= -4\left(-\frac{1}{2}t^3 + \frac{3}{2}t\right) - t^2 + 2 + 2t$$
$$= \boldsymbol{2t^3 - t^2 - 4t + 2}$$

である。

(3) $0 \leqq \theta \leqq \pi$ のとき，①より $-1 \leqq t \leqq 2$ である。　　← $-\dfrac{\pi}{3} \leqq \theta - \dfrac{\pi}{3} \leqq \dfrac{2}{3}\pi$ より

$$\frac{dy}{dt} = 6t^2 - 2t - 4 = 2(3t+2)(t-1)$$

$-\dfrac{1}{2} \leqq \cos\left(\theta - \dfrac{\pi}{3}\right) \leqq 1$

であるから，増減表より，

t	-1	$\cdots$	$-\dfrac{2}{3}$	$\cdots$	1	$\cdots$	2
$\dfrac{dy}{dt}$		$+$	0	$-$	0	$+$	
y	3	↗	$\dfrac{98}{27}$	↘	-1	↗	6

最大値 6 $\left(t=2,\ \theta = \dfrac{\pi}{3}\ \text{のとき}\right)$

最小値 -1 $\left(t=1,\ \theta = 0,\ \dfrac{2}{3}\pi\ \text{のとき}\right)$

である。

📎 **参考**

(1)で $t = \cos\theta + \sqrt{3}\sin\theta$ から t と $\cos\theta$ だけの関係を導いてみると，

$$(t - \cos\theta)^2 = (\sqrt{3}\sin\theta)^2 \qquad ← (\text{右辺}) = 3(1 - \cos^2\theta)$$

$$\therefore\ 4\cos^2\theta - 2t\cos\theta + t^2 - 3 = 0$$

となる。これより，

$$\cos 3\theta = 4\cos^3\theta - 3\cos\theta$$
$$= (4\cos^2\theta - 2t\cos\theta + t^2 - 3)\left(\cos\theta + \frac{t}{2}\right) - \frac{1}{2}t^3 + \frac{3}{2}t$$
$$= -\frac{1}{2}t^3 + \frac{3}{2}t$$

が得られる。また，(2)では

$$t^2 = \cos^2\theta + 2\sqrt{3}\sin\theta\cos\theta + 3\sin^2\theta$$
$$= \frac{1}{2}(1 + \cos 2\theta) + \sqrt{3}\sin 2\theta + \frac{3}{2}(1 - \cos 2\theta)$$
$$= 2 - (\cos 2\theta - \sqrt{3}\sin 2\theta)$$

より，

$$\cos 2\theta - \sqrt{3}\sin 2\theta = -t^2 + 2$$

となる。

207 平面上のベクトルの1次独立

k は $0 < k < \dfrac{1}{2}$ を満たす実数とする。△ABC の 3 辺 BC, CA, AB 上にそれぞれ点 L, M, N を
$$\dfrac{BL}{BC} = \dfrac{CM}{CA} = \dfrac{AN}{AB} = k$$
となるようにとり,AL と CN の交点を P,AL と BM の交点を Q,BM と CN の交点を R とする。

(1) CP:PN $= t : 1-t$ とするとき,t を k を用いて表せ。

(2) △PQR の面積が △ABC の面積の $\dfrac{1}{2}$ となるような k の値を求めよ。

(東京大*)

精講 (1) 平面上のベクトルの問題で,内積が関係しない,つまり,長さとか角度とかが与えられていない問題では,ベクトルの分点公式と次の事実を用いて処理することになります。

平面上の $\vec{0}$ でない 2 つのベクトル $\vec{a}, \vec{b}$ が平行でないとき,

(i) 実数 $\alpha, \beta, \alpha', \beta'$ に対して,次が成り立つ。
$$\alpha \vec{a} + \beta \vec{b} = \vec{0} \implies \alpha = \beta = 0$$
$$\alpha \vec{a} + \beta \vec{b} = \alpha' \vec{a} + \beta' \vec{b} \implies \alpha = \alpha',\ \beta = \beta'$$

(ii) 平面上の任意のベクトル $\vec{u}$ に対して,
$$\vec{u} = p\vec{a} + q\vec{b}$$
となる実数 p, q が存在する。ここで,p, q は $\vec{u}$ によってただ 1 通りに定まる。

このとき,2 つのベクトル $\vec{a}, \vec{b}$ は 1 次独立であるという。

ここで,平面上の $\vec{0}$ でない 3 つのベクトル $\vec{a}, \vec{b}, \vec{c}$ が互いに平行でないとしても
$$\alpha \vec{a} + \beta \vec{b} + \gamma \vec{c} = \vec{0} \implies \alpha = \beta = \gamma = 0 \quad \cdots\cdots(☆)$$
というような議論は許されないことを注意しておく。

たとえば,右図のような $\vec{a}, \vec{b}, \vec{c}$ については
$$\vec{a} + \vec{b} + 2\vec{c} = \vec{0}$$
が成り立つので,(☆) は成り立たない。

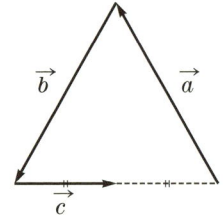

(2) この種の三角形の面積比を求める問題では次の事実を用います。

> （高さが等しい三角形の面積比）　　＝（底辺の長さの比）
> （底辺の長さが等しい三角形の面積比）＝（高さの比）

ここでは，△PQR の面積を直接調べるのは難しいので，△ABC からいくつかの三角形を取り除くと考えます。そのとき，L，M，N のとり方に関する対称性を生かせるような三角形で分割すると計算が楽になります。

解答　(1) $\vec{CA}=\vec{a}$, $\vec{CB}=\vec{b}$ とおく。
BL：LC＝AN：NB＝k：$1-k$ より
$\vec{CL}=(1-k)\vec{b}$, $\vec{CN}=(1-k)\vec{a}+k\vec{b}$
である。
AP：PL＝s：$1-s$ とすると
$\vec{CP}=(1-s)\vec{CA}+s\vec{CL}$
$=(1-s)\vec{a}+s(1-k)\vec{b}$ ……①
であり，CP：PN＝t：$1-t$ とすると
$\vec{CP}=t\vec{CN}$
$=t(1-k)\vec{a}+tk\vec{b}$ ……②
である。$\vec{a}$, $\vec{b}$ は平行でないから，①，②が一致することより

$\begin{cases} 1-s=t(1-k) & \cdots\cdots③ \\ s(1-k)=tk & \cdots\cdots④ \end{cases}$

← ③×$(1-k)$＋④ より
$1-k=\{(1-k)^2+k\}t$
$(k^2-k+1)t=1-k$

である。これらから，

$t=\dfrac{1-k}{k^2-k+1}$

← $s=\dfrac{k}{k^2-k+1}$ である。

である。

(2) AN：NB＝k：$1-k$ より
　　　△CAN＝k△ABC
であり，さらに，CP：PN＝t：$1-t$ より
　　　△CAP＝t△CAN
　　　　　＝$\dfrac{k(1-k)}{k^2-k+1}$△ABC
である。また
　　　BL：LC＝CM：MA＝AN：NB

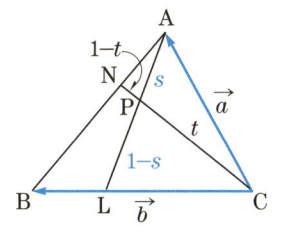

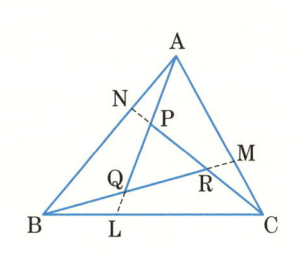

より，(1)と全く同様に考えると，(1)で求めた t を用いて

$$AQ:QL=BR:RM=t:1-t$$

となるので，

$$\triangle ABQ=\triangle BCR=\frac{k(1-k)}{k^2-k+1}\triangle ABC$$

である。したがって，

$$\triangle PQR$$
$$=\triangle ABC-(\triangle CAP+\triangle ABQ+\triangle BCR)$$
$$=\left\{1-3\cdot\frac{k(1-k)}{k^2-k+1}\right\}\triangle ABC$$
$$=\frac{(2k-1)^2}{k^2-k+1}\triangle ABC$$

となるから，$\triangle PQR=\dfrac{1}{2}\triangle ABC$ となるような k の値は

$$\frac{(2k-1)^2}{k^2-k+1}=\frac{1}{2}$$
$$\therefore\ 7k^2-7k+1=0$$

←2解は $\dfrac{7\pm\sqrt{21}}{14}$ である。

の解であり，$0<k<\dfrac{1}{2}$ より

$$k=\frac{7-\sqrt{21}}{14}$$

である。

参考

(1)はメネラウスの定理を適用して解くこともできる。

メネラウスの定理

$\triangle ABC$ があり，3頂点 A，B，C のいずれをも通らない直線 l が辺 BC，CA，AB またはその延長とそれぞれ点 P，Q，R で交わるとき，

$$\frac{BP}{PC}\cdot\frac{CQ}{QA}\cdot\frac{AR}{RB}=1$$

が成り立つ。

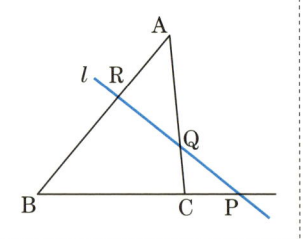

（証明）　右図のように，PR 上に点 S を CS が AB と平行になるようにとる。

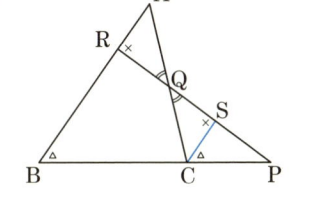

$\triangle$PBR∽$\triangle$PCS より

$$PB : BR = PC : CS$$

$\therefore \dfrac{BP}{RB} = \dfrac{PC}{CS}$　　……㋐

である。また，$\triangle$QAR∽$\triangle$QCS より

$$QA : AR = QC : CS$$

$\therefore \dfrac{AR}{QA} = \dfrac{CS}{CQ}$　　……㋑

である。㋐，㋑の辺々をかけ合わせると

$$\dfrac{BP}{RB} \cdot \dfrac{AR}{QA} = \dfrac{PC}{CS} \cdot \dfrac{CS}{CQ}$$

$\therefore \dfrac{BP}{PC} \cdot \dfrac{CQ}{QA} \cdot \dfrac{AR}{RB} = 1$

となる。　　　　　　　　　　（証明おわり）

(1)において，$\triangle$CBN に直線 APL が交わっていると考えて，メネラウスの定理を用いると，

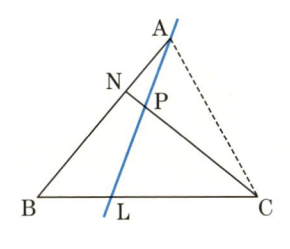

$$\dfrac{BA}{AN} \cdot \dfrac{NP}{PC} \cdot \dfrac{CL}{LB} = 1$$

が成り立つから，

$$\dfrac{1}{k} \cdot \dfrac{NP}{PC} \cdot \dfrac{1-k}{k} = 1$$

$\therefore \dfrac{NP}{PC} = \dfrac{k^2}{1-k}$

$\therefore CP : PN = 1-k : k^2$

より

$$t = \dfrac{CP}{CN} = \dfrac{1-k}{k^2-k+1}$$

となる。

←CP : PN = t : 1−t より
　CP : CN = t : 1

208 円に内接する四角形に関するベクトルの表示

円に内接する四角形 ABPC は次の条件(イ), (ロ)を満たすとする。
(イ) 三角形 ABC は正三角形である。
(ロ) AP と BC の交点は線分 BC を $p:1-p$ $(0<p<1)$ の比に内分する。
　このときベクトル $\overrightarrow{AP}$ を $\overrightarrow{AB}$, $\overrightarrow{AC}$, p を用いて表せ。　　　　　　　　　　　(京都大)

精講　AP と BC の交点を Q とすると, $\overrightarrow{AP}=t\overrightarrow{AQ}$ とおけ, (ロ)より $\overrightarrow{AQ}$ は $\overrightarrow{AB}$, $\overrightarrow{AC}$, p を用いて表せます。あとはPが円周上にあることから, t を決めるだけです。

そこで, 次のことを利用します。

　　点Pが AE を直径とする円周上にあるとき, Pから直径 AE を見込む角 $\angle APE=90°$ である。

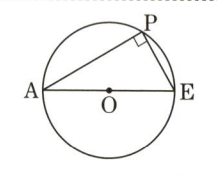

解答　正三角形 ABC の1辺の長さを1とすることにして, $\overrightarrow{AB}=\vec{b}$, $\overrightarrow{AC}=\vec{c}$ とおくと,
$$|\vec{b}|=|\vec{c}|=1 \quad \vec{b}\cdot\vec{c}=|\vec{b}||\vec{c}|\cos60°=\frac{1}{2}$$ 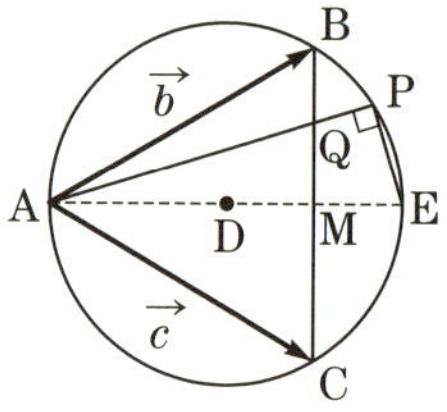
である。
　AP と BC の交点を Q とおくと, (ロ)より
$$\overrightarrow{AQ}=(1-p)\overrightarrow{AB}+p\overrightarrow{AC}=(1-p)\vec{b}+p\vec{c}$$
であるから,
$$\overrightarrow{AP}=t\overrightarrow{AQ}=t\{(1-p)\vec{b}+p\vec{c}\} \quad\cdots\cdots①$$
と表される。
　この円の中心をDとおくと, Dは正三角形 ABC の重心であるから, BC の中点をMとすると,
$$\overrightarrow{AD}=\frac{2}{3}\overrightarrow{AM}$$
であり, 直径 AE を考えると
$$\overrightarrow{AE}=2\overrightarrow{AD}=\frac{4}{3}\overrightarrow{AM}=\frac{2}{3}(\vec{b}+\vec{c})$$
である。

← 正三角形において, 外心と重心は一致する。

← $\overrightarrow{AM}=\frac{1}{2}(\overrightarrow{AB}+\overrightarrow{AC})$
　　　$=\frac{1}{2}(\vec{b}+\vec{c})$

Pが円周上にあることより，$\angle \text{APE}=90°$ ……②
または P=E であり，②のとき，$\vec{AP}\perp\vec{EP}$，すなわち，$\vec{AQ}\perp\vec{EP}$ であるから，P=E の場合を含めて，
$$\vec{AQ}\cdot\vec{EP}=0$$
∴ $t|\vec{AQ}|^2-\vec{AQ}\cdot\vec{AE}=0$ ……③   ← $\vec{EP}=\vec{AP}-\vec{AE}$
$\qquad\qquad\qquad\qquad\qquad\qquad\qquad\quad =t\vec{AQ}-\vec{AE}$

である。ここで，
$$|\vec{AQ}|^2=|(1-p)\vec{b}+p\vec{c}|^2$$
$$=(1-p)^2|\vec{b}|^2+2(1-p)p\vec{b}\cdot\vec{c}+p^2|\vec{c}|^2$$
$$=(1-p)^2+(1-p)p+p^2=p^2-p+1$$
$$\vec{AQ}\cdot\vec{AE}=\{(1-p)\vec{b}+p\vec{c}\}\cdot\left\{\frac{2}{3}(\vec{b}+\vec{c})\right\}$$
$$=\frac{2}{3}\{(1-p)|\vec{b}|^2+\vec{b}\cdot\vec{c}+p|\vec{c}|^2\}$$
$$=\frac{2}{3}\left\{1-p+\frac{1}{2}+p\right\}=1$$

であるから，③より
$$t=\frac{\vec{AQ}\cdot\vec{AE}}{|\vec{AQ}|^2}=\frac{1}{p^2-p+1}$$

である。これより，①に戻って
$$\vec{AP}=\frac{1}{p^2-p+1}\{(1-p)\vec{AB}+p\vec{AC}\}$$

である。

参考

　図形問題において，適切な座標系の設定が有効な場合があるが，本問はその1つである。

別解

　円の半径を a とおく。正弦定理より正三角形 ABC の1辺の長さは $\sqrt{3}a$ であるから，
$$\text{A}(0,\ 0),\ \text{B}\left(\frac{3}{2}a,\ \frac{\sqrt{3}}{2}a\right),\ \text{C}\left(\frac{3}{2}a,\ -\frac{\sqrt{3}}{2}a\right)$$

← $\text{AB}=2a\sin 60°$
$\qquad =\sqrt{3}a$
← $\text{B}(\sqrt{3}a\cos 30°,$
$\qquad \sqrt{3}a\sin 30°)$

となる座標軸をとれる。このとき，円の方程式は
$$x(x-2a)+y^2=0 \qquad \text{……④}$$

である。また，AP と BC の交点を Q とおくと，

$$\vec{AQ} = (1-p)\vec{AB} + p\vec{AC}$$
$$= \left(\frac{3}{2}a, \frac{\sqrt{3}}{2}(1-2p)a\right)$$

であるから，直線 AQ の方程式は
$$y = \frac{1}{\sqrt{3}}(1-2p)x \quad \cdots\cdots ⑤$$

である。Pは④，⑤の原点A以外の交点であるから，その x 座標は

$$x(x-2a) + \left\{\frac{1}{\sqrt{3}}(1-2p)x\right\}^2 = 0$$

∴ $\dfrac{2}{3}x\{2(p^2-p+1)x - 3a\} = 0$

より

$$x = \frac{3a}{2(p^2-p+1)}$$

← P≠A より $x≠0$

である。よって，

AP：AQ＝（Pの x 座標）：（Qの x 座標）
$$= \frac{3a}{2(p^2-p+1)} : \frac{3}{2}a$$
$$= \frac{1}{p^2-p+1} : 1$$

← Aは原点であり，A, P, Q は同一直線上にあるから。

であるから，
$$\vec{AP} = \frac{1}{p^2-p+1}\vec{AQ}$$
$$= \frac{1}{p^2-p+1}\{(1-p)\vec{AB} + p\vec{AC}\}$$

である。

類題 8　→ 解答 p.333

三角形 ABC の外心を O，重心を G とする。

(1) $\vec{OG} = \dfrac{1}{3}\vec{OA}$ が成り立つならば，三角形 ABC は直角三角形であることを証明せよ。

(2) k が $k \neq \dfrac{1}{3}$ を満たす実数で，$\vec{OG} = k\vec{OA}$ が成り立つならば，三角形 ABC は二等辺三角形であることを証明せよ。

(千葉大)

209　空間内のベクトルの1次独立

右図のような1辺の長さが1の立方体 OABC-DEFG を考える。辺 AE の中点を M，辺 DG の中点を N とする。X を辺 DE 上の点，Y を辺 BC 上の点とし，DX の長さを x，CY の長さを y とする。このとき，次の問に答えよ。

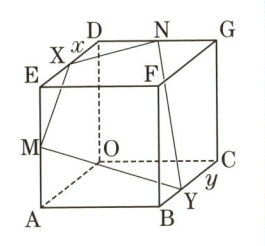

(1) 4点 X, M, Y, N が同一平面上にあるための必要十分条件を x と y を用いて表せ。

(2) x, y が(1)の条件を満たしながら動くとき，三角形 XMY の面積の最小値と最大値を求めよ。また，そのときの x, y の組をすべて求めよ。　　（九州大）

精講　(1) 空間内の4点が同一平面上にあるための条件を確認しておきます。

四面体 OABC があるとき，
　　点 P が平面 ABC 上にある。
$\iff \overrightarrow{AP} = s\overrightarrow{AB} + t\overrightarrow{AC}$　……㋐
　　となる実数 s, t がある。　　……(＊)
$\iff \overrightarrow{OP} = \alpha\overrightarrow{OA} + \beta\overrightarrow{OB} + \gamma\overrightarrow{OC}$, $\alpha + \beta + \gamma = 1$
　　を満たす実数 α, β, γ がある。
　　　　　　　　　　　　　　　　　……(＊＊)

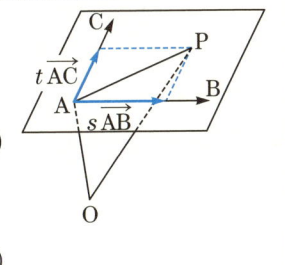

(＊)が成り立つとき，㋐より
$$\overrightarrow{OP} = (1-s-t)\overrightarrow{OA} + s\overrightarrow{OB} + t\overrightarrow{OC}$$
となるので，
$$1-s-t = \alpha,\ s = \beta,\ t = \gamma$$
とおくと，
$$\alpha + \beta + \gamma = (1-s-t) + s + t = 1$$
となり，(＊＊)が導かれます。

(1)では，Y が平面 XMN 上にあることから，$\overrightarrow{XY}$ を $\overrightarrow{XM}$, $\overrightarrow{XN}$ を用いて㋐の形で表せて，さらに，$\overrightarrow{OA}$, $\overrightarrow{OC}$, $\overrightarrow{OD}$ で表せます。また，Y が線分 BC 上にあることから，$\overrightarrow{XY}$ を別の形でも表せます。そのあとで，次の事実を用いて，

第2章　三角関数・ベクトルと図形問題　109

x, y の満たすべき関係を導くことになります。

> 空間内の3つのベクトル $\vec{a}, \vec{b}, \vec{c}$ が同一平面上におけない，つまり，$\overrightarrow{OA}=\vec{a}$, $\overrightarrow{OB}=\vec{b}$, $\overrightarrow{OC}=\vec{c}$ となる四面体 OABC が存在するとき 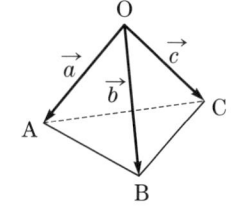
> (i) 実数 $\alpha, \beta, \gamma, \alpha', \beta', \gamma'$ に対して
> $$\alpha\vec{a}+\beta\vec{b}+\gamma\vec{c}=\vec{0} \implies \alpha=\beta=\gamma=0$$
> $$\alpha\vec{a}+\beta\vec{b}+\gamma\vec{c}=\alpha'\vec{a}+\beta'\vec{b}+\gamma'\vec{c}$$
> $$\implies \alpha=\alpha', \beta=\beta', \gamma=\gamma'$$
> が成り立つ。
> (ii) 空間内の任意のベクトル $\vec{u}$ に対して
> $$\vec{u}=p\vec{a}+q\vec{b}+r\vec{c}$$
> となる実数 p, q, r が存在する。ここで p, q, r は $\vec{u}$ によってただ1通りに定まる。

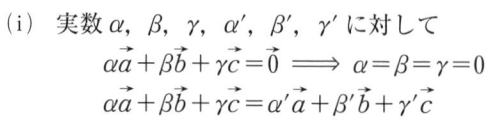

このとき，3つのベクトル $\vec{a}, \vec{b}, \vec{c}$ は1次独立であるという。

(1)については，立方体の代わりに平行六面体 OABC-DEFG であっても同じ結果となることがわかるはずです。

(2) 次の面積公式を利用します。

> △OAB において $\overrightarrow{OA}=\vec{a}$, $\overrightarrow{OB}=\vec{b}$ とするとき △OAB の面積 S は
> $$S=\frac{1}{2}\sqrt{|\vec{a}|^2|\vec{b}|^2-(\vec{a}\cdot\vec{b})^2}$$
> である。

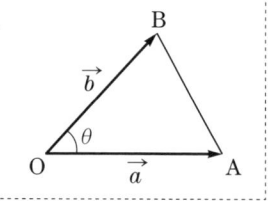

$\angle AOB=\theta$ とおくと
$$S^2=\left(\frac{1}{2}OA\cdot OB\cdot\sin\theta\right)^2=\frac{1}{4}|\vec{a}|^2|\vec{b}|^2(1-\cos^2\theta)$$
$$=\frac{1}{4}\{|\vec{a}|^2|\vec{b}|^2-(\vec{a}\cdot\vec{b})^2\}$$

となることから導かれます。

また，座標平面において，$\vec{a}=(x_1, y_1)$, $\vec{b}=(x_2, y_2)$ とするとき，
$$S=\frac{1}{2}\sqrt{(x_1^2+y_1^2)(x_2^2+y_2^2)-(x_1x_2+y_1y_2)^2}$$

$$=\frac{1}{2}|x_1y_2-x_2y_1|$$

となります。

解答 (1) $\vec{OA}=\vec{a}, \vec{OC}=\vec{b}, \vec{OD}=\vec{c}$ とおくと，

$$\vec{OM}=\vec{a}+\frac{1}{2}\vec{c}, \quad \vec{ON}=\frac{1}{2}\vec{b}+\vec{c}$$

$$\vec{OX}=x\vec{a}+\vec{c}, \quad \vec{OY}=y\vec{a}+\vec{b}$$

←たとえば，
$\vec{OM}=\vec{OA}+\vec{AM}$
と考える。

より

$$\vec{XM}=\vec{OM}-\vec{OX}=(1-x)\vec{a}-\frac{1}{2}\vec{c} \quad \cdots\cdots ①$$

$$\vec{XN}=\vec{ON}-\vec{OX}=-x\vec{a}+\frac{1}{2}\vec{b} \quad \cdots\cdots ②$$

$$\vec{XY}=\vec{OY}-\vec{OX}=(y-x)\vec{a}+\vec{b}-\vec{c} \quad \cdots\cdots ③$$

となる。
$\vec{XM}$, $\vec{XN}$ は平行でないから，Y が平面 XMN 上にあるための必要十分条件は

←△XMN ができているから，
$\vec{XM} \not\parallel \vec{XN}$。

$$\vec{XY}=s\vec{XM}+t\vec{XN} \quad \cdots\cdots ④$$

となる実数 s, t が存在する ……(☆) ことである。

④に①，②を代入して整理すると

$$\vec{XY}=\{s(1-x)-tx\}\vec{a}+\frac{t}{2}\vec{b}-\frac{s}{2}\vec{c} \quad \cdots\cdots ⑤$$

となる。3 つのベクトル $\vec{a}, \vec{b}, \vec{c}$ は同一平面上におけないので，③，⑤が一致する条件は

←"$\vec{a}, \vec{b}, \vec{c}$ は 1 次独立であるから" と書いてもよい。

$$s(1-x)-tx=y-x, \quad \frac{t}{2}=1, \quad -\frac{s}{2}=-1$$

である。右 2 式より $s=t=2$ であるから，(☆) のための必要十分条件は，

$$2(1-x)-2x=y-x$$

∴ $y+3x=2$ ……⑥

が成り立つことである。

(2) $|\vec{a}|=|\vec{b}|=|\vec{c}|=1, \vec{a}\cdot\vec{b}=\vec{b}\cdot\vec{c}=\vec{c}\cdot\vec{a}=0$

であるから，

$$|\overrightarrow{XM}|^2 = \left|(1-x)\vec{a} - \frac{1}{2}\vec{c}\right|^2$$
$$= (1-x)^2 + \frac{1}{4}$$

← $\left|(1-x)\vec{a} - \frac{1}{2}\vec{c}\right|^2$
$= (1-x)^2|\vec{a}|^2$
$\quad -(1-x)\vec{a}\cdot\vec{c}$
$\quad +\frac{1}{4}|\vec{c}|^2$
以下も同様。

である。$y = 2 - 3x$ ……⑥′ を③に代入すると
$$\overrightarrow{XY} = (2-4x)\vec{a} + \vec{b} - \vec{c}$$
となるから，同様に，
$$|\overrightarrow{XY}|^2 = |(2-4x)\vec{a} + \vec{b} - \vec{c}|^2$$
$$= (2-4x)^2 + 1 + 1 = (2-4x)^2 + 2$$
$$\overrightarrow{XM}\cdot\overrightarrow{XY}$$
$$= \left\{(1-x)\vec{a} - \frac{1}{2}\vec{c}\right\}\cdot\{(2-4x)\vec{a} + \vec{b} - \vec{c}\}$$
$$= (1-x)(2-4x) + \frac{1}{2}$$

である。したがって，
$$|\overrightarrow{XM}|^2|\overrightarrow{XY}|^2 - (\overrightarrow{XM}\cdot\overrightarrow{XY})^2$$
$$= \left\{(1-x)^2 + \frac{1}{4}\right\}\{(2-4x)^2 + 2\}$$
$$\quad - \left\{(1-x)(2-4x) + \frac{1}{2}\right\}^2$$
$$= 2x^2 - 2x + \frac{5}{4} = 2\left(x - \frac{1}{2}\right)^2 + \frac{3}{4}$$

である。これより，
$$\triangle XMY = \frac{1}{2}\sqrt{|\overrightarrow{XM}|^2|\overrightarrow{XY}|^2 - (\overrightarrow{XM}\cdot\overrightarrow{XY})^2}$$
$$= \frac{1}{2}\sqrt{2\left(x - \frac{1}{2}\right)^2 + \frac{3}{4}}$$

である。ここで，$0 \leq x \leq 1$，$0 \leq y \leq 1$ であり，さらに⑥′を考え合わせると，x の変域は
$$\frac{1}{3} \leq x \leq \frac{2}{3}$$

← $0 \leq x \leq 1$ かつ
$0 \leq 2 - 3x \leq 1$ より，
$\frac{1}{3} \leq x \leq \frac{2}{3}$ となる。

であるから，
$$\begin{cases} (x, y) = \left(\frac{1}{2}, \frac{1}{2}\right) \text{のとき} & \text{最小値 } \frac{\sqrt{3}}{4} \\ (x, y) = \left(\frac{1}{3}, 1\right), \left(\frac{2}{3}, 0\right) \text{のとき} & \text{最大値 } \frac{\sqrt{29}}{12} \end{cases}$$
である。

210 動点から2定点までの距離の和の最小値

点 A(1, 2, 4) を通り,ベクトル $\vec{n}=(-3, 1, 2)$ に垂直な平面を α とする。平面 α に関して同じ側に2点 B(-2, 1, 7),C(1, 3, 7) がある。
(1) 平面 α に関して点 B と対称な点 D の座標を求めよ。
(2) 平面 α 上の点 P で,BP+CP を最小にする点 P の座標とそのときの最小値を求めよ。

(鳥取大*)

精講 一般に次の関係が成り立つことを確認しておきましょう。

> 点 A を通り,ベクトル $\vec{n}$ に垂直な平面 α 上に点 P がある
> $\iff$ $\overrightarrow{AP}$ は $\vec{n}$ と垂直である,または,P=A
> $\iff$ $\overrightarrow{AP} \cdot \vec{n} = 0$

解答 (1) 2点 B,D が平面 α に関して対称であるから,
 (i) BD は α と垂直である
 (ii) BD の中点 M は α 上にある
が成り立つ。(i) より,
$$\overrightarrow{BD}=t\vec{n} \quad (t \text{ は実数})$$
$$\therefore \quad \overrightarrow{OD}=\overrightarrow{OB}+t\vec{n} \quad \cdots\cdots ①$$
と表される。これより,
$$\overrightarrow{OM}=\frac{1}{2}(\overrightarrow{OB}+\overrightarrow{OD})=\overrightarrow{OB}+\frac{t}{2}\vec{n} \quad \cdots\cdots ②$$
$$\overrightarrow{AM}=\overrightarrow{OM}-\overrightarrow{OA}=\overrightarrow{OB}-\overrightarrow{OA}+\frac{t}{2}\vec{n}$$
$$=(-3, -1, 3)+\frac{t}{2}(-3, 1, 2)$$
である。(ii) より,
$$\overrightarrow{AM} \cdot \vec{n}=0$$
であるから,
$$9-1+6+\frac{t}{2}(9+1+4)=0$$
$$\therefore \quad t=-2$$

← 左辺は
$(-3, -1, 3) \cdot \vec{n} + \frac{t}{2}|\vec{n}|^2$

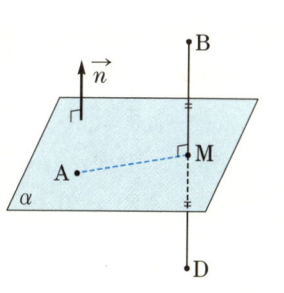

である。したがって，①より
$$\overrightarrow{OD}=(-2, 1, 7)-2(-3, 1, 2)=(4, -1, 3)$$
であるから，**D(4, -1, 3)** である。

(2) B, D は平面 α に関して対称であるから，α 上の点 P に対して
$$BP=DP$$
が成り立つ。したがって，
$$BP+CP=DP+CP \quad \cdots\cdots ③$$
である。B, C は α に関して同じ側にあるから，D, C は α に関して反対側にある。したがって，③の右辺が最小となるのは，C, P, D がこの順に一直線上に並ぶときである。このとき，P は線分 CD 上にあるので，
$$\overrightarrow{OP}=(1-s)\overrightarrow{OC}+s\overrightarrow{OD}$$
$$=(1-s)(1, 3, 7)+s(4, -1, 3)$$
$$=(1+3s, 3-4s, 7-4s) \quad \cdots\cdots ④$$
より，
$$\overrightarrow{AP}=\overrightarrow{OP}-\overrightarrow{OA}=(3s, 1-4s, 3-4s)$$
である。P が α 上にあることから，
$$\overrightarrow{AP}\cdot\vec{n}=0$$
$$3s\cdot(-3)+1-4s+(3-4s)\cdot 2=0$$
$$\therefore \quad s=\frac{1}{3}$$
であり，④より $P\left(2, \dfrac{5}{3}, \dfrac{17}{3}\right)$ である。また，BP+CP の最小値は
$$CD=\sqrt{3^2+4^2+4^2}=\sqrt{41}$$
である。

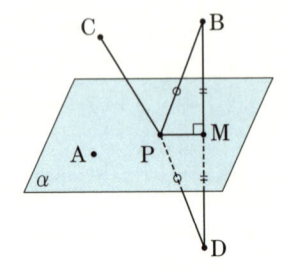

← P は線分 CD と平面 α の交点である。

← $0<s=\dfrac{1}{3}<1$ より，P は線分 CD 上にあることがわかる。

☆ 研究

精講 より，点 A(1, 2, 4) を通り，ベクトル $\vec{n}=(-3, 1, 2)$ に垂直な平面 α 上に点 P(x, y, z) があるための条件は
$$\overrightarrow{AP}\cdot\vec{n}=0$$
$$-3\cdot(x-1)+1\cdot(y-2)+2\cdot(z-4)=0$$

$$\therefore \quad -3x+y+2z-7=0 \quad \cdots\cdots ⑤$$

である。

⑤を用いて，②，④における t, s を求めることもできる。②より，
$$\overrightarrow{OM}=\overrightarrow{OB}+\frac{t}{2}\vec{n}=\left(-2-\frac{3}{2}t,\ 1+\frac{t}{2},\ 7+t\right)$$

であるから，⑤に代入して，
$$-3\left(-2-\frac{3}{2}t\right)+1+\frac{t}{2}+2(7+t)-7=0$$
$$\therefore \quad t=-2$$

となる。また，④を⑤に代入して
$$-3(1+3s)+3-4s+2(7-4s)-7=0$$
$$\therefore \quad s=\frac{1}{3}$$

となる。

座標空間内の平面に関しては次が成り立つ。

> 点 $A(x_0,\ y_0,\ z_0)$ を通り，ベクトル $\vec{n}=(a,\ b,\ c)$ に垂直な平面 α の方程式は
> $$a(x-x_0)+b(y-y_0)+c(z-z_0)=0$$
> である。

このとき，$\vec{n}=(a,\ b,\ c)$ を平面 α の法線ベクトルという。

さらに，次のこともわかる。

> a, b, c, d $((a,\ b,\ c)\neq(0,\ 0,\ 0))$ を定数とするとき，
> $$ax+by+cz+d=0$$
> を満たす点 $(x,\ y,\ z)$ の全体はベクトル $\vec{n}=(a,\ b,\ c)$ に垂直な1つの平面である。

類題9　→解答 p.333

座標空間内に点 $A(1,\ 1,\ 2)$，$B(1,\ 0,\ 0)$ がある。

(1) 原点を中心とする xy 平面上の半径1の円周上を点Cが動く。線分ACが z 軸と交わるようなCの座標を求めよ。

(2) z 軸上を点Pが動くとき，長さの和 $AP+PB$ が最小となる点Pの座標を求めよ。

(お茶の水女大*)

211 球面における反射

座標空間内に点 A(5, 4, 2) を中心とする半径 7 の球面 S がある。原点 O からベクトル $\vec{u}=(1, 1, -2)$ の向きに出た光線が球面 S 上の点 B で反射され，球面 S 上の点 C に達した。点 B での反射により，点 C は直線 OB と直線 AB で作られる平面上にあり，直線 AB は ∠OBC を 2 等分することになる。

(1) B の座標を求めよ。
(2) B で反射した光線の方向ベクトルを 1 つ示せ。
(3) C の座標を求めよ。

(兵庫医大*)

精講 (2) B での反射は球面 S の B における接平面（B を通り，半径 AB に垂直な平面）による反射ですから，直線 OB と直線 BC は直線 AB に関して対称です。したがって，AB に関して O と対称な点を BC は通ります。

解答 (1) $\vec{OB}=t\vec{u}=(t, t, -2t)$ $(t>0$ ……①)
と表される。また，B が球面 S：
$$(x-5)^2+(y-4)^2+(z-2)^2=49 \quad ……②$$
上にあることより，
$$(t-5)^2+(t-4)^2+(2t+2)^2=49$$
∴ $(3t+1)(t-2)=0$
となるが，①より $t=2$ であり
B(2, 2, −4)
である。

(2) 平面 OAB 上で，AB に関して O と対称な点を D とし，OD の中点を M とする。M は直線 AB 上にあるから，
$$\vec{OM}=\vec{OA}+u\vec{AB}=(5-3u, 4-2u, 2-6u)$$
と表され，$\vec{OM} \perp \vec{AB}$ より
$\vec{OM} \cdot \vec{AB}=0$
∴ $-3(5-3u)-2(4-2u)-6(2-6u)=0$
∴ $u=\dfrac{5}{7}$

となるので，

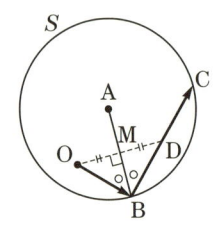

(平面 OAB による断面図)

$$\overrightarrow{OD} = 2\overrightarrow{OM} = \left(\frac{40}{7}, \frac{36}{7}, -\frac{32}{7}\right)$$

←　$\overrightarrow{OM} = \left(\frac{20}{7}, \frac{18}{7}, -\frac{16}{7}\right)$

である。よって，反射光線の方向ベクトルの1つは

$$\overrightarrow{BD} = \left(\frac{26}{7}, \frac{22}{7}, -\frac{4}{7}\right) = \frac{2}{7}(13, 11, -2)$$

←　これより，反射光線の方向ベクトルは，
$s(13, 11, -2)$ $(s>0)$
である。 参考 参照。

である。

(3) C は B を通り，方向ベクトル $(13, 11, -2)$ の直線（反射光線）上にあるから，

$$\overrightarrow{OC} = \overrightarrow{OB} + s(13, 11, -2)$$
$$= (2+13s, 2+11s, -4-2s)$$

と表される。C は S 上にもあるから，②に代入して，

$$(13s-3)^2 + (11s-2)^2 + (2s+6)^2 = 49$$

$$294s\left(s - \frac{1}{3}\right) = 0 \quad \therefore \quad s = 0, \frac{1}{3}$$

となる。$s=0$ は B に対応するので，C は $s = \frac{1}{3}$ に対応する点であり，$C\left(\dfrac{19}{3}, \dfrac{17}{3}, -\dfrac{14}{3}\right)$ である。

参考

ベクトル $\vec{u}$ を $\overrightarrow{AB}$ に平行なベクトル $\vec{p}$ と $\overrightarrow{AB}$ に垂直なベクトル $\vec{q}$ に分けて

$$\vec{u} = \vec{p} + \vec{q}$$

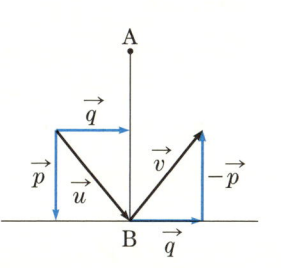

と表すことを考える。$\vec{p} = k\overrightarrow{AB}$ と表せるから，

$$\vec{q} = \vec{u} - k\overrightarrow{AB}$$

となる。$\vec{q}$ は $\overrightarrow{AB} = (-3, -2, -6)$ と垂直であるから，

$$\vec{q} \cdot \overrightarrow{AB} = 0 \quad \therefore \quad (\vec{u} - k\overrightarrow{AB}) \cdot \overrightarrow{AB} = 0$$

$$\therefore \quad k = \frac{\vec{u} \cdot \overrightarrow{AB}}{|\overrightarrow{AB}|^2} = \frac{7}{49} = \frac{1}{7}$$

となり，これより

$$\vec{p} = \frac{1}{7}\overrightarrow{AB} = \left(-\frac{3}{7}, -\frac{2}{7}, -\frac{6}{7}\right), \quad \vec{q} = \vec{u} - \vec{p} = \left(\frac{10}{7}, \frac{9}{7}, -\frac{8}{7}\right)$$

となる。反射光線の方向ベクトルを $\vec{v}$ とすると，右上図より

$$\vec{v} = -\vec{p} + \vec{q} = \left(\frac{13}{7}, \frac{11}{7}, -\frac{2}{7}\right) = \frac{1}{7}(13, 11, -2)$$

であることがわかる。

212 三平方の定理の応用

右の図のような三角形 ABC を底面とする三角柱 ABC-DEF を考える。

(1) AB=AC=5, BC=3, AD=10 とする。三角形 ABC と三角形 DEF とに交わらない平面 H と三角柱との交わりが正三角形となるとき，その正三角形の面積を求めよ。

(2) 底面がどのような三角形であっても高さが十分に高ければ，三角形 ABC と三角形 DEF とに交わらない平面 H と三角柱との交わりが正三角形となりうることを示せ。

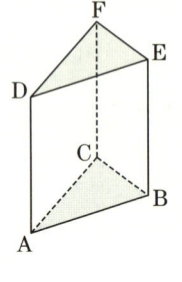

（お茶の水女大）

精講 平面 H と三角柱の交わりの三角形の1辺の長さ，たとえば，面 ABED 上の辺の長さは，H と AD，BE との2つの交点の高低差と AB の長さから，三平方の定理によって定まります。

解答 (1) 平面 H と辺 AD，BE，CF との交点をそれぞれ P，Q，R とする。正三角形 PQR の1辺の長さを l とし，P を基準としたときの Q，R の高さをそれぞれ s，t とすると，Q，R の高低差は $|s-t|$ である。PQ^2，PR^2，QR^2 を考えると，

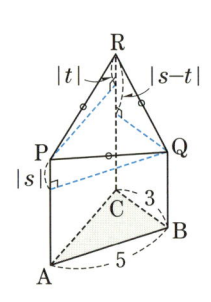

$$l^2 = s^2 + AB^2 = s^2 + 25 \quad \cdots\cdots ①$$
$$l^2 = t^2 + AC^2 = t^2 + 25 \quad \cdots\cdots ②$$
$$l^2 = (s-t)^2 + BC^2 = (s-t)^2 + 9 \quad \cdots\cdots ③$$

となる。

← Q，R が P より低いときには，$s<0$，$t<0$ である。

$$s^2 = l^2 - 25 \quad \cdots\cdots ①'$$
$$t^2 = l^2 - 25 \quad \cdots\cdots ②'$$

を，③，つまり
$$2st = s^2 + t^2 + 9 - l^2$$
の右辺に代入すると，
$$2st = l^2 - 41 \quad \cdots\cdots ④$$
となる。両辺を2乗した式

に，①′，②′を代入すると
$$4(l^2-25)^2=(l^2-41)^2$$
$$\{2(l^2-25)+l^2-41\}\{2(l^2-25)-(l^2-41)\}=0$$
$$\therefore\ (3l^2-91)(l^2-9)=0$$

←$\{2(l^2-25)\}^2-(l^2-41)^2=0$

となる。①′，②′より $l^2\geqq 25$ であるから，
$$l^2=\frac{91}{3}$$
である。①′，②′，④より
$$(s,\ t)=\left(\pm\frac{4}{\sqrt{3}},\ \mp\frac{4}{\sqrt{3}}\right)\ （複号同順）$$

←$2st=\dfrac{91}{3}-41$
$\qquad =-\dfrac{32}{3}<0$
これより，$s,\ t$ は異符号であるから，P の高さは Q，R の高さの中間である。

であり，
$$(Q,\ R \text{の高低差})$$
$$=|s-t|=\frac{8}{\sqrt{3}}<10=(\text{高さ AD})$$

であるから，平面 H を $\triangle ABC$，$\triangle DEF$ と交わらないようにとることができる。

正三角形 PQR の面積は
$$\frac{1}{2}l^2\sin 60°=\boldsymbol{\frac{91\sqrt{3}}{12}}$$
である。

(2) BC$=a$, CA$=b$, AB$=c$ として，切り口が正三角形となるとき，その１辺の長さが l とすると，(1)と同様に
$$l^2=s^2+c^2 \qquad\qquad\cdots\cdots\text{⑤}$$
$$l^2=t^2+b^2 \qquad\qquad\cdots\cdots\text{⑥}$$
$$l^2=(s-t)^2+a^2 \qquad\quad\cdots\cdots\text{⑦}$$
となる。

以下，"⑤，⑥，⑦を満たす正の数 l と実数 $s,\ t$ が存在する"……(☆) ことを示す。

←三角柱の高さが十分に高いので，$s,\ t$ は任意の実数でよい。

$$s^2=l^2-c^2 \qquad\qquad\cdots\cdots\text{⑤}'$$
$$t^2=l^2-b^2 \qquad\qquad\cdots\cdots\text{⑥}'$$

を，⑦，つまり
$$2st=s^2+t^2+a^2-l^2$$
の右辺に代入すると，

$$2st = l^2 + a^2 - b^2 - c^2 \quad \cdots\cdots ⑧$$

となる。両辺を2乗した式
$$4s^2t^2 = (l^2 + a^2 - b^2 - c^2)^2$$
に，⑤′，⑥′を代入すると，
$$4(l^2 - c^2)(l^2 - b^2) = (l^2 + a^2 - b^2 - c^2)^2 \quad \cdots\cdots ⑨$$
となる。

$l^2 = X$ とおくと，⑨は，
$$4(X - c^2)(X - b^2) - (X + a^2 - b^2 - c^2)^2 = 0$$
$$\quad \cdots\cdots ⑩$$

となる。⑩の左辺を
$$\begin{aligned}f(X) &= 4(X - c^2)(X - b^2) - (X + a^2 - b^2 - c^2)^2 \\ &= 3X^2 - 2(a^2 + b^2 + c^2)X + 4c^2b^2 - (a^2 - b^2 - c^2)^2\end{aligned}$$

とおくと，
$$\begin{aligned}f(a^2) &= 4(a^2 - c^2)(a^2 - b^2) - \{2a^2 - (b^2 + c^2)\}^2 \\ &= 4b^2c^2 - (b^2 + c^2)^2 = -(b^2 - c^2)^2 \leqq 0\end{aligned}$$
$$f(b^2) = -(a^2 - c^2)^2 \leqq 0$$
$$f(c^2) = -(a^2 - b^2)^2 \leqq 0$$

である。したがって，X の2次方程式⑩，すなわち，$f(X) = 0$ は
$$X \geqq \max\{a^2, \ b^2, \ c^2\}$$
の範囲に解をもつ。その解を $X = X_0$ とするとき，
$$l = \sqrt{X_0}$$
と定め，⑤，⑥から定まる s，t において，⑧が成り立つように s，t の符号を定める。

　このようにして得られた正の数 l と実数 s，t は ⑤，⑥，⑦を満たすので，（☆）が示された。

（証明おわり）

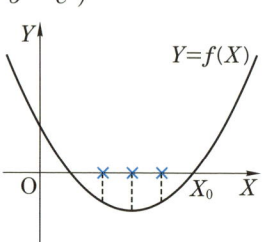

（×は a^2，b^2，c^2 を表す）

← "$X \geqq a^2$，$X \geqq b^2$ かつ $X \geqq c^2$" と同じである。

← ここで，l^2，s^2，t^2 は⑧の両辺を2乗した式⑨，つまり，⑩を満たすことに注意する。

参考

(2)において，$a \leqq b \leqq c$ と仮定すると，
$$f(b^2 + c^2 - a^2) = 4(b^2 - a^2)(c^2 - a^2) \geqq 0$$
となるので，
$$c^2 \leqq X_0 \leqq b^2 + c^2 - a^2$$
であることもわかる。

213 正四面体に関する計量

xyz 空間に 3 点 A$(1, 0, 0)$, B$(-1, 0, 0)$, C$(0, \sqrt{3}, 0)$ をとる。△ABC を 1 つの面とし，$z \geqq 0$ の部分に含まれる正四面体 ABCD をとる。さらに △ABD を 1 つの面とし，点 C と異なる点 E をもう 1 つの頂点とする正四面体 ABDE をとる。

(1) 点 E の座標を求めよ。
(2) 正四面体 ABDE の $y \leqq 0$ の部分の体積を求めよ。 （東京大）

精講 (1) 正四面体の 1 辺の長さは 2 ですから，距離の公式を繰り返し用いると，単純な計算によって D, E の座標を順に求めることができます。

(2) 正四面体 ABDE の xz 平面による切り口を底面と考えると，$y \leqq 0$ の部分の高さは |E の y 座標| になります。

また，正四面体のいくつかの性質を利用すると，別解 のように計算を少なくすることもできます。

解答 (1) 正四面体の 1 辺の長さは AB$=2$ であり，D(a, b, c), $(c \geqq 0)$ とおくと，

AD$=2$： $(a-1)^2+b^2+c^2=4$ ……①
BD$=2$： $(a+1)^2+b^2+c^2=4$ ……②
CD$=2$： $a^2+(b-\sqrt{3})^2+c^2=4$ ……③

である。

$c \geqq 0$ のもとで，これらを解くと，

$$a=0, \quad b=\frac{\sqrt{3}}{3}, \quad c=\frac{2\sqrt{6}}{3}$$

となるので，D$\left(0, \dfrac{\sqrt{3}}{3}, \dfrac{2\sqrt{6}}{3}\right)$ である。

次に，E(p, q, r) とおくと，

AE$=2$： $(p-1)^2+q^2+r^2=4$ ……④
BE$=2$： $(p+1)^2+q^2+r^2=4$ ……⑤
DE$=2$： $p^2+\left(q-\dfrac{\sqrt{3}}{3}\right)^2+\left(r-\dfrac{2\sqrt{6}}{3}\right)^2=4$ ……⑥

← ①−② より $a=0$
このとき，①，③ より
$\begin{cases} b^2+c^2=3 \\ (b-\sqrt{3})^2+c^2=4 \end{cases}$
2 式の差をとると，
$b=\dfrac{\sqrt{3}}{3}$。

である。④-⑤ より $p=0$ であり，このとき④，⑥より

$$\begin{cases} q^2+r^2=3 & \cdots\cdots ⑦ \\ \left(q-\dfrac{\sqrt{3}}{3}\right)^2+\left(r-\dfrac{2\sqrt{6}}{3}\right)^2=4 & \cdots\cdots ⑧ \end{cases}$$

である。⑦-⑧ を整理すると，

$$q=-2\sqrt{2}\,r+\sqrt{3}$$

となるので，これを⑦に代入すると，

$$(-2\sqrt{2}\,r+\sqrt{3})^2+r^2=3$$
$$r(9r-4\sqrt{6})=0$$

となる。$r=0$ の場合 $q=\sqrt{3}$ となり，Cの座標となる。よって，

$$r=\frac{4\sqrt{6}}{9},\quad q=-\frac{7\sqrt{3}}{9}$$

であり，$E\left(0,\ -\dfrac{7\sqrt{3}}{9},\ \dfrac{4\sqrt{6}}{9}\right)$ である。

(2) 線分 DE と z 軸との交点を F とおくと，
$$\overrightarrow{OF}=(1-t)\overrightarrow{OD}+t\overrightarrow{OE}$$
$$=\left(0,\ \frac{\sqrt{3}}{9}(3-10t),\ \frac{2\sqrt{6}}{9}(3-t)\right)$$

と表されるが，(Fのy座標)$=0$ より $t=\dfrac{3}{10}$ であり，$F\left(0,\ 0,\ \dfrac{3\sqrt{6}}{5}\right)$ となる。

正四面体 ABDE の $y\leqq 0$ の部分は四面体 ABFE であり，その体積は

$$\frac{1}{3}\cdot\triangle ABF\cdot|Eの y 座標|$$
$$=\frac{1}{3}\cdot\left(\frac{1}{2}\cdot 2\cdot\frac{3\sqrt{6}}{5}\right)\cdot\frac{7\sqrt{3}}{9}=\frac{7\sqrt{2}}{15}$$

である。

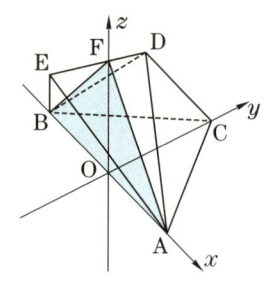

← $\triangle ABF$
$=\dfrac{1}{2}\cdot AB\cdot(Fの z 座標)$

参考

立体図形の計量問題において，正四面体が題材となることが少なくないので，[別解]の準備として基本事項を復習しておこう。

> 精講

> (I) 四面体 ABCD において，△BCD，△CDA，△DAB，△ABC の重心を順に G, H, I, J とすると，4 線分 AG, BH, CI, DJ は 1 点で交わり，その交点 O はこれらの線分を 3:1 に内分する。

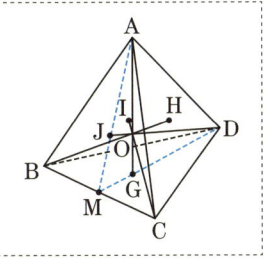

(証明) BC の中点を M とし，△ADM を考える。
　AG と DJ の交点を O とおくと，
　　DG:GM＝2:1, AJ:JM＝2:1
より，AD∥JG, AD:JG＝3:1 であるから，
　　AO:OG＝DO:OJ＝3:1
である。同様に，AG と BH，AG と CI も AG を 3:1 に内分する点 O で交わる。

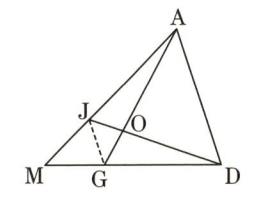

> (II) 1 辺の長さが a である正四面体 ABCD において，高さ h，体積 V，内接球の半径 r，外接球の半径 R は
> $$h=\frac{\sqrt{6}}{3}a,\ V=\frac{\sqrt{2}}{12}a^3,\ r=\frac{\sqrt{6}}{12}a,\ R=\frac{\sqrt{6}}{4}a$$
> である。

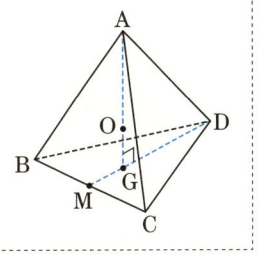

(I)と同様に，G, H, I, J を定めると，正四面体の場合には，AG, BH, CI, DJ は向かい合う面と垂直であるから，

$$h=\mathrm{AG}=\sqrt{\mathrm{AD}^2-\mathrm{DG}^2}=\sqrt{a^2-\left(\frac{\sqrt{3}}{3}a\right)^2}=\frac{\sqrt{6}}{3}a$$

$$V=\frac{1}{3}\triangle\mathrm{BCD}\cdot h=\frac{1}{3}\cdot\frac{\sqrt{3}}{4}a^2\cdot\frac{\sqrt{6}}{3}a=\frac{\sqrt{2}}{12}a^3$$

である。また，内接球，外接球の中心は(I)の O に対応するから，

$$r=\mathrm{OG}=\frac{1}{4}h=\frac{\sqrt{6}}{12}a,\ R=\mathrm{OA}=\frac{3}{4}h=\frac{\sqrt{6}}{4}a$$

である。

◁別解▷

(1) 正四面体 ABCD において，D から △ABC に下ろした垂線の足は，△ABC の重心 $G\left(0, \dfrac{\sqrt{3}}{3}, 0\right)$ と一致する。また，正四面体の1辺の長さは AB=2 であり，$CG=\dfrac{2}{3}CO=\dfrac{2\sqrt{3}}{3}$ であるから，

$$DG=\sqrt{DC^2-CG^2}=\sqrt{2^2-\left(\dfrac{2\sqrt{3}}{3}\right)^2}=\dfrac{2\sqrt{6}}{3}$$

である。これより $D\left(0, \dfrac{\sqrt{3}}{3}, \dfrac{2\sqrt{6}}{3}\right)$ である。

← 正三角形 ABC の重心 G は，中線 CO を 2:1 に内分する。

次に，2つの正四面体でC，E それぞれから △DAB に下ろした垂線の足はいずれも △DAB の重心 $H\left(0, \dfrac{\sqrt{3}}{9}, \dfrac{2\sqrt{6}}{9}\right)$ と一致し，CE の中点がH であるから，

← $\overrightarrow{OH}=\dfrac{1}{3}(\overrightarrow{OA}+\overrightarrow{OB}+\overrightarrow{OD})$

$$\dfrac{1}{2}(\overrightarrow{OC}+\overrightarrow{OE})=\overrightarrow{OH}$$

$$\therefore \overrightarrow{OE}=2\overrightarrow{OH}-\overrightarrow{OC}=\left(0, -\dfrac{7\sqrt{3}}{9}, \dfrac{4\sqrt{6}}{9}\right)$$

である。E の座標も同じである。

(2) 1辺の長さ2の正四面体 ABCD，ABDE の体積を V_0 とおくと，

$$V_0=\dfrac{1}{3}\cdot\dfrac{1}{2}\cdot 2^2\cdot\sin 60°\cdot\dfrac{2\sqrt{6}}{3}=\dfrac{2\sqrt{2}}{3}$$

← $V_0=\dfrac{1}{3}\cdot\triangle ABC\cdot DG$

である。ED と z 軸との交点を F とし，正四面体 ABDE を △ABF で2分したときの体積比は，

(四面体 ABFE):(四面体 ABFD)

$$=\dfrac{1}{3}\triangle ABF\cdot|y_E| : \dfrac{1}{3}\triangle ABF\cdot y_D$$

← y_E，y_D はそれぞれ E，D の y 座標を表す。

$$=|y_E|:y_D=\dfrac{7\sqrt{3}}{9}:\dfrac{\sqrt{3}}{3}=7:3$$

であるから，求める体積は

$$(四面体\ ABFE)=\dfrac{7}{7+3}\cdot V_0=\dfrac{7\sqrt{2}}{15}$$

である。

214 2定点を見込む角

1辺の長さ2の正四面体 ABCD の表面上にあって ∠APB>90° を満たす点P全体のなす集合を M とする。
(1) △ABC 上にある M の部分を図示し，その面積を求めよ。
(2) M の面積を求めよ。 （大阪大）

精講 (1) 平面上で2定点 A，B を見込む角が 90° である点 (すなわち，∠APB=90° となる点P)，あるいは，見込む角が 90° より大きい点，小さい点がどこにあるかについて復習しておきましょう。

> 平面上で AB を直径とする円を C とするとき，A，B 以外のこの平面上の点Pについて，次のことが成り立つ。
> (i) ∠APB=90° ⟺ Pは円 C 上にある
> (ii) ∠APB>90° ⟺ Pは円 C の内部にある
> (iii) ∠APB<90° ⟺ Pは円 C の外部にある

(⟹) は右図から次のように説明できます。
(i) ∠APB=∠APO+∠OPB= $\frac{1}{2}$・180°=90°
(ii) ∠APB=∠PQB+∠PBQ>∠PQB=90°
(iii) ∠APB=∠AQB−∠PAQ<∠AQB=90°

また，(i), (ii), (iii)において，P(≠A, B)の位置のすべての場合が尽されているので，(⟸) も成り立つことがわかります。

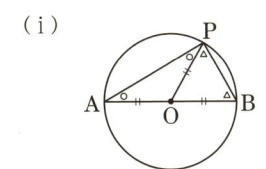

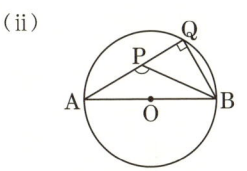

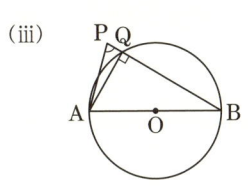

空間内で考える場合には，AB を直径とする球面を S とすると，(i), (ii), (iii)で C を S と置き換えた関係が成り立ちます。

解答 (1) ∠APB>90° を満たす点Pの全体はAB を直径とする球面 S の内部である。

したがって，△ABC 上にある M の部分は AB を直径とする円の内部と △ABC の共通部分，つまり，右図の斜線部分（円周上の点を除く）である。

E, F, G は辺 AB, BC, CA の中点であり，
$$EF = EG = FG = 1$$
であるから，斜線部分の面積を S_1 とすると
$$S_1 = 2\triangle AEG + (扇形 \stackrel{\frown}{EFG})$$
$$= 2 \cdot \frac{1}{2} \cdot 1^2 \cdot \sin 60° + \frac{1}{6} \cdot 1^2 \cdot \pi$$
$$= \frac{\sqrt{3}}{2} + \frac{\pi}{6}$$
である。

(2) △ABD 上の M の部分は(1)の部分と合同であり，その面積は S_1 に等しい。

△BCD 上にある M の部分は，平面 BCD と S との交わりの円を K とするとき，K の内部と △BCD の共通部分である。BD の中点 H は S 上にあり，(1)と合わせると，3 点 B, F, H は S 上に，したがって，K 上にあるから，K は △BFH の外接円である。これより，△BCD 上の M の部分は右下図の斜線部分で，その面積 S_2 は

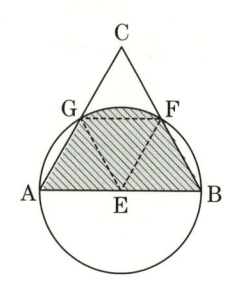

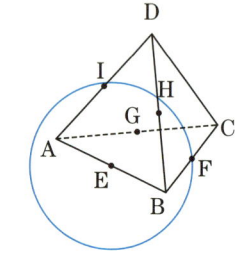

←外接円の半径は，正弦定理より，$\frac{1}{2\sin 60°} = \frac{1}{\sqrt{3}}$。

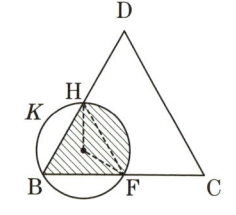

$$S_2 = \triangle BFH + (弓形 \stackrel{\frown}{H\ F})$$
$$= \frac{1}{2} \cdot 1^2 \cdot \sin 60°$$
$$\quad + \left\{ \frac{1}{3} \cdot \left(\frac{1}{\sqrt{3}}\right)^2 \pi - \frac{1}{2} \cdot \left(\frac{1}{\sqrt{3}}\right)^2 \sin 120° \right\}$$
$$= \frac{\sqrt{3}}{6} + \frac{\pi}{9}$$
である。△ACD 上にある M の部分も同じである。

以上より，M の面積は
$$2(S_1 + S_2) = \frac{4\sqrt{3}}{3} + \frac{5}{9}\pi$$
である。

215 側面の辺の長さが等しい四角錐

点Oを頂点とし，四角形 ABCD を底面とする四角錐 O-ABCD があり，OA=OB=OC=OD=7，AB=7，BC=2，CD=DA=5 である．
(1) 四角形 ABCD は円に内接することを証明せよ．
(2) 四角錐 O-ABCD の体積 V を求めよ．

精講　側面の辺の長さが等しい三角錐に関して次のことが成り立ちます．

三角錐（四面体）OABC において，
$$OA=OB=OC$$
であるとき，Oから平面 ABC に下ろした垂線の足Hは △ABC の外心と一致する．

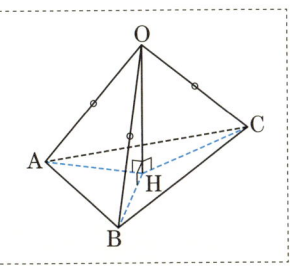

△OAH，△OBH，△OCH はいずれも直角三角形であり，OH は共通で，OA=OB=OC であるから，AH=BH=CH である．

(1) 上と同様に示すことができます．(2) 四角形 ABCD の面積を求める計算は基本的です．また，四角錐の高さは三平方の定理で求めます．

解答　(1) Oから底面 ABCD に下ろした垂線の足をHとおくと，△OAH，△OBH，△OCH，△ODH はいずれもHを直角の頂点とする直角三角形であり，
$$OA=OB=OC=OD, \quad OH は共通$$
であるから，合同である．したがって，
$$AH=BH=CH=DH$$
であるから，四角形 ABCD はHを中心とし，半径 AH の円に内接する．　　　（証明おわり）

(2) 四角形 ABCD は円に内接するから，△ABD，△CBD に余弦定理を用いると

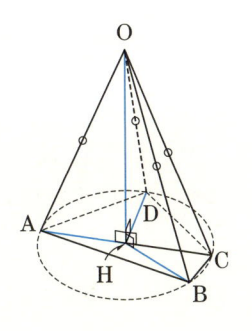

$$BD^2 = 7^2 + 5^2 - 2 \cdot 7 \cdot 5 \cos A$$
$$= 74 - 70 \cos A$$
$$BD^2 = 5^2 + 2^2 - 2 \cdot 5 \cdot 2 \cos(180° - A)$$
$$= 29 + 20 \cos A$$

← 円に内接しているから, $A + C = 180°$。

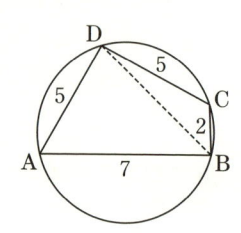

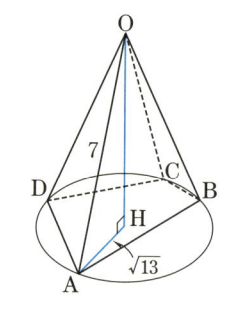

である。これより,
$$74 - 70 \cos A = 29 + 20 \cos A$$
$$\therefore \cos A = \frac{1}{2} \quad \therefore A = 60°$$

であり,
$$BD^2 = 39 \quad \therefore BD = \sqrt{39}$$

である。また,外接円の半径を R とおくと
$$R = \frac{BD}{2 \sin A} = \frac{\sqrt{39}}{2 \sin 60°} = \sqrt{13}$$

であるから,
$$(\text{高さ } OH) = \sqrt{OA^2 - R^2} = \sqrt{7^2 - 13} = 6$$

である。
四角形 ABCD の面積 S は
$$S = \triangle ABD + \triangle CBD$$
$$= \frac{1}{2} \cdot 7 \cdot 5 \sin 60° + \frac{1}{2} \cdot 5 \cdot 2 \sin 120° = \frac{45\sqrt{3}}{4}$$

であるから,
$$V = \frac{1}{3} \cdot S \cdot OH = \frac{1}{3} \cdot \frac{45\sqrt{3}}{4} \cdot 6 = \frac{45\sqrt{3}}{2}$$

である。

参考

(1)では,「A, B, C, D は O を中心とする半径 7 の球面 K 上にあり,かつ,四角形 ABCD を含む平面 α 上にあるから,球面 K と平面 α の交わりの円上にある。したがって,四角形 ABCD は円に内接する」としてもよい。

類題 10 → 解答 p.334

空間に点 O と三角錐 ABCD があり,
$$OA = OB = OC = 1, \quad OD = \sqrt{5}, \quad \angle AOB = \angle BOC = \angle COA,$$
$$\vec{OA} + \vec{OB} + \vec{OC} + \vec{OD} = \vec{0}$$
を満たしている。三角錐 ABCD に内接する球の半径を求めよ。

(早稲田大)

216 2面が底辺を共有する二等辺三角形の四面体

半径 r の球面上に4点 A, B, C, D がある。四面体 ABCD の各辺の長さは，$AB=\sqrt{3}$, $AC=AD=BC=BD=CD=2$ を満たしている。このとき r の値を求めよ。

(東京大)

> **精講** 四面体 ABCD が多くの特徴をもっているので様々な解法が考えられます。「AB を共有する2面と CD を共有する2面がいずれも二等辺三角形である」に着目した場合には，次のことを思い出しましょう。

> 四面体 EFGH において，EG=EH, FG=FH のとき，GH の中点を M とすると，GH は平面 EFM と垂直であり，特に
> $$(\text{四面体 EFGH の体積}) = \frac{1}{3} \cdot \triangle\text{EFM} \cdot \text{GH}$$
> が成り立つ。

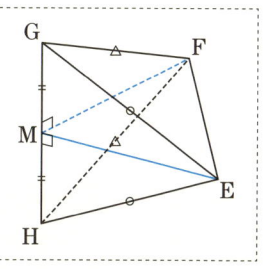

また，「△BCD が正三角形である」を利用して，適切な座標軸を設定して計算する手もあります。

> **解答** △CAB, △DAB は AB を底辺とする二等辺三角形であるから，AB の中点を M とおくと，
> $$CM \perp AB, \quad DM \perp AB \quad \therefore \quad AB \perp \text{平面 CDM}$$
> より，線分 AB の垂直二等分面が平面 CDM である。したがって，四面体 ABCD の外接球の中心 K は平面 CDM 上にある。同様に，CD の中点を N とおくと，
> $$AN \perp CD, \quad BN \perp CD \quad \therefore \quad CD \perp \text{平面 ABN}$$
> より，K は平面 ABN 上にある。結局，K は 2 平面 CDM, ABN の交線 MN 上にある。
> △MCD において
> $$MC = MD = \sqrt{2^2 - \left(\frac{\sqrt{3}}{2}\right)^2} = \frac{\sqrt{13}}{2}$$
> であるから，

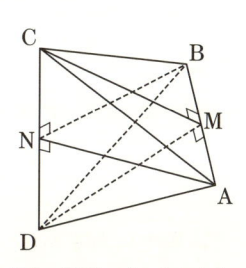

← $KA=KB(=r)$, すなわち，K は A, B から等距離であるから，AB の垂直二等分面上にある。

$$MN = \sqrt{MC^2 - CN^2} = \sqrt{\frac{13}{4} - 1} = \frac{3}{2}$$

である。$KN = k$ とおくと，$KM = \frac{3}{2} - k$ であるから，
$KC = KA = r$ より

$$1 + k^2 = \left(\frac{\sqrt{3}}{2}\right)^2 + \left(\frac{3}{2} - k\right)^2 = r^2$$

$$\therefore \quad k = \frac{2}{3}, \quad r = \frac{\sqrt{13}}{3}$$

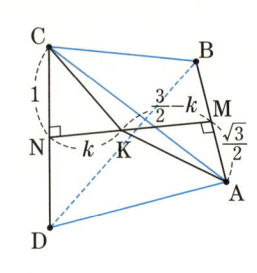

である。

◁別解▷

△BCD は 1 辺の長さ 2 の正三角形であるから，B$(0, \sqrt{3}, 0)$，C$(-1, 0, 0)$，D$(1, 0, 0)$ となる座標軸をとり，A(a, b, c) $(c > 0)$ とおくと，

AB = $\sqrt{3}$: $a^2 + (b - \sqrt{3})^2 + c^2 = 3$ ……①
AC = 2 : $(a+1)^2 + b^2 + c^2 = 4$ ……②
AD = 2 : $(a-1)^2 + b^2 + c^2 = 4$ ……③

となる。これらを解くと

$$a = 0, \quad b = \frac{\sqrt{3}}{2}, \quad c = \frac{3}{2}$$

となるから，A$\left(0, \frac{\sqrt{3}}{2}, \frac{3}{2}\right)$ である。

外接球の中心 K は正三角形 BCD の外心，つまり，重心 $\left(0, \frac{\sqrt{3}}{3}, 0\right)$ を通り，平面 BCD (xy 平面) に垂直な直線上にあるから，K$\left(0, \frac{\sqrt{3}}{3}, d\right)$ とおける。ここで，KA = KB = r より

$$\left(\frac{\sqrt{3}}{2} - \frac{\sqrt{3}}{3}\right)^2 + \left(\frac{3}{2} - d\right)^2$$
$$= \left(\sqrt{3} - \frac{\sqrt{3}}{3}\right)^2 + d^2 = r^2$$

$$\therefore \quad d = \frac{1}{3}, \quad r = \frac{\sqrt{13}}{3}$$

である。

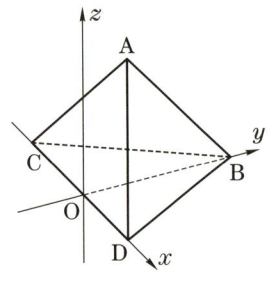

←②−③より $a = 0$ であるから，①，②より
$\begin{cases} (b - \sqrt{3})^2 + c^2 = 3 \\ b^2 + c^2 = 3 \end{cases}$
となる。

←215 精講 参照。

217 図形問題における同値性の証明 ☆

平面上の鋭角三角形 △ABC の内部 (辺や頂点は含まない) に点Pをとり, A′ を B, C, P を通る円の中心, B′ を C, A, P を通る円の中心, C′ を A, B, P を通る円の中心とする。このとき A, B, C, A′, B′, C′ が同一円周上にあるための必要十分条件はPが △ABC の内心に一致することであることを示せ。

(京都大)

精講 2つの条件 p, q において, "p であるための必要十分条件は q である", すなわち, "p, q は同値である" ことを証明するには

(i) p ならば q である (q は p であるための必要条件)

(ii) q ならば p である (q は p であるための十分条件)

の2つを示す必要があります。それぞれの証明においては, (i), (ii)のいずれを示そうとしているかを明示しておいた方がよいでしょう。

解答 2つの条件 p, q を
p : A, B, C, A′, B′, C′ が同一円周上にある
q : P は △ABC の内心である

とする。

[「$q \Longrightarrow p$」(十分性) の証明]

P が △ABC の内心であるから,

$$\angle BPC = 180° - \frac{1}{2}(B+C)$$
$$= 180° - \frac{1}{2}(180° - A)$$
$$= 90° + \frac{1}{2}A$$

である。

A′ は △BCP の外接円の中心であり, △A′BP, △A′PC はいずれも二等辺三角形であるから,

$$\angle BA'C = \angle BA'P + \angle CA'P$$
$$= (180° - 2\angle BPA') + (180° - 2\angle CPA')$$
$$= 360° - 2\angle BPC$$
$$= 360° - 2\left(90° + \frac{1}{2}A\right)$$

← A′ が △ABC の外接円上にあることを示そうとしている。

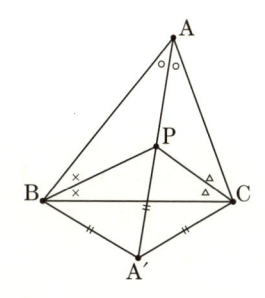

← $\angle BPA' + \angle CPA'$
$= \angle BPC$

第2章 三角関数・ベクトルと図形問題

$$=180°-A$$
である。これより，四角形 ABA′C において
$$\angle BAC+\angle BA'C=180°$$
であるから，四角形 ABA′C は円に内接する。つまり，A′ は △ABC の外接円上にある。

B′，C′ についても同様であるから，p が成り立つ。

[「$p \Longrightarrow q$」(必要性) の証明]

B，C，P は A′ を中心とする円上にあるから，
$$A'B=A'P=A'C \quad \cdots\cdots ①$$
であり，同様に
$$B'A=B'P=B'C \quad \cdots\cdots ②$$
である。

△CA′B′，△PA′B′ において，A′B′ は共通であり，①，② が成り立つから
$$\triangle CA'B' \equiv \triangle PA'B'$$
である。これより，"C と P は A′B′ に関して対称である" ……(*)　から，CP と A′B′ の交点を M とおくと
$$\angle CMA'=\angle CMB'=90° \quad \cdots\cdots ③$$
である。

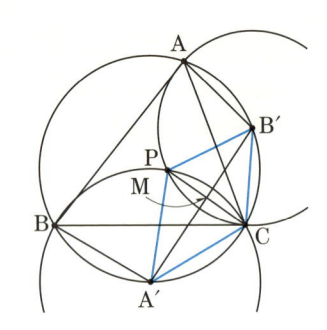

← 以下，∠PCB＝∠PCA を示そうとしている。

①，② より，△A′BC，△B′CA は二等辺三角形であり，
$$\angle A'BC=\angle A'CB=\alpha$$
$$\angle B'AC=\angle B'CA=\beta$$
とおける。このとき
$$\angle MA'C=\angle B'AC=\beta \quad (\Leftarrow \overset{\frown}{B'C} の円周角)$$
$$\angle MB'C=\angle A'BC=\alpha \quad (\Leftarrow \overset{\frown}{A'C} の円周角)$$
であるから，③ を考え合わせると，
$$\angle PCB=\angle MCB=90°-(\alpha+\beta)$$
$$\angle PCA=\angle MCA=90°-(\alpha+\beta)$$
∴　∠PCB＝∠PCA

← △ABC が鋭角三角形であるから，∠BA′C＞90°，∠AB′C＞90° より，$\alpha<45°$，$\beta<45°$ である。

である。これより，PC は ∠ACB を 2 等分する。
同様に PA，PB はそれぞれ ∠CAB，∠ABC を 2 等分するから，q が成り立つ。　　　　(証明おわり)

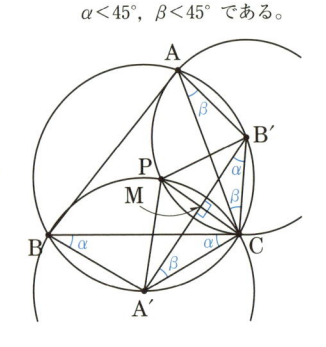

参考

1° 「$q \Longrightarrow p$」（十分性）の少し変わった証明法を示しておく。

[「$q \Longrightarrow p$」（十分性）の別証]

Pが△ABCの内心のとき，APは∠BACを2等分するので，APの延長と△ABCの外接円Kとの交点Dは弧BCを2等分する。したがって，
$$DB = DC \qquad \cdots\cdots ④$$
である。次に，
$$\angle DBP = \angle PBC + \angle CBD$$
$$= \angle PBC + \angle CAD \quad (\Leftarrow \overparen{CD} \text{の円周角})$$
$$= \frac{1}{2}(B + A) \qquad \cdots\cdots ⑤$$

← 以下，D=A′ を示そうとしている。

であり，△ABPの外角として
$$\angle DPB = \frac{1}{2}(B + A) \qquad \cdots\cdots ⑥$$
である。⑤，⑥より，△DBPは二等辺三角形であり，
$$DB = DP \qquad \cdots\cdots ⑦$$
である。④，⑦より，Dは△BCPの外心であるから，D=A′であり，A′は外接円K上にある。

同様に，B′，C′もK上にあるので，pが成り立つ。

2° [「$p \Longrightarrow q$」（必要性）の証明] において，(∗)を示したあと，次のように考えてもよい。

B′を中心とする円の中心角と円周角の関係から
$$\angle CB'P = 2\angle CAP$$
であるから，(∗)より
$$\angle CB'A' = \frac{1}{2}\angle CB'P = \angle CAP \quad \cdots\cdots ⑧$$
である。次に，△ABCの外接円において
$$\angle CAA' = \angle CB'A' \quad (\overparen{CA'}\text{の円周角})$$
$$= \angle CAP \quad (\Leftarrow ⑧ より)$$
であるから，A，P，A′は一直線上にある。

← ここでは，A, P, A′ が一直線上にあることを用いていないことに注意する。

ここで，BA′=CA′より，AA′は円周角∠BACの2等分線であることを考え合わせると，APは∠BACを2等分することがわかる。

第3章 指数関数と対数関数

301 対数方程式・指数方程式

(1) a を実数とする。x に関する方程式 $\log_3(x-1)=\log_9(4x-a-3)$ が異なる2つの実数解をもつとき，a のとりうる値の範囲を求めよ。　（新潟大）

(2) a を実数とする。x についての方程式 $\log_2(a+4^x)=x+1$ の実数解をすべて求めよ。　（学習院大）

精講　対数方程式，対数不等式では，まず最初に真数（正の数）の条件，底（1以外の正の数）の条件を確認しましょう。(1), (2)において，対数を含まない方程式に直したとき，それらの条件の一部が自動的に満たされることを見抜けるかが問われます。

解答　(1) $\log_3(x-1)=\log_9(4x-a-3)$ ……①

において，真数は正であるから

$x-1>0$ ……② かつ $4x-a-3>0$ ……③

である。このとき，①より

$$\log_3(x-1)=\frac{\log_3(4x-a-3)}{\log_3 9}$$

∴ $\log_3(x-1)^2=\log_3(4x-a-3)$

∴ $(x-1)^2=4x-a-3$ ……④

である。

← 底の変換公式
$\log_a b = \dfrac{\log_c b}{\log_c a}$
(a, b, c は正の数，$a \neq 1$, $c \neq 1$)

ここで，②，④が成り立つとき，③は満たされるので，④が②を満たす範囲に異なる2つの実数解をもつことになる。

← ②，④のもとで
$4x-a-3=(x-1)^2>0$

さらに，④は

$-x^2+6x-4=a$

となるので，放物線

$y=-x^2+6x-4$

∴ $y=-(x-3)^2+5$ ……⑤

と直線 $y=a$ ……⑥ が②に2つの共有点をもつような a の範囲を求めるとよい。右図より

$1<a<5$

である。

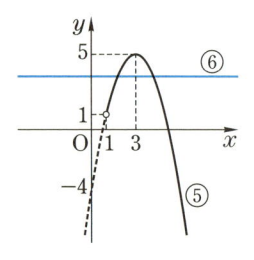

(2) $\log_2(a+4^x)=x+1$ ……①

において，真数は正であるから

$a+4^x>0$ ……②

である。このとき，①は

$a+4^x=2^{x+1}$ ……③ ← $\log_a M = p \iff M = a^p$

となるが，$2^{x+1}>0$ であるから，③のもとで②は満たされている。したがって，③の実数解を求めるとよい。③は

$(2^x)^2-2\cdot 2^x+a=0$

となり，ここで，$2^x=X$ とおくと

$X^2-2X+a=0$ ……④

となる。X の2次方程式④は

$1^2-a\geqq 0$ ∴ $a\leqq 1$ ← ④が実数解 X をもつ条件である。

のもとで，実数解

$X=1\pm\sqrt{1-a}$

をもつが，実数解 x については $X=2^x>0$ より， ← 注 2° 参照。

(i) **$a>1$** のとき，実数解はない。

(ii) **$a=1$** のとき

$2^x=X=1$ ∴ **$x=0$**

(iii) **$0<a<1$** のとき ← $1-\sqrt{1-a}>0$ のとき。

$2^x=1\pm\sqrt{1-a}$ ∴ **$x=\log_2(1\pm\sqrt{1-a})$**

(iv) **$a\leqq 0$** のとき ← $1-\sqrt{1-a}\leqq 0$，つまり，$a\leqq 0$ のとき $2^x=1-\sqrt{1-a}$ となる x はない。

$2^x=1+\sqrt{1-a}$ ∴ **$x=\log_2(1+\sqrt{1-a})$**

となる。

> 注 1° (1)においては④の段階で，(2)では③の段階で真数条件をうまく処理できることに注目してほしい。
> 2° (2)では④の正の解 X を考えることになるので，
> $-X^2+2X=a$
> として，$Y=-X^2+2X$，$Y=a$ の $X>0$ の範囲にある共有点を調べてもよい。

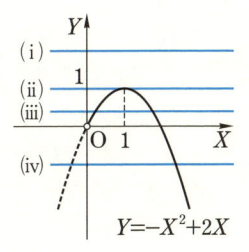

302 対数不等式

実数 a は $a>0$, $a\neq 1$ を満たすとする。このとき，不等式
$$\log_a(x+a)<\log_{a^2}(x+a^2)$$
を満たす x の値の範囲を a を用いて表せ。　　　　（東京学芸大*）

精講　底に文字を含む対数不等式を解くときには，$x>0$ において対数関数 $\log_a x$ は

　$a>1$ のときは x の増加関数，　$0<a<1$ のときは x の減少関数

であることに気をつけましょう。

対数関数 $\log_a x$ において
　　$a>1$ のとき　　$\log_a x_1<\log_a x_2 \iff 0<x_1<x_2$
　　$0<a<1$ のとき　$\log_a x_1<\log_a x_2 \iff x_1>x_2>0$
が成り立つ。

解答　$\log_a(x+a)<\log_{a^2}(x+a^2)$ ……①
において，真数は正であるから
　$x+a>0$　かつ　$x+a^2>0$
∴　$x>-a$　かつ　$x>-a^2$　　……②　←$x>\max(-a,\ -a^2)$
である。このとき，①は
$$\log_a(x+a)<\frac{\log_a(x+a^2)}{\log_a a^2}$$
∴　$\log_a(x+a)^2<\log_a(x+a^2)$　　……③　←$\log_a a^2=2$ より分母を払うと，
$\qquad\qquad 2\log_a(x+a)$
$\qquad\qquad\qquad <\log_a(x+a^2)$
となる。
(i) $a>1$ ……④ のとき，③より
　　$(x+a)^2<x+a^2$
∴　$x(x+2a-1)<0$
∴　$-2a+1<x<0$　　……⑤　←$a>1$ のとき $-2a+1<0$
である。ここで，④のもとで，
　　$-2a+1<-a$,　$-a^2<-a$　　←注 参照。
であるから，①の解は，②かつ⑤より
　　$-a<x<0$

である。
(ⅱ) $0<a<1$ のとき ③より
$$(x+a)^2>x+a^2$$
$$\therefore\quad x(x+2a-1)>0 \qquad \cdots\cdots ⑥$$
となる。そこで，さらに場合を分けて調べる。

← $x(x+2a-1)=0$ の2つの解 0，$-2a+1$ の大小で場合分けする。

(ⅱ-1) $\dfrac{1}{2}<a<1$ ……⑦ のとき
$$⑥ \iff x<-2a+1 \text{ または } x>0 \cdots\cdots ⑧$$
である。ここで，⑦のもとでは
$$-a<-a^2<-2a+1<0$$

← 注 参照。

であるから，①の解は，②かつ⑧より
$$-a^2<x<-2a+1 \text{ または } x>0$$
である。

(ⅱ-2) $0<a\leqq\dfrac{1}{2}$ ……⑨ のとき
$$⑥ \iff x<0 \text{ または } x>-2a+1 \cdots\cdots ⑩$$
である。ここで，⑨のもとで，
$$-a<-a^2<0\leqq -2a+1$$

← 注 参照。

であるから，①の解は，②かつ⑩より
$$-a^2<x<0 \text{ または } x>-2a+1$$
である。
以上をまとめると，①の解は，

$a>1$ のとき　　$-a<x<0$

$\dfrac{1}{2}<a<1$ のとき　　$-a^2<x<-2a+1,\ 0<x$

$0<a\leqq\dfrac{1}{2}$ のとき　　$-a^2<x<0,\ -2a+1<x$

である。

注　(ⅰ), (ⅱ)において，$-a$, $-a^2$, $-2a+1$ の大小関係は，右のグラフから知ることができる。

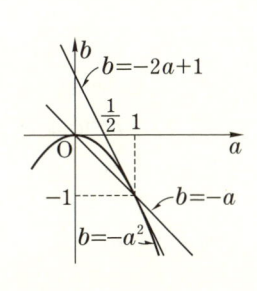

303 対数の値の評価

(1) k, n は不等式 $k \leq n$ を満たす自然数とする。このとき，
$2^{k-1}n(n-1)(n-2)\cdots(n-k+1) \leq n^k k!$ が成り立つことを示せ。

(2) 自然数 n に対して，$\left(1+\dfrac{1}{n}\right)^n < 3$ が成り立つことを示せ。

(3) $\log_{10} 3 > \dfrac{9}{19}$ を示せ。

(4) $3^5 < 250$，$2^{10} > 1000$ を用いて，$\log_{10} 3 < \dfrac{12}{25}$ を示せ。 (新潟大*)

精講

(1) $2^{k-1} \leq k!$, $n(n-1)(n-2)\cdots(n-k+1) \leq n^k$ に分けて示します。

(2) $\left(1+\dfrac{1}{n}\right)^n$ と $\left(1+\dfrac{1}{n+1}\right)^{n+1}$ の関係は単純ではないので，数学的帰納法は役に立ちません。そこで，二項定理 $(a+b)^n = \sum_{k=0}^{n} {}_nC_k a^{n-k}b^k$ で $a=1$，$b=\dfrac{1}{n}$ とおいた式を考えると，(1)の不等式を利用できる形が見えるはずです。

(3) たとえば，$\log_{10} 2 > \dfrac{3}{10}$ ……(*) を示すには，

$(*) \iff \log_{10} 2 > \log_{10} 10^{\frac{3}{10}} \iff 2 > 10^{\frac{3}{10}} \iff 2^{10} > 10^3$ ……(**)

より，(**)を示すことに帰着します。この考え方を適用します。

解答

(1) 自然数 k に対して，$2^{k-1} \leq k!$ ……①
が成り立つことは以下の通りである。

$k=1$ のとき，①の両辺は 1 である。
$k \geq 2$ のとき，$k! = k \cdot (k-1) \cdots 2 \cdot 1$
$\qquad\qquad\quad \geq 2 \cdot 2 \cdots 2 \cdot 1 = 2^{k-1}$

である。

次に，k, n は自然数で $k \leq n$ のとき，
$n(n-1)\cdot(n-2)\cdots(n-k+1)$
$\leq n \cdot n \cdot n \cdots n = n^k$ ……②

← k 個の自然数の積である。

であるから，①，②の辺々をかけ合せると，
$2^{k-1}n(n-1)(n-2)\cdots(n-k+1) \leq n^k k!$ ……③
が成り立つ。 (証明おわり)

(2) 二項定理より
$$\left(1+\frac{1}{n}\right)^n = \sum_{k=0}^{n} {}_nC_k \left(\frac{1}{n}\right)^k = \sum_{k=0}^{n} \frac{{}_nC_k}{n^k} \quad \cdots\cdots ④$$
である。

$1 \leq k \leq n$ のとき，③より
$$\frac{n(n-1)(n-2)\cdots\cdots(n-k+1)}{k!\,n^k} \leq \frac{1}{2^{k-1}}$$

∴ $\dfrac{{}_nC_k}{n^k} \leq \left(\dfrac{1}{2}\right)^{k-1} \quad \cdots\cdots ⑤$

であるから，④において，⑤を用いると
$$\left(1+\frac{1}{n}\right)^n = 1 + \sum_{k=1}^{n} \frac{{}_nC_k}{n^k} \leq 1 + \sum_{k=1}^{n} \left(\frac{1}{2}\right)^{k-1}$$
$$= 1 + \frac{1-\left(\frac{1}{2}\right)^n}{1-\frac{1}{2}} = 3 - \left(\frac{1}{2}\right)^{n-1}$$

← $\sum_{k=0}^{n} \dfrac{{}_nC_k}{n^k} = {}_nC_0 + \sum_{k=1}^{n} \dfrac{{}_nC_k}{n^k}$

∴ $\left(1+\dfrac{1}{n}\right)^n < 3 \quad \cdots\cdots ⑥$

が成り立つ。　　　　　　　　　　（証明おわり）

(3) ⑥において，$n=9$ とおくと
$$\left(\frac{10}{9}\right)^9 < 3 \quad ∴ \quad 10^9 < 3^{19}$$

となる。両辺の 10 を底とする対数をとると，
$$\log_{10} 10^9 < \log_{10} 3^{19} \quad ∴ \quad \log_{10} 3 > \frac{9}{19}$$

が成り立つ。　　　　　　　　　　（証明おわり）

← $\log_{10} 3 > \dfrac{9}{19}$
$\Longleftrightarrow 3 > 10^{\frac{9}{19}} \Longleftrightarrow 3^{19} > 10^9$
そこで，⑥の左辺が3，10のべき乗となるようなnを探した。

(4) $3^5 = 243 < 250 = \dfrac{10^3}{2^2}$，$2^{10} = 1024 > 10^3$ より
$$3^{25} = (3^5)^5 < \left(\frac{10^3}{2^2}\right)^5 = \frac{10^{15}}{2^{10}} < \frac{10^{15}}{10^3} = 10^{12}$$

∴ $3^{25} < 10^{12}$

であるから，(3)と同様にして
$$\log_{10} 3 < \frac{12}{25}$$

が成り立つ。　　　　　　　　　　（証明おわり）

← $\log_{10} 3 < \dfrac{12}{25} \Longleftrightarrow 3^{25} < 10^{12}$

← $\dfrac{9}{19} = 0.47\cdots$，$\dfrac{12}{25} = 0.48$ と (3), (4)より
$0.47 < \log_{10} 3 < 0.48$
がわかる。

304 2^n の桁数と最高位の数

(1) 2^{555} を十進法で表したときの桁数と最高位（先頭）の数字を求めよ。ただし，$\log_{10}2=0.3010$ とする。

☆ (2) 集合 $\{2^n \mid n\text{ は整数で } 1 \leq n \leq 555\}$ の中に，十進法で表したとき最高位の数字が1となるもの，4となるものはそれぞれ何個あるか。　　　（早稲田大*）

精講

(1)
> 正の整数 N において，
> $$\log_{10}N = m + \alpha \quad (m \text{ は 0 以上の整数，} 0 \leq \alpha < 1)$$
> であるとき，
> $$\log_{10}10^m = m \leq \log_{10}N < m+1 = \log_{10}10^{m+1}$$
> $\therefore \quad 10^m \leq N < 10^{m+1}$
> より，N は $(m+1)$ 桁の整数で，N の最高位の数 a は
> $$a \cdot 10^m \leq N < (a+1) \cdot 10^m, \text{ つまり，}$$
> $$\log_{10}a \leq \alpha < \log_{10}(a+1)$$
> を満たす1桁の正の整数である。

$N=2^{555}$ のとき，m，α を計算し，a を求めることになります。

(2) 2^n ($n=1, 2, 3, \ldots, 555$) の中で同じ桁数の数を順に取り出し，それらの最高位の数の変化のパターンをすべて書き出してみると，最高位が4であるものが現れるときには同じ桁の数の個数に特徴があるはずです。

解答

(1) $\log_{10}2 = 0.3010$ より
$$\log_{10}2^{555} = 555\log_{10}2$$
$$= 555 \times 0.3010 = 167.055$$

であるから，
$$167 < \log_{10}2^{555} < 167 + \log_{10}2$$
←$0.055 < \log_{10}2$ より。

$\therefore \quad \log_{10}10^{167} < \log_{10}2^{555} < \log_{10}2 \cdot 10^{167}$

$\therefore \quad 10^{167} < 2^{555} < 2 \cdot 10^{167}$
←10^{167} は168桁の最小の整数である。

である。これより，2^{555} は **168桁** で，その最高位の数字は **1** である。

(2) 一般に正の整数 N の最高位の数を $g(N)$ と表すことにすると，

$$(S)\begin{cases} g(N)=1 \text{ のとき} & g(2N)=2 \text{ または } 3 \\ g(N)=2 \text{ のとき} & g(2N)=4 \text{ または } 5 \\ g(N)=3 \text{ のとき} & g(2N)=6 \text{ または } 7 \\ g(N)=4 \text{ のとき} & g(2N)=8 \text{ または } 9 \\ g(N)\geqq 5 \text{ のとき} & g(2N)=1 \end{cases}$$

である。

←たとえば、
$N=12$ のとき
　$g(N)=1$, $g(2N)=2$
$N=18$ のとき
　$g(N)=1$, $g(2N)=3$

←$g(N)\geqq 5$ のとき、$2N$ は N より1桁増えて、$g(2N)=1$ となる。

　これより、2^n ($n=1, 2, 3, \cdots\cdots, 555$) のうち桁上がりした最初の数の最高位の数字だけが1であり、そのような数は2桁 ($2^4=16$) から168桁 (2^{555}) まで1個ずつあるので、最高位の数字が1であるものは

$$168-1=\mathbf{167}\text{ 個}$$

である。

←1桁の数2, $2^2=4$, $2^3=8$ の最高位の数は1でない。

　次に、$2^1=2$, $2^2=4$, $2^3=8$ と最高位の数が1である 2^{555} を除いた551個の 2^n ($n=4, 5, \cdots\cdots, 554$) について、同じ桁の数の最高位の数字の変わり方を調べると、(S) より

(i)　1 ⟶ 2 ⟶ 4 ⟶ 8 または 9 ⟶ (1)

(ii)　1 ⟶ 2 ⟶ 5 ⟶ (1)

(iii)　1 ⟶ 3 ⟶ 6 または 7 ⟶ (1)

のいずれかで、4が現れるのは(i)だけである。ここで、(i)では同じ桁の数が4個あり、(ii)，(iii)では同じ桁の数が3個である。

←2桁：16, 32, 64 は(iii)型、
3桁：128, 256, 512 は(ii)型、
4桁：1024, 2048, 4096, 8192 は(i)型
である。

　したがって、2^4 の2桁から 2^{554} の167桁までの桁のうち、2^n ($n=4, 5, \cdots\cdots, 554$) で表される数を4個含む桁が x 個で、3個しか含まない桁が y 個であるとすると、

$$\begin{cases} x+y=166 \\ 4x+3y=551 \end{cases}$$

が成り立つ。これを解くと

$$x=53, \ y=113$$

となるから、2桁以上で最高位の数が4であるものが53個ある。あと、1桁の $2^2=4$ を加えると、

$$53+1=\mathbf{54}\text{ 個}$$

である。

←桁の種類は2桁から167桁までの166。

←4個含む桁だけに最高位の数が4である数が1個ずつある。

第3章　指数関数と対数関数

305 対数不等式を満たす点 (x, y) の領域

x, y は $x \neq 1$, $y \neq 1$ を満たす正の数で，不等式
$$\log_x y + \log_y x > 2 + (\log_x 2)(\log_y 2)$$
を満たすとする。このとき x, y の組 (x, y) の範囲を座標平面上に図示せよ。

(京都大)

精講　まず，対数の底を 2 に統一します。そのあとで，1 つの辺に式をまとめて整理します。結果は分数式となるはずですが，不等式ですから，簡単に分母を払うことはできません。分母が正の場合，負の場合に分けて調べることになります。

解答　$\log_x y + \log_y x > 2 + (\log_x 2)(\log_y 2)$ ……①
においては，
$$x > 0, \quad x \neq 1, \quad y > 0, \quad y \neq 1$$
である。

①の対数の底を 2 に統一すると
$$\frac{\log_2 y}{\log_2 x} + \frac{\log_2 x}{\log_2 y} > 2 + \frac{1}{\log_2 x} \cdot \frac{1}{\log_2 y} \quad \cdots\cdots ②$$
となる。
$$\log_2 x = X, \quad \log_2 y = Y$$
とおくと，②は
$$\frac{Y}{X} + \frac{X}{Y} > 2 + \frac{1}{X} \cdot \frac{1}{Y}$$
∴　$\dfrac{Y^2 + X^2 - 2XY - 1}{XY} > 0$

∴　$\dfrac{(Y-X)^2 - 1}{XY} > 0$

$\dfrac{(Y - X + 1)(Y - X - 1)}{XY} > 0$

となるので，x, y の式に戻すと
$$Y - X = \log_2 y - \log_2 x = \log_2 \frac{y}{x}$$
であるから

←底の変換公式
a, b, c を 1 以外の正の数とするとき
$$\log_a b = \frac{\log_c b}{\log_c a}$$
特に
$$\log_a b = \frac{1}{\log_b a}$$

$$\frac{\left(\log_2 \frac{y}{x}+1\right)\left(\log_2 \frac{y}{x}-1\right)}{\log_2 x \log_2 y} > 0 \qquad \cdots\cdots ③$$

となる。

③において,

(i) (分母)>0, すなわち, "$x>1$ かつ $y>1$" または, "$0<x<1$ かつ $0<y<1$" $\cdots\cdots$④ のとき

(分子)>0 より

$$\log_2 \frac{y}{x} < -1 \quad \text{または} \quad \log_2 \frac{y}{x} > 1$$

$\therefore \quad \log_2 \frac{y}{x} < \log_2 \frac{1}{2}$ または $\log_2 \frac{y}{x} > \log_2 2$

$\therefore \quad \dfrac{y}{x} < \dfrac{1}{2}$ または $\dfrac{y}{x} > 2$

$\therefore \quad y < \dfrac{1}{2}x$ または $y > 2x \qquad \cdots\cdots ⑤$

← $u = \log_2 \dfrac{y}{x}$ とおくと
(分子) $= (u+1)(u-1) > 0$
$\iff u < -1$ または $u > 1$

である。

(ii) (分母)<0, すなわち, "$x>1$ かつ $0<y<1$" または, "$0<x<1$ かつ $y>1$" $\cdots\cdots$⑥ のとき

(分子)<0 より

$$-1 < \log_2 \frac{y}{x} < 1$$

$\therefore \quad \dfrac{1}{2} < \dfrac{y}{x} < 2$

$\therefore \quad \dfrac{1}{2}x < y < 2x \qquad \cdots\cdots ⑦$

← $\log_2 \dfrac{1}{2} < \log_2 \dfrac{y}{x} < \log_2 2$

である。

(x, y) の存在範囲は

"④かつ⑤" または "⑥かつ⑦"

であるから, 右図の斜線部分(境界は除く)である。

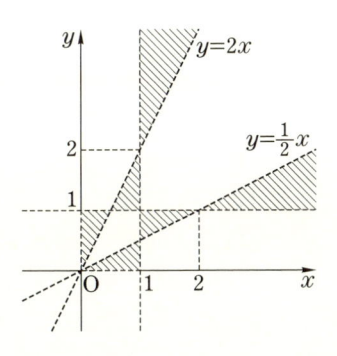

類題 11　→ 解答 p.335

次の不等式の表す領域を xy 平面に図示せよ。

$$\log_{10}\left(\frac{10^x \times 10^y}{10} + 10000 \times \frac{100^x}{100^y} - 1000 \times \frac{10^{3x}}{10^y}\right) \geqq 0$$

(東北大)

第4章 図形と方程式

401 点と直線の距離

平面上に，点Oを中心とし点 A_1, A_2, A_3, A_4, A_5, A_6 を頂点とする正六角形がある。Oを通りその平面上にある直線 l を考え，各 A_k と l との距離をそれぞれ d_k とする。このとき

$$D = d_1^2 + d_2^2 + d_3^2 + d_4^2 + d_5^2 + d_6^2$$

は l によらず一定であることを示し，その値を求めよ。ただし，$OA_k = r$ とする。

（大阪大）

精講 点と直線との距離の問題ですから，適切な（すなわち，計算が簡単になるような）座標軸を設定することになります。Oを原点とし，正六角形の頂点の1つが x 軸上にあるようにするとよいでしょう。

そこで，点と直線との距離の公式を適用することになりますが，その公式の導き方を復習しておきましょう。

点 $P(x_0, y_0)$ から直線 $l : ax + by + c = 0$ までの距離 d は

$$d = \frac{|ax_0 + by_0 + c|}{\sqrt{a^2 + b^2}}$$

と表される。

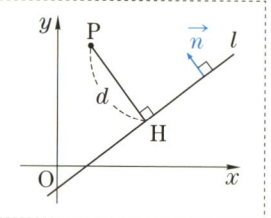

直線 l と垂直なベクトル $\vec{n} = (a, b)$ をとり，Pから l に下ろした垂線の足をHとすると，

$$\vec{PH} = t\vec{n} = t(a, b)$$

とおけるから，

$$\vec{OH} = \vec{OP} + \vec{PH} = (x_0 + ta, y_0 + tb)$$

と表される。Hが l 上にあることより

$$a(x_0 + ta) + b(y_0 + tb) + c = 0$$

$$\therefore \quad t = -\frac{ax_0 + by_0 + c}{a^2 + b^2}$$

であるから，

$$d = |\vec{PH}| = |t||\vec{n}|$$
$$= |t|\sqrt{a^2 + b^2}$$

← $ab \neq 0$ のとき，l の傾きは $-\dfrac{a}{b}$ であるから，

$l /\!/ \left(1, -\dfrac{a}{b}\right) /\!/ (b, -a)$

であり

$(b, -a) \perp \vec{n} = (a, b)$

である。また，
$a = 0$ のとき，
$l \perp y$ 軸 $/\!/ (0, b)$
$b = 0$ のとき，
$l \perp x$ 軸 $/\!/ (a, 0)$
である。

$$= \frac{|ax_0+by_0+c|}{\sqrt{a^2+b^2}}$$

である。

解答 右図のようにOを原点とし，$\overrightarrow{OA_6}$ を x 軸の正の向きとする座標軸をとると， 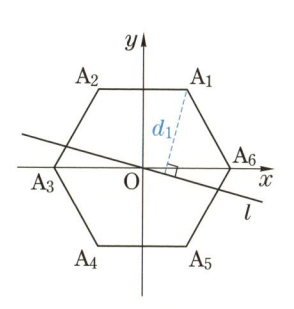
$$A_k\left(r\cos\frac{k}{3}\pi,\ r\sin\frac{k}{3}\pi\right) \quad (k=1,\ 2,\ \cdots\cdots,\ 6),$$
すなわち，
$$A_1\left(\frac{r}{2},\ \frac{\sqrt{3}}{2}r\right),\ A_2\left(-\frac{r}{2},\ \frac{\sqrt{3}}{2}r\right),\ A_3(-r,\ 0),$$
$$A_4\left(-\frac{r}{2},\ -\frac{\sqrt{3}}{2}r\right),\ A_5\left(\frac{r}{2},\ -\frac{\sqrt{3}}{2}r\right),\ A_6(r,\ 0)$$
となる。原点Oを通る直線 l が
$$ax+by=0 \quad (a^2+b^2\neq 0)$$
と表されるとすると，
$$d_1=d_4=\frac{\left|a\cdot\dfrac{r}{2}+b\cdot\dfrac{\sqrt{3}}{2}r\right|}{\sqrt{a^2+b^2}}$$
$$d_2=d_5=\frac{\left|a\cdot\dfrac{r}{2}-b\cdot\dfrac{\sqrt{3}}{2}r\right|}{\sqrt{a^2+b^2}}$$
$$d_3=d_6=\frac{|ar|}{\sqrt{a^2+b^2}}$$

← l は原点対称であり，A_1 と A_4，A_2 と A_5，A_3 と A_6 は互いに原点対称であるから，これら3式が成り立つ。

となるから，
$$D=\frac{2}{a^2+b^2}\left\{\left(\frac{r}{2}a+\frac{\sqrt{3}}{2}rb\right)^2\right.$$
$$\left.+\left(\frac{r}{2}a-\frac{\sqrt{3}}{2}rb\right)^2+(ra)^2\right\}$$
$$=\frac{2}{(a^2+b^2)}\cdot\frac{3}{2}r^2(a^2+b^2)$$
$$=3r^2$$

である。これより，D は一定であり，その値は $3r^2$ である。

402 座標平面上の2直線のなす角

xy 平面の放物線 $y=x^2$ 上の3点 P, Q, R が次の条件を満たしている。
△PQR は1辺の長さ a の正三角形であり,点 P, Q を通る直線の傾きは $\sqrt{2}$ である。このとき,a の値を求めよ。 （東京大）

正三角形の内角がすべて 60°であること,または,正三角形では2頂点の位置から残りの頂点の位置が決まることなどを利用できますので,2つの解答を示しておきます。

精 講　最初の解答は,
「直線 PQ の傾きは $\sqrt{2}$ であり,直線 PR, QR が PQ となす角が 60°であるから,PR, QR の傾きが決まる」
ことと
「P, Q, R が放物線 $y=x^2$ 上にあるから,PQ, PR, QR の傾きは P, Q, R の x 座標 p, q, r を用いて表される」
ことから,p, q, r についての連立方程式を導く方法です。

そこで,座標平面上の2直線の傾きとそれら2直線のなす角の関係を復習しておきましょう。

2直線 $l_1: y=m_1x+n_1$, $l_2: y=m_2x+n_2$ のなす角を θ ($0°\leqq\theta\leqq 90°$) とするとき,
$$\tan\theta=\left|\frac{m_1-m_2}{1+m_1m_2}\right|$$
である。ただし,$m_1m_2=-1$ のときには,$\theta=90°$ とする。

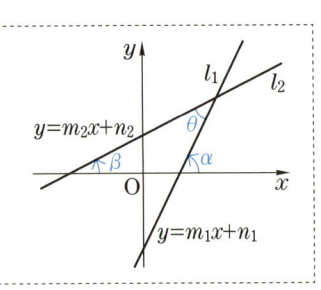

x 軸の正の向きから l_1, l_2 までの角を α, β とすると
$$\tan\alpha=m_1, \quad \tan\beta=m_2$$
であり,右上図の場合には $\theta=\alpha-\beta$ となるから,
$$\tan\theta=\tan(\alpha-\beta)$$
となる。一般には,$\alpha<\beta$ などの場合もあるので,
$$\tan\theta=|\tan(\alpha-\beta)|=\left|\frac{\tan\alpha-\tan\beta}{1+\tan\alpha\tan\beta}\right|=\left|\frac{m_1-m_2}{1+m_1m_2}\right|$$

解答 x軸の正の向きから直線PQまでの角をα $(0°<\alpha<90°)$とおくと
$$\tan\alpha=\sqrt{2}$$
であり，x軸の正の向きから，直線PR，QRまでの角は$\alpha\pm 60°$であるから，それらの傾きは
$$\tan(\alpha\pm 60°)$$
$$=\frac{\tan\alpha\pm\tan 60°}{1\mp\tan\alpha\tan 60°}$$
$$=\frac{\sqrt{2}\pm\sqrt{3}}{1\mp\sqrt{2}\cdot\sqrt{3}}=\frac{-4\sqrt{2}\mp 3\sqrt{3}}{5} \quad \text{(複号同順)}$$
である。

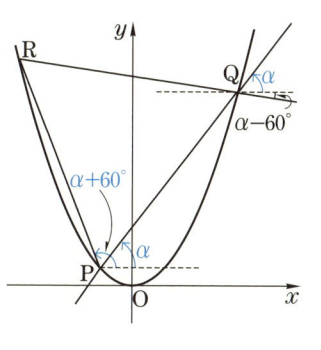

一方，$P(p, p^2)$，$Q(q, q^2)$，$R(r, r^2)$とおくと，PQ，PR，QRの傾きは順に
$$\frac{p^2-q^2}{p-q}=p+q, \quad p+r, \quad q+r$$
であるから，上に示したことと合わせると
$$\begin{cases} p+q=\sqrt{2} & \cdots\cdots① \\ p+r=\dfrac{-4\sqrt{2}-3\sqrt{3}}{5} & \cdots\cdots② \\ q+r=\dfrac{-4\sqrt{2}+3\sqrt{3}}{5} & \cdots\cdots③ \end{cases}$$

⬅ 図におけるP，Qが入れ換わる，すなわち，②，③でp，qが入れ換わっても，$(q-p)^2$は変わらないので，結果は同じ。

となり，③－②より
$$q-p=\frac{6\sqrt{3}}{5} \quad \cdots\cdots④$$
が得られる。したがって，①，④より
$$a^2=PQ^2=(q-p)^2+(q^2-p^2)^2$$
$$=(q-p)^2\{1+(p+q)^2\}$$
$$=\left(\frac{6\sqrt{3}}{5}\right)^2\{1+(\sqrt{2})^2\}=\left(\frac{18}{5}\right)^2$$
$$\therefore \quad a=\frac{18}{5}$$
である。

⬅ $p=\dfrac{5\sqrt{2}-6\sqrt{3}}{10}$
$q=\dfrac{5\sqrt{2}+6\sqrt{3}}{10}$
を求めてもよい。

第4章 図形と方程式

> **精講** $y=x^2$ 上の2点 P, Q を PQ の傾きが $\sqrt{2}$, PQ$=a$ を満たすようにとったとき, PQ の中点を M とすると, R は MR⊥PQ, MR$=\dfrac{\sqrt{3}}{2}$PQ を満たす点として, その座標を a を用いて表すことができます。

次に, R が放物線 $y=x^2$ 上にあることから, a の値が決まります。

そこで, 次の2つのことを確認しておきましょう。

直線 $y=mx+n$ 上にある2点 A$(\alpha, m\alpha+n)$, B$(\beta, m\beta+n)$ 間の距離は
$$AB=\sqrt{1+m^2}|\alpha-\beta|$$
である。

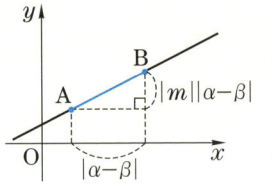

ベクトル $\vec{u}=(s, t)$ を 90°回転したベクトル $\vec{v}$ は $\vec{v}=(-t, s)$ である。

また, $-90°$回転したベクトル $\vec{v'}$ は $\vec{v'}=(t, -s)$ である。

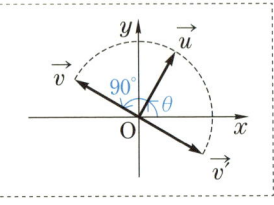

x 軸の正の向きから $\vec{u}$ までの角を θ とし, $|\vec{u}|=r$ とすると
$$\vec{u}=(s, t)=(r\cos\theta, r\sin\theta)$$
と表され, このとき,
$$\vec{v}=(r\cos(\theta+90°), r\sin(\theta+90°))$$
$$=(-r\sin\theta, r\cos\theta)=(-t, s)$$
となる。また, $\vec{u}$ を $-90°$回転したベクトル $\vec{v'}$ は $-\vec{v}$ であるから,
$$\vec{v'}=-\vec{v}=(t, -s)$$
となる。

◁**別解**

P(p, p^2), Q(q, q^2) $(p<q)$ とおく。PQ の傾きが $\sqrt{2}$ であるから
$$\dfrac{p^2-q^2}{p-q}=\sqrt{2} \quad \therefore \quad p+q=\sqrt{2}$$
であり, PQ の長さが a であるから
$$\sqrt{1+(\sqrt{2})^2}|p-q|=a \quad \therefore \quad q-p=\dfrac{a}{\sqrt{3}}$$

←P, Q を入れ換えても問題の内容は変わらないので, x 座標の大きい方を Q としてよい。

である。これより，
$$\vec{PQ}=(q-p,\ q^2-p^2)$$
$$=(q-p)(1,\ p+q)$$
$$=\frac{a}{\sqrt{3}}(1,\ \sqrt{2})\qquad\cdots\cdots\text{⑤}$$

← $\vec{PQ}/\!/(1,\ \sqrt{2})$, $|\vec{PQ}|=a$ より
$$\vec{PQ}=a\cdot\frac{(1,\ \sqrt{2})}{\sqrt{1+(\sqrt{2})^2}}$$
と考えてもよい。

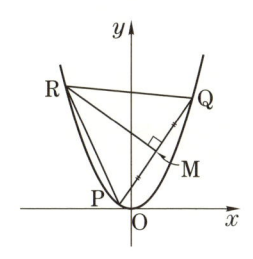

である。また
$$p^2+q^2=\frac{1}{2}\{(p+q)^2+(q-p)^2\}=1+\frac{a^2}{6}$$
であるから，PQ の中点を M とすると，
$$\vec{OM}=\left(\frac{p+q}{2},\ \frac{p^2+q^2}{2}\right)$$
$$=\left(\frac{\sqrt{2}}{2},\ \frac{1}{2}+\frac{a^2}{12}\right)\qquad\cdots\cdots\text{⑥}$$

次に，$\vec{MR}$ は
$$\vec{MR}\perp\vec{PQ},\ |\vec{MR}|=\frac{\sqrt{3}}{2}|\vec{PQ}|$$
を満たすから，
$$\vec{MR}=\frac{\sqrt{3}}{2}\cdot\left\{\pm\frac{a}{\sqrt{3}}(-\sqrt{2},\ 1)\right\}$$
$$=\left(\mp\frac{\sqrt{2}}{2}a,\ \pm\frac{a}{2}\right)\quad(\text{複号同順})\qquad\cdots\cdots\text{⑦}$$

← MR は正三角形 PQR の高さであるから，
$$MR=\frac{\sqrt{3}}{2}PQ$$
$$=\frac{\sqrt{3}}{2}a$$

← ベクトル $(s,\ t)$ を $\pm 90°$ 回転したベクトルは $\pm(-t,\ s)$（複号同順）である。したがって，$\vec{PQ}$ を $\pm 90°$ 回転したベクトルは，⑤より $\pm\dfrac{a}{\sqrt{3}}(-\sqrt{2},\ 1)$ である。

である。したがって，⑥，⑦より
$$\vec{OR}=\vec{OM}+\vec{MR}$$
$$=\left(\frac{\sqrt{2}}{2}(1\mp a),\ \frac{1}{2}+\frac{a^2}{12}\pm\frac{a}{2}\right)\quad(\text{複号同順})$$
である。ここで，R が放物線 $y=x^2$ 上にあることより
$$\frac{1}{2}+\frac{a^2}{12}\pm\frac{a}{2}=\left\{\frac{\sqrt{2}}{2}(1\mp a)\right\}^2$$
$$\therefore\ \frac{a^2}{12}\pm\frac{a}{2}+\frac{1}{2}=\frac{1}{2}a^2\mp a+\frac{1}{2}$$
$$\therefore\ 5a^2\mp 18a=0$$
であるが，$a>0$ であるから，
$$a=\frac{18}{5}$$
である。

403　2つの円の交点を通る直線

2つの円 $C_1: x^2+y^2-4y+3=0$, $C_2: x^2+y^2-6x-2ay+9=0$ が異なる2点P, Qで交わっている。
(1) 定数aの値の範囲を求めよ。
(2) 2交点P, Qを通る直線の方程式を求めよ。
(3) 線分PQの長さが$\sqrt{2}$となるときのaの値を求めよ。

精講　半径がr_1, r_2の2つの円が2点で交わるための条件：
$$|r_1-r_2|<(中心間の距離)<r_1+r_2$$
を利用すると，(1)だけは求まりますが，(2)，(3)にはつながりません。

2つの円C_1, C_2の共有点は，実は，円C_1とある直線との共有点とみなすことができます。その直線とは何かがわかれば，問題は解決されます。

一般に，座標平面上の2つの円が2点で交わるとき，2交点を通る直線，円について次のことが成り立ちます。これをC_1, C_2に適用するとよいでしょう。

2つの円　$f(x, y)=x^2+y^2+ax+by+c=0$　……㋐
　　　　$g(x, y)=x^2+y^2+dx+ey+f=0$　……㋑
(a, b, c, d, e, f は定数) が2点P, Qで交わっているとする。
　このとき，直線PQは
　　㋐－㋑　：$f(x, y)-g(x, y)=0$　……㋒
で表される。また，$k\neq-1$のとき
　　㋐＋㋑×k：$f(x, y)+kg(x, y)=0$　……㋓
は2点P, Qを通る円を表す。(ただし，P, Qを通る円のうち円㋑だけは㋓の形で表されないことに注意する。)

$P(x_1, y_1)$とおくと，点Pが円㋐, ㋑上にあることから，
$$f(x_1, y_1)=g(x_1, y_1)=0$$
であるので，kを定数とするとき，
$$f(x_1, y_1)+kg(x_1, y_1)=0$$
が成り立つ。したがって，$P(x_1, y_1)$は
$$f(x, y)+kg(x, y)=0 \quad ……㋔$$

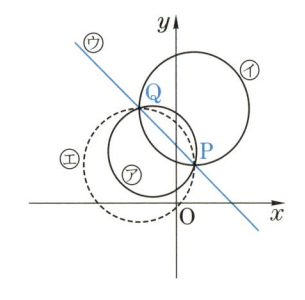

で表される図形上にある。同様に $Q(x_2, y_2)$ も㋔上にある。

特に，$k=-1$ のとき，㋔は
$$f(x, y)-g(x, y)=0 \qquad \cdots\cdots \text{㋒}$$
$$\therefore (a-d)x+(b-e)y+c-f=0$$
となり，直線を表すから，直線PQは㋒で表される。

また，$k\neq -1$ のとき，㋔は
$$(1+k)(x^2+y^2)+(a+kd)x+(b+ke)y+c+kf=0$$
となり，$1+k$ で両辺を割り，適当な定数 a'，b'，c' をとると
$$x^2+y^2+a'x+b'y+c'=0$$
となるので円を表す。これより，㋔はP，Qを通る円である。

(例) 2つの円 $x^2+y^2-2x-4y+1=0$ ……㋕, $x^2+y^2-5=0$ ……㋖
の2つの交点P，Qを通る直線 l の方程式は，
㋕-㋖ より
$$-2x-4y+6=0$$
$$\therefore x+2y-3=0$$
である。また，P，Qと点 $(1, 3)$ を通る円 E は
$$x^2+y^2-2x-4y+1+k(x^2+y^2-5)=0$$
と表されるが，$(1, 3)$ を通ることより，$k=\dfrac{3}{5}$ であるから，
$$E: x^2+y^2-\dfrac{5}{4}x-\dfrac{5}{2}y-\dfrac{5}{4}=0$$
となる。ここで，2交点P，Qの座標 $(-1, 2)$，$\left(\dfrac{11}{5}, \dfrac{2}{5}\right)$ を用いずに，l，E の方程式が求まることに注意してほしい。

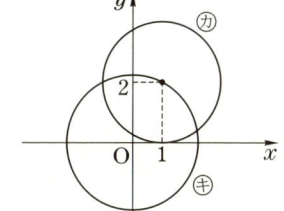

解答 (1) $C_1: x^2+y^2-4y+3=0$ ……①　　←2円が交わる条件そのものを用いた解答については，⇒参考 参照。
$C_2: x^2+y^2-6x-2ay+9=0$ ……②
において，①-② より
$$6x+2(a-2)y-6=0$$
$$\therefore 3x+(a-2)y-3=0 \qquad \cdots\cdots ③$$
が得られる。

ここで，{①かつ②} と {①かつ③} は同値であるから，"①，②が2点で交わる" のは "①，③が2点で交わる" ……(*) ときである。

←{①かつ②} ⇒ ③は示した通り。また，①-③×2 を作ると②が得られるから，{①かつ③} ⇒ ②も成り立つ。

$$x^2+(y-2)^2=1 \quad \cdots\cdots ①'$$

より，①の中心は $A(0, 2)$，半径は $r_1=1$ であり，

(中心 A から直線③までの距離 d)

$$=\frac{|(a-2)\cdot 2-3|}{\sqrt{3^2+(a-2)^2}}$$

$$=\frac{|2a-7|}{\sqrt{a^2-4a+13}} \quad \cdots\cdots ④$$

であるから，(＊) が成り立つための条件は

$$d<r_1 \quad \text{すなわち} \quad \frac{|2a-7|}{\sqrt{a^2-4a+13}}<1 \quad \cdots\cdots ⑤$$

である。したがって，求める a の値の範囲は⑤より，

$$|2a-7|^2<a^2-4a+13$$

$$\therefore \quad 3(a-2)(a-6)<0$$

$$\therefore \quad \boldsymbol{2<a<6} \quad \cdots\cdots ⑥$$

である。

(2) ⑥のもとで，P, Q は①，②を満たすから，③も満たす。したがって，2点 P, Q は直線③上にあるから，P, Q を通る直線は

$$3x+(a-2)y-3=0 \quad \cdots\cdots ③$$

そのものである。

(3) ①，③の交点が P, Q であるから，A から直線③までの距離 d を用いると

$$PQ=2\sqrt{r_1^2-d^2}=2\sqrt{1-d^2}$$

である。$PQ=\sqrt{2}$ のとき

$$2\sqrt{1-d^2}=\sqrt{2} \quad \therefore \quad d^2=\frac{1}{2}$$

であるから，④より

$$\frac{(2a-7)^2}{a^2-4a+13}=\frac{1}{2}$$

$$\therefore \quad (a-5)(7a-17)=0$$

$$\therefore \quad \boldsymbol{a=5, \frac{17}{7}}$$

である。

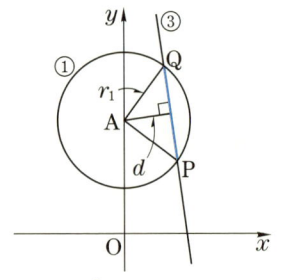

←P, Q の座標を求める必要はない。

←$d^2=\frac{1}{2}$ は⑤を満たすので，これらの値は⑥を満たす。

> 📎 **参考**

2つの円の位置関係，円と直線の位置関係をまとめると次の通りである。

2つの円 C_1，C_2 の中心を A，B，半径を r_1，r_2 とし，中心間の距離を $d=\mathrm{AB}$ とおくとき，
- (i) $d > r_1 + r_2$ $\iff$ (互いに外部にあって)離れている
- (ii) $d = r_1 + r_2$ $\iff$ 外接している
- (iii) $|r_1 - r_2| < d < r_1 + r_2$ $\iff$ 2点で交わる
- (iv) $d = |r_1 - r_2|$ $\iff$ 内接している (ただし，$r_1 \neq r_2$)
- (v) $d < |r_1 - r_2|$ $\iff$ 一方が他方の内部に含まれる

が成り立つ。

円 C の半径を r とし，C の中心から直線 l までの距離を d とおくとき，
- $d < r \iff$ 2点で交わる
- $d = r \iff$ 接する
- $d > r \iff$ 離れている (共有点がない)

が成り立つ。

---

(1)で2つの円の関係として，上に示した(iii)を適用すると次のようになる。

C_1 は中心 A(0, 2)，半径 $r_1 = 1$ であり，C_2 は
$$(x-3)^2 + (y-a)^2 = a^2$$
より，中心 B(3, a)，半径 $r_2 = |a|$ であるから，C_1，C_2 が2点で交わる条件は(iii)より

$$|r_1 - r_2| < \mathrm{AB} < r_1 + r_2$$

∴ $||a| - 1| < \sqrt{3^2 + (a-2)^2} < |a| + 1$

∴ $(|a| - 1)^2 < 3^2 + (a-2)^2 < (|a| + 1)^2$

∴ $4a - 2|a| < 12$ かつ $4a + 2|a| > 12$ ← $|a|^2 = a^2$ に注意。

となる。これより，

$a \geq 0$ のとき $2 < a < 6$ ← $4a - 2a < 12$ かつ $4a + 2a > 12$

$a < 0$ のとき このような a はない   ← $4a + 2a < 12$ かつ $4a - 2a > 12$
　　　　　　　　　　　　　　　　　　　　　$a < 2$ かつ $a > 6$

となるので，結果として

$$2 < a < 6$$

が得られる。

404 円と放物線の直交する2本の共通接線

原点を中心とする半径 r の円と放物線 $y=\frac{1}{2}x^2+1$ との両方に接する直線のうちに，たがいに直交するものがある。r の値を求めよ。　　　（一橋大）

精講　直交する2直線の傾きを m, $-\frac{1}{m}$ $(m>0)$ とおいて，まず，放物線に接することからこれら2直線を m だけを用いた式で表します。次に，これらが原点を中心とする1つの円に接することから m を決定します。

他には，放物線上の点 $\left(t, \frac{1}{2}t^2+1\right)$ における接線が原点を中心とし，半径 r の円に接するために t が満たすべき方程式を導いたあと，このような接線の中に互いに直交するものが存在するのはどんな場合かを調べる方法もあります。

解答　直交する2直線を
$$y=mx+a \quad \cdots\cdots ① , \quad y=-\frac{1}{m}x+b \quad \cdots\cdots ② \quad (m>0)$$
とおく。①が
$$y=\frac{1}{2}x^2+1 \qquad \cdots\cdots ③$$
と接する，つまり，
$$\frac{1}{2}x^2+1=mx+a$$
$$\therefore \quad \frac{1}{2}x^2-mx+1-a=0$$
が重解をもつことから，
$$m^2-4\cdot\frac{1}{2}(1-a)=0 \quad \therefore \quad a=1-\frac{m^2}{2} \quad \cdots\cdots ④$$
であり，同様に②が③に接するから
$$b=1-\frac{1}{2m^2}$$
である。したがって，①，②はそれぞれ
$$y=mx+1-\frac{m^2}{2} \qquad \cdots\cdots ⑤$$

← ①, ②の関係から，b は④の右辺で m を $-\frac{1}{m}$ で置き換えたものである。

$$y = -\frac{1}{m}x + 1 - \frac{1}{2m^2} \quad \cdots\cdots ⑥$$

となる。

⑤, ⑥が原点を中心とする半径 r の円に接するとき,

$$r = \frac{\left|1-\frac{m^2}{2}\right|}{\sqrt{1+m^2}} = \frac{\left|1-\frac{1}{2m^2}\right|}{\sqrt{1+\frac{1}{m^2}}} \quad \cdots\cdots ⑦$$

← 原点から⑤, ⑥までの距離が半径 r に等しい。

である。⑦の右側の2辺より

$$\left|1-\frac{m^2}{2}\right| = \left|m-\frac{1}{2m}\right|$$

← (⑦の右辺) $= \dfrac{\left|m-\frac{1}{2m}\right|}{\sqrt{m^2+1}}$

$$1-\frac{m^2}{2} = m-\frac{1}{2m}, \quad 1-\frac{m^2}{2} = -\left(m-\frac{1}{2m}\right)$$

← $|A|=|B|$
 $\iff A=B,\ A=-B$
← 分母を払って整理した。

$$\begin{cases} (m-1)(m^2+3m+1)=0 \\ (m+1)(m^2-3m+1)=0 \end{cases}$$

となるので, $m>0$ を考えると,

$$m=1, \quad \frac{3\pm\sqrt{5}}{2}$$

である。⑦に戻って, r を求めると,

$m=1$ のとき, $\quad r = \dfrac{1}{2\sqrt{2}}$

$m = \dfrac{3\pm\sqrt{5}}{2}$ のとき, $r = \dfrac{\sqrt{3}}{2}$

← $m^2 = 3m-1$ より
$r = \dfrac{|2-m^2|}{2\sqrt{1+m^2}} = \dfrac{3|m-1|}{2\sqrt{3m}}$
$= \dfrac{\sqrt{3}}{2}\sqrt{\dfrac{(m-1)^2}{m}}$
$= \dfrac{\sqrt{3}}{2}\sqrt{\dfrac{m}{m}} = \dfrac{\sqrt{3}}{2}$
という計算もある。

となる。

<別解>

放物線 $y = \dfrac{1}{2}x^2 + 1 \quad \cdots\cdots ⑧$ 上の点 $\left(t, \dfrac{1}{2}t^2+1\right)$

における接線は

$$y = tx - \frac{1}{2}t^2 + 1 \quad \cdots\cdots ⑨$$

← $y' = x$ より
$y = t(x-t) + \dfrac{1}{2}t^2 + 1$

である。

⑨が円 $x^2+y^2 = r^2 \quad \cdots\cdots ⑩$ に接する条件は

$$\frac{\left|-\frac{1}{2}t^2+1\right|}{\sqrt{t^2+1}} = r$$

← $|t^2-2| = 2r\sqrt{t^2+1}$

第4章 図形と方程式

$$(t^2-2)^2=4r^2(t^2+1)$$
$$\therefore \quad t^4-4(r^2+1)t^2+4(1-r^2)=0 \qquad \cdots\cdots ⑪$$
である。

⑧，⑩の共通接線は⑪の実数解 t に対応する直線⑨であり，t は直線⑨の傾きであるから，これらの中に互いに直交するものがあるのは，"t の方程式⑪が，積が -1 となるような 2 つの実数解をもつ" $\cdots\cdots(*)$ 場合に限る。

⑪を $X=t^2$ の 2 次方程式
$$X^2-4(r^2+1)X+4(1-r^2)=0 \qquad \cdots\cdots ⑫$$
とみなすと，
$$\frac{1}{4}(判別式)=4(r^2+1)^2-4(1-r^2)$$
$$=4r^2(r^2+3)>0$$
であるから，異なる 2 つの実数解をもつ。それらを α，$\beta\,(\alpha>\beta)$ とすると，
$$\alpha+\beta=4(r^2+1), \quad \alpha\beta=4(1-r^2) \qquad \cdots\cdots ⑬$$

このとき⑪を満たす実数 t は，$\alpha\geqq 0$ ならば $\pm\sqrt{\alpha}$，さらに $\beta\geqq 0$ ならば $\pm\sqrt{\beta}$ である。したがって，$(*)$ が成り立つのは
$$-\sqrt{\alpha}\cdot\sqrt{\alpha}=-1, \quad -\sqrt{\beta}\cdot\sqrt{\beta}=-1$$
$$または \quad -\sqrt{\alpha}\cdot\sqrt{\beta}=\sqrt{\alpha}(-\sqrt{\beta})=-1$$
すなわち，
$$\therefore \quad \alpha=1, \ \beta=1, \ または \ \alpha\beta=1$$
の場合である。

←$\alpha+\beta>0$ より，$\alpha\beta=1$ のときには，$\alpha>0$，$\beta>0$ である。

$\alpha=1$ または $\beta=1$ となるのは，$X=1$ が⑫の解となるときであるから，
$$1-4(r^2+1)+4(1-r^2)=0 \quad \therefore \quad r=\frac{1}{2\sqrt{2}}$$
である。また，$\alpha\beta=1$ となるときは，⑬から
$$4(1-r^2)=1 \qquad \therefore \quad r=\frac{\sqrt{3}}{2}$$
である。

405 座標平面上の1対1の対応による図形の像

xy 平面上で，円 $C: x^2+y^2=1$ の外部にある点 $P(a, b)$ を考える。点Pから円Cに引いた2つの接線の接点を Q_1, Q_2 とし，線分 Q_1Q_2 の中点を Q とする。点Pが円Cの外部で，$x(x-y+1)<0$ を満たす範囲にあるとき，点Qの存在する範囲を図示せよ。

(京都大)

精講　$P(a, b)$ が存在する範囲から，a, b が満たす式が得られます。
$Q(X, Y)$ とおいて，a, b を X, Y で表したあとにそれらの式に代入すると X, Y の満たすべき式が導かれます。

PからQを定める手順を図で表して，そこに現れる三角形どうしの合同，相似に着目すると，

- O，Q，P はこの順に1直線上に並ぶ
- $OP \cdot OQ = 1$

であることが導けるはずです。この性質を利用すると a, b を X, Y で表すのは難しくありません。

解答　$C: x^2+y^2=1$ ……①

の外部にある点PからCに引いた2本の接線 PQ_1, PQ_2 の長さは等しいから，

$PQ_1 = PQ_2$

であり，$OQ_1 = OQ_2 = 1$，かつ OP は共通であるから，

$\triangle OPQ_1 \equiv \triangle OPQ_2$

である。したがって，Q_1, Q_2 は OP に関して対称であり，Q_1Q_2 の中点 Q は OP と Q_1Q_2 の交点である。

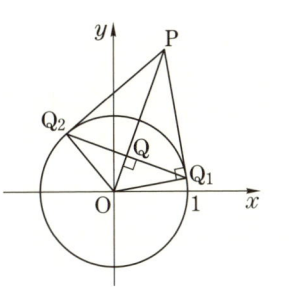

次に，$\triangle OQQ_1$, $\triangle OQ_1P$ は直角三角形で，頂角Oは共通であるから，

$\triangle OQQ_1 \sim \triangle OQ_1P$

である。したがって，

$OQ : OQ_1 = OQ_1 : OP$

∴　$OP \cdot OQ = OQ_1^2 = 1$ ……②

である。
$Q(X, Y)$ とおく。$\overrightarrow{OP}$ と $\overrightarrow{OQ}$ は同じ向きであるから，

$$\overrightarrow{OP}=t\overrightarrow{OQ} \quad (t>0)$$
とおける。②より得られる式
$$|\overrightarrow{OP}\|\overrightarrow{OQ}|=1$$
に代入すると
$$|t\overrightarrow{OQ}\|\overrightarrow{OQ}|=1$$
∴ $t|\overrightarrow{OQ}|^2=1$
$$t=\frac{1}{|\overrightarrow{OQ}|^2}=\frac{1}{X^2+Y^2}$$

……③ ← $\overrightarrow{OP}$ を $\overrightarrow{OQ}$ で，すなわち，a, b を X, Y で表すための準備である。注 参照。

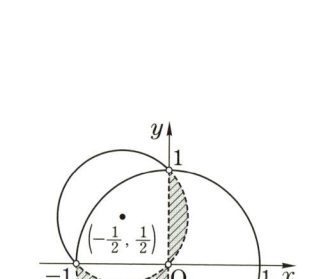

となるので，③より
$$(a, b)=\frac{1}{X^2+Y^2}(X, Y)$$
$$=\left(\frac{X}{X^2+Y^2}, \frac{Y}{X^2+Y^2}\right) \quad ……④$$
となる。

　ここで，P(a, b) は C の外部で，
$$x(x-y+1)<0$$
を満たす範囲にあるから，
$$a^2+b^2>1 \text{ かつ } a(a-b+1)<0 \quad ……⑤$$
である。⑤に④を代入すると，
$$\left(\frac{X}{X^2+Y^2}\right)^2+\left(\frac{Y}{X^2+Y^2}\right)^2>1$$
∴ $\dfrac{1}{X^2+Y^2}>1$

かつ
$$\frac{X}{X^2+Y^2}\left(\frac{X-Y}{X^2+Y^2}+1\right)<0$$

したがって，
$$0<X^2+Y^2<1 \text{ かつ}$$
$$X(X^2+Y^2+X-Y)<0$$
となるから，Q の存在する範囲は
$$\begin{cases}0<x^2+y^2<1\\ x(x^2+y^2+x-y)<0\end{cases}$$
であり，右図の斜線部分（境界は除く）となる。

注 ③の代わりに，
$$\vec{OQ} = s\vec{OP} \quad (s>0) \quad \cdots\cdots ⑥$$
とおくと，②から同様にして
$$s = \frac{1}{|\vec{OP}|^2} = \frac{1}{a^2+b^2}$$
となるので，⑥より
$$(X, Y) = \frac{1}{a^2+b^2}(a, b) = \left(\frac{a}{a^2+b^2}, \frac{b}{a^2+b^2}\right) \quad \cdots\cdots ⑦$$
となる。しかし，この問題では⑦を導いても役に立たない。

一方，Qの動く範囲がわかっていて，そこからPの動く範囲を求める問題では，⑦が必要になる。たとえば，

「Qが $x>0, y>0, x+y<1$ を満たす範囲にあるとき，点Pが存在する範囲を求めよ」

という問題は次のように処理される。
$Q(X, Y)$ が
$$X>0, Y>0, X+Y<1$$
を満たすから，これらの式に⑦を代入すると
$$\frac{a}{a^2+b^2}>0, \quad \frac{b}{a^2+b^2}>0, \quad \frac{a}{a^2+b^2}+\frac{b}{a^2+b^2}<1$$
$$\therefore \quad a>0, \ b>0, \ \left(a-\frac{1}{2}\right)^2+\left(b-\frac{1}{2}\right)^2>\frac{1}{2}$$
となるので，Pの存在する範囲は
$$x>0, \ y>0, \ \left(x-\frac{1}{2}\right)^2+\left(y-\frac{1}{2}\right)^2>\frac{1}{2}$$
である。

参考

円の接線の復習をかねて，問題文に忠実に従って考えてみよう。
$Q_1(p_1, q_1), Q_2(p_2, q_2)$ とおくと，円 C の Q_1, Q_2 における接線はそれぞれ
$$l_1: p_1 x + q_1 y = 1$$
$$l_2: p_2 x + q_2 y = 1$$
と表される。l_1, l_2 が $P(a, b)$ を通ることから
$$\begin{cases} p_1 a + q_1 b = 1 \\ p_2 a + q_2 b = 1 \end{cases}$$
$$\therefore \quad \begin{cases} a p_1 + b q_1 = 1 \\ a p_2 + b q_2 = 1 \end{cases}$$
が成り立つ。これらは見方を変えると，直線
$$ax + by = 1 \quad \cdots\cdots ㋐$$

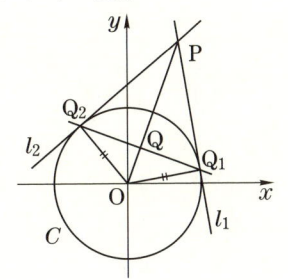

上に $Q_1(p_1, q_1)$, $Q_2(p_2, q_2)$ があることを示すから，㋐は直線 Q_1Q_2 を表す．
　△OQ_1Q_2 は $OQ_1=OQ_2=1$ の二等辺三角形であるから，Q_1Q_2 の中点をQとすると，$OQ \perp Q_1Q_2$ より，直線 OQ はOを通り，㋐と直交する直線であるから，
$$bx - ay = 0 \quad \cdots\cdots ㋑$$
である．
　$Q(X, Y)$ は㋐，㋑の交点であるから，
$$\begin{cases} aX + bY = 1 & \cdots\cdots ㋒ \\ bX - aY = 0 & \cdots\cdots ㋓ \end{cases}$$
を満たす．㋒，㋓を a, b の連立方程式と考えて解くと，
$$a = \frac{X}{X^2 + Y^2}, \quad b = \frac{Y}{X^2 + Y^2}$$
が得られる．このあとの処理は 解答 と同じである．

←㋒, ㋓を X, Y の連立方程式と考えて解くと，
$X = \dfrac{a}{a^2+b^2}$, $Y = \dfrac{b}{a^2+b^2}$
が得られる．

　また，直線 Q_1Q_2 が㋐で表されることは次のように示すこともできる．
　接線と半径は直交するので，
$$\angle OQ_1P = \angle OQ_2P = 90°$$
であるから，Q_1, Q_2 は OP を直径とする円
$$x(x-a) + y(y-b) = 0 \quad \cdots\cdots ㋔$$
上にある．
　これより，Q_1, Q_2 は2つの円①と㋔の交点であるから，直線 Q_1Q_2 は，①－㋔ より
$$ax + by = 1$$
である．

← 2点 (x_1, y_1), (x_2, y_2) を直径の両端とする円の方程式は
$(x-x_1)(x-x_2)$
　　$+(y-y_1)(y-y_2)=0$
である．
←403 精講 参照．

類題 12　→ 解答 p.336

実数 x, y, s, t に対し，$z = x + yi$, $w = s + ti$ とおいたとき，$z = \dfrac{w-1}{w+1}$ を満たすとする．ただし，i は虚数単位である．

(1)　w を z で表し，s, t を x, y で表せ．
(2)　$0 \leq s \leq 1$ かつ $0 \leq t \leq 1$ となるような (x, y) の範囲Dを座標平面上に図示せよ．

(北海道大*)

406 2点が直線に関して対称であるための条件

放物線 $y=x^2$ 上に,直線 $y=ax+1$ に関して対称な位置にある異なる2点 P, Q が存在するような a の範囲を求めよ。　　　（一橋大）

精講　"異なる2点 $P(p, p^2)$, $Q(q, q^2)$ が直線 $y=ax+1$ に関して対称である"ための条件を求めるには,次のことを用います。

異なる2点 P, Q が直線 l に関して対称である
$\iff \begin{cases} (i) & PQ の中点 M が l 上にある \\ (ii) & PQ \perp l \end{cases}$

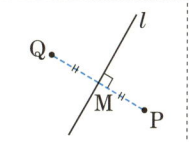

これより,p, q について得られる条件は,p, q の対称式になるはずですから,$p+q$, pq を a で表すと,ある2次方程式の実数解条件に帰着します。

解答　"$y=x^2$ 上の異なる2点 $P(p, p^2)$, $Q(q, q^2)$ $(p \neq q)$ が直線 $y=ax+1$ ……① に関して対称である" ための条件は

$\begin{cases} PQ の中点 M\left(\dfrac{p+q}{2}, \dfrac{p^2+q^2}{2}\right) が①上にある \\ PQ と直線①は垂直である \end{cases}$

であるから,

$\begin{cases} \dfrac{p^2+q^2}{2} = a \cdot \dfrac{p+q}{2} + 1 & \cdots\cdots ② \\ \dfrac{p^2-q^2}{p-q} \cdot a = -1 & \cdots\cdots ③ \end{cases}$

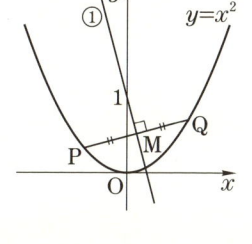

である。

③より,$a \neq 0$ であり,

$p+q = -\dfrac{1}{a}$ 　　　　……④

である。また,②は

$(p+q)^2 - 2pq = a(p+q) + 2$

となるので,④を代入して整理すると

$$pq = \frac{1-a^2}{2a^2} \qquad \cdots\cdots ⑤$$

となる。したがって，求める a の条件は"④，⑤を満たす異なる実数 p, q が存在する"ことであり，④，⑤を満たす p, q は X の2次方程式

$$X^2 + \frac{1}{a}X + \frac{1-a^2}{2a^2} = 0 \qquad \cdots\cdots ⑥$$

の2つの解と一致するから，結局，"⑥が異なる2つの実数解をもつ"ことに帰着する。よって，

$$\left(\frac{1}{a}\right)^2 - 4 \cdot \frac{1-a^2}{2a^2} > 0 \quad \therefore \quad \frac{2a^2-1}{a^2} > 0$$

より

$$a < -\frac{1}{\sqrt{2}} \quad \text{または} \quad a > \frac{1}{\sqrt{2}} \qquad \qquad \leftarrow a^2 > \frac{1}{2} \text{ より。}$$

である。

参考

"異なる2点 $P(p, p^2)$, $Q(q, q^2)$ が直線 $y = ax + 1$ ……① に関して対称である"ことは，"PQ の垂直二等分線が①である"ことに等しい。PQ の垂直二等分線は，P, Q から等距離にある点全体であるから，その方程式は

$$(x-p)^2 + (y-p^2)^2 = (x-q)^2 + (y-q^2)^2$$
$$\therefore \quad (p-q)\{2x - (p+q) + 2(p+q)y - (p+q)(p^2+q^2)\} = 0$$
$$\therefore \quad y = -\frac{1}{p+q}x + \frac{1}{2}(1+p^2+q^2) \qquad \cdots\cdots ⑦$$

となる。⑦が①と一致することより

$$-\frac{1}{p+q} = a \quad \cdots\cdots ⑧, \quad \frac{1}{2}(1+p^2+q^2) = 1 \quad \cdots\cdots ⑨$$

となる。⑧より

$$p + q = -\frac{1}{a} \qquad \cdots\cdots ⑧'$$

であり，⑨より

$$(p+q)^2 - 2pq = 1 \quad \therefore \quad \left(-\frac{1}{a}\right)^2 - 2pq = 1$$

$$\therefore \quad pq = \frac{1-a^2}{2a^2}$$

となるので，やはり④，⑤が得られる。

407 放物線の凸性

c を $c > \dfrac{1}{4}$ を満たす実数とする。xy 平面上の放物線 $y=x^2$ をAとし,直線 $y=x-c$ に関してAと対称な放物線をBとする。点Pが放物線A上を動き,点Qが放物線B上を動くとき,線分PQの長さの最小値をcを用いて表せ。

（東京大）

精講　直線 $y=x-c$ ……① に関して,Aの頂点 O$(0, 0)$ と対称な点は D$(c, -c)$ であり,BはDを頂点として,軸がx軸に平行な放物線ですから,$x=(y+c)^2+c$ と表されることなどは,本問の解決には必要ありません。

図形的に考えてみましょう。Aと①,Bと①の関係は,①に関して折り返しただけで同じです。そこで,準備として,A上の点Pで,直線①に最も近い点を図形的に求めると,①と平行なAの接線の接点Tであることが,次のようにしてわかります。

放物線Aは接線lに関して,①と反対側にあるから,A上のすべての点Pに対して

　　（Pから①までの距離）
$\geqq$（ l と①の間の距離）＝（Tから①までの距離）

が成り立つからです。

次に,A, l を①に関して対称移動した図をかいて,考えることになります。

解答　直線 $y=x-c$ ……①
と平行なAの接線lの接点は

$T\left(\dfrac{1}{2}, \dfrac{1}{4}\right)$ であり,

$$l : y=x-\dfrac{1}{4}$$

である。$c > \dfrac{1}{4}$ であるから,lは①の上方にある。

①に関してlと対称な直線をm,Tと対称な点をSとおくと,AとlがTで接することから,Bと

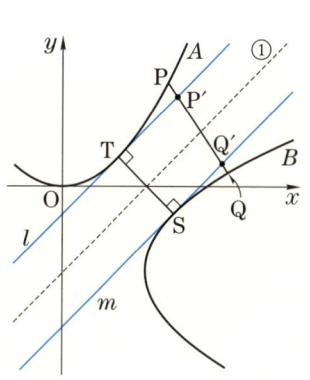

m は S で接する。さらに，B は m に関して A と反対側にあるので，A 上の点 P と B 上の点 Q をとり，PQ と l，PQ と m の交点をそれぞれ P′，Q′ とすると，図からわかる通り

$$PQ \geqq P'Q'$$
$$\geqq (l と m の間の距離) = TS$$
$$= 2(T から直線①までの距離)$$
$$= 2 \cdot \frac{\left|\frac{1}{4} - \frac{1}{2} + c\right|}{\sqrt{1+1}}$$
$$= \sqrt{2}\left(c - \frac{1}{4}\right)$$

← $c > \frac{1}{4}$ より。

となる。2つの不等号における等号はいずれも P=T，Q=S のとき成り立つから，PQ の最小値は

$$\sqrt{2}\left(c - \frac{1}{4}\right)$$

である。

> **参考**
>
> A 上の点 P(p, p^2) のなかで直線 $y = x - c$ ……① までの距離が最小である点は次のように求めることもできる。
>
> $$(P から①までの距離) = \frac{|p^2 - p + c|}{\sqrt{1+1}}$$
> $$= \frac{\left(p - \frac{1}{2}\right)^2 + c - \frac{1}{4}}{\sqrt{2}}$$
>
> より，$p = \frac{1}{2}$ に対応する点，すなわち，P$\left(\frac{1}{2}, \frac{1}{4}\right)$ である。

類題 13　→ 解答 p.336

半径 r の円は，連立不等式 $\begin{cases} y \leqq x^2 \\ y \geqq -(x-6)^2 \end{cases}$ の表す平面上の領域の中を自由に動かすことができる。r の最大値を求めよ。

(一橋大)

408 パラメタ表示された点の軌跡

時刻 t $(0 \leqq t \leqq 2\pi)$ における座標がそれぞれ $(\cos t,\ 2+\sin t)$, $(2\sqrt{3}+\sin t,\ -\cos t)$ で表される動点 P, Q について，線分 PQ の中点を R とする．
(1) 点Rの描く図形の方程式を求めよ．
(2) 点Rが原点Oから最も遠ざかるときの時刻 t を求めよ． (群馬大)

＜精講＞ R(x, y) とすると，
$$x=\frac{1}{2}(\cos t+\sin t+2\sqrt{3}),\ y=\frac{1}{2}(\sin t-\cos t+2)$$

となります．このようにパラメタ表示された点の軌跡を求めるには，多くの場合，パラメタ（ここでは，t）を含まない x, y だけの関係を導く（＜別解＞）ことになります．

この問題では，他にも，x, y の表し方を少し変えて，次のことと対応させて処理する（＜解答＞）こともできます．

円 $(x-a)^2+(y-b)^2=r^2$ $(r>0)$ 上の点 P(x, y) は
$$\begin{cases} x=r\cos\theta+a \\ y=r\sin\theta+b \end{cases} (0 \leqq \theta < 2\pi)$$
と表される．

この関係は，$\overrightarrow{\mathrm{OP}}=\overrightarrow{\mathrm{OA}}+\overrightarrow{\mathrm{AP}}=(a,\ b)+(r\cos\theta,\ r\sin\theta)$ から導かれます．

＜解答＞ (1) R(x, y) とすると，
$$(x, y)$$
$$=\left(\frac{1}{2}(\cos t+\sin t+2\sqrt{3}),\ \frac{1}{2}(\sin t-\cos t+2)\right)$$
$$=\left(\frac{\sqrt{2}}{2}\cos\left(t-\frac{\pi}{4}\right)+\sqrt{3},\ \frac{\sqrt{2}}{2}\sin\left(t-\frac{\pi}{4}\right)+1\right)$$

となる．

$0 \leq t \leq 2\pi$ より $\quad -\dfrac{\pi}{4} \leq t - \dfrac{\pi}{4} \leq \dfrac{7}{4}\pi$

であるから，R は中心が $A(\sqrt{3},\ 1)$，半径が $\dfrac{\sqrt{2}}{2}$ である円

$$(x-\sqrt{3})^2 + (y-1)^2 = \dfrac{1}{2}$$

全体を動く。

(2) R が O から最も遠ざかるとき，O, A, R はこの順に一直線上に並ぶので，x 軸の正の向きから $\overrightarrow{AR}$ までの角 $t - \dfrac{\pi}{4}$ は x 軸の正の向きから $\overrightarrow{OA}$ までの角 $\dfrac{\pi}{6}$ に等しい。したがって，

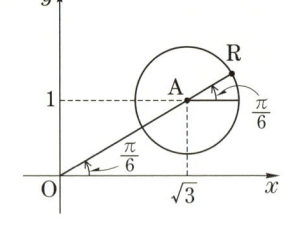

$$t - \dfrac{\pi}{4} = \dfrac{\pi}{6} \quad \therefore \quad t = \dfrac{5}{12}\pi$$

である。

◁別解

(1) $R(x,\ y)$ とすると，

$$\begin{cases} x = \dfrac{1}{2}(\cos t + \sin t + 2\sqrt{3}) & \cdots\cdots ① \\ y = \dfrac{1}{2}(\sin t - \cos t + 2) & \cdots\cdots ② \end{cases}$$

①，② を $\cos t,\ \sin t$ について解くと，

$$\begin{cases} \cos t = x - y - \sqrt{3} + 1 & \cdots\cdots ③ \\ \sin t = x + y - \sqrt{3} - 1 & \cdots\cdots ④ \end{cases}$$

←$\begin{cases} \cos t + \sin t = 2x - 2\sqrt{3} \\ \sin t - \cos t = 2y - 2 \end{cases}$

となる。$0 \leq t \leq 2\pi \ \cdots\cdots ⑤$ のとき，$x,\ y$ の満たすべき条件は ③，④，⑤ を満たす t が存在することであるから，$③^2 + ④^2$ より

←⑥′が成り立つとき，③，④，⑤を満たす t は存在する。

$$(x - y - \sqrt{3} + 1)^2 + (x + y - \sqrt{3} - 1)^2 = 1 \quad \cdots\cdots ⑥'$$
$$2x^2 + 2y^2 - 4\sqrt{3}\,x - 4y + 8 = 1$$
$$\therefore \quad (x-\sqrt{3})^2 + (y-1)^2 = \dfrac{1}{2} \quad \cdots\cdots ⑥$$

である。

(2) Rは中心 $A(\sqrt{3}, 1)$, 半径 $\dfrac{1}{\sqrt{2}}$ の円上を動くから, OR が最大となるとき, R は直線 OA: $y=\dfrac{1}{\sqrt{3}}x$ ……⑦ にあり, "O, A, R の順に並ぶ。" ……(☆) ⑦を⑥に代入すると,

$$(x-\sqrt{3})^2+\left(\dfrac{1}{\sqrt{3}}x-1\right)^2=\dfrac{1}{2}$$

∴ $8x^2-16\sqrt{3}\,x+21=0$ ∴ $x=\sqrt{3}\pm\dfrac{\sqrt{6}}{4}$

←$x=\dfrac{8\sqrt{3}\pm\sqrt{8^2\cdot 3-8\cdot 21}}{8}$
$=\dfrac{8\sqrt{3}\pm 2\sqrt{6}}{8}$

となるが, (☆)と⑦より, R の座標は

$$x=\sqrt{3}+\dfrac{\sqrt{6}}{4},\ y=1+\dfrac{\sqrt{2}}{4}$$

←⑦より
$y=\dfrac{1}{\sqrt{3}}\left(\sqrt{3}+\dfrac{\sqrt{6}}{4}\right)$

である。③, ④に代入すると

$$\cos t=\dfrac{\sqrt{6}-\sqrt{2}}{4},\ \sin t=\dfrac{\sqrt{6}+\sqrt{2}}{4}\quad ……⑧$$

←$\cos\dfrac{5}{12}\pi=\cos\left(\dfrac{\pi}{4}+\dfrac{\pi}{6}\right)$
$=\dfrac{\sqrt{6}-\sqrt{2}}{4}$
$\sin\dfrac{5}{12}\pi=\sin\left(\dfrac{\pi}{4}+\dfrac{\pi}{6}\right)$
$=\dfrac{\sqrt{6}+\sqrt{2}}{4}$

となるので, ⑤より $t=\dfrac{5}{12}\pi$ である。

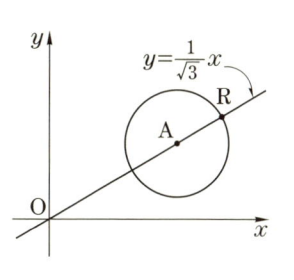

参考

1° t の範囲が $0\leqq t\leqq \pi$ ……㋐ のときに, (1)を考えてみる。解答においては, ㋐のもとで, $-\dfrac{\pi}{4}\leqq t-\dfrac{\pi}{4}\leqq\dfrac{3}{4}\pi$ であるから, R の軌跡が右図の実線部分であることがわかる。

別解 の場合は, x, y の満たすべき条件は, ③, ④, ㋐を満たす t が存在することであるから, ⑥の他に, ③, ④で定まる t が㋐にあるための条件

$\sin t\geqq 0$ ∴ $x+y-\sqrt{3}-1\geqq 0$ ……㋑

も加わることになる。したがって, R の軌跡は⑥上で㋑を満たす部分となる。

2° 別解 (2)で⑧より, t は鋭角であり,

$$\sin 2t=2\sin t\cos t=\dfrac{1}{2},\ \cos 2t=\cos^2 t-\sin^2 t=-\dfrac{\sqrt{3}}{2}$$

を満たすことから, t を決定することもできる。

409 パラメタを含む2直線の交点の軌跡

a を実数とするとき, 2直線
$$l : (a-1)x-(a+1)y+a+1=0$$
$$m : ax-y-1=0$$
の交点をPとする。

(1) a がすべての実数値をとるとき, Pの軌跡を図示せよ。
(2) a がすべての正の値をとるとき, Pの軌跡を図示せよ。 (島根大*)

精講 (1) l, m の方程式から交点Pの座標を求めると
$$P(x, y) = \left(\frac{2(a+1)}{a^2+1}, \frac{a^2+2a-1}{a^2+1} \right)$$
となりますが, これからPの軌跡を求めるのは, かえって難しいことになります。

そこで, 発想を転換して, まず求める軌跡を C とおいて,「点 (X, Y) が C に属するための X, Y の条件」を考えてみます。その条件は
"ある実数 a に対して, l, m の交点が (X, Y) である"
すなわち,
"ある実数 a に対して,
$$(a-1)X-(a+1)Y+a+1=0 \quad \cdots\cdots ㋐, \quad aX-Y-1=0 \quad \cdots\cdots ㋑$$
が成り立つ" ……(*)
ことです。見方を変えると, (*)は
"$(X-Y+1)a-X-Y+1=0 \quad \cdots\cdots ㋐', \quad Xa-Y-1=0 \quad \cdots\cdots ㋑'$
を同時に満たす実数 a が存在する"
ことと同値です。したがって,「a の連立方程式㋐', ㋑'が(実数)解をもつための X, Y の条件」を求めることに帰着します。

(2) (1)における「実数 a」を「正の数 a」に置き換えて考えることになります。

解答 (1) a がすべての実数値をとるとき, l と m の交点Pの軌跡を C とする。このとき,
$(X, Y) \in C$ ←注 1° 参照。
$\iff$ ある実数 a に対して, l, m の交点が (X, Y) である。すなわち, ある実数 a に対して,

$$\begin{cases}(a-1)X-(a+1)Y+a+1=0 & \cdots\cdots① \\ aX-Y-1=0 & \cdots\cdots②\end{cases}$$

が成り立つ。

$\iff a$ の連立方程式

$$\begin{cases}(X-Y+1)a=X+Y-1 & \cdots\cdots①' \\ Xa=Y+1 & \cdots\cdots②'\end{cases}$$

が (実数) 解をもつ。　　　　　　　……(∗)

← このような「見方の転換」がキー・ポイントである。

が成り立つ。

以下，(∗) のために X，Y の満たすべき条件を，②′の解について場合分けして調べる。

$X=0$ のとき，②′が解をもつのは

$$Y+1=0 \quad \therefore \quad Y=-1$$

のときに限る。このとき，①′は

$$(0+1+1)a=0-1-1 \quad \therefore \quad a=-1$$

となるので，$(X, Y)=(0, -1)$ は (∗) を満たす。

$X \neq 0$ のとき，②′の解は

$$a=\frac{Y+1}{X} \quad \cdots\cdots③$$

であり，これが①′の解であれば (∗) が成り立つから，

$$(X-Y+1)\frac{Y+1}{X}=X+Y-1$$

$$\therefore \quad (X-1)^2+Y^2=2 \quad \cdots\cdots④$$

である。

← $(X-Y+1)(Y+1)$
　$=X(X+Y-1)$
　$\therefore \quad X^2+Y^2-2X-1=0$
　より。

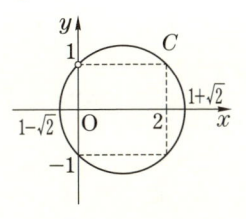

← 注 1° 参照。

これより

$$(∗) \iff \begin{cases}(X, Y)=(0, -1) \text{ または} \\ \text{“}X \neq 0 \text{ かつ } (X-1)^2+Y^2=2\text{”}\end{cases} \cdots\cdots⑤$$

であるから，結局，求める軌跡 C は
円 $(x-1)^2+y^2=2$ から点 $(0, 1)$ を除いた部分（右図の太線部分）である。

(2) a がすべての正の値をとるとき，交点 P の軌跡を C_+ とする。(1)と同様に考えると，

$$(X, Y) \in C_+$$

$\iff$ a の連立方程式 ①′, ②′ が正の解をもつ
$$\cdots\cdots(☆)$$
が成り立つ。

$X=0$ のとき, (1)と同様, $Y=-1$ で, $a=-1$ となるので, (☆)を満たさない。 ←(1)の場合分けに従って調べる。

$X\neq 0$ のとき, (☆)のための条件は, (*)の条件に $a>0$ を加えたものであるから, ③に注意すると,

$\quad$ ④ かつ $\dfrac{Y+1}{X}>0$

$\therefore$ ④ かつ $X(Y+1)>0$ $\quad\cdots\cdots$⑥

となる。これより,

$\quad$ (☆) $\iff$ ④かつ⑥

であるから, 求める軌跡 C_+ は
円 $(x-1)^2+y^2=2$ の $x(y+1)>0$ を満たす部分(右図の太線部分) である。

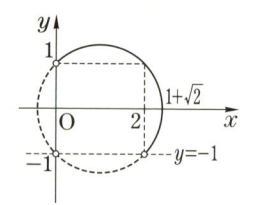

注 1° ◁解答▷ で示した通り, (1)では
$\quad (X, Y)\in C \iff ⑤$
が成り立つから, C を表す式は⑤の X, Y を x, y に置き換えた式である。つまり,
$\quad C:(x, y)=(0, -1)$ または "$x\neq 0$ かつ $(x-1)^2+y^2=2$"
$\quad C:(x-1)^2+y^2=2$ から点 $(0, 1)$ を除いた部分
である。

また, (2)では
$\quad (X, Y)\in C_+ \iff$ ④かつ⑥
が成り立つから, C_+ を表す式は④, ⑥の X, Y を x, y に置き換えた式である。つまり,
$\quad C_+:(x-1)^2+y^2=2$ かつ $x(y+1)>0$
である。

このことから, $(X, Y)\in C$ (あるいは C_+) の代わりに, 最初から, $(x, y)\in C$ (あるいは C_+) とおいた方が, 最後に X, Y から x, y への置き換えもなく楽になると考える人もいるかもしれない。確かに, その通りであるが, ◁解答▷では, 具体的な点について考えていることを強調するために, (X, Y) と表したのである。したがって, この種の考え方に慣れたあとでは, 最初から (x, y) とおいた方が簡単になる。

2° ◁解答▷において, ①′×X-②′×$(X-Y+1)$ より
$\quad 0=X(X+Y-1)-(X-Y+1)(Y+1)$
$\therefore \quad (X-1)^2+Y^2=2$

が得られる。これから，交点 P(X, Y) が円 $(x-1)^2+y^2=2$ ……⑦ 上にあることがただちにわかるが，これだけでは"軌跡の限界"，すなわち，(1)では円⑦から点 $(0, 1)$ が除かれること，(2)では円⑦の $x(y+1)>0$ を満たす部分であることなどがわからないことになる。

参考

l の方程式を $(x-y+1)a-(x+y-1)=0$ と書き直すことにより，l は a の値によらず，
$$x-y+1=0 \text{ かつ } x+y-1=0$$
を満たす点 A$(0, 1)$ を通ることがわかる。同様に m は点 B$(0, -1)$ を通る。

また，l, m のなす角を $\theta\,(0°\leqq\theta\leqq 90°)$ とすると，$a=-1$ のとき，
$$l : x=0,\ m : x+y+1=0$$
となるので，$\theta=45°$ であり，$a\neq -1$ のときには，l, m の傾きがそれぞれ $\dfrac{a-1}{a+1},\ a$ であるから
$$\tan\theta=\left|\dfrac{\dfrac{a-1}{a+1}-a}{1+a\cdot\dfrac{a-1}{a+1}}\right|=1$$

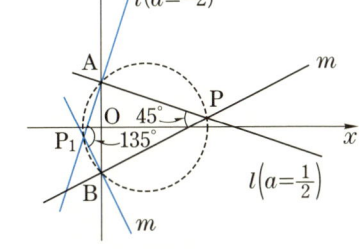

より，$\theta=45°$ である。

以上より，P は線分 AB を見込む角が $45°$，あるいは，$180°-45°=135°$ である弧上にあることがわかる。さらに，a の変化に伴う l, m の動きを調べると，P の軌跡を目で追うこともできる。

このようにパラメタを含む 2 直線の交点の軌跡を求める問題のなかには，2 直線のなす角に着目すると解決するものがある。典型的なものとして，それぞれが定点を通り，互いに直交する 2 直線に関するものであり，その軌跡はそれら 2 定点を直径の両端とする円周の一部または全体となる。(**410**(1)参照。)

類題 14 → 解答 p.337

O を原点とし，放物線 $y=2x^2$ 上に 2 点 A，B を $\angle$AOB が直角になるようにとり，O から直線 AB へ垂線 OP を下ろす。このとき，点 P の軌跡を求めよ。

(実践女大*)

410 四分円の弦の中点が動く範囲

曲線 $x^2+y^2=100$ ($x\geqq 0$ かつ $y\geqq 0$) を C とする。点 P, Q は C 上にあり，線分 PQ の中点を R とする。ただし，点 P と点 Q が一致するときは，点 R は点 P に等しいものとする。

(1) 点 P の座標が $(6, 8)$ であり，点 Q が C 上を動くとき，点 R の軌跡を求めよ。

☆ (2) 点 P, Q が C 上を自由に動くとき，点 R の動く範囲を図示し，その面積を求めよ。

(早稲田大*)

精講 (1) △OPQ は OP=OQ の二等辺三角形ですから"OR は PQ と垂直である"……(*)　すなわち，∠ORP=90° です。O, P は定点ですから，R は OP を直径とする円周上にあります。あとは，その円周上のどの部分を動くか (いわゆる，「軌跡の限界」) を調べることになります。

(2) P を固定したときの R の軌跡 (四分円) を求めたあとに P を動かして，その四分円の動きを追う方法も考えられますが，説明が長くなります。そこで，見方を変えてみると，求める範囲とは，"(*)を満たすような 2 点 P, Q が四分円 C 上に存在する"……(★)　ような点 R の全体です。先に点 R をとったと考えたとき，(★)が成り立つための条件は"R を通り，OR に垂直な直線 l が四分円 C と 2 点で交わるか，または，1 点で接する"……(☆)　ことです。(☆)が成り立つための条件を図形的に考えてみましょう。

解答 (1) P と Q が異なるとき △OPQ は二等辺三角形であり，OR は PQ と垂直であるから，∠ORP=90° である。

O(0, 0), P(6, 8) は定点であるから，R は OP を直径とする円

$$x(x-6)+y(y-8)=0$$
$$\therefore\ (x-3)^2+(y-4)^2=25 \quad \cdots\cdots ①$$

上にある。(P=Q の場合にも①上にある。)

Q が四分円 C 上を A(10, 0) から B(0, 10) まで動くとき，R は①上を AP の中点 (8, 4) から BP の中点 (3, 9) まで動くから，R の軌跡は

← Q(r, s) ($0\leqq r\leqq 10$, $0\leqq s\leqq 10$) とすると，R$\left(\dfrac{r+6}{2}, \dfrac{s+8}{2}\right)$ となるので。

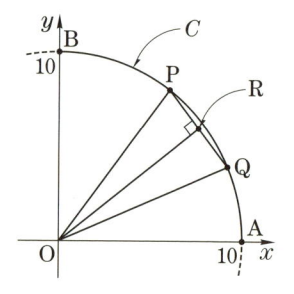

円 $(x-3)^2+(y-4)^2=25$ の, $3\leqq x\leqq 8$ かつ $4\leqq y\leqq 9$ の部分

である。

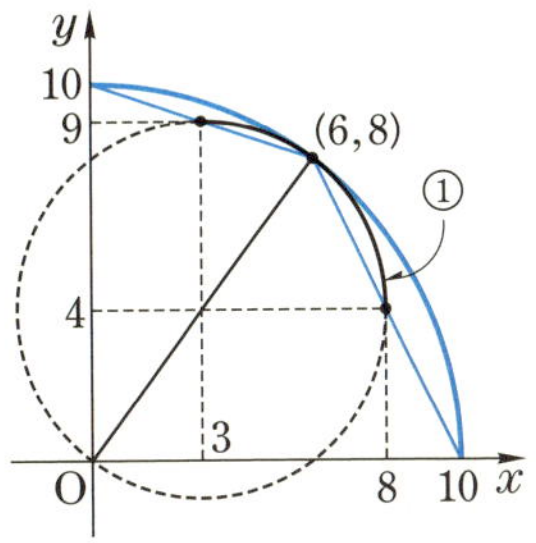

(2) R(u, v) とおくと, R は四分円 C と x 軸, y 軸で囲まれた部分にあるから,

$$u^2+v^2\leqq 100,\ u\geqq 0,\ v\geqq 0 \quad \cdots\cdots ②$$

である。

　ここで, $v=0$ または, $u=0$ となるのはそれぞれ

$$P=Q=R=A(10,\ 0),\ P=Q=R=B(0,\ 10) \quad \cdots\cdots ③$$

のときであり, この 2 点を除くと,

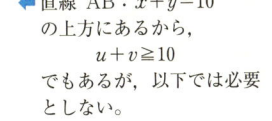

$$u>0,\ v>0 \quad \cdots\cdots ④$$

である。

　←直線 AB：$x+y=10$ の上方にあるから,
$u+v\geqq 10$
でもあるが, 以下では必要としない。

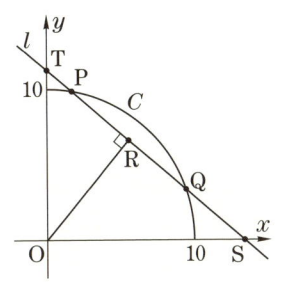

　②, ④ のもとで, "対応する P, Q が存在する", つまり "R を通り OR と垂直な直線 l：

$$u(x-u)+v(y-v)=0$$

が四分円 C と 2 点で交わる, または 1 点で接する" ……(☆)　条件は "l と x 軸との交点 S$\left(\dfrac{u^2+v^2}{u},\ 0\right)$ は $x\geqq 10$ にあり, l と y 軸との交点 T$\left(0,\ \dfrac{u^2+v^2}{v}\right)$ は $y\geqq 10$ にある" ことである。

したがって,

$$\dfrac{u^2+v^2}{u}\geqq 10,\ \dfrac{u^2+v^2}{v}\geqq 10$$

$$\therefore\ (u-5)^2+v^2\geqq 25,\ u^2+(v-5)^2\geqq 25 \quad \cdots\cdots ⑤$$

である。③ の 2 点も ②, ⑤ を満たすから, R の動く範囲は, ② かつ ⑤ を満たす部分, すなわち,

$$\begin{cases} x^2+y^2\leqq 100,\ x\geqq 0,\ y\geqq 0 \\ (x-5)^2+y^2\geqq 25,\ x^2+(y-5)^2\geqq 25 \end{cases}$$

で表される右図の斜線部分であり,

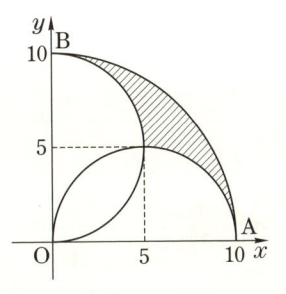

(面積) $=\dfrac{1}{4}\cdot 10^2\pi-\left(2\cdot\dfrac{1}{4}\cdot 5^2\pi+5^2\right)=\dfrac{25}{2}\pi-25$

である。

411 パラメタを含む直線の通過範囲(1)

実数 t が $t \geq 0$ を動くとき，直線 $l_t : y = tx - t^2 + 1$ が通り得る範囲 D を図示せよ。

精講　$t=0, \dfrac{1}{2}, 1, 2, \cdots\cdots$ などに対応する直線 l_t を何本かいても領域 D を完全に捉えることは不可能です。そこで，**409** と同様に，発想の転換をして座標平面上の点 (X, Y) が D に属する条件を考えます。たとえば，点 $(4, 4)$, $(1, -5)$, $(-5, 7)$, $(2, 3)$ は D に属するかを調べてみましょう。

l_t が $(4, 4)$ を通る条件は，l_t の方程式に $(x, y) = (4, 4)$ を代入した式
$$4 = 4t - t^2 + 1 \quad \therefore \quad (t-1)(t-3) = 0 \quad \cdots\cdots ㋐$$
が成り立つことです。$t \geq 0$ において㋐を満たす t の値として 1, 3 がとれるので，l_1, l_3 が $(4, 4)$ を通ることになり，$(4, 4)$ は D に属します。

同様に，$(1, -5), (-5, 7), (2, 3)$ を通る条件はそれぞれ
$$-5 = t - t^2 + 1 \quad \therefore \quad (t-3)(t+2) = 0 \quad \cdots\cdots ㋑$$
$$7 = -5t - t^2 + 1 \quad \therefore \quad (t+2)(t+3) = 0 \quad \cdots\cdots ㋒$$
$$3 = 2t - t^2 + 1 \quad \therefore \quad t^2 - 2t + 2 = 0 \quad \cdots\cdots ㋓$$
が成り立つことです。$t \geq 0$ において㋑を満たす値として $t = 3$ をとれるので，l_3 が $(1, -5)$ を通ることになり，$(1, -5)$ は D に属します。一方，$t \geq 0$ において㋒を満たす t の値はないので，$(-5, 7)$ は D に属しません。また，㋓を満たす実数 t がないので，$(2, 3)$ も D に属しません。

以上のことから，

> 点 (X, Y) が D に属する条件は $Y = tX - t^2 + 1$ を満たす t が $t \geq 0$ に少なくとも 1 つあることである。

とわかるはずです。

解答　点 (X, Y) が D に属するための X, Y の条件を調べる。

$(X, Y) \in D$

$\iff t \geq 0 \quad \cdots\cdots ①$ のある t に対して，l_t が (X, Y) を通る，すなわち，
$Y = tX - t^2 + 1 \quad \cdots\cdots ②$ が成り立つ

←最初から，$(x, y) \in D$ としてもよい。
409 注 1°参照。

$\iff$ t の 2 次方程式 $t^2-Xt+Y-1=0$ ……②′
が①の範囲に少なくとも 1 つの解をもつ
……(＊)

◀このような「見方の転換」がキー・ポイントである。

さらに，(＊) より，②′ において，
$\begin{cases}(\text{i}) & t<0,\ t>0 \text{ に解が 1 つずつある}\\ (\text{ii}) & t=0 \text{ が解である}\\ (\text{iii}) & t>0 \text{ に 2 つの解がある}\end{cases}$

◀重解の場合も 2 つの解と考える。

のいずれかが成り立つための X, Y の条件を調べるとよい。
$$f(t)=t^2-Xt+Y-1$$
$$=\left(t-\frac{X}{2}\right)^2-\frac{1}{4}X^2+Y-1$$

とおいて，$u=f(t)$ のグラフを考えると，
(i)または(ii) $\iff f(0)\leqq 0$
∴ $Y\leqq 1$

◀(i) $\iff f(0)<0$,
(ii) $\iff f(0)=0$
である。

であり，

(iii) $\iff \begin{cases}\text{頂点の } u \text{ 座標}: f\left(\dfrac{X}{2}\right)\leqq 0\\ \text{軸の位置}: \dfrac{X}{2}>0\\ \text{区間の端点での値}: f(0)>0\end{cases}$

◀頂点の u 座標（判別式），軸の位置，区間の端点での値を調べる。**101** 参照。

∴ $Y\leqq\dfrac{1}{4}X^2+1$, $X>0$ かつ $Y>1$

である。したがって，
$D:\begin{cases}y\leqq 1 \text{ または}\\ "y\leqq\dfrac{1}{4}x^2+1,\ x>0 \text{ かつ } y>1"\end{cases}$

であり，右図の斜線部分（境界を含む）である。

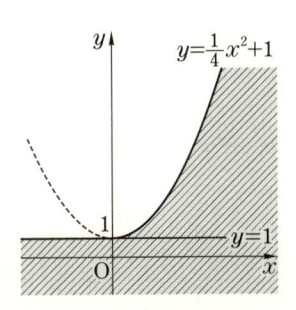

参考

$l_t: y=tx-t^2+1$ は t の値によらずに放物線 $C: y=\dfrac{1}{4}x^2+1$ に接していて，その接点が $P(2t,\ t^2+1)$ であることを見抜くことができれば，$t\geqq 0$ において P が C 上の $x\geqq 0$ の部分を動くので，P の動きに伴って l_t がどのように変化するかを観察することによって同様の結果を得ることもできる。

第 4 章 図形と方程式

412 パラメタを含む直線の通過範囲(2)

$0 \leq t \leq 1$ を満たす実数 t に対して，xy 平面上の点 A，B を
$A\left(\dfrac{2(t^2+t+1)}{3(t+1)},\ -2\right)$, $B\left(\dfrac{2}{3}t,\ -2t\right)$ と定める．t が $0 \leq t \leq 1$ を動くとき，直線 AB の通り得る範囲を図示せよ． (東京大)

精講 直線 AB はパラメタ t を含む式で表されますから，**411** と同様に考えることができます．ただし，AB の方程式が t^3 の項を含むので，t の3次方程式の解について調べることになります．

解答 直線 AB の傾きが
$$\dfrac{-2-(-2t)}{\dfrac{2(t^2+t+1)}{3(t+1)}-\dfrac{2}{3}t}=3(t^2-1)$$
であるから，直線 AB の方程式は
$$y-(-2t)=3(t^2-1)\left(x-\dfrac{2}{3}t\right)$$
$$\therefore\quad y=3(t^2-1)x-2t^3 \quad\cdots\cdots ①$$
である．

$0 \leq t \leq 1 \quad\cdots\cdots ②$ において，直線①が通り得る範囲を D とする．このとき，
 点 $(x,\ y) \in D$
$\iff$ ②を満たすある t に対して，①が成り立つ
$\iff$ t の3次方程式 $2t^3-3xt^2+y+3x=0 \quad\cdots\cdots ①'$
　　が②の範囲に少なくとも1つの解をもつ $\cdots\cdots(*)$

が成り立つ．以下，$(*)$ のための $x,\ y$ の満たすべき条件を調べる．

$f(t)=2t^3-3xt^2+y+3x$ とおくと，
$f'(t)=6t(t-x)$
であるから，次のように場合分けをする．

← ここでは，点 $(X,\ Y)$ の代わりに点 $(x,\ y)$ とした．

← $x \neq 0$ のとき，$f(t)$ は $t=0$，x で極値をとる．

(i) $x \leq 0$ のとき
　　②において $f'(t) \geq 0$ より，$f(t)$ は増加するから，
　　$(*)$ のための条件は

$f(0) \leqq 0$ かつ $f(1) \geqq 0$

∴ $y \leqq -3x$ かつ $y \geqq -2$

である。

(ii) $0 < x < 1$ のとき

$f(t)$ は $t=0$ で極大，$t=x$ で極小となるから，(＊)のための条件は

$f(x) \leqq 0$ かつ

"$f(0) \geqq 0$ または $f(1) \geqq 0$"

∴ $y \leqq x^3 - 3x$ かつ "$y \geqq -3x$ または $y \geqq -2$"

である。

(iii) $x \geqq 1$ のとき

②において $f'(t) \leqq 0$ より，$f(t)$ は減少するから，(＊)を満たす条件は

$f(0) \geqq 0$ かつ $f(1) \leqq 0$

∴ $y \geqq -3x$ かつ $y \leqq -2$

である。

以上をまとめると，D は

$\begin{cases} x \leqq 0, \ y \leqq -3x \ \text{かつ} \ y \geqq -2 \\ 0 < x < 1, \ y \leqq x^3 - 3x \ \text{かつ} \\ \qquad \text{"}y \geqq -3x \ \text{または} \ y \geqq -2\text{"} \\ x \geqq 1, \ y \geqq -3x \ \text{かつ} \ y \leqq -2 \end{cases}$

を満たす部分であるから，右図の斜線部分（境界を含む）である。

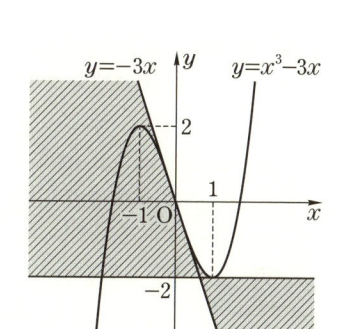

参考

直線 AB，つまり，直線①は $C: y = x^3 - 3x$ 上の点 $P(t, t^3 - 3t)$ における接線 l：

$y = (3t^2 - 3)(x - t) + t^3 - 3t$

∴ $y = 3(t^2 - 1)x - 2t^3$

である。$0 \leqq t \leqq 1$ において，P が C 上を，点 $O(0, 0)$ から点 $C(1, -2)$ まで動くので，そのときの接線 l の変化を観察すると D が右上図の斜線部分となることがわかる。

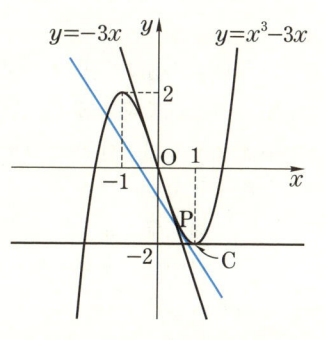

413 領域における最大・最小

座標平面上で，連立不等式 $y-5x \leq -28$, $2y+5x \leq 34$, $y \geq -3$ の表す領域を A，不等式 $x^2+y^2 \leq 2$ の表す領域を B とする。

(1) 点 (x, y) が領域 A を動くとき，$y-2x$ の最大値と最小値を求めよ。

(2) k を実数とし，点 (x, y) が領域 A を動くときの $y-kx$ の最小値と点 (x, y) が領域 B を動くときの $y-kx$ の最大値が同じ値 m であるとする。このとき，k と m の値を求めよ。

(愛媛大*)

精講

(1) "(x, y) が領域 A を動くとき，$y-2x$ が k という値をとる" とは

"$(x, y) \in A$ かつ $y-2x = k$ ……㋐ を満たす実数 x, y がある"

すなわち，

"直線㋐が A と共有点 (x, y) をもつ"

ということです。

(2) "(x, y) が A を動くときの $y-kx$ の最小値が m である" とは

"$A \ni (x, y)$ に対してつねに $y-kx \geq m$ であり，かつ，$y-kx = m$ ……㋑ となる $(x, y) \in A$ がある" ということですが，このとき，A と直線㋑がどのような位置関係にあるかを考えてみましょう。

解答

(1) 領域 A は 3 点 C(6, 2), D(5, -3), E(8, -3) を頂点とする三角形の内部および周である。点 (x, y) が A を動くとき，$y-2x$ のとり得る値の範囲は

"直線 $y-2x = k$ ……① と A が共有点をもつ"

……(☆)

ような k の値の範囲と一致する。①は傾き 2, y 切片 k の直線であるから，(☆)のもとで k が最大，最小となるのは，①がそれぞれ点 C, E を通るときである。したがって，

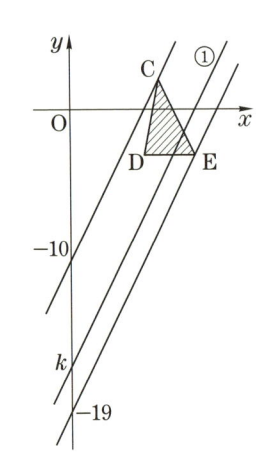

最大値 $k = 2 - 2 \cdot 6 = -10$

最小値 $k = -3 - 2 \cdot 8 = -19$

である。

(2) "点 (x, y) が A を動くとき $y-kx$ の最小値が m である" ということは，

"A ではつねに $y-kx \geqq m$ であり，$y-kx=m$ となることがある" ということで，図形的には

"A は $y \geqq kx+m$ を満たす部分にあり，直線 $y=kx+m$ ……② と共有点をもつ"

すなわち，

"A は直線②の上方にあり，②と共有点をもつ" ……(*)

ことになる。

同様に考えると，

"点 (x, y) が B を動くとき $y-kx$ の最大値が m である"

ことは，図形的には

"B は直線②の下方にあって，B と共有点をもつ"

← "B では，$y-kx \leqq m$ であり，$y-kx=m$ となることがある" に等しい。

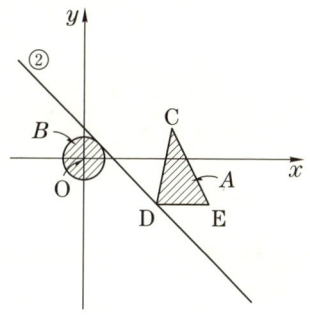

すなわち，

"B は②の下方にあって，②に接する" ……(**)

ことになる。

(**) が満たされるように直線②を動かしてみると，(*) も満たされるのは右図の場合に限る。したがって，②が $D(5, -3)$ を通ることより

$$-3=5k+m \quad \therefore \quad m=-5k-3$$

である。このとき，

$$y=kx-5k-3 \quad ……③$$

が B，つまり，中心 $O(0, 0)$，半径 $\sqrt{2}$ の円板に接することより，

$$\frac{|5k+3|}{\sqrt{k^2+1}}=\sqrt{2}, \quad (5k+3)^2=2(k^2+1)$$

$$\therefore \quad (k+1)(23k+7)=0$$

である。ここで，O が③の下方にあることより

$$0<k\cdot 0-5k-3 \quad \therefore \quad k<-\frac{3}{5}$$

← 中心 $O(0, 0)$ が $y<kx-5k-3$ にある。

であるから，$k=-1$，$m=2$ である。

414 パラメタを含む領域における最大・最小

a を正の実数とする。次の 2 つの不等式を同時に満たす点 (x, y) 全体からなる領域を D とする。
$$y \geq x^2, \quad y \leq -2x^2 + 3ax + 6a^2$$
領域 D における $x+y$ の最大値, 最小値を求めよ。 　　　　　(東京大)

精講　413 と同様に, 直線 $l : x+y=k$ が領域 D と共有点をもつような k の値の範囲を求めることになりますが, k が最大・最小となるときの共有点は a の値によって変化します。たとえば, $a=1$, $a=\dfrac{1}{6}$ の場合の D と直線 l の関係は下図のようになります。

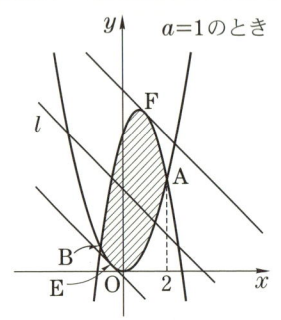

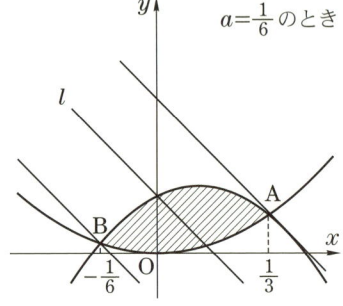

これより, a の値による場合分けが必要なことがわかるはずです。

解答　$y=x^2$ ……① と $y=-2x^2+3ax+6a^2$ ……② の交点は
　　$A(2a, 4a^2)$, $B(-a, a^2)$
であるから, 領域 D は右図の斜線部分である。

D における $x+y$ の最大値 M, 最小値 m は
"直線 $y+x=k$ ……③ が D と共有点をもつ"
……(∗) ような③の y 切片 k の最大値, 最小値に等しい。

準備として, 以下のことを調べる。

(ⅰ) ③が $A(2a, 4a^2)$ を通るとき
　　　$k=4a^2+2a$ である。

(ⅱ) ③が $B(-a, a^2)$ を通るとき

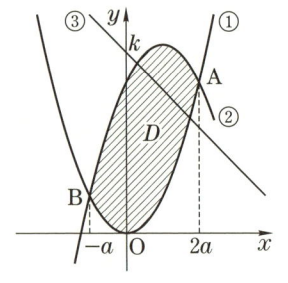

←図から, k が最大となるのは(ⅰ)または(ⅳ)のとき, 最小となるのは, (ⅱ)または(ⅲ)のときであることがわかる。

$k=a^2-a$　である。

(iii)　③が放物線①と接するとき
$$x^2=-x+k \quad \therefore \quad x^2+x-k=0 \quad \cdots\cdots ④$$
が重解をもつことより
$$1+4k=0 \quad \therefore \quad k=-\frac{1}{4}$$
であり，接点Eのx座標x_Eは
$$x_E=\frac{1}{2}(④の2解の和)=-\frac{1}{2}$$
である。

⬅ ④の2解がx_E, x_Eであるから $x_E+x_E=-1$ である。

(iv)　③が放物線②と接するとき
$$-2x^2+3ax+6a^2=-x+k$$
$$\therefore \quad 2x^2-(3a+1)x-6a^2+k=0 \quad \cdots\cdots ⑤$$
が重解をもつことより
$$(3a+1)^2-8(-6a^2+k)=0$$
$$\therefore \quad k=\frac{57a^2+6a+1}{8}$$
であり，接点Fのx座標x_Fは
$$x_F=\frac{1}{2}(⑤の2解の和)=\frac{3a+1}{4}$$
である。

(iii), (iv)の接点E，FがDに属する条件はそれぞれ，
$$-a \leq -\frac{1}{2} \leq 2a \quad \therefore \quad a \geq \frac{1}{2},$$
$$-a \leq \frac{3a+1}{4} \leq 2a \quad \therefore \quad a \geq \frac{1}{5}$$

⬅ それぞれが，(iii)のとき最小，(iv)のとき最大となるようなaの範囲である。

である。したがって，

最大値 $\begin{cases} a \geq \dfrac{1}{5} \text{ のとき } & \dfrac{57a^2+6a+1}{8} & ((iv)の場合) \\ 0 < a \leq \dfrac{1}{5} \text{ のとき } & 4a^2+2a & ((i)の場合) \end{cases}$

最小値 $\begin{cases} a \geq \dfrac{1}{2} \text{ のとき } & -\dfrac{1}{4} & ((iii)の場合) \\ 0 < a \leq \dfrac{1}{2} \text{ のとき } & a^2-a & ((ii)の場合) \end{cases}$

⬅ 解答の際には，精講 のような図を加えてもよい。

となる。

415 対称式を利用した領域における最大・最小

実数 x, y が $x^2+y^2 \leqq 1$ を満たしながら変化するとする。

(1) $s=x+y$, $t=xy$ とするとき，点 (s, t) の動く範囲を st 平面上に図示せよ。

(2) 負でない定数 m をとるとき，$xy+m(x+y)$ の最大値，最小値を m を用いて表せ。

(東京工大)

精講 (1) x, y がすべての実数値をとって変化するとき，点 (s, t) が動く範囲 E は st 平面全体ではなく，その一部です。

たとえば，$(4, 5)$ は E に属しません。その理由は，$(s, t)=(4, 5)$，すなわち，$x+y=4$, $xy=5$ を満たす x, y は X の2次方程式 $X^2-4X+5=0$ の2解 $2 \pm i$ であり，実数ではないからです。一方，$(2, -4)$ は E に属します。その理由は，$(s, t)=(2, -4)$，すなわち，$x+y=2$, $xy=-4$ を満たす x, y は X の2次方程式 $X^2-2X-4=0$ の2解 $1 \pm \sqrt{5}$ であり，実数であるからです。同様に考えると，E を表す不等式が得られます。

求める範囲 D は $x^2+y^2 \leqq 1$ から導かれる s, t の不等式で表される領域と E との共通部分です。

(2) st 平面で考えると，**413**，**414** と同様に処理できます。

解答 (1) $s=x+y$, $t=xy$ ……①

とするとき，x, y は X の2次方程式

$$X^2-sX+t=0 \quad \cdots\cdots ②$$

の2解と一致する。したがって，x, y が実数であるとき，②は2つの実数解をもつので，s, t は

$$s^2-4t \geqq 0 \quad \therefore\quad t \leqq \frac{1}{4}s^2 \quad \cdots\cdots ③$$

を満たす。さらに，x, y が

$$x^2+y^2 \leqq 1 \quad \therefore\quad (x+y)^2-2xy \leqq 1$$

を満たすことより

$$s^2-2t \leqq 1 \quad \therefore\quad t \geqq \frac{1}{2}(s^2-1) \quad \cdots\cdots ④$$

である。したがって，点 (s, t) の動く範囲 D は，③，④の共通部分，つまり，右図の斜線部分（境界を含む）である。

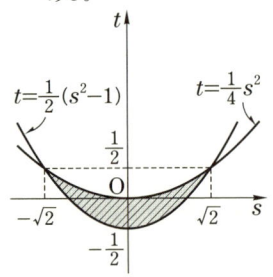

← **精講** の領域 E は，st 平面上で，③を満たす部分である。

(2) ①より
$$xy + m(x+y) = t + ms$$
であるから，(1)の結果より，"st 平面において，直線 $t + ms = k$ ……⑤ が D と共有点をもつ"……(*) ような k の最大値，最小値を求めるとよい。

← $\begin{cases} x^2 + y^2 \leq 1 \\ xy + m(x+y) = k \end{cases}$ を満たす実数の組 (x, y) は，①の関係によって，st 平面上における D と⑤の共有点 (s, t) に対応する。

$$t = \frac{1}{4}s^2 \ \ \text{……⑥}, \ \ t = \frac{1}{2}(s^2 - 1) \ \ \text{……⑦}$$

の交点は $A\left(\sqrt{2}, \ \frac{1}{2}\right)$, $B\left(-\sqrt{2}, \ \frac{1}{2}\right)$ であり，

(i) ⑤が A を通るとき，$k = \sqrt{2}\,m + \frac{1}{2}$

(ii) ⑤が B を通るとき，$k = -\sqrt{2}\,m + \frac{1}{2}$

である。また，

(iii) ⑤が⑦と接するとき，
$$\frac{1}{2}(s^2 - 1) = -ms + k$$
$$\therefore \ s^2 + 2ms - 2k - 1 = 0 \quad \text{……⑧}$$
が重解をもつことより
$$m^2 + 2k + 1 = 0 \quad \therefore \ k = -\frac{m^2 + 1}{2}$$

である。このとき，接点 C の s 座標は $-m$ であるから，C が D にあるための条件は，$m \geq 0$ に注意すると，
$$-\sqrt{2} \leq -m \leq 0 \quad \therefore \ 0 \leq m \leq \sqrt{2}$$
である。

← (C の s 座標) $= \frac{1}{2}$(⑧の 2 解の和)

したがって，右図より，k の最大値は
$$\sqrt{2}\,m + \frac{1}{2} \quad (\text{(i)のとき})$$
であり，最小値は
$$\begin{cases} 0 \leq m \leq \sqrt{2} \ \text{のとき} & -\dfrac{m^2+1}{2} \ \ (\text{(iii)のとき}) \\ m \geq \sqrt{2} \ \text{のとき} & -\sqrt{2}\,m + \dfrac{1}{2} \ \ (\text{(ii)のとき}) \end{cases}$$
である。

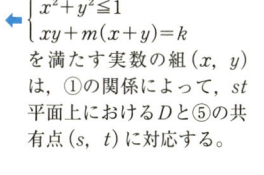

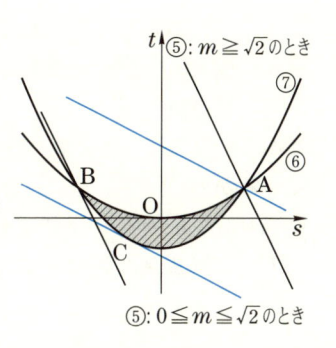

第5章 微分積分

501 3次関数の極大値・極小値

関数 $f(x)=x^3-3ax^2+3bx$ の極大値と極小値の和および差がそれぞれ -18, 32 であるとき，定数 a, b の値を求めよ。

精講　3次関数 $f(x)$ が極値をとるときの x は2次方程式 $f'(x)=0$ ……(*)　の異なる2つの実数解ですから，それらを α, β とおいて，(*)の解と係数の関係を利用します。さらに，3次関数 $f(x)$ を2次式 $f'(x)$ で割ったときの商を $Q(x)$，余りを $Ax+B$ (A, B は定数) とすると
$$f(x)=f'(x)Q(x)+Ax+B$$
であり，$f'(\alpha)=f'(\beta)=0$ ですから，極値は $f(\alpha)=A\alpha+B$, $f(\beta)=A\beta+B$ (それぞれ α, β の1次式) と表されます。

解答　$f(x)=x^3-3ax^2+3bx$ が極値をもつから
$$f'(x)=3(x^2-2ax+b)=0 \quad \cdots\cdots ①$$
が異なる2個の実数解をもつ。したがって，
$$a^2-b>0 \quad \cdots\cdots ② \qquad \Leftarrow \text{(①の判別式)}>0$$
であり，①の2解を α, β ($\alpha<\beta$) とおくと
$$\alpha+\beta=2a, \quad \alpha\beta=b \quad \cdots\cdots ③$$
である。
$$f(x)=(x^2-2ax+b)(x-a)+2(b-a^2)x+ab$$
$$=\frac{1}{3}f'(x)(x-a)+2(b-a^2)x+ab$$

$\Leftarrow$ 極値 $f(\alpha)$, $f(\beta)$ を簡単に表すために，$f(x)$ を $f'(x)$ $\left(\text{ここでは} \dfrac{1}{3}f'(x)\right)$ で割った余りを求めている。

であり，$f'(\alpha)=f'(\beta)=0$ であるから
　極大値　$f(\alpha)=2(b-a^2)\alpha+ab$
　極小値　$f(\beta)=2(b-a^2)\beta+ab$
である。ここで，極大値と極小値の和と差が -18, 32 であるから，
$$\begin{cases} f(\alpha)+f(\beta)=2(b-a^2)(\alpha+\beta)+2ab=-18 & \cdots\cdots ④ \\ f(\alpha)-f(\beta)=2(b-a^2)(\alpha-\beta)=32 & \cdots\cdots ⑤ \end{cases}$$

$\Leftarrow \alpha<\beta$ より $f(\alpha)$ が極大値，$f(\beta)$ が極小値である。

である。③より

$$(\alpha-\beta)^2=(\alpha+\beta)^2-4\alpha\beta=4(a^2-b)$$
$$\therefore \quad \alpha-\beta=-2\sqrt{a^2-b} \qquad \qquad \leftarrow \alpha<\beta \text{ より。}$$

であるから，④，⑤は

$$\begin{cases} -4a^3+6ab=-18 & \cdots\cdots ⑥ \\ 4(a^2-b)^{\frac{3}{2}}=32 & \cdots\cdots ⑦ \end{cases}$$

$\leftarrow 2(b-a^2)\cdot 2a+2ab=-18$

$\leftarrow (a^2-b)(a^2-b)^{\frac{1}{2}}=(a^2-b)^{\frac{3}{2}}$

となる。⑦より

$$a^2-b=4 \quad \therefore \quad b=a^2-4 \qquad \cdots\cdots ⑧$$

$\leftarrow$ このとき，②は満たされている。

であり，⑥に代入すると

$$-4a^3+6a(a^2-4)=-18$$
$$\therefore \quad (a-3)(a^2+3a-3)=0 \quad \therefore \quad a=3,\ \frac{-3\pm\sqrt{21}}{2}$$

となる。⑧に戻ると，求める a，b は

$$(a,\ b)=(3,\ 5),\ \left(\frac{-3\pm\sqrt{21}}{2},\ \frac{7\mp 3\sqrt{21}}{2}\right) \text{（複号同順）}$$

である。

📎 参考

極値の和と差を次のように計算することもできる。

$$\alpha^2+\beta^2=(\alpha+\beta)^2-2\alpha\beta=4a^2-2b$$
$$\alpha^3+\beta^3=(\alpha+\beta)^3-3\alpha\beta(\alpha+\beta)=8a^3-6ab$$

より

$$\begin{aligned}
f(\alpha)+f(\beta) &= \alpha^3+\beta^3-3a(\alpha^2+\beta^2)+3b(\alpha+\beta) \\
&= 8a^3-6ab-3a(4a^2-2b)+3b\cdot 2a \\
&= -4a^3+6ab \\
f(\alpha)-f(\beta) &= \alpha^3-\beta^3-3a(\alpha^2-\beta^2)+3b(\alpha-\beta) \\
&= (\alpha-\beta)\{\alpha^2+\alpha\beta+\beta^2-3a(\alpha+\beta)+3b\} \\
&= (\alpha-\beta)(4a^2-2b+b-3a\cdot 2a+3b) \\
&= 2(b-a^2)(\alpha-\beta)
\end{aligned}$$

である。また，極値の差を積分を利用して求めることもできる。

$$f(\alpha)-f(\beta)=\Big[f(x)\Big]_\beta^\alpha=\int_\beta^\alpha f'(x)\,dx$$
$$=\int_\beta^\alpha 3(x-\alpha)(x-\beta)\,dx=-3\cdot\frac{1}{6}(\alpha-\beta)^3=\frac{1}{2}(\beta-\alpha)^3$$

となる。

502 ある区間で3次関数が最小になる点

θ は，$0°<\theta<45°$ の範囲の角度を表す定数とする。$-1\leq x\leq 1$ の範囲で，関数 $f(x)=|x+1|^3+|x-\cos 2\theta|^3+|x-1|^3$ が最小値をとるときの変数 x の値を，$\cos\theta$ で表せ。　　　　　　　　　　　　　　　　　　　　　（東京大）

精講　$f'(x)$ を計算するためには，絶対値をはずす必要があります。
$-1\leq x\leq 1$ においては $x+1$，$x-1$ の符号は一定ですから，$x-\cos 2\theta$ の正負で場合分けをすることになります。

解答　$-1\leq x\leq 1$　……①　のとき
$$f(x)=|x+1|^3+|x-\cos 2\theta|^3+|x-1|^3$$
$$=(x+1)^3+|x-\cos 2\theta|^3-(x-1)^3$$
$$=|x-\cos 2\theta|^3+6x^2+2$$

←①のとき，
$|x-1|^3=\{-(x-1)\}^3$
$=-(x-1)^3$

である。
$0°<\theta<45°$ より $0<\cos 2\theta<1$　……②　であるから，$c=\cos 2\theta$ とおくと，$0<c<1$　……②′ である。　←$0°<2\theta<90°$

以下，$x\leq c$，$x\geq c$ の場合に分けて，
$$f(x)=|x-c|^3+6x^2+2$$
の増減を調べる。

(i) $c\leq x\leq 1$ のとき
$$f(x)=(x-c)^3+6x^2+2$$
$$f'(x)=3(x-c)^2+12x>0$$
であるから，$f(x)$ は増加する。

(ii) $-1\leq x\leq c$ のとき
$$f(x)=-(x-c)^3+6x^2+2$$
$$f'(x)=-3(x-c)^2+12x$$
$$=-3\{x^2-2(c+2)x+c^2\}$$
である。ここで，$f'(x)=0$ を解くと，
$$x=c+2\pm\sqrt{(c+2)^2-c^2}$$
$$=c+2\pm 2\sqrt{c+1}$$
であり，
$$\alpha=c+2-2\sqrt{c+1},\ \beta=c+2+2\sqrt{c+1}$$

←$f'(x)$ を求めなくても，$(x-c)^3$，$6x^2$ がいずれも増加することからもわかる。

とおくと，
$$\alpha = \cos 2\theta + 2 - 2\sqrt{\cos 2\theta + 1}$$
$$= 2\cos^2\theta + 1 - 2\sqrt{2}\cos\theta$$
$$= (\sqrt{2}\cos\theta - 1)^2$$

←$\cos\theta > 0$ より，
$\sqrt{\cos 2\theta + 1}$
$= \sqrt{2\cos^2\theta}$
$= \sqrt{2}\cos\theta$

同様に，
$$\beta = (\sqrt{2}\cos\theta + 1)^2$$
となる。ここで，$0° < \theta < 45°$ より，
$$1 < \sqrt{2}\cos\theta < \sqrt{2}$$
であるから，
$$0 < \alpha < 1 < \beta \qquad \cdots\cdots ③$$
であり，さらに
$$c - \alpha = 2(\sqrt{c+1} - 1)$$
$$= 2(\sqrt{2}\cos\theta - 1) > 0$$

←上に示した通り，
$\sqrt{c+1} = \sqrt{2}\cos\theta$

より
$$0 < \alpha < c \qquad \cdots\cdots ④$$

←注 参照。

である。
$$f'(x) = -3(x-\alpha)(x-\beta)$$
であるから，③，④に注意すると，(i)の場合も含めた $f(x)$ の増減は次の通りである。

←(ii)において，
$f'(x) = -3(x-\alpha)(x-\beta)$
である。

x	-1	$\cdots$	α	$\cdots$	c	$\cdots$	1
$f'(x)$		$-$	0	$+$		$+$	
$f(x)$		↘		↗		↗	

したがって，$f(x)$ が最小となるとき
$$x = \alpha = (\sqrt{2}\cos\theta - 1)^2$$
である。

←$x = 2\cos^2\theta - 2\sqrt{2}\cos\theta + 1$
でもよい。

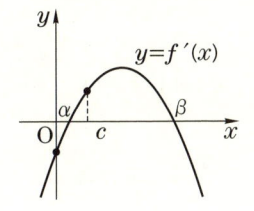

注 (ii)において，$f'(x) = -3(x-c)^2 + 12x$ であるから
$$f'(c) = 12c > 0, \quad f'(0) = -3c^2 < 0$$
となる。したがって，$y = f'(x)$ のグラフからも
$$0 < \alpha < c < \beta$$
がわかる。

503 区間における3次関数の最大値

a を定数とし，$f(x)=x^3-3ax^2+a$ とする。$x \leq 2$ の範囲で $f(x)$ の最大値が105となるような a をすべて求めよ。　　　　　　　　　　　（一橋大）

精講　$f(x)$ が極大となる x の値は a の正負によって変わりますから，それに応じた場合分けをして調べることになります。

解答　$f(x)=x^3-3ax^2+a$ より
$$f'(x)=3x^2-6ax=3x(x-2a)$$
であり，$a \neq 0$ のとき，$f(x)$ は $x=0, 2a$ で極値をもつ。

$a=0$ のとき，$f(x)=x^3$ であり，$x \leq 2$ における最大値は $f(2)=8$ であるから，適さない。

$a<0$ のとき，$f(x)$ の増減は右表の通りであるから，"$x \leq 2$ における $f(x)$ の最大値が105 となる" ……(*) のは

x	$\cdots$	$2a$	$\cdots$	0	$\cdots$
$f'(x)$	$+$	0	$-$	0	$+$
$f(x)$	↗		↘		↗

(ⅰ)　$f(2a) \geq f(2)$ ……① かつ $f(2a)=105$ ……②　　←$f(2a)=-4a^3+a$
または
(ⅱ)　$f(2a) \leq f(2)$ ……③ かつ $f(2)=105$ ……④　　←$f(2)=-11a+8$

のいずれかの場合である。

(ⅰ)において，②，すなわち，
$$-4a^3+a=105$$
$$(a+3)(4a^2-12a+35)=0$$
を満たす実数 a は $a=-3$ である。このとき，
$$f(2a)-f(2)=-4a^3+a-(-11a+8)$$
$$=-4(a-1)^2(a+2)>0$$

←$4a^2-12a+35=0$ は，
$\dfrac{1}{4}$（判別式）
$=6^2-4 \cdot 35 < 0$
より，実数解をもたない。

より，①が満たされるので，$a=-3$ は適する。

(ⅱ)において，④，すなわち，
$$-11a+8=105$$
を満たす a は $a=-\dfrac{97}{11}$ である。このとき，
$$f(2a)-f(2)=-4(a-1)^2(a+2)>0$$

より，③は満たされないので $a=-\dfrac{97}{11}$ は適さない。

$a>0$ のとき，$f(x)$ の増減は右表の通りであるから，$x\leq 2$ における $f(x)$ の最大値は $f(0)$ か $f(2)$ のいずれかである。しかし，$a>0$ のもとでは

$$f(2)=-11a+8<8<105$$

であるから，(＊)が成り立つのは

$$f(0)=a=105 \quad \therefore \quad a=105$$

のときである。

x	$\cdots$	0	$\cdots$	$2a$	$\cdots$
$f'(x)$	$+$	0	$-$	0	$+$
$f(x)$	↗		↘		↗

以上をまとめて，求める a の値は

$$a=-3 \quad \text{または} \quad 105$$

である。

参 考

3次関数 $f(x)$ の $x\leq 2$ における最大値は端点での値 $f(2)$，または，$x<2$ における $f(x)$ の極値である。

$a\neq 0$ のもとで，$f(x)$ の極値は $f(0)$，$f(2a)$ であることから，(＊)が成り立つのは下図の(I)，(II)，(III)のいずれかに限られる。このことを認めると，$f(2a)=105$，$f(0)=105$，$f(2)=105$ を満たす a を求めて，それらについて，(＊)の成否を調べるだけで済むことになる。

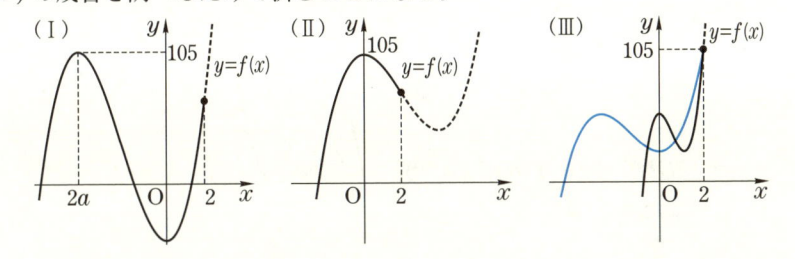

(I) , (II) , (III) のグラフ

類題 15　→ 解答 p.338

a を $a>-2$ を満たす定数とする。関数 $y=\sin 2\theta\cos\theta+a\sin\theta$ $(0\leq \theta<2\pi)$ の最大値が $\sqrt{2}$ となるような a の値を求めよ。

(名古屋大*)

504　3次方程式が3つの異なる実数解をもつ条件

a, b は実数の定数とする。3次方程式 $2x^3-3ax^2+3b=0$ が，$(\alpha-1)(\beta-1)(\gamma-1)<0$ であるような3つの異なる実数解 α, β, γ をもつために a, b の満たすべき条件を求めよ。また，その条件を満たす a, b を座標とする点 (a, b) の存在範囲を図示せよ。
(一橋大)

精講　3次方程式の実数解の個数についてまとめておきましょう。

3次方程式 $f(x)=ax^3+bx^2+cx+d=0$ の異なる実数解の個数 N：

2次方程式 $f'(x)=3ax^2+2bx+c=0$ の判別式を D とし，2解を α, β とするとき次が成り立つ。(グラフは $a>0$ のときのものとする)

$N=3$
　$\iff f(x)$ が異符号の極値をもつ。
　$\iff D>0$ かつ $f(\alpha)f(\beta)<0$

$N=2$
　$\iff f(x)$ が極値をもち，その一方は0である。
　$\iff D>0$ かつ $f(\alpha)f(\beta)=0$
　　(一方の解は重解である)

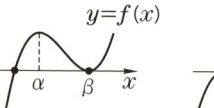

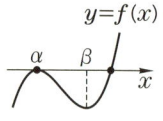

$N=1$
　$\iff f(x)$ が同符号の極値をもつ，または，極値をもたない。
　$\iff$ "$D>0$ かつ $f(\alpha)f(\beta)>0$" または $D\leqq 0$

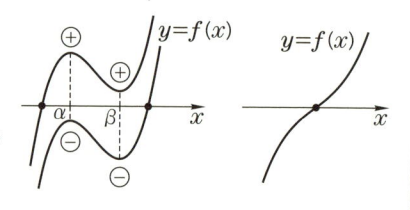

解答　$f(x)=2x^3-3ax^2+3b$ とおくと，
　　$f'(x)=6x(x-a)$
であるから，$a\neq 0$ のもとで，$f(x)$ は $x=0$, a において極値をもつ。
　　$f(x)=0$ ……① が3つの異なる実数解をもつの

は，$f(x)$ が異符号の極値をもつときであるから，
$$a \neq 0 \quad \text{かつ} \quad f(0)f(a) < 0$$
$$\therefore \quad b\left(b - \frac{a^3}{3}\right) < 0 \quad \cdots\cdots ②$$

◀ $a=0$ のとき，
$f(0)f(a) = \{f(0)\}^2 \geq 0$
したがって，
$f(0)f(a) < 0$ のとき $a \neq 0$
は満たされる。

である。①の異なる3つの解が α, β, γ のとき，$f(x)$ は $x-\alpha, x-\beta, x-\gamma$ を因数にもち，
$$f(x) = 2(x-\alpha)(x-\beta)(x-\gamma)$$
と表されるから，
$$f(1) = 2(1-\alpha)(1-\beta)(1-\gamma)$$
$$\therefore \quad (\alpha-1)(\beta-1)(\gamma-1) = -\frac{1}{2}f(1)$$
である。したがって，
$$(\alpha-1)(\beta-1)(\gamma-1) < 0$$

◀ 注 参照。

より
$$-\frac{1}{2}f(1) < 0 \quad \therefore \quad f(1) = 2 - 3a + 3b > 0$$
$$\therefore \quad b > a - \frac{2}{3} \quad \cdots\cdots ③$$

である。a, b の満たすべき条件は②，③より
$$b\left(b - \frac{a^3}{3}\right) < 0 \quad \text{かつ} \quad b > a - \frac{2}{3}$$
であり，点 (a, b) の存在範囲は右図の斜線部分（境界を除く）である。ここで，直線 $b = a - \frac{2}{3}$ は曲線 $b = \frac{1}{3}a^3$ と点 $\left(1, \frac{1}{3}\right)$ で接している。

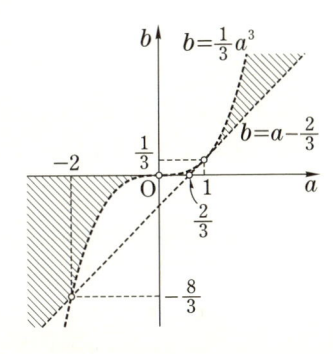

注 3次方程式①の解と係数の関係：
$$\alpha + \beta + \gamma = \frac{3}{2}a, \quad \alpha\beta + \beta\gamma + \gamma\alpha = 0, \quad \alpha\beta\gamma = -\frac{3}{2}b$$
を用いて，$(\alpha-1)(\beta-1)(\gamma-1) < 0$ から
$$\therefore \quad \alpha\beta\gamma - (\alpha\beta + \beta\gamma + \gamma\alpha) + \alpha + \beta + \gamma - 1 < 0$$
$$\therefore \quad -\frac{3}{2}b - 0 + \frac{3}{2}a - 1 < 0$$
として③を導いてもよい。

505 方程式の解の個数への微分の応用

関数 $f(x)$, $g(x)$, $h(x)$ を次で定める。
$$f(x)=x^3-3x, \quad g(x)=\{f(x)\}^3-3f(x), \quad h(x)=\{g(x)\}^3-3g(x)$$
このとき，以下の問いに答えよ。

(1) a を実数とする。$f(x)=a$ を満たす実数 x の個数を求めよ。
(2) $g(x)=0$ を満たす実数 x の個数を求めよ。
(3) $h(x)=0$ を満たす実数 x の個数を求めよ。

(東京大)

精講 (1) 方程式 $f(x)=a$ の実数解 x は曲線 $y=f(x)$ と直線 $y=a$ の共有点の x 座標に等しいことを思い出しましょう。

(3)では，$-2<a<2$ のとき，$f(x)=a$ を満たす実数 x の個数と同時に，それらの x の存在範囲を調べておく必要があります。

解答 (1) $f(x)=a$ ……① を満たす実数 x は曲線 $y=f(x)$ ……② と直線 $y=a$ ……③ の共有点の x 座標に等しい。……(☆)

$f'(x)=3(x-1)(x+1)$ より，$y=f(x)$ のグラフは右図の通りである。

x	$\cdots$	-1	$\cdots$	1	$\cdots$
$f'(x)$	$+$	0	$-$	0	$+$
$f(x)$	↗	2	↘	-2	↗

(☆) より，$f(x)=a$ を満たす実数 x の個数は
$\begin{cases} (\text{i}) & a<-2,\ a>2 \text{ のとき } \mathbf{1}\text{個} \\ (\text{ii}) & a=\pm 2 \text{ のとき } \mathbf{2}\text{個} \\ (\text{iii}) & -2<a<2 \text{ のとき } \mathbf{3}\text{個} \end{cases}$
である。

← このとき，①を満たす x はグラフより，すべて，$-2<x<2$ にある。このことを(3)で用いる。

(2) $g(x)=0 \iff \{f(x)\}^3-3f(x)=0$
$\iff f(x)=0,\ \pm\sqrt{3}$

であり，(1)の結果
$f(x)=0,\ f(x)=\sqrt{3},\ f(x)=-\sqrt{3}$ ……④
を満たす実数 x はいずれも 3 個ずつあり，それらを合わせても一致するものはないので，$g(x)=0$ を満たす実数 x は **9 個**ある。

← $f(x_1)=0$, $f(x_2)=\sqrt{3}$, $f(x_3)=-\sqrt{3}$ のとき，$f(x)$ のとる値が異なるので，x_1, x_2, x_3 は互いに異なる。

(3) $h(x)=0$ より

$$\{g(x)\}^3-3g(x)=0$$

$\therefore\ g(x)=0,\ \pm\sqrt{3}$

$\therefore\ \{f(x)\}^3-3f(x)=0,\ \pm\sqrt{3}$ ……⑤

である。$f(x)=u$ ……⑥ とおくと，

$$u^3-3u=0,\ \pm\sqrt{3} \quad ……⑤'$$

すなわち

$$f(u)=0,\ f(u)=\sqrt{3},\ f(u)=-\sqrt{3} ……⑦$$

となる。

⑦は④の x が u に変わっただけであるから，(2)の結果より，⑦を満たす実数 u は 9 個ある。これらを $\alpha_k\,(k=1,\ 2,\ \cdots\cdots,\ 9)$ と表すことにして⑥に戻ると，⑤を満たす実数 x は 9 つの方程式

$$f(x)=\alpha_k \quad (k=1,\ 2,\ \cdots\cdots,\ 9)$$

……⑧

の実数解として得られる。

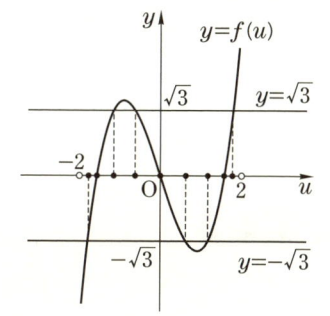

ここで，(1)で調べたグラフより $-2<a<2$ のとき，①を満たす x はすべて $-2<x<2$ の範囲にあるから，α_k は⑦の実数解として，

$$-2<\alpha_k<2\ (k=1,\ 2,\ \cdots\cdots,\ 9)$$

を満たす。したがって，⑧のそれぞれの方程式は 3 個ずつの実数解をもち，さらに，$\alpha_k\,(k=1,\ 2,\ \cdots\cdots,\ 9)$ が異なることから，全体としても，それらの実数解どうしは互いに異なる。結局，$h(x)=0$ を満たす実数 x は $3\times 9=$ **27** 個ある。

9 個の・に対応する u 座標が $\alpha_k\,(k=1,\ 2,\ \cdots\cdots,\ 9)$ である。

参考

(3)において，最初から $u=f(x)$ とおくと，

$$g(x)=\{f(x)\}^3-3f(x)=u^3-3u=f(u)$$

であり，さらに，

$$h(x)=\{g(x)\}^3-3g(x)=\{f(u)\}^3-3f(u)=g(u)$$

となる。これより，$h(x)=0$ は $g(u)=0$ ……(∗) となり，(2)より(∗)を満たす実数 u が 9 個あることを利用することになり，結局，⑧に戻る。

506 3次関数のグラフに引ける接線の本数

3次関数 $y=x^3+kx$ のグラフを考える。連立不等式 $y>-x$, $y<-1$ が表す領域を A とする。A のどの点からもこの3次関数のグラフに接線が3本引けるための，k についての必要十分条件を求めよ。　　　　　　　　　　　　（京都大）

精講　A の任意の点からこのグラフに接線が3本引けることを直接示すのは難しい。そこで，まず，接線が3本引けるような点の全体 D を決定して，A が D に含まれるような k の範囲を求めることになります。

また，点 (X, Y) から曲線 $y=x^3+kx$ に引ける接線の本数を調べるときには，この曲線上の点 (t, t^3+kt) における接線で (X, Y) を通るような実数 t の個数を考えることになり，結局は，3次方程式の異なる実数解の個数を数えることに帰着します。

解答　曲線 $y=x^3+kx$　……①　上の点
(t, t^3+kt) における接線は
$$y=(3t^2+k)(x-t)+t^3+kt$$
$\therefore\ y=(3t^2+k)x-2t^3$　　　　　　　　……②

である。①に接線が3本引けるような点の全体を D とおくと，次の関係が成り立つ。

$(X, Y)\in D$
$\iff$ 接線②が (X, Y) を通るような t が，つまり，
$$Y=(3t^2+k)X-2t^3$$
$\therefore\ 2t^3-3Xt^2+Y-kX=0$　　　　　　……③

を満たすような実数 t が3個ある。……(*)　　◀ 3次方程式③が異なる3つの実数解をもつ条件である。**504 精講** 参照。

ここで，
$$f(t)=2t^3-3Xt^2+Y-kX$$
とおくと，
$$f'(t)=6t(t-X)$$
であり，$f(t)$ は $X\ne 0$ のもとで $t=0$, X において極値をもつから，

(*) $\iff f(t)$ が異符号の極値をもつ
$\iff X\ne 0$ かつ $f(0)f(X)<0$　　　　　　◀ $f(0)f(X)<0$ のとき，$X\ne 0$ は満たされる。
$\iff (Y-kX)(Y-X^3-kX)<0$

が成り立つ。したがって，
$$D : (y-kx)(y-x^3-kx) < 0$$
である。

"A のどの点からも①に接線が 3 本引ける" ……(☆)
ための条件は
$$A \subset D \quad \cdots\cdots ④$$
が成り立つことである。④のためには，A の境界の端点である B$(1, -1)$ が D または D の境界上に含まれる（D の外部にはない），つまり
$$(y-kx)(y-x^3-kx) \leqq 0$$
を満たすことが必要であるから，
$$(-1-k)(-2-k) \leqq 0$$
$$\therefore \quad -2 \leqq k \leqq -1 \quad \cdots\cdots ⑤$$
でなければならない。 ← 注 参照。

逆に，⑤のとき，$y = x^3 + kx$ ……⑥ は，
$$y' = 3x^2 + k = 3\left(x - \sqrt{-\frac{k}{3}}\right)\left(x + \sqrt{-\frac{k}{3}}\right)$$
より，$x > \sqrt{-\dfrac{k}{3}}$ で増加する。特に $x \geqq 1$ で増加す ← ⑤より $\sqrt{-\dfrac{k}{3}} < 1$
るから，$x \geqq 1$ において，⑥では
$$y \geqq 1 + k \geqq -1 = (\text{B の } y \text{ 座標})$$
が成り立つので，A は $y \leqq x^3 + kx$ の部分にある。さらに，$x > 0$ において $y = -x$ は $y = kx$ と一致する（$k = -1$ のとき）か，または上方にあるので，A は $y \geqq kx$ の部分にある。したがって，⑤のとき，④が成り立つ。

以上より，(☆)，つまり④が成り立つための必要十分条件は
$$-2 \leqq k \leqq -1$$
である。

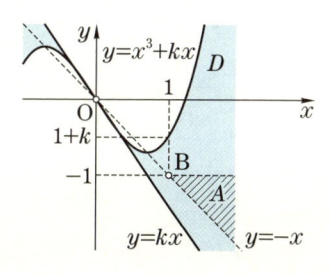

注 解答 では，曲線①に接線が 3 本引けるような点の全体 D を求めて，(☆) が④と同値であることより，まず，④の必要条件として⑤を導いた。そのあと，「逆に，……」以下において，⑤が④の十分条件であることを示している。

507 絶対値付きの3次関数の極値

関数 $y=x(x-1)(x-3)$ のグラフを C，原点 O を通る傾き t の直線を l とし，C と l が O 以外に共有点をもつとする。C と l の共有点を O, P, Q とし，$|\overrightarrow{OP}|$ と $|\overrightarrow{OQ}|$ の積を $g(t)$ とおく。ただし，それら共有点の1つが接点である場合は，O, P, Q のうちの2つが一致して，その接点であるとする。関数 $g(t)$ の増減を調べ，その極値を求めよ。

(東京大)

精講 O, P, Q は傾き t の同一直線上にありますから，P, Q の x 座標を α, β（これらは2次方程式の2解として求まります）とするとき，$|\overrightarrow{OP}|$, $|\overrightarrow{OQ}|$ は t, α, β を用いた簡単な式で表せます。次に，解と係数の関係を用いて，$|\overrightarrow{OP}||\overrightarrow{OQ}|$ を t の式で表すと解決します。

解答 $C: y=x(x-1)(x-3)$ と $l: y=tx$ の共有点の x 座標は
$$x(x-1)(x-3)=tx$$
$$\therefore\ x(x^2-4x+3-t)=0$$
の実数解に等しい。C と l が O 以外の共有点をもつ条件は
$$x^2-4x+3-t=0 \quad\cdots\cdots\text{①}$$
が0以外の実数解をもつことであるが，①は0を重解にもつことはないので，
$$\frac{1}{4}(判別式)=2^2-(3-t)\geqq 0$$
$$\therefore\ t\geqq -1 \quad\cdots\cdots\text{②}$$
である。

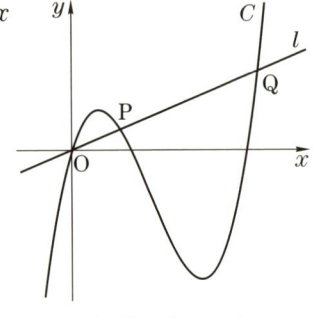

←(2解の和)=4 より。

②のもとで，①の2解を α, β ($\alpha\leqq\beta$) とおくと，$P(\alpha, t\alpha)$, $Q(\beta, t\beta)$ であり
$$|\overrightarrow{OP}|=|\alpha|\sqrt{t^2+1},\quad |\overrightarrow{OQ}|=|\beta|\sqrt{t^2+1}$$
となる。また，①の解と係数の関係から
$$\alpha\beta=3-t$$
であるから，

$$g(t)=|\overrightarrow{OP}||\overrightarrow{OQ}|$$
$$=|\alpha|\sqrt{t^2+1}\,|\beta|\sqrt{t^2+1}$$
$$=|\alpha\beta|(t^2+1)=|3-t|(t^2+1)$$

である。そこで，
$$h(t)=(3-t)(t^2+1)$$
$$=-t^3+3t^2-t+3$$

とおくと
$$h'(t)=-3t^2+6t-1$$
$$=-3\left(t-\frac{3-\sqrt{6}}{3}\right)\left(t-\frac{3+\sqrt{6}}{3}\right)$$

である。よって，$h(t)$ の極値は，
$$h(t)=\frac{1}{3}h'(t)(t-1)+\frac{4}{3}(t+2)$$

より

$$h\left(\frac{3\pm\sqrt{6}}{3}\right)=\frac{4}{3}\left(\frac{3\pm\sqrt{6}}{3}+2\right)$$
$$=4\pm\frac{4\sqrt{6}}{9}\quad(\text{複号同順})$$

← $h'(t)=-3\left(t^2-2t+\dfrac{1}{3}\right)$
$h(t)=-(t^3-3t^2+t-3)$
$=-\left\{\left(t^2-2t+\dfrac{1}{3}\right)(t-1)\right.$
$\left.-\dfrac{4}{3}t-\dfrac{8}{3}\right\}$
(**501** 参照)

である。

$g(t)=|h(t)|$ であるから，$u=g(t)$ のグラフは $u=h(t)$ のグラフの $u\leqq 0$ の部分を t 軸に関して折り返したものである。$t\leqq 3$ では $h(t)\geqq 0$，$t\geqq 3$ では $h(t)\leqq 0$ に注意すると，$u=g(t)$ のグラフの概形（増減）は右図のようになる。これより，②における $g(t)$ の極値は

$t=\dfrac{3-\sqrt{6}}{3}$ のとき　極小値 $4-\dfrac{4\sqrt{6}}{9}$

$t=\dfrac{3+\sqrt{6}}{3}$ のとき　極大値 $4+\dfrac{4\sqrt{6}}{9}$

$t=3$ のとき　　　　　極小値 0

である。

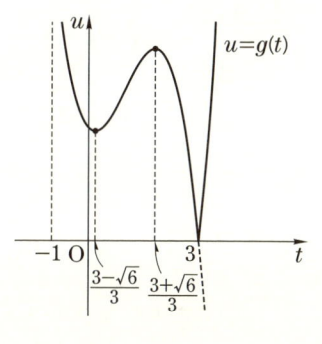

注 $t=3$ において，$g(t)$ は微分可能ではないが，$t(\neq 3)$ が 3 に十分近いとき，$g(t)>g(3)=0$ が成り立っているので，$t=3$ で極小値をとるという。

508 円錐に内接する円柱の体積の和の最大値

(1) 底面の半径が a, 高さが $2a$ の直円錐を考える。この直円錐と軸が一致する直円柱で，直円錐に内接するものの体積 U の最大値を求めよ。

(2) 底面の半径が 1, 高さが 2 の直円錐を考える。この直円錐と軸が一致する 2 つの直円柱 A, B において，直円柱 A は直円錐に内接し，直円柱 B は，下底が直円柱 A の上底面上にあり，上底の周の円は直円錐面上にあるとする。

　この 2 つの直円柱 A, B の体積の和 V の最大値を求めよ。

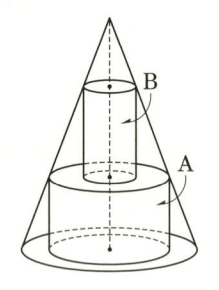

精講

(1) 直円柱の底面の半径（あるいは高さ）を変数にとります。

(2) A, B ともに変化しますので，まずは一方を固定した場合を調べます。ここでは，A を固定して，B だけを変化させたときの最大値を求めることになりますが，そこで (1) の結果を利用することになります。

解答

(1) 直円柱の底面の半径を r
　　($0 < r < a$ ……①) とすると，右図より高さ h は
　　$(a-r) : h = a : 2a = 1 : 2$
より
　　$h = 2(a-r)$
である。したがって，
　　$U = \pi r^2 h$
　　$ = \pi r^2 \cdot 2(a-r)$
　　$ = 2\pi(ar^2 - r^3)$ 　　……②
であり，
　　$\dfrac{dU}{dr} = 2\pi(2ar - 3r^2)$
　　$\phantom{\dfrac{dU}{dr}} = 6\pi r\left(\dfrac{2}{3}a - r\right)$

（直円錐の軸を含む断面図）

であるから，①における U の増減表より，U は $r=\dfrac{2}{3}a$ のとき，

$$\text{最大値 } \dfrac{8}{27}\pi a^3$$

をとる。

r	(0)	$\cdots$	$\dfrac{2}{3}a$	$\cdots$	(a)
$\dfrac{dU}{dr}$		$+$	0	$-$	
U		↗		↘	

(2) まず，直円柱 A の底面の半径 x $(0<x<1$ ……③$)$ を固定して，直円柱 B だけを変化させたときの V の最大値 $V(x)$ を求める。

　B は底面の半径が x，高さが $2x$ の直円錐に内接しているから，B の体積の最大値は(1)より $\dfrac{8}{27}\pi x^3$ である。また，A の体積は②より $2\pi(x^2-x^3)$ であるから，

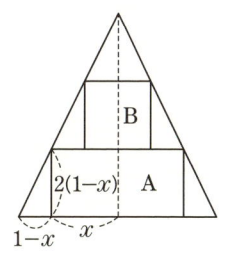

←②で $a=1$，$r=x$ とおいた。

$$V(x)=2\pi(x^2-x^3)+\dfrac{8}{27}\pi x^3$$
$$=\pi\left(2x^2-\dfrac{46}{27}x^3\right)$$

である。

　次に，x を③の範囲で変化させたときの $V(x)$ の最大値を求める。

$$V'(x)=\pi\left(4x-\dfrac{46}{9}x^2\right)$$
$$=\dfrac{46}{9}\pi x\left(\dfrac{18}{23}-x\right)$$

であるから，③における $V(x)$ の増減表より，$V(x)$ の最大値，すなわち，求める最大値は

$$V\left(\dfrac{18}{23}\right)=\dfrac{216}{529}\pi$$

である。

x	(0)	$\cdots$	$\dfrac{18}{23}$	$\cdots$	(1)
$V'(x)$		$+$	0	$-$	
$V(x)$		↗		↘	

類題 16　→ 解答 p.338

(1) 四面体 PQRS が，∠PQR＝∠RQS＝∠SQP＝90° および PR＝PS＝a（定数）を満たすとき，このような四面体の体積の最大値を求めよ。

(2) 四面体 ABCD が，AB＝BC＝CD＝DA＝a（定数）を満たすとき，このような四面体の体積の最大値を求めよ。

（京都大）

509 四角形を折り曲げた四面体の体積の最大値

四角形 ABCD は半径 1 の円 O に内接し，AB=AD，CB=CD を満たしている。

(1) 線分 AC は円 O の直径であることを示せ。

辺 CB，CD の中点をそれぞれ M，N とする。四角形 ABCD を線分 AM，AN，MN に沿って折り曲げて点 B，C，D を重ね，四面体 AMNC をつくる。$x=\mathrm{CM}$ ($0<x<1$) とおく。

(2) 四面体 AMNC の体積 V を x を用いて表し，$0<x<1$ における V の最大値を求めよ。 　　　　　　　　　　　　　　　　　　　　　　（京都府医大*）

精講　(2) V を求めるには，底面を決めて，その面積と高さを x で表すことになります。(1)のヒントを生かすためには，△CMN を折り曲げた面を底面と考えて，高さを求めるとよいでしょう。

解答　(1) 四角形 ABCD は円 O に内接していて，

　　AB=AD，CB=CD　　　　……①

であるから，円弧に関して

　　$\overparen{\mathrm{AB}}=\overparen{\mathrm{AD}}$，$\overparen{\mathrm{CB}}=\overparen{\mathrm{CD}}$

∴　$\overparen{\mathrm{ABC}}=\overparen{\mathrm{ADC}}$=(半円周)

が成り立つ。したがって，AC は円 O の直径である。◀注 参照。

（証明おわり）

(2) AC が円 O の直径であるから，

　　∠ABC=∠ADC=90°　　　　……②

であり。さらに，①を合わせると，△ABC と △ADC は合同で，AC に関して対称である。

　CM=x ($0<x<1$ ……③) とおくとき，△ABC において，

　　AC=2

　　CB=2CM=$2x$

　　AB=$\sqrt{\mathrm{AC}^2-\mathrm{CB}^2}=2\sqrt{1-x^2}$

である。∠ACM=θ とおくと，

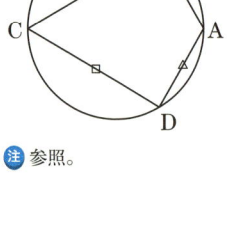

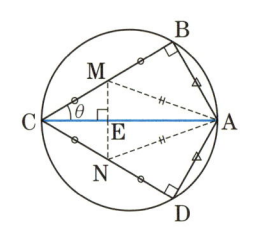

$$\sin\theta = \frac{AB}{AC} = \sqrt{1-x^2}, \quad \cos\theta = \frac{CB}{AC} = x$$

であるから，MN と AC との交点を E とすると

$$MN = 2ME = 2CM\sin\theta = 2x\sqrt{1-x^2}$$
$$CE = CM\cos\theta = x^2$$

← M, N は AC に関して対称であり，MN⊥AC である。

である。

　折り曲げてできた四面体において，B，C，D が重なる点を F とするとき，②より

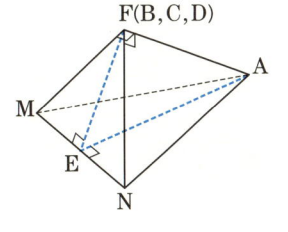

$$\angle AFM = \angle ABM = 90°$$
$$\angle AFN = \angle ADN = 90°$$

であるから，AF は平面 FMN と垂直である。したがって，

$$V = \frac{1}{3} \cdot \triangle FMN \cdot AF$$
$$= \frac{1}{3} \cdot \frac{1}{2} \cdot MN \cdot CE \cdot AB$$
$$= \frac{1}{3} \cdot \frac{1}{2} \cdot 2x\sqrt{1-x^2} \cdot x^2 \cdot 2\sqrt{1-x^2}$$
$$= \frac{2}{3}x^3(1-x^2)$$

← FE=CE

であり，

$$\frac{dV}{dx} = \frac{2}{3}(3x^2 - 5x^4) = \frac{10}{3}x^2\left(\frac{3}{5} - x^2\right)$$

である。③における増減表より，V の最大値は $x = \sqrt{\dfrac{3}{5}}$ のとき，$\dfrac{4\sqrt{15}}{125}$ である。

x	(0)	$\cdots$	$\sqrt{\dfrac{3}{5}}$	$\cdots$	1
$\dfrac{dV}{dx}$		+	0	−	
V		↗		↘	

> 注　(1)において，△ABC と △ADC を考えると，AC は共通で，①が成り立つからこれらは合同である。したがって，∠ABC＝∠ADC であり，四角形 ABCD が円に内接する条件：∠ABC＋∠ADC＝180° より，これら2つの角が直角であることから証明してもよい。

📎 **参考**

　M, N が平面 AEF に関して対称であることから，$V = \dfrac{1}{3}\triangle AEF \cdot MN$ であるが，△AEF の面積を求めるには，∠AFE＝90° を用いることになる。

510 放物線と円に関する面積

円Cは放物線 $P: y = x^2$ と点 $A\left(\dfrac{\sqrt{3}}{2}, \dfrac{3}{4}\right)$ において共通の接線をもち，さらにx軸と $x > 0$ の部分で接している。

(1) 円Cの中心Bの座標を求めよ。
(2) 円C，放物線Pとx軸とによって囲まれ，円Cの外部にある部分の面積 Sを求めよ。

精講　(1) 円C上の点Aにおいて共通の接線と半径は直交することから，中心BはAにおいてPの接線と直交する直線（AにおけるPの法線）上にあります。さらに，Cがx軸と接することを用います。

(2) まず，図を正しく描きます。そこで，Sに関係する円の一部分の面積を求めるには対応する中心角を知る必要があります。

解答　(1) $A\left(\dfrac{\sqrt{3}}{2}, \dfrac{3}{4}\right)$ において $P: y = x^2$
の接線lと直交する直線mは

← lの傾きは $2 \cdot \dfrac{\sqrt{3}}{2} = \sqrt{3}$

$$y - \dfrac{3}{4} = -\dfrac{1}{\sqrt{3}}\left(x - \dfrac{\sqrt{3}}{2}\right)$$

$$\therefore\ y = -\dfrac{1}{\sqrt{3}}x + \dfrac{5}{4} \quad \cdots\cdots ①$$

である。中心Bは①上にあるから

$$B\left(t,\ -\dfrac{1}{\sqrt{3}}t + \dfrac{5}{4}\right)$$

とおける。Bからx軸に下ろした垂線の足を$H(t, 0)$とおくと，Cがx軸の正の部分で接することから，$t > 0$ $\cdots\cdots ②$　であり，

$$AB = BH = (Cの半径)$$

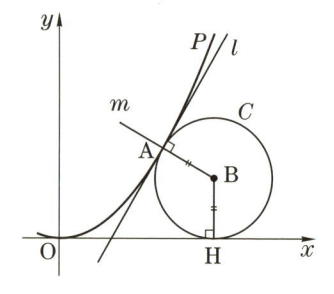

より

$$\left(t - \dfrac{\sqrt{3}}{2}\right)^2 + \left(-\dfrac{1}{\sqrt{3}}t + \dfrac{1}{2}\right)^2 = \left(-\dfrac{t}{\sqrt{3}} + \dfrac{5}{4}\right)^2$$

← 整理すると，
$t^2 - \dfrac{\sqrt{3}}{2}t - \dfrac{9}{16} = 0$

$$\therefore\ \left(t - \dfrac{3\sqrt{3}}{4}\right)\left(t + \dfrac{\sqrt{3}}{4}\right) = 0 \quad \therefore\ t = \dfrac{3\sqrt{3}}{4}$$

← ②に注意する。

であるから，$B\left(\dfrac{3\sqrt{3}}{4}, \dfrac{1}{2}\right)$ である。

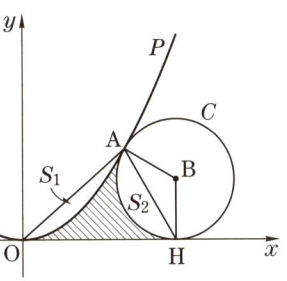

(2) 右図の斜線部分の面積がSであるから，
$$S = \triangle OAH - (S_1 + S_2) \quad \cdots\cdots ③$$
である。ここで，
$$\triangle OAH = \dfrac{1}{2} \cdot \dfrac{3\sqrt{3}}{4} \cdot \dfrac{3}{4} = \dfrac{9\sqrt{3}}{32}$$

← $\triangle OAH$
$= \dfrac{1}{2} \cdot OH \cdot (A の y 座標)$

であり，S_1 は $P: y = x^2$ と $OA: y = \dfrac{\sqrt{3}}{2}x$ によって囲まれる部分の面積であるから，
$$S_1 = -\int_0^{\frac{\sqrt{3}}{2}} \left(x^2 - \dfrac{\sqrt{3}}{2}x\right) dx = \dfrac{1}{6} \cdot \left(\dfrac{\sqrt{3}}{2}\right)^3 = \dfrac{\sqrt{3}}{16}$$
である。また，$\angle ABH = 120°$ であるから，
$$S_2 = \dfrac{1}{3}\left(\dfrac{1}{2}\right)^2 \pi - \dfrac{1}{2}\left(\dfrac{1}{2}\right)^2 \sin 120° = \dfrac{\pi}{12} - \dfrac{\sqrt{3}}{16}$$

← AB の傾きが $-\dfrac{1}{\sqrt{3}}$ である。
← $S_2 = (扇形 \overset{\frown}{BAH}) - \triangle BAH$

である。したがって，③より
$$S = \dfrac{9\sqrt{3}}{32} - \left(\dfrac{\sqrt{3}}{16} + \dfrac{\pi}{12} - \dfrac{\sqrt{3}}{16}\right)$$
$$= \dfrac{9\sqrt{3}}{32} - \dfrac{\pi}{12}$$
である。

参考

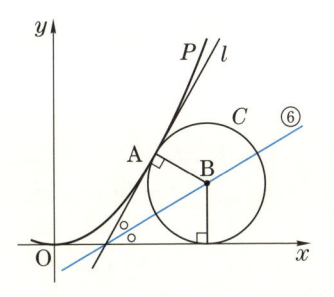

(1)では，円CはAにおけるPの接線l:
$y = \sqrt{3}x - \dfrac{3}{4} \quad \cdots\cdots ④$ とx軸: $y = 0 \quad \cdots\cdots ⑤$
に接するから，中心Bは④，⑤から等距離にある。よって，
$$\dfrac{\left|\sqrt{3}x - y - \dfrac{3}{4}\right|}{\sqrt{3+1}} = |y|$$
$\therefore \ \sqrt{3}x - y - \dfrac{3}{4} = 2y \quad \therefore \ y = \dfrac{1}{\sqrt{3}}x - \dfrac{1}{4}$
$\cdots\cdots ⑥$
上にあるので，⑥と法線mの交点としてBを求めてもよい。

← 中心Bは
$\sqrt{3}x - y - \dfrac{3}{4} > 0$, $y > 0$
の部分にある。

511 放物線に関する面積の最小値

xy 平面において,曲線 $C: y=|x^2+2x-3|$ と点 $A(-3, 0)$ を通る傾き m の直線 l が A 以外の異なる 2 点で交わっている。
(1) m の値の範囲を求めよ。
(2) (1)の m の値の範囲において,C と l で囲まれる図形の面積 S を m の式で表せ。さらに,S が最小となるときの m の値を求めよ。　　　　　(慶應大*)

精講　(1) C の概形を描いてみると,C と l が A 以外の 2 点で交わるのは,l と $y=x^2+2x-3$,$y=-(x^2+2x-3)$ との A 以外の交点がそれぞれ $x>1$,$-3<x<1$ にあるときに限ることがわかるはずです。

(2) 積分区間を分割して,キチンと積分計算を実行するだけです。その際,何度も現れる $x^2+2x-3=(x+3)(x-1)$ の不定積分として

$$G(x)=\int(x^2+2x-3)dx=\frac{1}{3}x^3+x^2-3x \quad (\text{積分定数は 0 とした})$$

を用意すると計算がスッキリします。

解答　(1) $C: y=|(x+3)(x-1)|$ は
$$\begin{cases} x\leq -3,\ x\geq 1 \text{ のとき}\quad y=(x+3)(x-1) & \cdots\cdots ① \\ -3\leq x\leq 1 \text{ のとき}\quad y=-(x+3)(x-1) & \cdots\cdots ② \end{cases}$$

となる。$l: y=m(x+3)$　……③　と①の共有点の x 座標は

$$(x+3)(x-1)=m(x+3)$$
$$\therefore\ (x+3)(x-m-1)=0$$
$$\therefore\ x=-3,\ m+1$$

であり,l と②の共有点の x 座標は

$$-(x+3)(x-1)=m(x+3)$$
$$\therefore\ (x+3)(x+m-1)=0$$
$$\therefore\ x=-3,\ 1-m$$

である。C と l が $A(-3, 0)$ 以外の異なる 2 点で交わるのは,グラフより,l と②の A 以外の共有点が $-3<x<1$ にある,つまり,

$$-3<1-m<1 \quad \therefore\ 0<m<4 \quad \cdots\cdots ④$$

のときである。

←このとき,グラフから,l と①の A 以外の共有点は $x>1$ にある。

(2) 図のように面積 S_1, S_2 を定めると，

$$S_1 = \int_{-3}^{1-m} \{-(x+3)(x-1) - m(x+3)\} dx$$

$$= -\int_{-3}^{1-m} (x+3)\{x-(1-m)\} dx = \frac{1}{6}(4-m)^3$$

$$S_2 = \int_{1-m}^{m+1} m(x+3) dx - \int_{1-m}^{1} \{-(x+3)(x-1)\} dx$$

$$- \int_{1}^{m+1} (x+3)(x-1) dx$$

である。ここで，

$$G(x) = \int (x+3)(x-1) dx = \frac{1}{3}x^3 + x^2 - 3x$$

← 積分定数 C は 0 とした。

とおくと

$$S_2 = \left[\frac{1}{2}m(x+3)^2\right]_{1-m}^{m+1} + \left[G(x)\right]_{1-m}^{1} - \left[G(x)\right]_{1}^{m+1}$$

$$= 8m^2 + 2G(1) - \{G(1-m) + G(m+1)\}$$

$$= 4m^2$$

← $2G(1) = -\frac{10}{3}$，

$G(1-m) + G(m+1)$
$= \frac{1}{3}\{(1-m)^3 + (m+1)^3\}$
$\quad + \{(1-m)^2 + (1+m)^2\}$
$\quad - 6$
$= 4m^2 - \frac{10}{3}$

であるから，

$$S = S_1 + S_2 = \frac{1}{6}(4-m)^3 + 4m^2$$

$$= -\frac{1}{6}m^3 + 6m^2 - 8m + \frac{32}{3}$$

である。

$$\frac{dS}{dm} = -\frac{1}{2}(m^2 - 24m + 16)$$

$$= -\frac{1}{2}\{m - (12 + 8\sqrt{2})\}\{m - (12 - 8\sqrt{2})\}$$

より，④における S の増減は右表の通りであるから，S が最小となるのは $m = 12 - 8\sqrt{2}$ のときである。

m	(0)	$\cdots$	$12-8\sqrt{2}$	$\cdots$	(4)
$\dfrac{dS}{dm}$		$-$	0	$+$	
S		↘		↗	

📎 参考

放物線に関する面積計算において，

$$\int_\alpha^\beta (x-\alpha)(x-\beta) dx = \int_\alpha^\beta (x-\alpha)\{(x-\alpha) - (\beta-\alpha)\} dx$$

$$= \int_\alpha^\beta \{(x-\alpha)^2 - (\beta-\alpha)(x-\alpha)\} dx = \left[\frac{1}{3}(x-\alpha)^3 - \frac{1}{2}(\beta-\alpha)(x-\alpha)^2\right]_\alpha^\beta$$

$$=\frac{1}{3}(\beta-\alpha)^3-\frac{1}{2}(\beta-\alpha)^3=-\frac{1}{6}(\beta-\alpha)^3$$

が用いられることが多い。

放物線 $C: y=ax^2+bx+c$ と直線 $l: y=mx+n$ が2点で交わり，2交点のx座標が α, β であるとき，C と l によって囲まれる部分の面積 S は次の式で与えられる。

$$S=\left|\int_\alpha^\beta \{ax^2+bx+c-(mx+n)\}dx\right|$$
$$=\left|\int_\alpha^\beta a(x-\alpha)(x-\beta)dx\right|$$
$$=\frac{|a|}{6}|\beta-\alpha|^3 \quad\cdots\cdots(*)$$

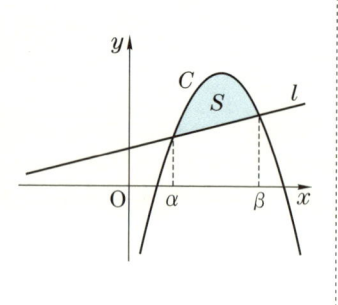

---

(2)の S_1 の計算では $(*)$ を用いたが，S_2 の計算においても少し工夫すると $(*)$ を用いることができる。

右図のようにいずれも放物線と直線によって囲まれる部分の面積を T_1, T_2 とすると，

$$S_2=\triangle \text{PBQ}-T_1+T_2$$
$$=\frac{1}{2}\cdot \text{BR}\cdot(\text{P, Q の}x\text{座標の差})$$
$$\quad -\frac{1}{6}\{1-(1-m)\}^3+\frac{1}{6}\{(m+1)-1\}^3$$
$$=\frac{1}{2}\cdot 4m\cdot\{(m+1)-(1-m)\}-\frac{1}{6}m^3+\frac{1}{6}m^3$$
$$=4m^2$$

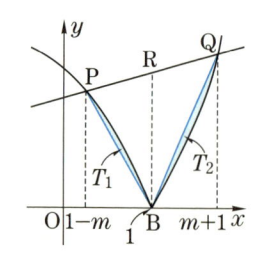

となる。

類題 17 → 解答 p.339

連立不等式
$$y(y-|x^2-5|+4)\leqq 0,\ y+x^2-2x-3\leqq 0$$
の表す領域を D とする。

(1) D を図示せよ。
(2) D の面積を求めよ。

(東京大)

512　3次関数のグラフと接線に関する面積

xy 平面上で, 曲線 $C:y=x^3+ax^2+bx+c$ 上の点Pにおける接線 l が, Pと異なる点QでCと交わるとする。l とCで囲まれた部分の面積と, Qにおける接線 m とCで囲まれた部分の面積の比を求め, これが一定であることを示せ。
（東京大）

精講　一般に, 曲線 $C:y=x^3+ax^2+bx+c$ と直線 $L:y=mx+n$ が $x=\alpha$ で接し, $x=\beta$ で交わるとき,
$$x^3+ax^2+bx+c-(mx+n)=(x-\alpha)^2(x-\beta)$$
ですから, C と L によって囲まれる部分の面積を求めるには, 次の計算式が必要となります。

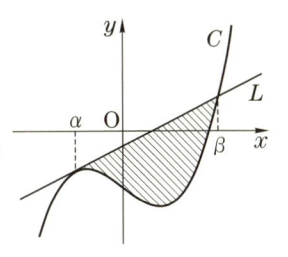

$$\int_\alpha^\beta (x-\alpha)^2(x-\beta)\,dx=-\frac{1}{12}(\beta-\alpha)^4$$

この式は次のように導くことができます。(511 ⇨ 参考 参照)

$$（左辺）=\int_\alpha^\beta (x-\alpha)^2\{(x-\alpha)-(\beta-\alpha)\}\,dx$$
$$=\left[\frac{1}{4}(x-\alpha)^4-\frac{1}{3}(\beta-\alpha)(x-\alpha)^3\right]_\alpha^\beta$$
$$=\frac{1}{4}(\beta-\alpha)^4-\frac{1}{3}(\beta-\alpha)^4=-\frac{1}{12}(\beta-\alpha)^4$$

解答　$C:y=x^3+ax^2+bx+c$ ……①

上の点 $P(t, t^3+at^2+bt+c)$ における接線 l は
$$y=(3t^2+2at+b)(x-t)+t^3+at^2+bt+c$$
∴ $y=(3t^2+2at+b)x-2t^3-at^2+c$ ……②

である。C と l との P 以外の交点 Q の x 座標を s とするとき, ①, ②より
$$x^3+ax^2+bx+c=(3t^2+2at+b)x-2t^3-at^2+c$$
$$x^3+ax^2-(3t^2+2at)x+t^2(2t+a)=0$$
∴ $(x-t)^2(x+2t+a)=0$

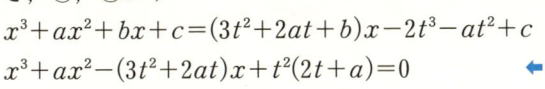

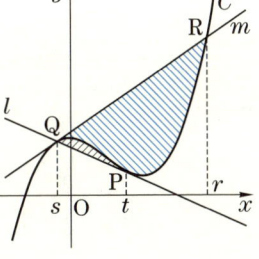

← C, l はPで接するから, $x=t$ を重解にもつことはわかっている。

であるから，
$$s = -2t - a \qquad \cdots\cdots ③$$
である。ここで，P≠Q より
$$t \neq -2t - a \quad \therefore \quad t \neq -\frac{a}{3} \qquad \cdots\cdots ④$$
である。

l と C で囲まれた部分の面積を S_1 とすると，
$$\begin{aligned}
S_1 &= \left| \int_t^s (x-t)^2(x-s)\,dx \right| \\
&= \left| \int_t^s (x-t)^2\{(x-t)-(s-t)\}\,dx \right| \\
&= \left| \left[\frac{1}{4}(x-t)^4 - \frac{1}{3}(s-t)(x-t)^3 \right]_t^s \right| \\
&= \frac{1}{12}(s-t)^4
\end{aligned}$$

← $x^3 + ax^2 + bx + c$
　$-\{(3t^2 + 2at + b)x$
　$-2t^3 - at^2 + c\}$
　$= (x-t)^2(x + 2t + a)$
　$= (x-t)^2(x - s)$

であり，③を代入すると
$$S_1 = \frac{1}{12}(3t+a)^4 \qquad \cdots\cdots ⑤$$

←④より $S_1 > 0$ である。

となる。

C 上の点 $Q(s, s^3 + as^2 + bs + c)$ における接線 m と C との交点を R とし，R の x 座標を r とすると，上と同様に
$$r = -2s - a$$
であり，m と C で囲まれた部分の面積を S_2 とすると，
$$S_2 = \frac{1}{12}(3s+a)^4 \qquad \cdots\cdots ⑥$$

←⑤において，t を s に置き換えるとよい。

である。さらに，⑥に③を代入すると
$$S_2 = \frac{1}{12}\{-3(2t+a)+a\}^4 = \frac{4}{3}(3t+a)^4$$
であるから，
$$S_1 : S_2 = \frac{1}{12}(3t+a)^4 : \frac{4}{3}(3t+a)^4 = \mathbf{1 : 16}$$
であり，$S_1 : S_2$ は一定である。

(証明おわり)

513 絶対値を含む積分

$x \geq 0$ において,$f(x)=\int_0^x |t^2-4t+3|\,dt$ とする。

(1) $f(x)$ を x の式で表せ。
(2) $f(x)=2$ を満たす x を求めよ。

精講

(1) 積分区間 $0 \leq t \leq x$ を,$t^2-4t+3=(t-1)(t-3)$ の値が正の部分,負の部分に分けて積分することになりますから,積分区間に $t=1$,3 が含まれるかどうかで場合分けをします。

このような絶対値を含む積分では,
$$G(t)=\int (t^2-4t+3)\,dt = \frac{1}{3}t^3-2t^2+3t$$
(511 **精講** 参照)を用意しておくと計算が見やすくなります。

解答

(1) $g(t)=t^2-4t+3=(t-1)(t-3)$
とおくと,
$$f(x)=\int_0^x |g(t)|\,dt$$
である。

ここで,以下の積分計算のために
$$G(t)=\int g(t)\,dt = \frac{1}{3}t^3-2t^2+3t$$
を用意する。

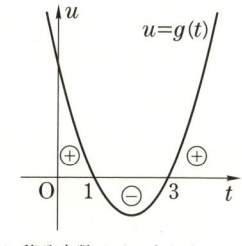

← 積分定数 C は 0 とした。

(i) $0 \leq x \leq 1$ のとき
$$f(x)=\int_0^x g(t)\,dt$$
$$=\Big[G(t)\Big]_0^x = G(x)-G(0)$$
$$=\frac{1}{3}x^3-2x^2+3x$$

← $G(0)=0$

(ii) $1 \leq x \leq 3$ のとき
$$f(x)=\int_0^1 g(t)\,dt + \int_1^x \{-g(t)\}\,dt$$
$$=\Big[G(t)\Big]_0^1 + \Big[-G(t)\Big]_1^x$$

$$= -G(x) + 2G(1) - G(0)$$
$$= -\frac{1}{3}x^3 + 2x^2 - 3x + \frac{8}{3}$$

(iii) $x \geq 3$ のとき

$$f(x) = \int_0^1 g(t)\,dt + \int_1^3 \{-g(t)\}\,dt + \int_3^x g(t)\,dt$$
$$= \Big[G(t)\Big]_0^1 + \Big[-G(t)\Big]_1^3 + \Big[G(t)\Big]_3^x$$
$$= G(x) + 2G(1) - 2G(3) - G(0)$$
$$= \frac{1}{3}x^3 - 2x^2 + 3x + \frac{8}{3}$$

← (ii)を利用して,
$= f(3) + \int_3^x g(t)\,dt$
としてもよい。

← $G(3) = 0$

以上をまとめると,

$$f(x) = \begin{cases} \dfrac{1}{3}x^3 - 2x^2 + 3x & (0 \leq x \leq 1 \text{ のとき}) \\ -\dfrac{1}{3}x^3 + 2x^2 - 3x + \dfrac{8}{3} & (1 \leq x \leq 3 \text{ のとき}) \\ \dfrac{1}{3}x^3 - 2x^2 + 3x + \dfrac{8}{3} & (x \geq 3 \text{ のとき}) \end{cases}$$

となる。

(2) $f(x)$ は tu 平面において
$$0 \leq u \leq |g(t)|,\ 0 \leq t \leq x$$
の部分の面積であるから, x とともに増加し,
$$f(1) = \frac{4}{3},\ f(3) = \frac{8}{3}$$
であるから, $f(x) = 2$ となる x は
$$1 \leq x \leq 3$$
の範囲にある。よって, $f(x) = 2$ より
$$-\frac{1}{3}x^3 + 2x^2 - 3x + \frac{8}{3} = 2$$
$$\therefore\ (x - 2)(x^2 - 4x + 1) = 0$$
となるが, ①を考え合わせると
$$x = 2$$
に限る。

……①

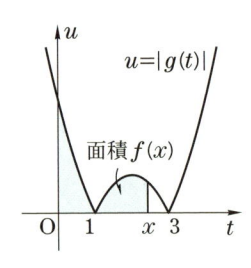

← $x^2 - 4x + 1 = 0$ の解
$x = 2 \pm \sqrt{3}$ は①の範囲にない。

514 定積分を用いて表された関数

(1) 関数 $f(x)$ が $f(x)=x^2-x\int_0^2|f(t)|dt$ を満たしているとする。このとき，$f(x)$ を求めよ。 (東北大)

(2) 次の関係式を満たす定数 a および関数 $g(x)$ を求めよ。
$$\int_a^x\{g(t)+tg(a)\}dt=x^2-2x-3$$ (埼玉大)

精講 定積分を用いて定義される関数には2つのタイプがあります。(1)のように積分区間の両端が定数であるものと，(2)のように積分区間の端点に x の式が含まれているもので，それぞれの処理法は異なります。

(1) $\int_0^2|f(t)|dt$ は定数ですから，$\int_0^2|f(t)|dt=k$ ……(*) とおくと，$f(x)=x^2-kx$ と表されるので，あとは定数 k を(*)が成り立つように決めるだけです。

(2) 積分を含まない形で $g(x)$ を表すためには，等式の両辺を x で微分することになります。そこでは，次の関係を用います。

$$\frac{d}{dx}\int_a^x f(t)dt=f(x) \quad (a \text{ は定数})$$

この関係は次のように導かれます。$f(t)$ の不定積分の1つを $F(t)$ とする，すなわち，$F'(t)=f(t)$ とするとき，
$$\int_a^x f(t)dt=\Big[F(t)\Big]_a^x=F(x)-F(a)$$
であり，$F(a)$ は定数ですから，
$$\frac{d}{dx}\int_a^x f(t)dt=\frac{d}{dx}\{F(x)-F(a)\}=F'(x)=f(x)$$
となります。

解答 (1) $f(x)=x^2-x\int_0^2|f(t)|dt$
において，
$$\int_0^2|f(t)|dt=k \qquad\qquad ……① \quad \Leftarrow k \text{ は定数である。}$$
とおくと，$k\geqq0$ であり，

$$f(x)=x^2-kx=x(x-k) \quad \cdots\cdots ②$$

となる。ここで，

$$F(x)=\int f(x)dx=\frac{1}{3}x^3-\frac{1}{2}kx^2$$

← 積分定数 C は省略した。

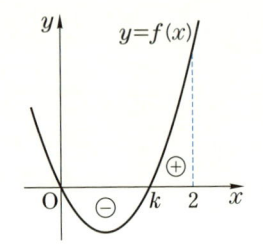

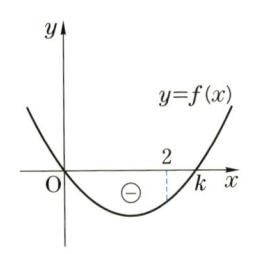

として，①の左辺の積分を I とする。

(i) $0 \leq k \leq 2$ ……③ のとき

$$\begin{aligned}I&=\int_0^k\{-f(t)\}dt+\int_k^2 f(t)dt\\&=\Big[-F(t)\Big]_0^k+\Big[F(t)\Big]_k^2\\&=-2F(k)+F(2)+F(0)\\&=\frac{1}{3}k^3-2k+\frac{8}{3}\end{aligned}$$

であるから，①より

$$\frac{1}{3}k^3-2k+\frac{8}{3}=k$$

∴ $(k-1)(k^2+k-8)=0$

∴ $k=1, \dfrac{-1\pm\sqrt{33}}{2}$

であるが，③を満たすのは $k=1$ である。

(ii) $k \geq 2$ ……④ のとき

$$\begin{aligned}I&=\int_0^2\{-f(t)\}dt=\Big[-F(t)\Big]_0^2\\&=-F(2)+F(0)\\&=2k-\frac{8}{3}\end{aligned}$$

であるから，①より

$$2k-\frac{8}{3}=k \quad \therefore \quad k=\frac{8}{3}$$

であるが，これは④を満たす。

(i), (ii)より，②に戻ると

$$f(x)=x^2-x \quad \text{または} \quad f(x)=x^2-\frac{8}{3}x$$

である。

(2) $\displaystyle\int_a^x \{g(t)+g(a)t\}dt = x^2-2x-3$ ……①

の両辺を x で微分すると
$$g(x)+g(a)x = 2x-2 \quad ……②$$
であり，①で $x=a$ とおくと
$$0 = a^2-2a-3 \quad ……③$$

← ① $\iff$ ②かつ③
注 参照。

である。

③より
$$(a-3)(a+1)=0$$
$$a=3 \text{ または } -1$$
である。

$a=3$ のとき，②より
$$g(x)+g(3)x = 2x-2 \quad ……④$$
であり，④で $x=3$ とおくと
$$4g(3)=4 \quad \therefore\ g(3)=1$$
である。④に代入して
$$g(x)+x = 2x-2$$
$$\therefore\ g(x) = x-2$$
である。

$a=-1$ のとき，②より
$$g(x)+g(-1)x = 2x-2 \quad ……⑤$$
であり，⑤で $x=-1$ とおくと
$$0=-4$$
となるので不適である。

以上より，
$$\boldsymbol{a=3, \quad g(x)=x-2}$$
である。

注 一般に，"$F(x)=G(x) \iff F'(x)=G'(x)$ かつ，ある定数 a に対して $F(a)=G(a)$"
が成り立つので
$$F(x)=\int_a^x \{g(t)+g(a)t\}dt,\ G(x)=x^2-2x-3$$
と考えると，②は $F'(x)=G'(x)$，③は $F(a)=G(a)$ に対応し，
"① $\iff$ ②かつ③"
が成り立つ。

515 パラメタを含む定積分の最大・最小

2つの関数 $f(x)=ax^3+bx^2+cx$, $g(x)=px^3+qx^2+rx$ が次の5つの条件を満たしているとする。

$$f'(0)=g'(0),\ f(-1)=-1,\ f'(-1)=0,\ g(1)=3,\ g'(1)=0$$

ここで, $f(x)$, $g(x)$ の導関数をそれぞれ $f'(x)$, $g'(x)$ で表している。

このような関数のうちで, 定積分

$$\int_{-1}^{0}\{f''(x)\}^2dx+\int_{0}^{1}\{g''(x)\}^2dx$$

の値を最小にするような $f(x)$ と $g(x)$ を求めよ。ただし, $f''(x)$, $g''(x)$ はそれぞれ $f'(x)$, $g'(x)$ の導関数を表す。　　　　　　　　　　　　　　　（東京大）

精講　$f(x)$, $g(x)$ の中には6個のパラメタ a, b, c, p, q, r が含まれますが, 与えられた5つの条件から, これらの1次式の関係式が5つ得られます。その関係式を用いるとパラメタを $6-5=1$ 個まで減らせるはずです。すなわち, 1つのパラメタだけの式に整理できるはずです。

解答　5つの条件：

$f'(0)=g'(0)$　より　$c=r$　　　……①
$f(-1)=-1$　より　$-a+b-c=-1$　……②
$f'(-1)=0$　より　$3a-2b+c=0$　……③
$g(1)=3$　より　$p+q+r=3$　　　……④
$g'(1)=0$　より　$3p+2q+r=0$　……⑤

となる。

②+③ より　　　$2a-b=-1$
　　　∴　$b=2a+1$
②に戻って　　　$c=-a+b+1=a+2$
①より　　　　　$r=a+2$
⑤-④×2 より　　$p-r=-6$
　　　∴　$p=r-6=a-4$
④に戻って　　　$q=3-(p+r)$
　　　　　　　　　$=3-(a-4+a+2)=-(2a-5)$

← 以下, b, c, p, q, r を a を用いて表そうとしている。

である。

次に，
$$f''(x)=6ax+2b \qquad g''(x)=6px+2q$$
であるから

$$\begin{aligned}
I &= \int_{-1}^{0}\{f''(x)\}^2 dx + \int_{0}^{1}\{g''(x)\}^2 dx \\
&= \int_{-1}^{0} 4(3ax+b)^2 dx + \int_{0}^{1} 4(3px+q)^2 dx \\
&= 4\Bigl\{\Bigl[3a^2x^3+3abx^2+b^2x\Bigr]_{-1}^{0} \\
&\qquad\qquad + \Bigl[3p^2x^3+3pqx^2+q^2x\Bigr]_{0}^{1}\Bigr\} \\
&= 4(3a^2-3ab+b^2+3p^2+3pq+q^2) \\
&= 4\{3a^2-3a(2a+1)+(2a+1)^2 \\
&\qquad +3(a-4)^2-3(a-4)(2a-5)+(2a-5)^2\} \\
&= 4(2a^2-4a+14) \\
&= 8\{(a-1)^2+6\}
\end{aligned}$$

←この段階では，a, b, p, q のままで計算した方が楽そうである。

←ここで，a だけの式に直す。

である。これより，I は $a=1$ で最小となり，このとき，
$$b=3, \ c=3, \ p=-3, \ q=3, \ r=3$$
であるから，求めるものは
$$\begin{cases} f(x)=x^3+3x^2+3x \\ g(x)=-3x^3+3x^2+3x \end{cases}$$
である。

類題 18　→ 解答 p.340

$f(x)$ を $f(0)=0$ を満たす2次関数とする。a, b を実数として，関数 $g(x)$ を次で与える。
$$g(x)=\begin{cases} ax & (x\leq 0) \\ bx & (x>0) \end{cases}$$
a, b をいろいろ変化させ
$$\int_{-1}^{0}\{f'(x)-g'(x)\}^2 dx + \int_{0}^{1}\{f'(x)-g'(x)\}^2 dx$$
が最小になるようにする。このとき，
$$g(-1)=f(-1), \ g(1)=f(1)$$
であることを示せ。

(東京大)

第6章 数列

601 等差数列の和が最大となるとき

数列 $a_1, a_2, \cdots, a_n, \cdots$ は，初項 a，公差 d の等差数列であり，$a_3=12$ かつ $S_8>0$，$S_9\leqq 0$ を満たす。ただし，$S_n=a_1+a_2+\cdots+a_n$ である。

(1) 公差 d がとる値の範囲を求めよ。
(2) $a_n\,(n>3)$ がとる値の範囲を，n を用いて表せ。
(3) $a_n>0$，$a_{n+1}\leqq 0$ となる n の値を求めよ。
(4) S_n が最大となるときの n の値をすべて求めよ。また，そのときの S_n を d の式で表せ。

(早稲田大)

精講 (4) 等差数列 $\{a_n\}$ の初項 a は正で，公差 d は負であるとき，初項から第 n 項までの和 S_n が増加から減少に変わるのは a_n の符号が正（または 0）から負に変わるときです。

解答 (1) $a_n=a+(n-1)d$ ……①
であり，
$$S_n=\frac{1}{2}n(a_1+a_n)$$
←等差数列の和の公式。
$$=\frac{1}{2}n\{2a+(n-1)d\} \quad \cdots\cdots ②$$

である。$a_3=12$ より
$$a+2d=12 \quad \therefore\quad a=12-2d \quad \cdots\cdots ③$$
であるから，②に代入すると
$$S_n=\frac{1}{2}n\{24+(n-5)d\} \quad \cdots\cdots ④$$

となる。したがって，
$$S_8>0,\quad S_9\leqq 0$$
より
$$4(24+3d)>0,\quad \frac{9}{2}(24+4d)\leqq 0$$
$$\therefore\quad -8<d\leqq -6 \quad \cdots\cdots ⑤$$
である。

(2) ①，③より
$$a_n=12-2d+(n-1)d=12+(n-3)d \quad \cdots\cdots ⑥$$

であり, $n>3$ のとき, ⑤より
$$12-8(n-3)<12+(n-3)d\leqq 12-6(n-3)$$
∴ $\mathbf{36-8n<a_n\leqq 30-6n}$ ……⑦

である。

←⑤の両辺に $n-3(>0)$ をかけると
$-8(n-3)<(n-3)d$
$\qquad\leqq -6(n-3)$

(3) $\quad a_n>0,\ a_{n+1}\leqq 0$ ……⑧

のとき, ⑦より
$$30-6n>0,\ 36-8(n+1)<0$$
∴ $\dfrac{7}{2}<n<5$

←$30-6n\geqq a_n>0$,
$36-8(n+1)<a_{n+1}\leqq 0$
より, これらの不等式が成り立つことが必要である。

であるから, $n=4$ に限る。

そこで, ⑥で $n=4,\ 5$ とおくと, ⑤より
$$a_4=12+d>0,\ a_5=12+2d\leqq 0 \quad ……⑨$$

であるから, **$n=4$** で⑧が成り立つ。

←$n=4$ のとき, ⑧の成立を確認した。

(4) ⑨より,

(i) $-8<d<-6$ のとき
$$a_1>a_2>\cdots\cdots>a_4>0>a_5>a_6>\cdots\cdots$$

であるから
$$S_1<S_2<\cdots\cdots<S_4>S_5>S_6>\cdots\cdots$$

となるので, S_n は $n=4$ のとき, 最大となり, 最大値は④より
$$S_4=2(24-d)$$

である。

←$a_5<0$ より
$S_5=a_1+a_2+a_3+a_4+a_5$
$\quad <a_1+a_2+a_3+a_4$
$\quad =S_4$

(ii) $d=-6$ のとき
$$a_1>a_2>\cdots\cdots>a_4>a_5=0>a_6>\cdots\cdots$$

であるから,
$$S_1<S_2<\cdots\cdots<S_4=S_5>S_6>\cdots\cdots$$

となるので, S_n は $n=4,\ 5$ のとき, 最大となり, 最大値は④より
$$S_4=S_5=2(24-d)=60$$

である。

←$a_5=0$ より
$S_5=a_1+a_2+a_3+a_4+a_5$
$\quad =a_1+a_2+a_3+a_4$
$\quad =S_4$

以上より, 求める n の値と最大値は

$$\begin{cases} -8<d<-6 \text{ のとき} \quad n=4,\ \quad 最大値\ 2(24-d) \\ d=-6 \text{ のとき} \quad n=4,\ 5,\ 最大値\ 60 \end{cases}$$

である。

602 ベクトル列への等比数列の応用

平面上に3点 $A_0(0, 0)$, $B_0(2, 0)$, $C_0(1, \sqrt{3})$ がある。$\triangle A_0B_0C_0$ について，辺 A_0B_0, B_0C_0, C_0A_0 をそれぞれ $2:1$ に内分する点を A_1, B_1, C_1 とする。次に，$\triangle A_1B_1C_1$ について，辺 A_1B_1, B_1C_1, C_1A_1 をそれぞれ $2:1$ に内分する点を A_2, B_2, C_2 とする。この操作を n 回繰り返したとき得られる点を A_n, B_n, C_n とする。

(1) $\angle A_0A_1A_2$ の大きさおよび線分の長さの比 $A_0A_1 : A_1A_2$ を求めよ。
(2) 点 A_{2n} の座標を求めよ。

精講 (2) $\overrightarrow{OA_{2n}}$ の成分を求めると考えます。ベクトルの性質を利用すると，$\overrightarrow{OA_{2n}}$ は O, A_1, A_2, ……, A_{2n-1}, A_{2n} を順に結んだ $2n$ 個のベクトルの和に分解できます。(1)で調べたことから，そこに現れるベクトルは1個とびに平行になっていますから，2つのグループに分けて計算することになります。

解答 (1) 右図より

$$\overrightarrow{OA_1} = \left(\frac{4}{3}, 0\right), \quad \overrightarrow{OB_1} = \left(\frac{4}{3}, \frac{2}{3}\sqrt{3}\right)$$

$$\overrightarrow{OA_2} = \frac{\overrightarrow{OA_1} + 2\overrightarrow{OB_1}}{3} = \left(\frac{4}{3}, \frac{4}{9}\sqrt{3}\right)$$

$$\therefore \quad \overrightarrow{A_1A_2} = \overrightarrow{OA_2} - \overrightarrow{OA_1} = \left(0, \frac{4}{9}\sqrt{3}\right)$$

であり，$\overrightarrow{A_0A_1} = \left(\frac{4}{3}, 0\right)$ であるから

$$\angle \mathbf{A_0A_1A_2} = \mathbf{90°}$$

$$A_0A_1 : A_1A_2 = \frac{4}{3} : \frac{4}{9}\sqrt{3} = \sqrt{3} : 1$$

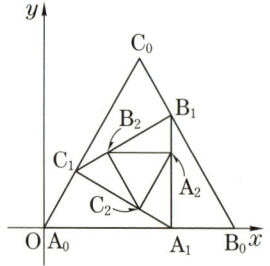

である。

←この結果，$\overrightarrow{A_1A_2}$ は $\overrightarrow{A_0A_1}$ を $90°$ 回転して，$\frac{1}{\sqrt{3}}$ 倍したベクトルである。

(2) $\overrightarrow{A_{n-1}A_n} = \vec{p}_n$ ($n=1, 2, ……$) とおくと，

$$\overrightarrow{OA_{2n}} = \overrightarrow{OA_1} + \overrightarrow{A_1A_2}$$
$$\qquad + …… + \overrightarrow{A_{2n-2}A_{2n-1}} + \overrightarrow{A_{2n-1}A_{2n}}$$
$$= \vec{p}_1 + \vec{p}_2 + …… + \vec{p}_{2n-1} + \vec{p}_{2n}$$

←$\overrightarrow{OA_1} = \overrightarrow{A_0A_1} = \vec{p}_1$

となる。ここで，(1)と同様に考えると，$\overrightarrow{p_{k+1}}=\overrightarrow{A_kA_{k+1}}$ は $\overrightarrow{p_k}=\overrightarrow{A_{k-1}A_k}$ を $90°$ 回転して，$\dfrac{1}{\sqrt{3}}$ 倍したベクトルであるから，

$$\overrightarrow{p_{k+2}}=-\dfrac{1}{3}\overrightarrow{p_k}$$

が成り立つ。したがって，

$$\overrightarrow{OA_{2n}}=(\overrightarrow{p_1}+\overrightarrow{p_3}+\overrightarrow{p_5}+\cdots\cdots+\overrightarrow{p_{2n-1}})$$
$$+(\overrightarrow{p_2}+\overrightarrow{p_4}+\overrightarrow{p_6}+\cdots\cdots+\overrightarrow{p_{2n}})$$

$$=\left\{1+\left(-\dfrac{1}{3}\right)+\left(-\dfrac{1}{3}\right)^2+\cdots+\left(-\dfrac{1}{3}\right)^{n-1}\right\}\overrightarrow{p_1}$$
$$+\left\{1+\left(-\dfrac{1}{3}\right)+\left(-\dfrac{1}{3}\right)^2+\cdots+\left(-\dfrac{1}{3}\right)^{n-1}\right\}\overrightarrow{p_2}$$

$$=\dfrac{1-\left(-\dfrac{1}{3}\right)^n}{1-\left(-\dfrac{1}{3}\right)}(\overrightarrow{p_1}+\overrightarrow{p_2})$$

$$=\dfrac{3}{4}\left\{1-\left(-\dfrac{1}{3}\right)^n\right\}\left(\dfrac{4}{3},\ \dfrac{4}{9}\sqrt{3}\right)$$

$$=\left(1-\left(-\dfrac{1}{3}\right)^n,\ \dfrac{\sqrt{3}}{3}\left\{1-\left(-\dfrac{1}{3}\right)^n\right\}\right)$$

である。つまり，

$$A_{2n}\left(1-\left(-\dfrac{1}{3}\right)^n,\ \dfrac{\sqrt{3}}{3}\left\{1-\left(-\dfrac{1}{3}\right)^n\right\}\right)$$

である。

注 (1)では，

$$\angle A_0B_0C_0=60°,\ A_1B_0:B_0B_1=\dfrac{2}{3}:\dfrac{4}{3}=1:2$$

より，

$$\angle B_0A_1B_1=90°,\ A_1B_1=\sqrt{3}\,A_1B_0=\dfrac{2\sqrt{3}}{3}$$

であるから，

$$\angle A_0A_1A_2=180°-90°=90°$$
$$A_0A_1:A_1A_2=\dfrac{4}{3}:\dfrac{2}{3}\cdot\dfrac{2\sqrt{3}}{3}=\sqrt{3}:1$$

としてもよい。

603 放物線に接し，互いに外接する円の列

座標平面上で不等式 $y \geq x^2$ の表す領域を D とする。D 内にあり y 軸上に中心をもち原点を通る円のうち，最も半径の大きい円を C_1 とする。自然数 n について，円 C_n が定まったとき，C_n の上部で C_n に外接する円で，D 内にあり y 軸上に中心をもつもののうち，最も半径の大きい円を C_{n+1} とする。C_n の半径を r_n とし，中心を $A_n(0, a_n)$ とする。

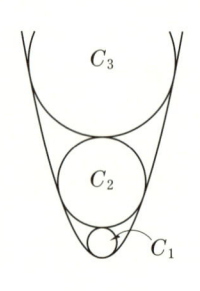

(1) r_1 を求めよ。

(2) r_n，a_n を n の式で表せ。

(大阪大*)

精講 一般に，y 軸上の点 $A(0, a)$ $(a>0)$ を中心として，$D: y \geq x^2$ に含まれる円の半径の最大値は A から放物線 $y=x^2$ 上の点 $P(x, x^2)$ までの距離の最小値に等しいことを利用します。

解答 (1) y 軸上に中心をもち，原点を通り，半径が r である円は
$$x^2+(y-r)^2=r^2 \quad \cdots\cdots ①$$ 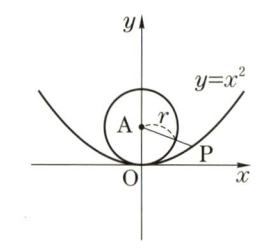
である。円①が $D: y \geq x^2$ にあるためには，①の中心 $A(0, r)$ から $y=x^2$ $\cdots\cdots ②$ 上の点 $P(x, x^2)$ までの距離がつねに r 以上であるとよい。つまり，
$$AP^2 \geq r^2 \quad \therefore \quad x^2+(x^2-r)^2 \geq r^2$$
$$\therefore \quad x^2(x^2-2r+1) \geq 0 \quad \cdots\cdots ③$$
が，すべての実数 x について成り立つことより，r の満たすべき条件は，
$$-2r+1 \geq 0 \quad \therefore \quad r \leq \frac{1}{2} \quad \cdots\cdots ④$$
である。C_1 の半径 r_1 は④を満たす r の最大値であるから，$r_1 = \dfrac{1}{2}$ である。

← $r > \dfrac{1}{2}$ のときには，たとえば，$x = \pm\sqrt{\dfrac{2r-1}{2}}$ に対して，(③の左辺) < 0 となる。

(2) C_n の中心 $A_n(0, a_n)$ と②上の点 $P(x, x^2)$ との距離を考えると，

$$A_nP^2 = x^2 + (x^2 - a_n)^2$$
$$= x^4 - (2a_n - 1)x^2 + a_n{}^2$$
$$= \left(x^2 - \frac{2a_n - 1}{2}\right)^2 + a_n - \frac{1}{4}$$

であり，(1)より $a_n \geqq a_1 = r_1 = \frac{1}{2}$ であるから，A_nP

は $x^2 = \frac{2a_n - 1}{2}$ のとき最小値 $\sqrt{a_n - \frac{1}{4}}$ をとる。 ← $x = \pm\sqrt{\frac{2a_n - 1}{2}}$ のとき。

この最小値が C_n の半径に等しいから

$$r_n = \sqrt{a_n - \frac{1}{4}} \qquad \therefore \quad a_n = r_n{}^2 + \frac{1}{4} \quad \cdots\cdots ⑤$$

である。

また，C_n と C_{n+1} が外接することから

$$r_n + r_{n+1} = A_nA_{n+1} = a_{n+1} - a_n \quad \cdots\cdots ⑥$$

← (半径の和)
　=(中心間の距離)

である。⑥に⑤を代入すると

$$r_n + r_{n+1} = r_{n+1}{}^2 + \frac{1}{4} - \left(r_n{}^2 + \frac{1}{4}\right)$$

$\therefore \quad (r_{n+1} + r_n)(r_{n+1} - r_n - 1) = 0$

$\therefore \quad r_{n+1} - r_n = 1$ 　　　← $r_{n+1} + r_n > 0$ より。

が得られる。これより $\{r_n\}$ は公差 1 の等差数列であるから

$$r_n = r_1 + (n-1) \cdot 1 = \boldsymbol{n - \frac{1}{2}}$$

であり，⑤より

$$\boldsymbol{a_n} = \left(n - \frac{1}{2}\right)^2 + \frac{1}{4} = \boldsymbol{n^2 - n + \frac{1}{2}}$$

← 求めた r_n, a_n は $n=1$ でも成り立つ。

である。

参考

$C_n : x^2 + (y - a_n)^2 = r_n{}^2$ とおいて，$y = x^2$ ……② と連立して，x を消去すると

$$y + (y - a_n)^2 = r_n{}^2 \qquad \therefore \quad y^2 - (2a_n - 1)y + a_n{}^2 - r_n{}^2 = 0$$

となる。円 C_n と放物線②が接するから，(判別式)$=0$ より

$$(2a_n - 1)^2 - 4(a_n{}^2 - r_n{}^2) = 0 \qquad \therefore \quad -4a_n + 4r_n{}^2 + 1 = 0$$

として，⑤を導くこともできる。しかし，円と放物線が接する条件が，いつでもこのように 2 次方程式の重解条件に帰着できるとは限らない。

604 漸化式 $a_{n+1}=pa_n+Ar^n$

数列 $\{a_n\}$ を $a_1=5$, $a_{n+1}=2a_n+3^n$ ($n=1, 2, \cdots\cdots$) で定める。
(1) a_n を求めよ。
(2) $a_n<10^{10}$ を満たす最大の正の整数 n を求めよ。ただし，$\log_{10}2=0.3010$, $\log_{10}3=0.4771$ としてよい。
(一橋大*)

精講　漸化式 $a_{n+1}=pa_n+Ar^n$ ……(*)（p, A, r は定数で，$p \neq 0, 1$, $A \neq 0, r \neq 0, 1$）の処理は次の通りです。(*)の両辺を p^{n+1}, または，r^{n+1} で割ると

$$\frac{a_{n+1}}{p^{n+1}}=\frac{a_n}{p^n}+\frac{A}{p}\left(\frac{r}{p}\right)^n, \quad \frac{a_{n+1}}{r^{n+1}}=\frac{p}{r}\cdot\frac{a_n}{r^n}+\frac{A}{r}$$

となるので，それぞれ数列 $\left\{\dfrac{a_n}{p^n}\right\}$, $\left\{\dfrac{a_n}{r^n}\right\}$ を求めることになります。

(2) 高校数学にはあまり現れない考え方ですが，"整数 n が大きいとき，3^n と比べると，2^n は極めて小さい" ことがもとになります。

解答

(1) $a_{n+1}=2a_n+3^n$ ……①

の両辺を 2^{n+1} で割ると，

$$\frac{a_{n+1}}{2^{n+1}}=\frac{a_n}{2^n}+\frac{1}{2}\left(\frac{3}{2}\right)^n \quad \cdots\cdots ②$$

← 注 参照。

となるので，$\left\{\dfrac{a_n}{2^n}\right\}$ の階差数列が $\left\{\dfrac{1}{2}\left(\dfrac{3}{2}\right)^n\right\}$ である。

← $b_n=\dfrac{a_n}{2^n}$ ($n=1, 2, \cdots\cdots$) とおくと，②は
$b_{n+1}-b_n=\dfrac{1}{2}\left(\dfrac{3}{2}\right)^n$ となる。

したがって，$n \geqq 2$ のとき

$$\frac{a_n}{2^n}=\frac{a_1}{2}+\sum_{k=1}^{n-1}\frac{1}{2}\left(\frac{3}{2}\right)^k$$

$$=\frac{5}{2}+\frac{3}{4}\cdot\frac{\left(\frac{3}{2}\right)^{n-1}-1}{\frac{3}{2}-1}$$

← $a_1=5$ を代入した。

$$=\left(\frac{3}{2}\right)^n+1$$

∴ $a_n=3^n+2^n$ ……③

← $a_n=2^n\left\{\left(\dfrac{3}{2}\right)^n+1\right\}$
$=3^n+2^n$

となる。$a_1=5$ より，③は $n=1$ でも成り立つ。

(2) $a_n=3^n+2^n<10^{10}$ ……④

のとき，

$$3^n < 3^n + 2^n < 10^{10} \quad \therefore \quad 3^n < 10^{10}$$
$$\therefore \quad \log_{10} 3^n < \log_{10} 10^{10}$$ ← $n\log_{10} 3 < 10$
$$n < \frac{10}{\log_{10} 3} = \frac{10}{0.4771} < 20.96$$

であるから，$n \leqq 20$ でなければならない。

一方，
$$a_{20} = 3^{20} + 2^{20} < 3^{20} + 3^{20} = 2 \cdot 3^{20}$$

であり，

← $3^{20} + 2^{20} < 10^{10}$ を示すには，$3^{20} + 3^{20} = 2 \cdot 3^{20} < 10^{10}$ を示すとよいと考えるのが難しいところである。
「$\log_{10} 3^{20} = 20 \log_{10} 3$
$= 9.542$
$\log_{10} 2^{20} = 20 \log_{10} 2$
$= 6.020$
より 3^{20}，2^{20} はそれぞれ 10 桁，7 桁の数であるから，その和は 10 桁である。」では，不十分である。その理由は桁上りの可能性 (実際には起こらないが) があるからである。

$$\log_{10} 2 \cdot 3^{20} = \log_{10} 2 + 20 \log_{10} 3$$
$$= 0.3010 + 20 \cdot 0.4771$$
$$= 9.8430 < 10$$

より
$$2 \cdot 3^{20} < 10^{10}$$
であるから，
$$a_{20} < 2 \cdot 3^{20} < 10^{10}$$
である。

以上より，④を満たす最大の整数nは $n = 20$ である。

注 (1)で，①の両辺を 3^{n+1} で割ると，
$$\frac{a_{n+1}}{3^{n+1}} = \frac{2}{3} \cdot \frac{a_n}{3^n} + \frac{1}{3}$$

となる。ここで，$c_n = \dfrac{a_n}{3^n}$ ($n = 1, 2, \cdots\cdots$) とおくと

$$c_{n+1} = \frac{2}{3} c_n + \frac{1}{3} \quad \cdots\cdots ⑤$$

となり，さらに⑤は

$$c_{n+1} - 1 = \frac{2}{3}(c_n - 1)$$

となるので，$\{c_n - 1\}$ は公比 $\dfrac{2}{3}$ の等比数列である。よって，

$$c_n - 1 = \left(\frac{2}{3}\right)^{n-1}(c_1 - 1) \quad \therefore \quad c_n = 1 + \left(\frac{2}{3}\right)^n$$

← $c_1 = \dfrac{a_1}{3} = \dfrac{5}{3}$

から
$$a_n = 3^n c_n = 3^n + 2^n$$
が得られる。

605 漸化式 $a_{n+1}=pa_n+An+B$

数列 $\{a_n\}$ の初項 a_1 から第 n 項 a_n までの和 S_n が,$S_1=0$,$S_{n+1}-3S_n=n^2$ ($n=1, 2, 3, \cdots\cdots$) を満たす。
(1) 数列 $\{a_n\}$ が満たす漸化式を a_n と a_{n+1} の関係式で表せ。
(2) 一般項 a_n を求めよ。

(徳島大)

精講

(1) $a_n=S_n-S_{n-1}$ ($n\geq 2$) を利用します。

(2) (1)の結果は,漸化式 $a_{n+1}=pa_n+An+B$ ……(*) (p,A,B は定数で,$p\neq 0, 1, A\neq 0$) のタイプです。(*)を処理するには,$\{a_n\}$ の階差数列 $\{b_n\}=\{a_{n+1}-a_n\}$ が満たす漸化式を導くのも1つの方法です。また,(*)の両辺を p^{n+1} で割った式を考えることもできます。

解答

(1) $S_{n+1}-3S_n=n^2$ ……①
において,n の代わりに $n-1$ ($n\geq 2$) とおくと,
$$S_n-3S_{n-1}=(n-1)^2 \quad \text{……②}$$
となり,①-② より
$$S_{n+1}-S_n-3(S_n-S_{n-1})=2n-1$$
∴ $\boldsymbol{a_{n+1}-3a_n=2n-1}$ ($n\geq 2$) ……③

である。ここで,$a_1=S_1=0$ であり,①で $n=1$ とおくと
$$S_2-3S_1=1^2$$
∴ $a_1+a_2-3a_1=1$ ∴ $a_2=2a_1+1=1$
であるから,③は $n=1$ でも成り立つ。

← $S_{n+1}=S_n+a_{n+1}$ より $S_{n+1}-S_n=a_{n+1}$
同様に,$n\geq 2$ のとき $S_n-S_{n-1}=a_n$

← 結果として,③は $n\geq 1$ で成り立つ。
← 注 参照。

(2) ③で,n の代わりに $n+1$ とおくと
$$a_{n+2}-3a_{n+1}=2(n+1)-1 \quad \text{……④}$$
となり,④-③ より
$$a_{n+2}-a_{n+1}-3(a_{n+1}-a_n)=2 \quad \text{……⑤}$$
である。ここで,
$$b_n=a_{n+1}-a_n \ (n=1, 2, \cdots\cdots)$$
とおくと,⑤は
$$b_{n+1}-3b_n=2$$

$$\therefore \quad b_{n+1}+1=3(b_n+1)$$

となるから，$b_1=a_2-a_1=1$ と合わせると，

$$b_n+1=3^{n-1}(b_1+1)$$

$$\therefore \quad b_n=2\cdot 3^{n-1}-1$$

← $\{b_n+1\}$ は公比 3 の等比数列である。

となる。$\{b_n\}$ は $\{a_n\}$ の階差数列であるから，

$$a_n=a_1+\sum_{k=1}^{n-1}b_k=\sum_{k=1}^{n-1}(2\cdot 3^{k-1}-1)$$

← $a_1=0$ より。

$$=\frac{2(3^{n-1}-1)}{3-1}-(n-1)$$

$$=3^{n-1}-n \quad (n\geqq 2) \quad \cdots\cdots ⑥$$

となる。$a_1=0$ より，⑥は $n=1$ でも成り立つ。

注 (1)で得られた漸化式③を次のように処理することもできる。
③の両辺を 3^{n+1} で割ると

$$\frac{a_{n+1}}{3^{n+1}}-\frac{a_n}{3^n}=\frac{2n-1}{3^{n+1}}$$

となるので，$\left\{\dfrac{a_n}{3^n}\right\}$ の階差数列が $\left\{\dfrac{2n-1}{3^{n+1}}\right\}$ である。

したがって，$n\geqq 2$ のとき

$$\frac{a_n}{3^n}=\frac{a_1}{3}+\sum_{k=1}^{n-1}\frac{2k-1}{3^{k+1}}=\sum_{k=1}^{n-1}\frac{2k-1}{3^{k+1}} \quad \cdots\cdots ⑦$$

← $a_1=0$ より。

である。ここで，⑦の右辺を S とおくと，

$$S=\frac{1}{3^2}+\frac{3}{3^3}+\frac{5}{3^4}+\cdots\cdots+\frac{2n-3}{3^n} \quad \cdots\cdots ⑧$$

$$\frac{1}{3}S=\frac{1}{3^3}+\frac{3}{3^4}+\cdots\cdots+\frac{2n-5}{3^n}+\frac{2n-3}{3^{n+1}} \quad \cdots\cdots ⑨$$

← $⑧\times\dfrac{1}{3}$ を考える。

であるから，⑧－⑨ より

$$\frac{2}{3}S=\frac{1}{3^2}+\frac{2}{3^3}+\frac{2}{3^4}+\cdots\cdots+\frac{2}{3^n}-\frac{2n-3}{3^{n+1}}$$

$$=-\frac{1}{3^2}+\left(\frac{2}{3^2}+\frac{2}{3^3}+\cdots\cdots+\frac{2}{3^n}\right)-\frac{2n-3}{3^{n+1}}$$

$$=-\frac{1}{9}+\frac{1}{3}\left\{1-\left(\frac{1}{3}\right)^{n-1}\right\}-\frac{2n-3}{3^{n+1}}$$

$$=\frac{2}{9}-\frac{2n}{3^{n+1}}$$

$$\therefore \quad S=\frac{1}{3}-\frac{n}{3^n}$$

であるから，⑦に戻ると

$$a_n=3^n S=3^{n-1}-n$$

← ここまでは，$n\geqq 2$ である。

が得られる。この式は，$n=1$ でも成り立つ。

第6章 数列

606 連立漸化式

文字 A, B, C を重複を許して横一列に並べてできる列のうち同じ文字が隣り合わないものを考える。文字 A, B, C を合わせて n 個使って作られるこのような列のうち, 両端が同じ文字である列の個数を a_n とし, 両端が異なる文字である列の個数を b_n とする。ただし, $n \geq 2$ とする。

(1) a_{n+1}, b_{n+1} を a_n, b_n を用いて表せ。
(2) a_n, b_n を求めよ。

精講

(1) 同じ文字が隣り合わないという条件のもとで, 両端が同じ文字, 異なる文字の列を考えて, $(n+1)$ 個目をその右に加えたときどのようになるかを調べます。

(2) a_n+b_n は簡単に求まりますから, $\{b_n\}$ だけの漸化式を導くと解決します。

解答

(1) 同じ文字が隣り合わない n 個の列のうち, 両端が同じ文字, 異なる文字であるものの全体をそれぞれ A_n, B_n とする。以下, $\{\bigcirc, \triangle, \square\} = \{A, B, C\}$ とする。

A_{n+1} に属する列は

　　$\underline{\bigcirc**\cdots\cdots*\triangle}\bigcirc$　　……b_n 通り
　　　B_n に属する列

←○, △, □ は互いに異なり, 全体として A, B, C と一致することを表す。

であり, B_{n+1} に属する列は

　　$\underline{\bigcirc**\cdots\cdots*\bigcirc}\triangle$ または $\square$　　……$2a_n$ 通り
　　　A_n に属する列

　　$\underline{\bigcirc**\cdots\cdots*\triangle}\square$　　……b_n 通り
　　　B_n に属する列

←$(n+1)$ 個目は A, B, C のうち 1 個目, n 個目の文字以外であるから, 1 通りに定まる。

である。したがって, $n \geq 2$ として

　　$a_{n+1} = b_n$ 　　……①
　　$b_{n+1} = 2a_n + b_n$ 　　……②

が成り立つ。

(2) $a_n + b_n$ は, 同じ文字が隣り合わない列で, A, B, C を合わせて n 個用いたものであるから,

　　$a_n + b_n = 3 \cdot 2^{n-1}$ 　　……③

である。

←左端は 3 通りで, あとの $(n-1)$ 個は左隣りとは異なる 2 通りずつ。
または, ①+② より
$a_{n+1} + b_{n+1} = 2(a_n + b_n)$
から導いてもよい。

②, ③より, a_n を消去すると
$$b_{n+1} = 2(3 \cdot 2^{n-1} - b_n) + b_n$$
$$= -b_n + 3 \cdot 2^n \qquad \cdots\cdots ④$$

⬅ **604** 精講 参照。

となる。

④ $\times (-1)^{n+1}$ より
$$(-1)^{n+1} b_{n+1} = (-1)^n b_n - 3(-2)^n$$
$$(-1)^{n+1} b_{n+1} - (-1)^n b_n = -3(-2)^n \qquad \cdots\cdots ⑤$$

⬅ $\dfrac{1}{(-1)^{n+1}} = (-1)^{n+1}$

となるから, $\{(-1)^n b_n\}$ の階差数列が $\{-3(-2)^n\}$ である。ここで,
$$a_2 = 0, \quad b_2 = 6$$
であるから,
$$a_1 = 3, \quad b_1 = 0$$

⬅ B_2 は A, B, C から 2 つ取り出して並べたものであるから ${}_3P_2 = 6$ 通りである。

と考えると, ①, ②, したがって, ③, ④, ⑤ は $n=1$ でも成り立つ。したがって,
$$(-1)^n b_n = (-1) b_1 + \sum_{k=1}^{n-1} \{-3(-2)^k\}$$
$$= 6 \cdot \frac{1-(-2)^{n-1}}{1-(-2)}$$
$$= 2 + (-2)^n \qquad \cdots\cdots ⑥$$

⬅ **注** 参照。

となるので, 両辺に $(-1)^n$ をかけると,
$$b_n = (-1)^n \{2 + (-2)^n\}$$
$$= 2^n + 2(-1)^n$$

である。③に戻って,
$$a_n = 3 \cdot 2^{n-1} - b_n = 2^{n-1} - 2(-1)^n$$

⬅ ①より, $a_n = b_{n-1}$ ($n \geq 2$) と考えてもよい。

である。

注 ⑤は $n \geq 2$ で成り立つと考えたときには, ⑤の n の代わりに, 2, 3, ……, $n-1$ とおいた式の辺々を加えると
$$(-1)^n b_n - (-1)^2 b_2 = \sum_{k=2}^{n-1} \{-3(-2)^k\}$$
$$\therefore \quad (-1)^n b_n = b_2 + \sum_{k=2}^{n-1} \{-3(-2)^k\}$$
$$= 6 - 12 \cdot \frac{1-(-2)^{n-2}}{1-(-2)}$$
$$= 2 + (-2)^n$$

⬅ 右辺第 2 項は
初項 $-3(-2)^2 = -12$,
公比 -2, 項数 $n-2$ の等比数列の和である。

⬅ ⑥に等しい。

となる。

☆ 参考

②で n の代わりに $n+1$ とおいた式で，①を用いると，数列 $\{b_n\}$ だけの漸化式

$$b_{n+2} = 2a_{n+1} + b_{n+1}$$
$$= 2b_n + b_{n+1}$$
$$\therefore \ b_{n+2} = b_{n+1} + 2b_n \qquad \cdots\cdots ⑦$$

が得られる。

⑦のような隣接3項間の漸化式においては，2数 α, β を

$$b_{n+2} - \alpha b_{n+1} = \beta(b_{n+1} - \alpha b_n) \qquad \cdots\cdots ⑧$$

となるように選べることになっている。実際，⑧は

$$b_{n+2} = (\alpha + \beta)b_{n+1} - \alpha\beta b_n \qquad \cdots\cdots ⑨$$

となるので，⑦，⑨を比較すると

$$\alpha + \beta = 1, \ \alpha\beta = -2 \ \ より \ \ (\alpha, \ \beta) = (2, \ -1), \ (-1, \ 2)$$

である。したがって，⑧は

$$\begin{cases} b_{n+2} - 2b_{n+1} = -(b_{n+1} - 2b_n) \\ b_{n+2} + b_{n+1} = 2(b_{n+1} + b_n) \end{cases}$$

と2通りに変形される。

ここで，$b_2 = 6$, $b_3 = 3! = 6$ であるから，$b_1 = 0$ とすると，⑦は $n=1$ でも成り立つので，

$$\begin{cases} b_{n+1} - 2b_n = (-1)^{n-1}(b_2 - 2b_1) = 6(-1)^{n-1} & \cdots\cdots ⑩ \\ b_{n+1} + b_n = 2^{n-1}(b_2 + b_1) = 6 \cdot 2^{n-1} = 3 \cdot 2^n & \cdots\cdots ⑪ \end{cases}$$

となる。したがって，$\dfrac{1}{3}\{⑪ - ⑩\}$ より

$$b_n = 2^n - 2(-1)^{n-1} = 2^n + 2(-1)^n$$

となる。

類題 19 → 解答 p.341

n は2以上の整数とする。

(1) サイコロを n 回ふって出た目の数字を1列に並べる。隣り合う2つの数がすべて異なる確率 a_n を求めよ。

(2) サイコロを n 回ふって出た目の数字を円周上に並べる。隣り合う2つの数がすべて異なる確率を b_n とする。(1)の確率 a_n を b_n と b_{n-1} を用いて表せ。

(3) (2)の確率 b_n を求めよ。

(お茶の水女大*)

607 群数列

数列 1, 1, 3, 1, 3, 5, 1, 3, 5, 7, 1, 3, 5, 7, 9, 1, …… において，次の問いに答えよ。ただし，k, n は自然数とする。

(1) $(k+1)$ 回目に現れる 1 は第何項か。
(2) 第 400 項を求めよ。
(3) 初項から第 n 項までの和を S_n とするとき，$S_n > 2700$ となる最小の n を求めよ。

(名古屋市大*)

精講　いわゆる群数列の問題です。$\{1\}$, $\{1, 3\}$, $\{1, 3, 5\}$, …… を順に 1 つの群とみなして考えます。

(1) $(k+1)$ 回目の 1 は，第 $(k+1)$ 群の最初の項です。
(2) まず，第 400 項が含まれる群を調べます。第 k 群に含まれるとすると，第 $(k-1)$ 群の最後の項と第 k 群の最後の項の間にあると考えます。
(3) 第 k 群までに含まれる項の総和を求めて，まず，その和がはじめて 2700 を超える k を決めます。

解答　(1) この数列を
$$\underline{1}, \ \underline{1, \ 3}, \ \underline{1, \ 3, \ 5}, \ \underline{1, \ 3, \ 5, \ 7}, \ \underline{\cdots\cdots}$$
のような群に分けて考える。つまり，第 i 群には
$$i \text{ 個の奇数 } 1, 3, 5, \cdots\cdots, 2i-1$$
が入っているとする。

このとき，第 k 群までに現れる項数は
$$1 + 2 + 3 + \cdots\cdots + k = \frac{1}{2}k(k+1)$$
であり，$(k+1)$ 回目に現れる 1 は第 $(k+1)$ 群の最初の項であるから，第 $\left\{\dfrac{1}{2}k(k+1)+1\right\}$ 項である。

(2) 第 400 項が第 k 群に現れるとすると，(1)で調べたことから
$$\frac{1}{2}k(k-1) < 400 \leq \frac{1}{2}k(k+1)$$
$$\therefore \quad (k-1)k < 800 \leq k(k+1) \qquad \cdots\cdots ①$$
となる。ここで，

← 第 $(k-1)$ 群の最後の項が第 $\dfrac{1}{2}k(k-1)$ 項である。

第 6 章 数　列　229

$27 \cdot 28 = 756$, $28 \cdot 29 = 812$

より，①を満たす正の整数 k は $k=28$ である。

← $k^2 \fallingdotseq 800$，$k \fallingdotseq 20\sqrt{2} \fallingdotseq 28.28\cdots$ となる k を考えた。

第27群までに現れる項数は378項であるから，第400項は第28群の22番目の数，すなわち，$22 \cdot 2 - 1 = \mathbf{43}$ である。

← $\frac{1}{2} \cdot 28 \cdot 27 = 378$

(3) 第 i 群に現れる i 個の奇数の和は
$$1 + 3 + \cdots\cdots + (2i-1) = i^2$$
であるから，第 k 群までに現れる項の総和を T_k とおくと，
$$T_k = 1^2 + 2^2 + \cdots\cdots + k^2 = \frac{1}{6}k(k+1)(2k+1)$$
である。そこで，$T_k > 2700$，つまり
$$\frac{1}{6}k(k+1)(2k+1) > 2700$$
を満たす最小の正の整数 k を探すと，
$$T_{20} = \frac{1}{6} \cdot 20 \cdot 21 \cdot 41 = 2870$$
$$T_{19} = \frac{1}{6} \cdot 19 \cdot 20 \cdot 39 = 2470$$

← 3次不等式としてまともに解くのは無理なので，次のように考える。
$$\frac{1}{6}k(k+1)(2k+1)$$
$$\fallingdotseq \frac{1}{6}k \cdot k \cdot 2k = \frac{k^3}{3}$$
より
$$\frac{k^3}{3} \fallingdotseq 2700,\ k^3 \fallingdotseq 8100$$
となるので，$20^3 = 8000$ を思い出す。

より，$k=20$ である。これより，求める項は第20群にあるから，第20群の j 番目までの和が2700を超えるとすると，
$$T_{19} + 1 + 3 + \cdots\cdots + (2j-1) > 2700$$
$$\therefore\ 2470 + j^2 > 2700$$
$$\therefore\ j^2 > 230 \quad \therefore\ j \geq 16$$

← $15^2 = 225$，$16^2 = 256$

となる。したがって，初項から第20群の16番目までの和がはじめて2700を超えるので，$S_n > 2700$ となる最小の n は
$$n = 1 + 2 + \cdots\cdots + 18 + 19 + 16$$
$$= \frac{1}{2} \cdot 19 \cdot 20 + 16 = \mathbf{206}$$
である。

608 絶対値を含む Σ の計算

x を実数とする。関数
$$f(x)=\sum_{k=1}^{100}|kx-1|=|x-1|+|2x-1|+|3x-1|+\cdots+|100x-1|$$
を最小にする x の値と最小値を求めよ。 （早稲田大*）

精講 絶対値の中に現れる式 $x-1, 2x-1, 3x-1, \cdots, 100x-1$ の符号はそれぞれ $x=1, \dfrac{1}{2}, \dfrac{1}{3}, \cdots, \dfrac{1}{100}$ において変わります。
そこで，区間
$$x\leqq\dfrac{1}{100}, \ \dfrac{1}{100}\leqq x\leqq\dfrac{1}{99}, \ \cdots, \ \dfrac{1}{3}\leqq x\leqq\dfrac{1}{2}, \ \dfrac{1}{2}\leqq x\leqq 1, \ x\geqq 1$$
において，絶対値をはずしてみると，それぞれの区間では $f(x)$ は x の1次式で表されるので，グラフは直線の一部，つまり，線分となることがわかります。$f(x)$ が最小となるのは線分の傾きがどのように変わるときかを考えます。

解答
$$f(x)=|x-1|+|2x-1|+|3x-1|+\cdots+|100x-1|$$
において，区間を決めて絶対値をはずして調べる。

(i) $x\geqq 1$ のとき
絶対値の中はすべて 0 以上であるから
$$\begin{aligned}f(x)&=(x-1)+(2x-1)+\cdots+(100x-1)\\&=(1+2+\cdots+100)x-100\\&=5050x-100 \quad\cdots\cdots①\end{aligned}$$

(ii) $x\leqq\dfrac{1}{100}$ のとき
絶対値の中はすべて 0 以下であるから
$$\begin{aligned}f(x)&=-(x-1)-(2x-1)-\cdots-(100x-1)\\&=-5050x+100 \quad\cdots\cdots②\end{aligned}$$

(iii) $\dfrac{1}{k+1}\leqq x\leqq\dfrac{1}{k}$ ($k=1, 2, \cdots, 99$) のとき
$$x-1\leqq 0, \ 2x-1\leqq 0, \ \cdots, \ kx-1\leqq 0$$
であり，
$$(k+1)x-1\geqq 0, \ \cdots, \ 100x-1\geqq 0$$

← 絶対値の中の符号が変化する x の値 1, $\dfrac{1}{2}$, $\dfrac{1}{3}$, $\cdots$, $\dfrac{1}{100}$ を端点とする区間に分割して調べる。

← $\dfrac{1}{k+1}\leqq x, \ x\leqq\dfrac{1}{k}$ の分母を払って移項するとそれぞれ $(k+1)x-1\geqq 0$, $kx-1\leqq 0$

であるから
$$f(x) = -(x-1)-(2x-1)-\cdots-(kx-1)$$
$$+\{(k+1)x-1\}+\cdots+(100x-1)$$
$$\cdots\cdots③$$

となる。③における x の係数を a, 定数項を b とすると,
$$a = -(1+2+\cdots+k)+(k+1)+\cdots+100$$
$$= 1+2+\cdots+k+(k+1)+\cdots+100$$
$$\quad -2(1+2+\cdots+k)$$
$$= \frac{1}{2}\cdot 100\cdot 101 - 2\cdot\frac{1}{2}k(k+1)$$
$$= 5050 - k(k+1) \quad\cdots\cdots④$$
$$b = k-(100-k) = 2k-100$$
であるから,
$$f(x) = \{5050-k(k+1)\}x + 2k-100 \quad\cdots\cdots⑤$$
である。

(i)では, ①より $f(x)$ は増加し, (ii)では, ②より $f(x)$ は減少するから, 最小となるのは(iii)においてである。

④において,
$$70\cdot 71 = 4970,\quad 71\cdot 72 = 5112$$
に注意すると, a の符号は
$$1 \leqq k \leqq 70 \text{ のとき } a > 0$$
$$71 \leqq k \leqq 99 \text{ のとき } a < 0$$
であるから, $f(x)$ は
$$\frac{1}{100} \leqq x \leqq \frac{1}{71} \text{ では減少}, \frac{1}{71} \leqq x \leqq 1 \text{ では増加}$$
である。

したがって, $f(x)$ を最小にする値は $x = \dfrac{1}{71}$ であり, 最小値は⑤で $k=70$, $x=\dfrac{1}{71}$ とおいて,
$$f\left(\frac{1}{71}\right) = 80\cdot\frac{1}{71} + 40 = \frac{2920}{71}$$
である。

◀ x の係数は(i)では正, (ii)では負である。

◀ $k(k+1) \fallingdotseq k^2$ と考え $k^2 \fallingdotseq 5050 \fallingdotseq 5000$ より $k \fallingdotseq 50\sqrt{2} \fallingdotseq 70.7$ と見当をつける。

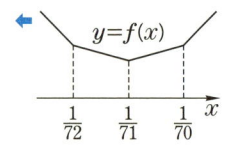

◀

◀ ⑤で $k=70$ のとき $f(x) = 80x + 40$
$k=71$ のとき $f(x) = -62x + 42$
であり, $f\left(\dfrac{1}{71}\right)$ はいずれで計算してもよい。

609　3辺の長さが整数である三角形の個数

n を正の整数とする。
(1) 周の長さが $12n$ である三角形の3辺の長さを x, y, z (ただし, $x \geqq y \geqq z$) とおくとき, このような x, y を座標とする点 (x, y) の存在範囲を xy 平面に図示せよ。
(2) 周の長さが $12n$ で, 各辺の長さが整数である三角形のうち, 互いに合同でないものは全部で何個あるか。

精講　三角形の3辺の長さに関して次のことを確認しておきましょう。

> 3つの数 a, b, c が三角形の3辺の長さとなるための条件は, 次のⒶまたはⒷである。Ⓐ, Ⓑは同値な条件である。
> 　　$|a-b| < c < a+b$ 　　……Ⓐ
> 　　$c < a+b,\ a < b+c,\ b < c+a$ 　　……Ⓑ

Ⓐにおいて,
　　$|a-b| < c \iff -c < a-b < c \iff a < b+c,\ b < c+a$
であるから, Ⓐ, Ⓑは同値である。
　また, Ⓐ, Ⓑのもとでは "$a>0,\ b>0,\ c>0$" である。たとえば, Ⓑの左2式を加えると, $c+a < (a+b)+(b+c)$ より $b>0$ となる。

(1) $x \geqq y \geqq z$ の条件があるから, x, y, z が3辺の長さとなるための条件は, Ⓑで考えると, 1つの不等式に帰着します。
(2) x, y が決まると z は1通りに定まるので, (1)で求めた範囲にある格子点 (x, y) の個数を数えることになります。

解答　(1) $x \geqq y \geqq z > 0$ 　　……①
　　を満たす数 x, y, z が三角形の3辺の長さとなる条件は
　　$y+z > x$ 　　……②
である。また, 周の長さが $12n$ より
　　$x+y+z = 12n$

∴ $z = 12n - (x+y)$ ……③

である。③を①,②に代入すると,

$$\begin{cases} x \geqq y \geqq 12n - (x+y) > 0 \\ y + 12n - (x+y) > x \end{cases}$$

∴ $\begin{cases} x \geqq y, \quad x + 2y \geqq 12n \\ x + y < 12n, \quad x < 6n \end{cases}$ ……④

となる。(x, y) の存在範囲は④で表される右図の斜線部分(境界 $x = 6n$ だけを除く)である。

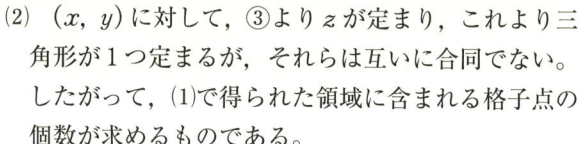

(2) (x, y) に対して,③より z が定まり,これより三角形が 1 つ定まるが,それらは互いに合同でない。したがって,(1)で得られた領域に含まれる格子点の個数が求めるものである。

そこで,x 軸に平行な直線上にある格子点を数える。

$y = 4n$ ……⑤ 上には

$x = 4n, 4n+1, \cdots\cdots, 6n-1$ の $2n$ 個

あり,⑤より上の方の直線

$y = 4n+1, y = 4n+2, \cdots\cdots, y = 6n-1$

上にはそれぞれ

$2n-1$ 個,$2n-2$ 個,$\cdots\cdots$,1 個

ある。また,⑤より下の方の直線

$y = 4n-1, y = 4n-2, \cdots\cdots, y = 3n+1$

上にはそれぞれ

$2n-2$ 個,$2n-4$ 個,$\cdots\cdots$,2 個

ある。したがって,求める個数は

$2n + (2n-1) + (2n-2) + \cdots\cdots + 1$
$\qquad + (2n-2) + (2n-4) + \cdots\cdots + 2$

$= \dfrac{1}{2} \cdot 2n(2n+1) + \dfrac{1}{2}(n-1)\{(2n-2)+2\}$

$= 3n^2$ 個

である。

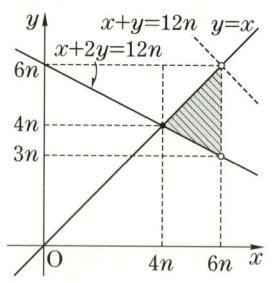

← 異なる (x, y) では対応する三角形の長い方の 2 辺の長さが異なるので。

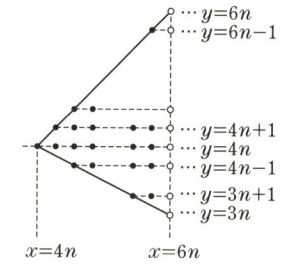

← 図からわかるように,y の値が 1 減ると,格子点は 2 個減る。

← 等差数列の和の公式を用いた。

☆ 610 数学的帰納法

n 個の正の数 $x_1, x_2, \cdots\cdots, x_n$ が $x_1 x_2 \cdots\cdots x_n = 1$ を満たしているとき、
$$x_1 + x_2 + \cdots\cdots + x_n \geqq n$$
が成り立つことを示せ。ただし、$n \geqq 2$ とする。

精講　数学的帰納法を利用しますが、第Ⅱ段階、すなわち、n 個の場合の成立を仮定して、$(n+1)$ 個の場合の成立を示すためには、少し工夫が必要となります。

$x_1 x_2 \cdots\cdots x_n x_{n+1} = 1$ のとき、n 個の正の数を $x_1, x_2, \cdots\cdots, x_{n-1}, x_n x_{n+1}$ と考えると、帰納法の仮定から
$$x_1 + x_2 + \cdots\cdots + x_{n-1} + x_n x_{n+1} \geqq n \quad \cdots\cdots Ⓐ$$
が成り立ちますが、示すべき不等式は
$$x_1 + x_2 + \cdots\cdots + x_{n-1} + x_n + x_{n+1} \geqq n+1 \quad \cdots\cdots Ⓑ$$
であって、このままではⒶからⒷを導くことはできません。そこで、ⒶからⒷの成立が示すことができるように、$x_1, x_2, \cdots\cdots, x_n, x_{n+1}$ をうまく並び換えておいてから議論をすることが必要です。

解答　$n = 2, 3, \cdots\cdots$ に対して、命題 P_n「n 個の正の数の積が 1 のとき、それらの和は n 以上である」を数学的帰納法で示す。　←P_n が示すべきことである。

(Ⅰ) $n = 2$ のとき、$x_1 x_2 = 1$ より
$$x_1 + x_2 - 2 = x_1 + \frac{1}{x_1} - 2$$
$$= \left(\sqrt{x_1} - \frac{1}{\sqrt{x_1}}\right)^2 \geqq 0 \quad \cdots\cdots ①$$

←等号の成立については
📖 研究 1° 参照。

である。したがって、
$$x_1 + x_2 \geqq 2$$
であるから、P_2 は成り立つ。

(Ⅱ) P_n (n は 2 以上の整数) が成り立つとして、
$$x_1 x_2 \cdots\cdots x_n x_{n+1} = 1 \quad \cdots\cdots ②$$
を満たす $(n+1)$ 個の正の数 $x_1, x_2, \cdots\cdots, x_n, x_{n+1}$ について調べる。

$x_1, x_2, \cdots\cdots, x_n, x_{n+1}$ の順序を変えてもよいか

ら，これらの最大のものが x_n，最小のものが x_{n+1} であるとしてよい。このとき，②より，

$$x_n \geqq 1, \quad x_{n+1} \leqq 1 \qquad \cdots\cdots ③$$

である。

←($n+1$) 個の正の数の最大のものが 1 より小さいとすると，それらの積は 1 より小となり，②と反するので，$x_n \geqq 1$ である。$x_{n+1} \leqq 1$ についても同様。

②より n 個の正の数 $x_1, x_2, \cdots\cdots, x_{n-1}, x_n x_{n+1}$ の積が 1 であるから，帰納法の仮定より

$$x_1 + x_2 + \cdots\cdots + x_{n-1} + x_n x_{n+1} \geqq n \qquad \cdots\cdots ④$$

が成り立つ。

ここで，③より

$$x_n + x_{n+1} - (x_n x_{n+1} + 1)$$
$$= (x_n - 1)(1 - x_{n+1}) \geqq 0 \qquad \cdots\cdots ⑤$$

であるから，

$$x_n + x_{n+1} \geqq x_n x_{n+1} + 1 \qquad \cdots\cdots ⑥$$

である。したがって，④，⑥の辺々を加え合わせると，

$$x_1 + x_2 + \cdots\cdots + x_{n-1} + x_n + x_{n+1} + x_n x_{n+1}$$
$$\geqq x_n x_{n+1} + n + 1$$

∴ $x_1 + x_2 + \cdots\cdots + x_n + x_{n+1} \geqq n + 1 \qquad \cdots\cdots ⑦$

となるので，P_{n+1} が成り立つ。

←示したい不等式は
$x_1 + \cdots\cdots + x_{n-1} + x_n$
$\qquad + x_{n+1} \geqq n+1$
であるから，④の両辺に 1 を加えた式
$x_1 + \cdots\cdots + x_{n-1}$
$\qquad + x_n x_{n+1} + 1 \geqq n+1$
と比較すると，
$x_n + x_{n+1} \geqq x_n x_{n+1} + 1$
を示すとよいことがわかる。その証明のために③を準備した。

(I), (II) より $n = 2, 3, \cdots\cdots$ について，P_n の成立が示された。　　　　　　　　　　（証明おわり）

研究

1° ここでは，命題 Q_n「$x_1 x_2 \cdot \cdots\cdots \cdot x_n = 1$ のもとで，

$$x_1 + x_2 + \cdots\cdots + x_n \geqq n$$

の等号が成り立つのは

$$x_1 = x_2 = \cdots\cdots = x_n = 1$$

の場合に限る」を数学的帰納法で証明する。

(I) $n = 2$ のとき，$x_1 + x_2 = 2$ となるのは，解答 の①より

$$\sqrt{x_1} = \frac{1}{\sqrt{x_1}} \qquad ∴ \quad x_1 = 1 \quad つまり \quad x_1 = x_2 = 1$$

のときである。

(II) Q_n が成り立つとして，②を満たす $(n+1)$ 個の $x_1, x_2, \cdots\cdots, x_n, x_{n+1}$ について考える。

|解答|の⑦において等号が成り立つのは，④かつ⑥，つまり，④かつ⑤の等号が成り立つときであるが，④の等号が成り立つのは，帰納法の仮定から，
$$x_1 = x_2 = \cdots = x_{n-1} = x_n x_{n+1} = 1$$
のときであり，⑤の等号が成り立つのは，
$$x_n = 1 \text{ または } x_{n+1} = 1$$
のときであるから，結局
$$x_1 = x_2 = \cdots = x_n = x_{n+1} = 1$$
の場合である。したがって，Q_{n+1} も成り立つ。

(I)，(II)より，$n = 2, 3, \cdots$ について，Q_n の成立が示された。

2° 以上のことを利用して，相加平均・相乗平均の不等式を証明しよう。

相加平均・相乗平均の不等式 （AM-GM inequality）

n 個の正の数 $a_1, a_2, \cdots, a_n$ に対して，
$$\frac{a_1 + a_2 + \cdots + a_n}{n} \geq \sqrt[n]{a_1 a_2 \cdots a_n} \quad \cdots\cdots(☆)$$
が成り立つ。また，等号成立は $a_1 = a_2 = \cdots = a_n$ のときに限る。

(証明)　$k = 1, 2, \cdots, n$ に対して，
$$x_k = \frac{a_k}{\sqrt[n]{a_1 a_2 \cdots a_n}}$$
とおくと，$x_1, x_2, \cdots, x_n$ は正の数であり，
$$x_1 x_2 \cdots x_n = \frac{a_1}{\sqrt[n]{a_1 a_2 \cdots a_n}} \cdot \frac{a_2}{\sqrt[n]{a_1 a_2 \cdots a_n}} \cdots\cdots \frac{a_n}{\sqrt[n]{a_1 a_2 \cdots a_n}}$$
$$= \frac{a_1 a_2 \cdots a_n}{(\sqrt[n]{a_1 a_2 \cdots a_n})^n} = 1$$
を満たす。したがって，|解答|で示したことより，
$$x_1 + x_2 + \cdots + x_n \geq n$$
が成り立つ。つまり
$$\frac{a_1}{\sqrt[n]{a_1 a_2 \cdots a_n}} + \frac{a_2}{\sqrt[n]{a_1 a_2 \cdots a_n}} + \cdots\cdots + \frac{a_n}{\sqrt[n]{a_1 a_2 \cdots a_n}} \geq n$$
∴　$$\frac{a_1 + a_2 + \cdots + a_n}{n} \geq \sqrt[n]{a_1 a_2 \cdots a_n}$$
が成り立つ。さらに，等号が成立するのは，1°で示したことより
$$x_1 = x_2 = \cdots = x_n = 1, \text{ すなわち, } a_1 = a_2 = \cdots = a_n$$
のときに限る。　　　　　　　　　　　　　　　　　　　　(証明おわり)

なお，n 個の正の数 $a_1, a_2, \cdots\cdots, a_n$ において，$\dfrac{a_1+a_2+\cdots\cdots+a_n}{n}$ を相加平均 (arithmetic mean)，$\sqrt[n]{a_1 a_2 \cdots\cdots a_n}$ を相乗平均 (geometric mean) という。

相加平均・相乗平均の不等式 (☆) は，$n=3$ のとき，
$$\frac{a_1+a_2+a_3}{3} \geqq \sqrt[3]{a_1 a_2 a_3}$$
となるが，この不等式の別の証明で，知っておくべき計算を含むものを以下に示しておく。

まず，$a^3+b^3+c^3-3abc$ を因数分解すると
$$\begin{aligned}
&a^3+b^3+c^3-3abc \\
&=(a+b)^3-3ab(a+b)+c^3-3abc \\
&=(a+b)^3+c^3-3ab(a+b+c) \\
&=\{(a+b)+c\}\{(a+b)^2-(a+b)c+c^2-3ab\} \\
&=(a+b+c)(a^2+b^2+c^2-ab-bc-ca) \quad \cdots\cdots ⑧
\end{aligned}$$
となる。ここで，a, b, c が正の数のとき，
$$a+b+c>0,$$
$$\begin{aligned}
&a^2+b^2+c^2-ab-bc-ca \\
&=\frac{1}{2}\{(a-b)^2+(b-c)^2+(c-a)^2\} \geqq 0 \quad \cdots\cdots ⑨
\end{aligned}$$
であることから，⑧，⑨より
$$a^3+b^3+c^3-3abc \geqq 0$$
が成り立つ。ここで，$a=\sqrt[3]{a_1}, b=\sqrt[3]{a_2}, c=\sqrt[3]{a_3}$ とおくと，
$$a_1+a_2+a_3-3\sqrt[3]{a_1 a_2 a_3} \geqq 0 \quad \therefore \quad \frac{a_1+a_2+a_3}{3} \geqq \sqrt[3]{a_1 a_2 a_3}$$
が得られる。等号が成り立つのは，⑨の等号が成り立つときであるから，$a=b=c$，すなわち，$a_1=a_2=a_3$ のときである。

類題 20　→ 解答 p.341

n 個の正の数 $x_1, x_2, \cdots\cdots, x_n$ が $x_1+x_2+\cdots\cdots+x_n=n$ を満たしているとき，
$$x_1 x_2 \cdots\cdots x_n \leqq 1$$
が成り立つことを示せ。ただし，$n \geqq 2$ とする。

611 n の偶奇が関係する命題と数学的帰納法

正の整数 $n=2^a b$（ただし a は 0 以上の整数で b は奇数）に対して $f(n)=a$ とおくとき，次の問いに答えよ。

(1) 正の整数 k, m に対して $f(km)=f(k)+f(m)$ であることを示せ。

(2) $f(3^n+1)$ $(n=0, 1, 2, \cdots\cdots)$ を求めよ。

☆ (3) $f(3^n-1)-f(n)$ $(n=1, 2, 3, \cdots\cdots)$ を求めよ。

(横浜国大)

精講 (2) 3^n+1 で $n=0, 1, 2, \cdots\cdots$ とおくと，$3^0+1=2$, $3^1+1=2^2$, $3^2+1=2\cdot 5$, $3^3+1=2^2\cdot 7$ より "$f(3^n+1)$ の値は n が奇数のときは 2, n が偶数のときは 1 である" ……(＊) と予想できます。(＊)を数学的帰納法で示すには，隣り合う偶数，奇数の n をーまとめにした命題を用意するとよいでしょう。

解答 (1) k, m が $k=2^c d$, $m=2^e f$ (c, e は 0 以上の整数, d, f は奇数）と表されるとき，
$$f(k)=c, \ f(m)=e, \ km=2^{c+e}df$$
である。ここで，df は奇数であるから，
$$f(km)=c+e=f(k)+f(m) \quad \cdots\cdots ①$$
が成り立つ。 (証明おわり)

(2) $m=0, 1, 2, \cdots\cdots$ に対して
$$f(3^{2m}+1)=1, \ f(3^{2m+1}+1)=2 \quad \cdots\cdots ②$$
であることを数学的帰納法によって示す。 ← n が偶数 $(n=2m)$，奇数 $(n=2m+1)$ の場合をまとめた命題である。

(I) $m=0$ のとき，
$$f(3^0+1)=f(2)=1, \ f(3^1+1)=f(2^2)=2$$
より，②は成り立つ。

(II) $m=k$ （k は 0 以上の整数）のとき，②が成り立つとする。すなわち，
$$3^{2k}+1=2A, \ 3^{2k+1}+1=2^2 B=4B$$
(A, B は奇数 ……(☆)) とする。このとき，
$$3^{2(k+1)}+1=9\cdot 3^{2k}+1$$
$$=9(2A-1)+1=2(9A-4)$$

← $3^{2(k+1)}+1=3\cdot 3^{2k+1}+1$
$=3(4B-1)+1$
$=2(6B-1)$ でもよい。

$$3^{2(k+1)+1}+1=9\cdot 3^{2k+1}+1$$
$$=9(4B-1)+1=2^2(9B-2)$$

となる。ここで, (☆) より $9A-4$, $9B-2$ は奇数であるから

$$f(3^{2(k+1)}+1)=1, \quad f(3^{2(k+1)+1}+1)=2$$

である。②は $m=k+1$ でも成り立つ。

(I), (II)より, $m=0, 1, 2, \cdots\cdots$ に対して②が成り立つ。

したがって,

$$f(3^n+1)=\begin{cases} \boldsymbol{1} & (\boldsymbol{n}\text{ が偶数のとき}) \\ \boldsymbol{2} & (\boldsymbol{n}\text{ が奇数のとき}) \end{cases} \quad \cdots\cdots ③$$

である。

(3) (i) n が奇数のとき

$$3^n-1=(3-1)(3^{n-1}+3^{n-2}+\cdots\cdots+3+1)$$
$$=2(3^{n-1}+3^{n-2}+\cdots\cdots+3+1)$$

であり, 右辺の ( ) 内は n 個の奇数の和であるから, 奇数である。したがって,

$$f(3^n-1)-f(n)=1-0=1$$

である。

←( )内を b (奇数) とおくと, $3^n-1=2b$ より, $f(3^n-1)=1$

←n は奇数より, $f(n)=0$

(ii) n が偶数のとき, $n=2^p q$ (p は正の整数, q は奇数) とおける。

$3^{2^p}=r$ とおくと, r は奇数で,

$$3^n-1=3^{2^p q}-1=(3^{2^p})^q-1=r^q-1$$
$$=(r-1)(r^{q-1}+r^{q-2}+\cdots\cdots+r+1)$$

であり, 右辺の右側の ( ) 内は q 個の奇数の和であるから, 奇数である。したがって,

$$f(3^n-1)-f(n)=f(r-1)-f(2^p q)$$
$$=f(3^{2^p}-1)-p \quad \cdots\cdots ④$$

である。

←右側の ( ) 内を c (奇数) とおくと, $3^n-1=(r-1)c$ であるから,
$f(3^n-1)=f((r-1)c)$
$=f(r-1)+f(c)$
$=f(r-1)$

ここで, $a_p=f(3^{2^p}-1)$ とおくと,

$$a_{p+1}=f(3^{2^{p+1}}-1)=f((3^{2^p}-1)(3^{2^p}+1))$$
$$=f(3^{2^p}-1)+f(3^{2^p}+1)$$
$$=a_p+1$$

となる。$\{a_p\}$ は公差1の等差数列であり,

←$3^{2^{p+1}}-1=(3^{2^p})^2-1$

←③より, $f(3^{2^p}+1)=1$

←$a_{p+1}-a_p=1$

$$a_1 = f(3^2-1) = f(2^3) = 3$$

より，

$$a_p = a_1 + 1 \cdot (p-1) = p+2$$

である。④に戻ると

$$f(3^n-1) - f(n) = a_p - p = 2$$

である。

(i), (ii)より

$$f(3^n-1) - f(n) = \begin{cases} 1 & (n \text{ が奇数のとき}) \\ 2 & (n \text{ が偶数のとき}) \end{cases}$$

である。

参考

(2)では，二項定理を利用することもできる。以下では，$n \geq 2$ とする。

n が偶数のとき

$$3^n + 1 = (4-1)^n + 1 = \sum_{k=0}^{n} {}_nC_k 4^{n-k}(-1)^k + 1$$

$$= \underbrace{4^n - {}_nC_1 \cdot 4^{n-1} + \cdots + {}_nC_{n-1} \cdot 4 \cdot (-1)^{n-1}}_{(4 \text{ の倍数})} + (-1)^n + 1$$

$$= 4M + 1 + 1 = 2(2M+1) \quad (M \text{ は整数})$$

n が奇数のとき

$$3^n + 1 = (4-1)^n + 1 = \sum_{k=0}^{n} {}_nC_k 4^{n-k}(-1)^k + 1$$

$$= \underbrace{4^n - {}_nC_1 \cdot 4^{n-1} + \cdots + {}_nC_{n-2} \cdot 4^2 (-1)^{n-2}}_{(4^2 \text{ の倍数})} + {}_nC_{n-1} \cdot 4 \cdot (-1)^{n-1} + (-1)^n + 1$$

$$= 4^2 N + n \cdot 4 \cdot 1 - 1 + 1 = 2^2(4N+n) \quad (N \text{ は整数})$$

となり，n は奇数であるから，$4N+n$ は奇数である。

類題 21 → 解答 p.342

数列 $\{a_n\}$ が

$$\begin{cases} (a_1 + a_2 + \cdots + a_n)^2 = a_1^3 + a_2^3 + \cdots + a_n^3 & (n=1, 2, 3, \cdots) \\ a_{3m-2} > 0, \ a_{3m-1} > 0, \ a_{3m} < 0 & (m=1, 2, 3, \cdots) \end{cases}$$

を満たすとき，次の問いに答えよ。

(1) $a_1, a_2, \cdots, a_6$ を求めよ。

(2) $a_{3m-2}, a_{3m-1}, a_{3m} \ (m=1, 2, 3, \cdots)$ を m の式で表せ。　　　　　(横浜国大)

第7章 場合の数と確率

701 ある条件を満たす4桁の整数の個数

次の条件を満たす正の整数全体の集合をSとおく。
「各桁の数字は互いに異なり，どの2つの桁の数字の和も9にならない。」
ただし，Sの要素は10進法で表す。また，1桁の正の整数はSに含まれるとする。

(1) Sの要素でちょうど4桁のものは何個あるか。
(2) 小さい方から数えて2000番目のSの要素を求めよ。　　　　　(東京大)

精講　(1) 「どの2つの桁の数字の和も9にならない」ということは，たとえば，千の位の数が2のとき，百以下の位の数に7は現われないということです。さらに，「各桁の数字が互いに異なる」条件のもとで千の位から順に何通りずつあるかを調べます。

(2) Sの要素で1桁，2桁，3桁のものの個数を数えると，2000番目の要素は4桁であることがわかりますから，4桁の小さい方から何番目となるかを調べます。

解答　(1) 0から9までの異なる2数で，それらの和が9となるのは，
$$\{0, 9\}, \{1, 8\}, \{2, 7\}, \{3, 6\}, \{4, 5\} \quad \cdots\cdots ①$$
であり，Sに属する数の桁の数字としては，①の同じ集合に属する2数が現れることはない。

したがって，Sの要素で4桁のものを$abcd$と表すことにし，①において，a, b, c, dと同じ集合に入っている数をそれぞれa', b', c', d'とするとき，　　←たとえば，
$a=2$のとき，$a'=7$
$b=3$のとき，$b'=6$
などである。

aの決め方は0以外の9通り，
bの決め方はa, a'以外の8通り，
cの決め方はa, a', b, b'以外の6通り，
dの決め方はa, a', b, b', c, c'以外の4通り
あるので，全部で
$$9 \times 8 \times 6 \times 4 = \mathbf{1728} \text{個}$$
である。

(2) (1)と同様に考えると，S の要素で
 3桁のものは　$9 \cdot 8 \cdot 6 = 432$ 個
 2桁のものは　$9 \cdot 8 = 72$ 個
 1桁のものは　　9 個

ある。これより，小さい方から数えて 2000 番目の S の要素 N は，4桁のものの小さい方から
$$2000 - (432 + 72 + 9) = 1487 \text{ 番目}$$
の要素である。

(1)で調べたことから，$a = 1$ であるものは，
$$8 \cdot 6 \cdot 4 = 192 \text{ 個}$$
あり，$a = 2, 3, \ldots, 9$ であるものも同様である。
ここで，
$$1487 = 192 \cdot 7 + 143$$
より，N は $a = 8$ であるものの中で小さい方から 143 番目のものである。 ← $a = 1, 2, \ldots, 7$ であるものの合計は $192 \cdot 7 = 1344$ 個である。

次に，$a = 8, b = 0$ であるものは
$$6 \cdot 4 = 24 \text{ 個}$$
あり，$b = 2, 3, \ldots, 9$ であるものも同様である。 ← $a = 8$ のとき，$b \neq a' = 1$ に注意する。
ここで，
$$143 = 24 \cdot 5 + 23$$
より，N は $a = 8, b = 6$ であるものの中で小さい方から 23 番目，逆に大きい方から 2 番目であるが，c, d として使える数字は 0, 2, 4, 5, 7, 9 であるから $c = 9, d = 5$ である。結局，
$$N = \mathbf{8695}$$
である。

← $a = 8$ で $b = 0, 2, 3, 4, 5$ であるものがそれぞれ 24 個ある。

← $a = 8, b = 6$ である最も大きい数は 8697 となる。

類題 22　→ 解答 p.343

1000 から 9999 までの 4 桁の自然数について，次の問いに答えよ。
(1) 1 が使われているものはいくつあるか。
(2) 1, 2 の両方が使われているものはいくつあるか。
(3) 1, 2, 3 のすべてが使われているものはいくつあるか。　　　　　（名古屋市大）

702 最短経路に関する場合の数

図1と図2は碁盤の目状の道路とし，すべて等間隔であるとする。
(1) 図1において，点Aから点Bに行く最短経路は全部で何通りあるか求めよ。
(2) 図1において，点Aから点Bに行く最短経路で，点Cと点Dのどちらも通らないものは全部で何通りあるか求めよ。
(3) 図2において，点Aから点Bに行く最短経路は全部で何通りあるか求めよ。ただし，斜線の部分は通れないものとする。

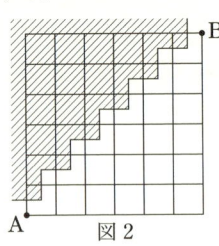

(九州大)

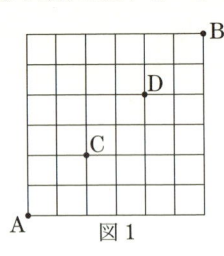

精講

(1) 方向は2種類で，それぞれ6回ずつ進むことになります。あとはその順序だけです。
(2) 除かれるのは「点C，点Dの少なくとも一方を通る最短経路」です。
(3) ここでは面倒なことを考えずに，斜線部分を通らずに点Aから達することができるすべての頂点までの最短経路の本数を順に数えていくのが，結果としては一番早いことになります。

解答

(1) 右方向，上方向にそれぞれ1区画ずつ進むことをそれぞれX，Yと表すことにする。 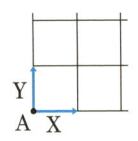
AからBに行く最短経路では，X，Yをそれぞれ6回ずつ行うことになるので，

$$_{12}C_6 = \frac{12 \cdot 11 \cdot 10 \cdot 9 \cdot 8 \cdot 7}{6 \cdot 5 \cdot 4 \cdot 3 \cdot 2 \cdot 1} = 924 \text{ 通り}$$

← 12回のうち，Xがどこに入るかと考えた。

ある。

(2) まず，Cを通るものは(1)と同様にA→C，C→Bと考えると

$$_4C_2 \cdot {}_8C_4 = \frac{4 \cdot 3}{2 \cdot 1} \cdot \frac{8 \cdot 7 \cdot 6 \cdot 5}{4 \cdot 3 \cdot 2 \cdot 1} = 420 \text{ 通り}$$

← A→CはX2回，Y2回で，C→BはX4回，Y4回である。

244

あり，Dを通るものも同様である。また，C，Dの両方を通るものはA→C，C→D，D→Bと考えると
$$_4C_2 \cdot {}_4C_2 \cdot {}_4C_2 = 6^3 = 216 \text{ 通り}$$
あるから，CまたはDの少なくとも一方を通る最短経路は
$$2 \cdot 420 - 216 = 624 \text{ 通り}$$
である。したがって，C，Dのどちらも通らないものは
$$924 - 624 = \mathbf{300 \text{ 通り}}$$
である。

← C，Dの両方を通るものはCを通るもの，Dを通るものとして二重に数えられている。

(3) 斜線の部分を通らずにAから各点に達する最短経路の本数は右図の通りである。たとえば，Hへの最短経路はFまたはGを通るから，5+9=14 通りあることになる。

この結果，求める最短経路は **132 通り** である。

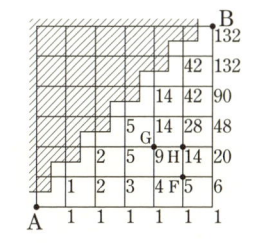

参考

(3)はよく知られた問題を一辺の長さ 6 の正方形の形に直したものである。コツコツと数え上げても大した手間ではないが，より一般化された場合にも通用する考え方を紹介しておく。

まず，右図のように，直線 l に関して A，I と対称な点 A′，I′ をとり，5 つの小正方形を加えておく。このとき，斜線部分を通る最短経路は必ず l 上の点を通るから，Aから出発して最初に達する l 上の点をPとし，A→Pの経路(たとえば，青線部分)だけを l に関して折り返すと，A′からBまでの最短経路が得られる。逆に，A′からBまでの最短経路は必ず l 上の点を通るから，A′から最初の l 上の点までの経路を l に関して折り返すと斜線部分を通るAからBまでの最短経路となる。この結果，斜線部分を通るものの個数は A′ からBまでの最短経路の個数 $_{12}C_5 = 792$ に等しい。

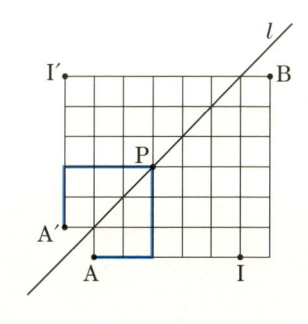

よって，求める最短経路は 924−792=132 通りである。

703 異なるn個のものを3つの箱に入れる場合の数

nを正の整数とし，1からnまで異なる番号のついたn個のボールを3つの箱に分けて入れる問題を考える。ただし，1個のボールも入らない箱があってもよいものとする。次の場合について，それぞれ相異なる入れ方の総数を求めたい。

(1) A，B，Cと区別された3つの箱に入れる場合，その入れ方は全部で何通りあるか。

(2) 区別のつかない3つの箱に入れる場合，その入れ方は全部で何通りあるか。

(東京大*)

精講　(2)では，順列の個数から組合せの個数を導くときの考え方が役に立ちます。つまり，異なるn個のものからr個取り出して1列に並べる順列の総数は${}_n\mathrm{P}_r$ですが，それをまずn個からr個取り出して，そのあとで1列に並べると考えると順列の総数は${}_n\mathrm{C}_r \cdot r!$となります。これから，

$$_n\mathrm{P}_r = {}_n\mathrm{C}_r \cdot r! \quad \therefore \quad {}_n\mathrm{C}_r = \frac{{}_n\mathrm{P}_r}{r!}$$

が導かれます。同様に，まずn個のボールを区別のつかない3つの箱に分けたあと，それらの箱にA，B，Cと名前を付けたと考えると(1)の入れ方が得られることを利用するのです。ただし，ボールの分かれ方によって，A，B，Cの名前の付け方の場合の数が変わることに注意が必要です。

解答　(1) 1個のボールについて，A，B，Cのいずれに入れるかで3通りずつあるから，全体として3^n通りある。

(2) 区別のつかない3つの箱にボールを入れたあとで，これらの箱にA，B，Cの名前を付けると，(1)の入れ方となるので，この対応関係を利用して求める場合の数M通りと(1)の場合の数3^n通りの関係を調べる。

(i) n個がすべて1つの箱に入るとき

(2)としては1通りであり，(1)としては，n個が入った箱の名前の付け方で3通りあるから，3通りある。

← 空の2つの箱の名前は入れ換わっても関係ない。

(ii) n 個が 2 つ以上の箱に分かれて入るとき

(2)としては $(M-1)$ 通りあり，それぞれの場合，3 つの箱の中身は区別がつくので，名前の付け方は $3!$ 通りある。よって，(1)としては，$(M-1)\cdot 3!$ 通りある。

← (2)の場合の数は全部で M 通りで，そこから(i)の 1 通りを除いた場合である。
← 空の箱があっても，他の 2 つの箱とは区別がつくことに注意する。

(i), (ii)の場合を合わせると，(1)のすべての分け方が得られるので，
$$3+(M-1)\cdot 3! = 3^n$$
が成り立つ。これより，求める場合の数は
$$M = \frac{3^n+3}{3!} = \frac{3^{n-1}+1}{2} \text{ 通り}$$
である。

参考

(2)は次のように処理することもできる。

別解

求める場合の数を a_n 通りとおく。

このとき，a_{n+1} を a_n を用いて表すことを考える。そのために，①から⑩までのボールを 3 つの箱に分けたあとで，⑪+1 のボールを入れるとする。

(I) ①から⑩までが 1 つの箱に入っている場合には，⑪+1 をその箱に入れるか，空の箱に入れるかの 2 通りである。

(II) (I)以外の (a_n-1) 通りの場合には，3 つの箱は区別できるから，⑪+1 の入れ方は 3 通りずつあるので，全部で $3(a_n-1)$ 通りである。

以上より
$$a_{n+1} = 2+3(a_n-1) = 3a_n-1 \quad \therefore \quad a_{n+1}-\frac{1}{2} = 3\left(a_n-\frac{1}{2}\right)$$
が成り立つ。$a_1=1$ であるから，
$$a_n-\frac{1}{2} = 3^{n-1}\left(a_1-\frac{1}{2}\right) = \frac{1}{2}\cdot 3^{n-1}$$
$$\therefore \quad a_n = \frac{1}{2}(3^{n-1}+1)$$
である。

704 区別のつかない n 個のものを 3 つの箱に入れる場合の数

n を正の整数とし，互いに区別のつかない n 個のボールを 3 つの箱に分けて入れる問題を考える。ただし，1 個のボールも入らない箱があってもよいものとする。次の場合について，それぞれ相異なる入れ方の総数を求めたい。

(1) A, B, C と区別された 3 つの箱に入れる場合，その入れ方は全部で何通りあるか。

☆ (2) n が 6 の倍数 $6m$ であるとき，区別のつかない 3 つの箱に入れる場合，その入れ方は全部で何通りあるか。　　　　　　　　　　　　　　　　(東京大*)

精講　(1) 入れ方の総数は 3 つの文字 A, B, C から重複を許して n 個取り出す場合の数に等しいので，いわゆる，重複組合せについて復習しておきましょう。

> （異なる n 種のものから重複を許して r 個取り出す組合せの総数 H）
> ＝（n 種それぞれから $x_1, x_2, \cdots\cdots, x_n$ 個取り出すとすると，
> 　　$x_1+x_2+\cdots\cdots+x_n=r$, $x_1 \geqq 0$, $x_2 \geqq 0$, $\cdots\cdots$, $x_n \geqq 0$　……(＊)
> 　を満たす整数の組 $(x_1, x_2, \cdots\cdots, x_n)$ の個数)
> ＝（r 個の○と $(n-1)$ 本の仕切り｜の順列の総数）
> ＝${}_{n+r-1}\mathrm{C}_r={}_{n+r-1}\mathrm{C}_{n-1}$

(＊)を満たす整数の組 $(x_1, x_2, \cdots\cdots, x_n)$ は，r 個の○と $(n-1)$ 本の仕切り｜の順列と次のように対応させることができます。

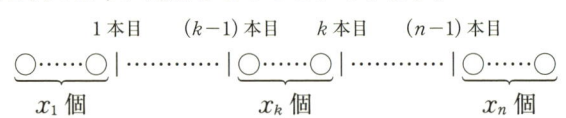

$$\underbrace{\overset{\text{1本目}}{\bigcirc\cdots\cdots\bigcirc}}_{x_1 \text{個}}|\cdots\cdots\cdots|\underbrace{\overset{(k-1)\text{本目}\quad k\text{本目}}{\bigcirc\cdots\cdots\bigcirc}}_{x_k \text{個}}|\cdots\cdots\cdots|\underbrace{\overset{(n-1)\text{本目}}{\bigcirc\cdots\cdots\bigcirc}}_{x_n \text{個}}$$

このような順列は，○と｜を合わせた $(n+r-1)$ 個の場所から○の入る r か所（または，｜の入る $(n-1)$ か所）を選ぶと決まりますから，${}_{n+r-1}\mathrm{C}_r (={}_{n+r-1}\mathrm{C}_{n-1})$ 通りあります。したがって，

$$H={}_{n+r-1}\mathrm{C}_r={}_{n+r-1}\mathrm{C}_{n-1}$$

が成り立ちます。

(2) n 個のボールを区別のつかない 3 つの箱に分けたあと，それらの箱に A, B, C と名前を付けたと考えると(1)の入れ方が得られます。ただし，$6m$ 個のボールの分け方によって，名前の付け方の場合の数が変わります。

解答

(1) A, B, C の箱に入れるボールの個数を順に a, b, c とすると,
$$a+b+c=n, \ a\geqq 0, \ b\geqq 0, \ c\geqq 0 \quad \cdots\cdots ①$$
となるから,求める場合の数は①を満たす整数の組 (a, b, c) の個数に等しい。

← 参考 1° 参照。

このような組 (a, b, c) は n 個の○と 2 本の仕切り｜の順列と対応しているので,求める場合の数はこのような順列の個数,つまり,$(n+2)$ か所から｜の入る 2 か所の選び方の総数に等しいから,

← 精講 参照。

$$_{n+2}\mathrm{C}_2 = \frac{1}{2}(n+2)(n+1) \text{ 通り}$$

である。

(2) 区別のつかない 3 つの箱にボールを入れたあとで,これらの箱に A, B, C の名前を付けると,(1)の入れ方になるので,この対応関係を利用して求める場合の数 N 通りと(1)の場合の数の関係を調べる。

← 703 (2)と同様に考える。

$n=6m$ として,3 つの箱に入るボールの個数が,
 (i) すべて等しい
 (ii) 2 つだけが等しい
 (iii) いずれも異なる
場合に分けて調べる。

(i) すべての箱に $2m$ ずつ入っているので,(1)の入れ方としても 1 通りである。

← 名前の付け方は 1 通りで,A, B, C の箱すべてに $2m$ 個ずつ入っている。

(ii) 3 つの箱のボールの個数については,
$$(0, 0, 6m), \ (1, 1, 6m-2),$$
$$\cdots\cdots, \ (3m, 3m, 0)$$
の $(3m+1)$ 通りから,(i)の $(2m, 2m, 2m)$ を除いた $3m$ 通りある。(1)の入れ方としては,名前の付け方でそれぞれにつき 3 通りずつあるので,全体としては $3m \cdot 3 = 9m$ 通りである。

← 異なる個数のボールが入る箱の名前だけを決めるとよい。

(iii) (i), (ii)以外の $\{N-(1+3m)\}$ 通りの分け方では,3 つの箱のボールの個数が異なり,(1)の入れ方としては,それぞれにつき 3! 通りあるので,全体としては $\{N-(1+3m)\} \cdot 3!$ 通りある。

(i)～(iii)より，(1)の入れ方をNを用いて表すと，
$$1+9m+\{N-(1+3m)\}\cdot 3!$$
$$=(6N-9m-5) \text{ 通り}$$
であり，これが(1)で求めた場合の数で，$n=6m$ とおいたものに等しいから
$$6N-9m-5$$
$$=\frac{1}{2}(6m+2)(6m+1)$$
∴ $N=3m^2+3m+1=\dfrac{n^2}{12}+\dfrac{1}{2}n+1$ 通り

である．

参考

1° (1)において，①を満たす整数の組 (a, b, c) の個数は次のように求めることもできる．

$c=k$ $(k=0, 1, 2, \dots, n)$ のとき，①より
$$a+b=n-k, \quad a\geqq 0, \quad b\geqq 0 \quad \cdots\cdots ②$$
となるが，②を満たす整数の組 (a, b) は
$$(0, n-k), (1, n-k-1), \dots, (n-k, 0)$$
の $(n-k+1)$ 通りある．したがって，求める組 (a, b, c) の個数は
$$\sum_{k=0}^{n}(n-k+1)=\frac{1}{2}(n+1)(n+2)$$
である．

しかし，①のような方程式で未知数の個数が多い，たとえば，4個 (a, b, c, d) などの場合には，同様の計算を何度も繰り返すことが必要となる．

2° (2)では，$6m$ を3個の0以上の整数の和に分ける場合の数に等しいから，次のような解法も考えられる．

<別解>

3つの箱のボールの個数を多い順に x, y, z 個とおくと，
$$x+y+z=6m, \quad x\geqq y\geqq z\geqq 0 \quad \cdots\cdots ③$$
となるので，③を満たす整数の組 (x, y, z) の個数が求める場合の数である．

z の取り得る値の範囲は
$$6m = x+y+z \geqq z+z+z = 3z$$
より
$$0 \leqq z \leqq 2m$$
である。

(i) $z=2k$ $(k=0, 1, 2, \cdots\cdots, m)$ のとき
$$x = x'+2k, \quad y = y'+2k$$
とおくと，③は
$$x'+y' = 6m-6k, \quad x' \geqq y' \geqq 0 \quad \cdots\cdots ④$$
となる。④を満たす整数の組 (x', y') では，
$$y' = 0, 1, \cdots\cdots, 3m-3k$$
であるから，$(3m-3k+1)$ 通りある。

← ④，⑤からわかるように，z の偶奇による場合分けが必要となる。

← 対応する x' は
$x' = 6m-6k, 6m-6k-1,$
　　　　$\cdots\cdots, 3m-3k$
である。

(ii) $z=2k-1$ $(k=1, 2, \cdots\cdots, m)$ のとき
$$x = x'+2k-1, \quad y = y'+2k-1$$
とおくと，③は
$$x'+y' = 6m-6k+3, \quad x' \geqq y' \geqq 0 \quad \cdots\cdots ⑤$$
となる。⑤を満たす整数の組 (x', y') では，
$$y' = 0, 1, \cdots\cdots, 3m-3k+1$$
であるから，$(3m-3k+2)$ 通りある。

← 対応する x' は
$x' = 6m-6k+3,$
　$6m-6k+2, \cdots\cdots,$
　　　　$3m-3k+2$

したがって，(i), (ii)より，③を満たす整数の組 (x, y, z) の個数は
$$\sum_{k=0}^{m}(3m-3k+1) + \sum_{k=1}^{m}(3m-3k+2)$$
$$= \frac{1}{2}(m+1)(3m+2) + \frac{1}{2}m(3m+1)$$
$$= 3m^2+3m+1$$
である。

← いずれも等差数列の和とみなすことができる。

類題 23 → 解答 p.344

(1) m を 0 以上の整数とするとき，$x+2y \leqq m$ を満たす 0 以上の整数の組 (x, y) の個数を求めよ。

☆(2) n を 0 以上の整数とするとき，$\dfrac{x}{6}+\dfrac{y}{3}+\dfrac{z}{2} \leqq n$ を満たす 0 以上の整数の組 (x, y, z) の個数を求めよ。

第7章　場合の数と確率

705 定義にもとづいた確率

n は 2 以上の整数とする。座標平面上の，x 座標，y 座標がともに 0 から $n-1$ までの整数であるような n^2 個の点のうちから，異なる 2 個の点 (x_1, y_1)，(x_2, y_2) を無作為に選ぶ。

(1) $x_1 \neq x_2$ かつ $y_1 \neq y_2$ である確率を求めよ。
(2) $x_1 + y_1 = x_2 + y_2$ である確率を求めよ。

(一橋大)

精講　n^2 個の点のうちから異なる 2 点を選ぶ場合の数 ${}_{n^2}C_2$ で，(1)，(2)それぞれを満たす場合の数を割るだけです。

(2)では (x_1, y_1)，(x_2, y_2) はともに直線 $x+y=k$（k は整数）上にあると考えます。k の取り得る値の範囲と k のそれぞれの値に対応する直線上の 2 点の選び方を数え上げます。

解答　(1) 異なる 2 点 (x_1, y_1)，(x_2, y_2) の選び方は ${}_{n^2}C_2$ 通りあり，すべて同様に確からしい。このうち，

$$x_1 \neq x_2 \text{ かつ } y_1 \neq y_2 \quad \cdots\cdots ①$$

を満たす 2 点の x 座標 x_1，x_2 に現れる異なる 2 数 a，b（$a<b$）は n 個の数 $0, 1, \cdots\cdots, n-1$ の 2 数であるから，${}_nC_2$ 通りあって，同様に y 座標 y_1，y_2 に現れる 2 数 c，d（$c<d$）についても ${}_nC_2$ 通りある。

a，b，c，d が決まったあと，①を満たす 2 点としては (a, c) と (b, d)，(a, d) と (b, c) の 2 通りがあるので，結局，①を満たす 2 点の選び方は $({}_nC_2)^2 \cdot 2$ 通りある。したがって，求める確率は

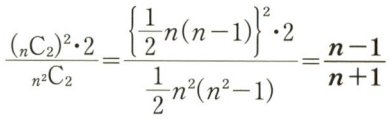

← 下図の黒 2 点または青 2 点である。

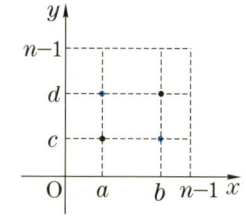

$$\frac{({}_nC_2)^2 \cdot 2}{{}_{n^2}C_2} = \frac{\left\{\frac{1}{2}n(n-1)\right\}^2 \cdot 2}{\frac{1}{2}n^2(n^2-1)} = \frac{n-1}{n+1}$$

である。

(2) 異なる 2 点 (x_1, y_1)，(x_2, y_2) が

$$x_1 + y_1 = x_2 + y_2 \quad \cdots\cdots ②$$

を満たすとき，2 点はともに直線

$$x + y = k \quad \cdots\cdots ③$$

($k=1, 2, \cdots\cdots, 2n-3$) 上にある。

直線③上の格子点 (x, y) で
$$0 \leq x \leq n-1 \text{ かつ } 0 \leq y \leq n-1$$
を満たすものの個数は，右図より，
$$k=1, 2, \cdots\cdots, n-2, n-1, \cdots\cdots,$$
$$2n-4, 2n-3$$
のとき，それぞれ
$$2, 3, \cdots\cdots, n-1, n, \cdots\cdots, 3, 2 \text{ 個}$$
であるので，②を満たす2点の選び方はそれぞれ
$$_2C_2, {}_3C_2, \cdots\cdots, {}_{n-1}C_2, {}_nC_2, \cdots\cdots, {}_3C_2, {}_2C_2 \text{ 通りずつあり，その総数は}$$ 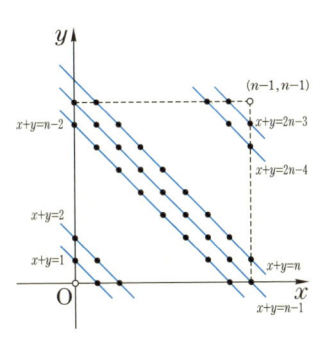
$$2({}_2C_2+{}_3C_2+\cdots\cdots+{}_{n-1}C_2)+{}_nC_2$$
$$=2\sum_{j=1}^{n-2}{}_{j+1}C_2+{}_nC_2$$
$$=\sum_{j=1}^{n-2}(j+1)j+\frac{1}{2}n(n-1)$$
$$=\frac{1}{6}n(n-1)(2n-1)$$

である。したがって，求める確率は
$$\frac{\frac{1}{6}n(n-1)(2n-1)}{\frac{1}{2}n^2(n^2-1)}=\frac{2n-1}{3n(n+1)} \quad \cdots\cdots ④$$

である。

← $2\sum_{j=1}^{n-2}{}_{j+1}C_2$
$=2\sum_{j=1}^{n-2}\frac{1}{2}(j+1)j$

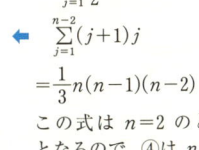

← $\sum_{j=1}^{n-2}(j+1)j$
$=\frac{1}{3}n(n-1)(n-2)$

この式は $n=2$ のとき 0 となるので，④は $n=2$ でも成り立っている。

参考

(1)では，2点を順に選ぶと考えると次のようになる。

別解

まず (x_1, y_1) を勝手に選んだと考えると，(x_2, y_2) の選び方は (n^2-1) 通りである。このうち，①を満たすのは，右図の $2(n-1)$ 個の○点を除いた
$$n^2-1-2(n-1)=(n-1)^2 \text{ 通りであるから，}$$
$$\frac{(n-1)^2}{n^2-1}=\frac{n-1}{n+1}$$

である。

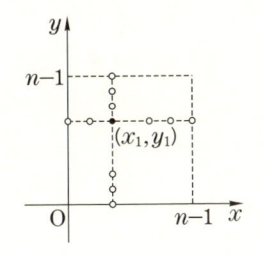

706 和事象の確率 $P(A \cup B) = P(A) + P(B) - P(A \cap B)$

n を 3 以上の自然数とする。1 個のさいころを n 回投げるとき，次の確率を求めよ。

(I)(1) 出る目の最小値が 2 である確率 p
(2) 出る目の最小値が 2 かつ最大値が 5 である確率 q (滋賀大*)
(II)(1) 1 の目が少なくとも 1 回出て，かつ 2 の目も少なくとも 1 回出る確率 r
(2) 1 の目が少なくとも 2 回出て，かつ 2 の目が少なくとも 1 回出る確率 s

(一橋大*)

精講 (I) (1)「最小値が 2 である」のは，「出る目はすべて 2 以上であり，少なくとも 1 回は 2 である」，すなわち，「出る目はすべて 2 以上であるが，"すべてが 3 以上"ではない」ときです。(2) も同様に考えます。

(II) 「少なくとも…」の確率では，余事象を考えると簡単になることが多いです。

解答 n 回の目の出方は 6^n 通りであって，それらは同様に確からしい。

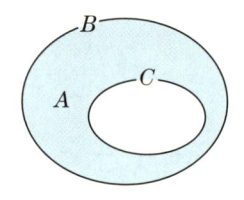

(I) (1) 事象 A「最小値が 2 である」は，B「すべての目が 2 以上」(5^n 通り) から C「すべての目が 3 以上」(4^n 通り) を除いた場合であるから，

$$p = P(A) = P(B) - P(C)$$
$$= \frac{5^n}{6^n} - \frac{4^n}{6^n} = \left(\frac{5}{6}\right)^n - \left(\frac{2}{3}\right)^n$$

である。

←$P(A)$ は事象 A が起こる確率を表す。

←$P(B) = \dfrac{5^n}{6^n}$, $P(C) = \dfrac{4^n}{6^n}$

(2) D「最小値が 2 かつ最大値が 5 である」のは，E「すべての目が 2 以上かつ 5 以下」(4^n 通り) から，F「すべての目が 3 以上かつ 5 以下」(3^n 通り) または G「すべての目が 2 以上かつ 4 以下」(3^n 通り) つまり，$F \cup G$ を除いた場合である。ここで，$F \cap G$「すべての目が 3 または 4」(2^n 通り) であるから，

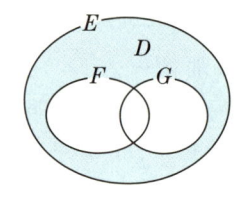

←F のときは (最小値)≥ 3，G のときは (最大値)≤ 4 となる。

$$\begin{aligned}
q = P(D) &= P(E) - P(F \cup G) \\
&= P(E) - \{P(F) + P(G) - P(F \cap G)\} \\
&= \frac{4^n}{6^n} - \left(2 \cdot \frac{3^n}{6^n} - \frac{2^n}{6^n}\right) \\
&= \left(\frac{2}{3}\right)^n - 2 \cdot \left(\frac{1}{2}\right)^n + \left(\frac{1}{3}\right)^n
\end{aligned}$$

← $P(E) = \dfrac{4^n}{6^n}$, $P(F) = P(G) = \dfrac{3^n}{6^n}$, $P(F \cap G) = \dfrac{2^n}{6^n}$

である。

(II) (1) H「1の目が少なくとも1回出て,かつ2の目も少なくとも1回出る」の余事象は I「1の目が出ない」(5^n 通り)または J「2の目が出ない」(5^n 通り),つまり $I \cup J$ である。ここで,$I \cap J$「1の目も2の目も出ない」(4^n 通り)であるから,

$$\begin{aligned}
r = P(H) &= 1 - P(I \cup J) \\
&= 1 - \{P(I) + P(J) - P(I \cap J)\} \\
&= 1 - \left(2 \cdot \frac{5^n}{6^n} - \frac{4^n}{6^n}\right) \\
&= 1 - 2 \cdot \left(\frac{5}{6}\right)^n + \left(\frac{2}{3}\right)^n
\end{aligned}$$

← $P(I) = P(J) = \dfrac{5^n}{6^n}$, $P(I \cap J) = \dfrac{4^n}{6^n}$

である。

(2) K「1の目が少なくとも2回出て,かつ2の目が少なくとも1回出る」の余事象は I または L「1の目がちょうど1回出る」(${}_nC_1 \cdot 1 \cdot 5^{n-1} = n \cdot 5^{n-1}$ 通り)または J である。ここで,I と L は同時には起こらなくて,$J \cap L$「1の目がちょうど1回出るが,2の目は出ない」(${}_nC_1 \cdot 1 \cdot 4^{n-1} = n \cdot 4^{n-1}$ 通り)であるから,

$$\begin{aligned}
s = P(K) &= 1 - P(I \cup J \cup L) \\
&= 1 - \{P(I) + P(J) + P(L) - P(I \cap J) \\
&\qquad\qquad - P(J \cap L)\} \\
&= r - P(L) + P(J \cap L) \\
&= 1 - \left(2 + \frac{n}{5}\right)\left(\frac{5}{6}\right)^n + \left(1 + \frac{n}{4}\right)\left(\frac{2}{3}\right)^n
\end{aligned}$$

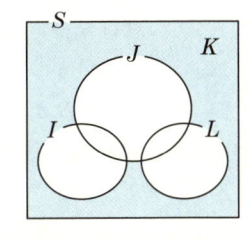

← $J \cap L$ において1の目が出る回について,${}_nC_1$ 通り,他の回はいずれも1, 2以外の4通りある。

← $P(L) = \dfrac{n \cdot 5^{n-1}}{6^n}$, $P(J \cap L) = \dfrac{n \cdot 4^{n-1}}{6^n}$

である。

707 等比数列の和に帰着する確率

「1つのサイコロを振り，出た目が4以下ならばAに1点を与え，5以上ならばBに1点を与える」という試行を繰り返す。

(1) AとBの得点差が2になったところでやめて得点の多いほうを勝ちとする。n回以下の試行でAが勝つ確率 p_n を求めよ。

(2) Aの得点がBの得点より2多くなるか，またはBの得点がAの得点より1多くなったところでやめて，得点の多いほうを勝ちとする。n回以下の試行でAが勝つ確率 q_n を求めよ。

(一橋大)

精講 (1) 1回の試行における得点差の変化は1ですから，得点差が2（偶数）となるのは偶数回後に限ります。そこで，まず2回ごとまとめて考えて，勝負がつかない場合とAが勝つ場合を調べます。(2)も同様に考えますが，(1)とどこが違うでしょうか。

解答 (1) 1回の試行で4以下の目が出ることを a，5以上の目が出ることを b と表す。a，b が起こる確率はそれぞれ $\dfrac{2}{3}$，$\dfrac{1}{3}$ である。

← a のときはAが，b のときはBが得点する。

この試行で得点差が偶数となるのは偶数回後であるから，勝負がつくのは偶数回後である。

← 最初はともに0点で，1回の試行ごとに得点差が1ずつ変化するので。

まず，最初の2回について調べると，aa，bb ならばそれぞれA，Bが勝ち，"ab または ba" ならば得点差が0で，次の試行にうつる。これより，E_{2j}「ちょうど $2j$ 回後にAが勝つ」のは，"ab または ba" が $(j-1)$ 回続いて，最後が aa の場合である。2回の試行で "ab または ba"，aa が起こる確率はそれぞれ

$$\dfrac{2}{3}\cdot\dfrac{1}{3}+\dfrac{1}{3}\cdot\dfrac{2}{3}=\dfrac{4}{9}, \quad \left(\dfrac{2}{3}\right)^2=\dfrac{4}{9}$$

であるから E_{2j} の起こる確率 r_{2j} は

$$r_{2j}=\left(\dfrac{4}{9}\right)^{j-1}\dfrac{4}{9}=\left(\dfrac{4}{9}\right)^j$$

である。

以上より，$n=2m$，$2m+1$（m は 0 以上の整数）のとき，n 回以下の試行で A が勝つのは，2 回後，4 回後，……，$2m$ 回後に限られるので，

$$p_n = r_2 + r_4 + \cdots + r_{2m}$$
$$= \frac{4}{9} + \left(\frac{4}{9}\right)^2 + \cdots + \left(\frac{4}{9}\right)^m$$
$$= \frac{4}{5}\left\{1 - \left(\frac{2}{3}\right)^{2m}\right\}$$

← $p_1 = 0$ であるから，この結果は $n=1$，つまり，$m=0$ でも成り立つ．

であり，n の式で表すと

$$\begin{cases} n\,(=2m) \text{ が偶数のとき} & p_n = \dfrac{4}{5}\left\{1 - \left(\dfrac{2}{3}\right)^n\right\} \\ n\,(=2m+1) \text{ が奇数のとき} & p_n = \dfrac{4}{5}\left\{1 - \left(\dfrac{2}{3}\right)^{n-1}\right\} \end{cases}$$

← $m = \dfrac{n}{2}$

← $m = \dfrac{n-1}{2}$

である．

(2) (1)と同様に A が勝つのは偶数回後である．

まず，最初が b ならば B の勝ちで，aa ならば A の勝ちで，ab ならば得点差が 0 で次の試行にうつる．これより，F_{2j}「ちょうど $2j$ 回後に A が勝つ」のは，ab が $(j-1)$ 回続いて，最後が aa の場合であるから，F_{2j} の起こる確率 s_{2j} は

$$s_{2j} = \left(\frac{2}{3} \cdot \frac{1}{3}\right)^{j-1} \cdot \left(\frac{2}{3}\right)^2 = 2\left(\frac{2}{9}\right)^j$$

である．

(1)と同様に，$n = 2m$，$2m+1$（m は 0 以上の整数）のとき，

$$q_n = s_2 + s_4 + \cdots + s_{2m}$$
$$= 2 \cdot \frac{2}{9} + 2 \cdot \left(\frac{2}{9}\right)^2 + \cdots + 2 \cdot \left(\frac{2}{9}\right)^m$$
$$= \frac{4}{7}\left\{1 - \left(\frac{2}{9}\right)^m\right\}$$

← $q_1 = 0$ であるから，この結果は $n=1$，つまり，$m=0$ でも成り立つ．

であり，n の式で表すと

$$\begin{cases} n\,(=2m) \text{ が偶数のとき} & q_n = \dfrac{4}{7}\left\{1 - \left(\dfrac{2}{9}\right)^{\frac{n}{2}}\right\} \\ n\,(=2m+1) \text{ が奇数のとき} & q_n = \dfrac{4}{7}\left\{1 - \left(\dfrac{2}{9}\right)^{\frac{n-1}{2}}\right\} \end{cases}$$

である．

708 条件付き確率

2地点間を，ある通信方法を使って，A，Bという2種類の信号を送信側から受信側へ送るとする。この通信方法では，送信側がAを送ったとき，受信側がこれを正しくAと受け取る確率は $\dfrac{4}{5}$，誤ってBと受け取る確率は $\dfrac{1}{5}$ である。また，送信側がBを送ったとき，受信側は確率 $\dfrac{9}{10}$ で正しくBと受け取り，確率 $\dfrac{1}{10}$ で誤ってAと受け取る。いま，送信側が確率 $\dfrac{4}{7}$ でAを，確率 $\dfrac{3}{7}$ でBを受信側へ送るとき，次の確率を求めよ。
(1) 受信側がAという信号を受け取る確率
(2) 受信側が信号を誤って受け取る確率
(3) 受信側が受け取った信号がAのとき，それが正しい信号である確率

(富山県大)

精講 (1) 「Aを送り，正しくAと受け取る」，「Bを送り，誤ってAと受け取る」の2つの場合の確率を計算するだけです。そこでは，確率の乗法定理を当り前のように使うはずです。(2)についても同様です。

(3)で求めるのは，事象 E 「Aを受け取った」が起こったときに事象 F 「それが正しい信号である」，すなわち，「Aを送った」が起こる条件付き確率 $P_E(F)$ です。時間的には，F の方が E より先に起こるので，考えにくいかもしれませんが，$P(E)$，$P(E \cap F)$ を求めたあと，確率の乗法定理を適用するだけです。

条件付き確率と確率の乗法定理
2つの事象 A，B について，
$$P(A \cap B) = P(A) \cdot P_A(B) \quad (乗法定理)$$
すなわち，
$$P_A(B) = \dfrac{P(A \cap B)}{P(A)}$$
が成り立つ．

解答 (1) 事象 E 「信号Aを受け取る」が起こるのは，「Aを送り，正しくAと受け取

る」かまたは「Bを送り，誤ってAと受け取る」ときであるから，

$$P(E) = \frac{4}{7} \cdot \frac{4}{5} + \frac{3}{7} \cdot \frac{1}{10} = \frac{1}{2}$$

← ここで確率の乗法定理が使われている。

である。

(2) 事象 C「信号を誤って受け取る」が起こるのは，「Aを送り，誤ってBと受け取る」かまたは，「Bを送り，誤ってAと受け取る」ときであるから，

$$P(C) = \frac{4}{7} \cdot \frac{1}{5} + \frac{3}{7} \cdot \frac{1}{10} = \frac{11}{70}$$

である。

(3) 事象 E「信号Aを受け取る」が起こったときに，「それが正しい信号である」，つまり，事象 F「信号Aを送る」が起こっている条件付き確率 $P_E(F)$ が求めるものである。$E \cap F$ は「信号Aを送り，信号Aと受け取る」であり，

$$P(E \cap F) = \frac{4}{7} \cdot \frac{4}{5} = \frac{16}{35}$$

である。乗法定理より

$$P(E \cap F) = P(E) P_E(F)$$

であるから，

$$P_E(F) = \frac{P(E \cap F)}{P(E)} = \frac{16}{35} \cdot \frac{2}{1} = \frac{32}{35}$$

である。

類題 24　→ 解答 p.345

n 個 $(n \geqq 2)$ の箱の中に，それぞれ n 個の球が入っている。k 番目の箱の中には，k 個の赤球 $(k = 1, 2, \cdots, n)$ が入っている。n 個の箱の中から，無作為に1個の箱を選ぶものとし，選ばれた箱の中から，2個の球を1球ずつ取り出すものとする。A_1 を1球目に赤球が取り出されるという事象，A_2 を2球目に赤球が取り出されるという事象，B_k を k 番目の箱が選ばれるという事象とするとき

(1) 事象 A_1 の起こる確率 $P(A_1)$ を求めよ。
(2) 条件 A_1 のもとで B_k が起こる確率 $P_{A_1}(B_k)$ を求めよ。
(3) 条件 A_1 のもとで A_2 が起こる確率 $P_{A_1}(A_2)$ を求めよ。

(九州芸工大)

709 異なる設定のもとでの条件付き確率

$3n$ 個 ($n \geq 3$) の小箱が1列に並んでいる。おのおのの小箱には小石を1個だけ入れることができる。1番目, 2番目, 3番目の3個の小箱の中にあわせて2個の小石が入っている状態を A, 2番目, 3番目, 4番目の3個の小箱の中にあわせて2個の小石が入っている状態を B で表す。このとき, 次の問いに答えよ。

(1) $3n$ 個の小箱において, おのおのに小石が入っているかどうかを独立試行とみなすことができるとし, 各小箱に確率 $\dfrac{1}{3}$ で小石が入っているとする。事象 A と B がともに起こっているとき, 2番目の小箱に小石の入っている確率を求めよ。

(2) $3n$ 個の小箱から無作為に選ばれた n 個の小箱に小石が入っているとしよう。事象 A と B がともに起こっているとき, 2番目の小箱に小石の入っている確率を求めよ。

(横浜国大*)

精講　A と B がともに起こっているとき, 1番目から4番目の小箱の中の小石の有無はどのようになっているかを考えます。そのあとで, それぞれの場合の確率を調べて, 確率の乗法定理を適用します。

解答　事象 E を「A と B がともに起こっている」とし, 事象 F を「2番目の箱に小石が入っている」とすると, (1), (2)いずれも求めるのは条件付き確率 $P_E(F)$ である。

← $P_E(F) = \dfrac{P(E \cap F)}{P(E)}$ より, $P(E)$, $P(E \cap F)$ がわかるとよい。

E が起こるのは, 「1, 2, 3番目の箱, 2, 3, 4番目の箱それぞれに小石が2個入っている」場合であるから, 箱に左から番号がついているとしたとき,

(i)　×○○×　(ii)　○○×○　(iii)　○×○○

(○, × はそれぞれ小石あり, なしを表す) の3つの場合がある。

← E が起こるとき, 左から3つの箱への2個の小石の入り方が決まると, 4番目の箱の状態は1通りに定まる。

(1) 各小箱に小石が入っているかどうかは独立試行であるから, 1番目から4番目までの4つの箱だけを考えるとよい。したがって, (i)が起こる確率は

$\left(\frac{1}{3}\right)^2 \cdot \left(\frac{2}{3}\right)^2$, (ii), (iii)が起こる確率はいずれも $\left(\frac{1}{3}\right)^3 \cdot \frac{2}{3}$ であるから,

$$P(E) = \left(\frac{1}{3}\right)^2 \cdot \left(\frac{2}{3}\right)^2 + 2 \cdot \left(\frac{1}{3}\right)^3 \cdot \frac{2}{3} = \frac{8}{81}$$

であり, $E \cap F$ は(i)または(ii)の場合であるから,

$$P(E \cap F) = \left(\frac{1}{3}\right)^2 \cdot \left(\frac{2}{3}\right)^2 + \left(\frac{1}{3}\right)^3 \cdot \frac{2}{3} = \frac{6}{81}$$

である。以上より,

$$P_E(F) = \frac{P(E \cap F)}{P(E)} = \frac{6}{81} \cdot \frac{81}{8} = \frac{3}{4}$$

である。

(2) $3n$ 個の箱へ n 個の小石を入れる場合の数は ${}_{3n}C_n$ 通りである。そのうち, (i)は残り $(3n-4)$ 個の小箱に $(n-2)$ 個の小石を入れる ${}_{3n-4}C_{n-2}$ 通りで, (ii), (iii)はいずれも $(n-3)$ 個を入れる ${}_{3n-4}C_{n-3}$ 通りであるから,

$$P(E) = \frac{{}_{3n-4}C_{n-2} + 2 \cdot {}_{3n-4}C_{n-3}}{{}_{3n}C_n}$$

$$P(E \cap F) = \frac{{}_{3n-4}C_{n-2} + {}_{3n-4}C_{n-3}}{{}_{3n}C_n}$$

である。以上より

$$P_E(F) = \frac{P(E \cap F)}{P(E)}$$
$$= \frac{{}_{3n-4}C_{n-2} + {}_{3n-4}C_{n-3}}{{}_{3n-4}C_{n-2} + 2 \cdot {}_{3n-4}C_{n-3}}$$
$$= \frac{\frac{{}_{3n-4}C_{n-2}}{{}_{3n-4}C_{n-3}} + 1}{\frac{{}_{3n-4}C_{n-2}}{{}_{3n-4}C_{n-3}} + 2}$$
$$= \frac{\frac{2n-1}{n-2} + 1}{\frac{2n-1}{n-2} + 2} = \boldsymbol{\frac{3(n-1)}{4n-5}}$$

である。

← $\frac{{}_{3n-4}C_{n-2}}{{}_{3n-4}C_{n-3}}$
$= \frac{(3n-4)!}{(n-2)!(2n-2)!}$
$\cdot \frac{(n-3)!(2n-1)!}{(3n-4)!}$
$= \frac{2n-1}{n-2}$

710 整数 n が関係する確率を最大にする n の値

袋の中に白球 10 個,黒球 60 個が入っている。この袋の中から 1 球ずつ 40 回取り出すとき,次の各場合において,白球が何回取り出される確率がもっとも大きいか。
(1) 取り出した球をもとに戻すとき
(2) 取り出した球をもとに戻さないとき

(群馬大)

精講 (1) 白球を取り出す確率は毎回一定ですから,40 回のうち白球を n 回取り出すという反復試行の確率となります。
(2) 取り出した 40 個の球の中に白球が n 個含まれている確率を考えます。

(1),(2)ともに,n,$n+1$ に対する確率 p_n,p_{n+1} の大小,すなわち,それらの比 $\dfrac{p_{n+1}}{p_n}$ と 1 の大小を調べることによって,最大となる n を探します。

解答 (1) 白球を取り出す確率はつねに一定で

$$\frac{10}{10+60} = \frac{1}{7}$$ であるから,40 回のうち

白球を n 回取り出す確率を p_n $(0 \leq n \leq 40)$ とおくと

$$p_n = {}_{40}C_n \left(\frac{1}{7}\right)^n \left(1-\frac{1}{7}\right)^{40-n} = \frac{{}_{40}C_n \cdot 6^{40-n}}{7^{40}}$$

である。これより,$0 \leq n \leq 39$ のとき

$$\frac{p_{n+1}}{p_n} = \frac{{}_{40}C_{n+1} \cdot 6^{40-(n+1)}}{7^{40}} \cdot \frac{7^{40}}{{}_{40}C_n \cdot 6^{40-n}}$$

$$= \frac{1}{6} \cdot \frac{40!}{(n+1)!\{40-(n+1)\}!} \cdot \frac{n!(40-n)!}{40!}$$

$$= \frac{40-n}{6(n+1)}$$

であり,

$$\frac{p_{n+1}}{p_n} - 1 = \frac{34-7n}{6(n+1)}$$

となる。したがって,

$0 \leq n \leq 4$ のとき $\dfrac{p_{n+1}}{p_n} > 1$ ∴ $p_n < p_{n+1}$

$5 \leq n \leq 39$ のとき $\dfrac{p_{n+1}}{p_n} < 1$ ∴ $p_n > p_{n+1}$

◀ 反復試行の確率
「1 回の試行で E が起こる確率がつねに p であるとき,n 回の試行において,E が k 回起こる確率は ${}_nC_k p^k (1-p)^{n-k}$ である」

◀ ${}_nC_r = \dfrac{n!}{r!(n-r)!}$

◀ $\dfrac{(40-n)!}{\{40-(n+1)\}!}$
$= \dfrac{(40-n)(39-n)!}{(39-n)!}$
$= 40-n$

$\dfrac{n!}{(n+1)!} = \dfrac{n!}{(n+1)n!}$
$= \dfrac{1}{n+1}$

262

より
$$p_0 < p_1 < \cdots < p_4 < p_5 > p_6 > \cdots > p_{40}$$
であるから，p_5 が最大である，つまり，**5 回取り出される確率が最大である**。

(2) 40 回のうち白球を n 回取り出す，つまり，取り出した 40 個のうち白球が n 個，黒球が $(40-n)$ 個である確率を q_n $(0 \leq n \leq 10)$ とおくと

$$q_n = \frac{{}_{10}C_n \cdot {}_{60}C_{40-n}}{{}_{70}C_{40}}$$

$$= \frac{10!}{n!(10-n)!} \cdot \frac{60!}{(40-n)!(20+n)!} \cdot \frac{40! \, 30!}{70!}$$

である。これより，$0 \leq n \leq 9$ のとき

$$\frac{q_{n+1}}{q_n}$$

$$= \frac{n!(10-n)!(40-n)!(20+n)!}{(n+1)!\{10-(n+1)\}!\{40-(n+1)\}!\{20+(n+1)\}!}$$

$$= \frac{(10-n)(40-n)}{(n+1)(21+n)}$$

であり，

$$\frac{q_{n+1}}{q_n} - 1 = \frac{379 - 72n}{(n+1)(21+n)}$$

となる。したがって，

$0 \leq n \leq 5$ のとき $\dfrac{q_{n+1}}{q_n} > 1$ $\therefore$ $q_n < q_{n+1}$

$6 \leq n \leq 9$ のとき $\dfrac{q_{n+1}}{q_n} < 1$ $\therefore$ $q_n > q_{n+1}$

より
$$q_0 < q_1 < \cdots < q_5 < q_6 > q_7 > \cdots > q_{10}$$
であるから，q_6 が最大である，つまり，**6 回取り出される確率が最大である**。

711 カードゲームで勝つ選択のための確率

N を1以上の整数とする。数字 1, 2, ……, N が書かれたカードを1枚ずつ，計 N 枚用意し，甲，乙のふたりが次の手順でゲームを行う。

(ⅰ) 甲が1枚カードをひく。そのカードに書かれた数を a とする。ひいたカードはもとに戻す。

(ⅱ) 甲はもう1回カードをひくかどうかを選択する。ひいた場合は，そのカードに書かれた数を b とする。ひいたカードはもとに戻す。ひかなかった場合は，$b=0$ とする。$a+b>N$ の場合は乙の勝ちとし，ゲームは終了する。

(ⅲ) $a+b \leqq N$ の場合は，乙が1枚カードをひく。そのカードに書かれた数を c とする。ひいたカードはもとに戻す。$a+b<c$ の場合は乙の勝ちとし，ゲームは終了する。

(ⅳ) $a+b \geqq c$ の場合は，乙はもう1回カードをひく。そのカードに書かれた数を d とする。$a+b<c+d \leqq N$ の場合は乙の勝ちとし，それ以外の場合は甲の勝ちとする。

(ⅱ)の段階で，甲にとってどちらの選択が有利であるかを，a の値に応じて考える。以下の問いに答えよ。

(1) 甲が2回目にカードをひかないことにしたとき，甲の勝つ確率を a を用いて表せ。

(2) 甲が2回目にカードをひくことにしたとき，甲の勝つ確率を a を用いて表せ。

ただし，各カードがひかれる確率は等しいものとする。　　　(東京大)

精講　(1) $c>a$ のときには乙の勝ちですから，甲が勝つのは，$c \leqq a$ のときで，乙は2回目のカードをひくことになりますが，そのとき，甲が勝つような d の範囲を調べます。

(2) 甲が勝つには，$a+b \leqq N$ でなければなりませんが，この条件のもとで甲が勝つ確率は(1)の結果から簡単にわかります。

解答　(1) 甲が a で勝つためには，(ⅲ)より
　　$c \leqq a$ でなければならない。
$c=j$ ($j=1, 2, \ldots, a$) であって，甲が勝つ確

率を p_j とする。(iv)より乙は2回目のカードをひくことになるが，甲が勝つような d は，
$$j+d \leq a \quad \text{または} \quad j+d \geq N+1 \quad \cdots\cdots ①$$
$$\therefore \quad d \leq a-j \quad \text{または} \quad d \geq N+1-j$$
より
$$d=1, 2, \cdots\cdots, a-j, \text{または} N+1-j, \cdots\cdots, N$$
であり，このような d は
$$a-j+\{N-(N+1-j)+1\}=a \text{ 個}$$
である。したがって，
$$p_j = \frac{1}{N} \cdot \frac{a}{N} = \frac{a}{N^2}$$
であるから，求める確率は
$$\sum_{j=1}^{a} p_j = \sum_{j=1}^{a} \frac{a}{N^2} = \boldsymbol{\frac{a^2}{N^2}}$$

← $c=j$ である確率が $\frac{1}{N}$，d が①を満たす確率が $\frac{a}{N}$ より。

← $\sum_{j=1}^{a} \frac{a}{N^2}$
$= \underbrace{\frac{a}{N^2} + \frac{a}{N^2} + \cdots + \frac{a}{N^2}}_{a \text{ 個}}$

である。

(2) 2回目をひいて，甲が勝つためには
$$a+b \leq N \quad \therefore \quad b \leq N-a$$
でなければならない。

$b=k$ $(k=1, 2, \cdots\cdots, N-a)$ であって，甲が勝つ確率を q_k とする。このとき，(1)で甲の"持ち点"が a から $a+k$ に変わったと考えると，(1)の結果より
$$q_k = \frac{1}{N} \cdot \frac{(a+k)^2}{N^2} = \frac{(a+k)^2}{N^3}$$
である。これより，求める確率は
$$\sum_{k=1}^{N-a} q_k = \sum_{k=1}^{N-a} \frac{(a+k)^2}{N^3}$$
$$= \frac{1}{N^3}\{(a+1)^2+(a+2)^2+\cdots\cdots+N^2\}$$
$$= \frac{1}{N^3}\left\{\sum_{k=1}^{N} k^2 - \sum_{k=1}^{a} k^2\right\}$$
$$= \frac{1}{N^3}\left\{\frac{1}{6}N(N+1)(2N+1) - \frac{1}{6}a(a+1)(2a+1)\right\}$$
$$= \boldsymbol{\frac{N(N+1)(2N+1)-a(a+1)(2a+1)}{6N^3}}$$

← $b=k$ となる確率が $\frac{1}{N}$，甲の手番が終わった時点での"持ち点"が $a+k$ であるとき，甲が勝つ確率は(1)より $\frac{(a+k)^2}{N^2}$ である。

← $\{\ \}$ の中は
$1^2+2^2+\cdots\cdots+N^2$
$-(1^2+2^2+\cdots\cdots+a^2)$

である。

712 n の偶奇によって異なる確率

A，Bの2人がいる。投げたとき表裏の出る確率がそれぞれ $\frac{1}{2}$ のコインが1枚あり，最初はAがそのコインを持っている。次の操作を繰り返す。

(i) Aがコインを持っているときは，コインを投げ，表が出ればAに1点を与え，コインはAがそのまま持つ。裏が出れば，両者に点を与えず，AはコインをBに渡す。

(ii) Bがコインを持っているときは，コインを投げ，表が出ればBに1点を与え，コインはBがそのまま持つ。裏が出れば，両者に点を与えず，BはコインをAに渡す。

そしてA，Bのいずれかが2点を獲得した時点で，2点を獲得した方の勝利とする。たとえば，コインが表，裏，表，表と出た場合，この時点でAは1点，Bは2点を獲得しているのでBの勝利となる。

A，Bあわせてちょうど n 回コインを投げ終えたときにAの勝利となる確率 $p(n)$ を求めよ。

(東京大)

精講 (i), (ii)より，表が出れば必ずAまたはBに1点が与えられるので，Aが2点を獲得するまでに表が出る回数は(I) 2回（Bは0点）または(II) 3回（Bは1点）ですから，これら2つの場合に分けて調べます。

(I)が起こる場合を回数の少ない方から示すと，

　　○○，○××○，××○○，……　　（○は表，×は裏）

(II)が起こる場合は

　　○×○×○，×○×○○，……

です。もう少し調べても，コインを投げる回数は(I)では偶数回で，(II)では奇数回です。そこから何か規則性を見つけ出しましょう。

解答 (i), (ii)より

"最初に表が出るまでは奇数回目にはAが，偶数回目にはBが投げ，表が1回出るたびに奇数回目，偶数回目に投げる人が入れ替わる" ……(*)

← 裏が出ても奇数回目，偶数回目に投げる人はそれ以前と変わらない。

ことに注意する。

表が出たときだけ，A，Bのいずれかに1点が与えられるので，Aが2点で勝利するときまで，表の出る回数は(I) 2 回，または(II) 3 回である。 ← 裏が出たときには点は与えられない。

(I)のとき（表を出すのはAが2度）

(*)より，Aが最初の表を出すのは奇数回目で，2度目の表を出すのは偶数回目である。そこで，$n=2m$（mは正の整数）とおくと，最初の表を出すのは $1, 3, \cdots, (2m-1)$ 回目の m 通りあり，それぞれの起こる確率は $\left(\dfrac{1}{2}\right)^{2m}$ であるから，(I)の場合の確率は

$$m \cdot \left(\dfrac{1}{2}\right)^{2m} = \dfrac{m}{2^{2m}} = \dfrac{n}{2^{n+1}}$$

← (I)が起こるのは n が偶数のときである。

← $m = \dfrac{n}{2}$

である。

(II)のとき（表を出すのはAが2度，Bが1度）

(*)より，A，Bが1度ずつ表を出したあと，Aが2度目の表を出すのは奇数回目である。そこで，$n=2m+1$（m は2以上の整数）とおくと，$2m$ 回目までの2度の表の出方は次のいずれかである。

(a) 奇数回目にAが，その後の奇数回目にBが表を出す

(b) 偶数回目にBが，その後の偶数回目にAが表を出す

← (II)が起こるのは n が奇数のときである。

← 奇数回目にAが表を出したあと，Aは偶数回目に，Bは奇数回目に投げるので。

$2m$ 回目までに奇数回目，偶数回目はそれぞれ m 回ずつあるので，(a), (b)の起こり方はいずれも ${}_mC_2$ 通りであるから，(II)の場合の確率は

$$2 \cdot {}_mC_2 \cdot \left(\dfrac{1}{2}\right)^{2m+1} = \dfrac{m(m-1)}{2^{2m+1}} = \dfrac{(n-1)(n-3)}{2^{n+2}}$$

← $m = \dfrac{n-1}{2}$

である。この結果は $n=1, 3$ でも成り立つ。

← $m=0, 1$，つまり，$n=1, 3$ のとき，(II)は起こらないので。

以上より，

$$p(n) = \begin{cases} \dfrac{n}{2^{n+1}} & (n \text{ が偶数のとき}) \\ \dfrac{(n-1)(n-3)}{2^{n+2}} & (n \text{ が奇数のとき}) \end{cases}$$

である。

713 漸化式を利用して求める確率(1)

2つの箱 A，B のそれぞれに赤玉が1個，白玉が3個，合計4個ずつ入っている。1回の試行で箱Aの玉1個と箱Bの玉1個を無作為に選び交換する。この試行を n 回繰り返した後，箱Aに赤玉が1個，白玉が3個入っている確率 p_n を求めよ。
(一橋大)

精講　$(n+1)$ 回目の試行における赤玉の移動，すなわち，箱Aの赤玉の個数の変化に着目して，p_{n+1} を p_n で表します。

解答　n 回後に箱Aに赤玉が1個だけ入っている事象 E_n の起こる確率が p_n である。　　←このとき，A，B いずれにも赤玉1個，白玉3個が入っている。

E_{n+1} が起こるのは，次の(i)，(ii)の場合である。

(i) E_n が起こり，$(n+1)$ 回目に同色の玉を交換する場合で，その確率は
$$p_n\left\{\left(\frac{3}{4}\right)^2+\left(\frac{1}{4}\right)^2\right\}=\frac{5}{8}p_n$$
である。

←E_n のもとで，箱Aから白玉，赤玉を取り出す確率はそれぞれ $\frac{3}{4}$，$\frac{1}{4}$ であり，箱Bについても同様である。

(ii) E_n が起こらずに，$(n+1)$ 回目に赤玉1個が移る場合で，その確率は
$$(1-p_n)\frac{2}{4}=\frac{1}{2}(1-p_n)$$
である。

←E_n が起こらないとき，一方の箱には赤玉2個，白玉2個，他方の箱には白玉4個が入っている。

よって，(i)，(ii)から
$$p_{n+1}=\frac{5}{8}p_n+\frac{1}{2}(1-p_n)=\frac{1}{8}p_n+\frac{1}{2}$$
$$\therefore\quad p_{n+1}-\frac{4}{7}=\frac{1}{8}\left(p_n-\frac{4}{7}\right)$$

が成り立つ。$p_1=\left(\frac{3}{4}\right)^2+\left(\frac{1}{4}\right)^2=\frac{5}{8}$ より　　←(i)と同様に考える。

$$p_n-\frac{4}{7}=\left(\frac{1}{8}\right)^{n-1}\left(p_1-\frac{4}{7}\right)=\frac{3}{7}\left(\frac{1}{8}\right)^n$$

$$\therefore\quad p_n=\frac{3}{7}\left(\frac{1}{8}\right)^n+\frac{4}{7}$$

である。

714 漸化式を利用して求める確率(2)

1個のサイコロを投げて，5または6の目が出れば2点，4以下の目が出れば1点の得点が与えられる。サイコロを繰り返し投げるとき，得点の合計が途中でちょうど n 点となる確率を p_n とする。

(1) $p_{n+2}=\dfrac{2}{3}p_{n+1}+\dfrac{1}{3}p_n$ が成立することを示せ。

(2) $p_{n+1}-p_n$ を n の式で表し，p_n を求めよ。

(3) 得点の合計が途中で n 点とならないで $2n$ 点となる確率を求めよ。

精講 (1)「得点が $(n+2)$ 点になる直前の得点は？」と考えます。

解答 (1) $(n+2)$ 点となるのは「$(n+1)$ 点のとき，4以下の目を出す」，または，「n 点のとき，5または6の目を出す」の場合に限るから，

← n 点のとき，4以下の目を2回続けて出す場合は(i)で数えている。

$$p_{n+2}=p_{n+1}\cdot\dfrac{4}{6}+p_n\cdot\dfrac{2}{6}=\dfrac{2}{3}p_{n+1}+\dfrac{1}{3}p_n \quad \cdots\cdots ①$$

が成り立つ。　　　　　　　　　　　　　(証明おわり)

(2) ①より

$$p_{n+2}-p_{n+1}=-\dfrac{1}{3}(p_{n+1}-p_n)$$

であり，$p_1=\dfrac{2}{3}$，$p_2=\left(\dfrac{2}{3}\right)^2+\dfrac{1}{3}=\dfrac{7}{9}$ より

← ちょうど2点となるのは，"4以下の目が2回"または"5または6の目が1回"のときである。

$$p_{n+1}-p_n=\left(-\dfrac{1}{3}\right)^{n-1}(p_2-p_1)=\left(-\dfrac{1}{3}\right)^{n+1} \quad \cdots\cdots ②$$

である。②が $\{p_n\}$ の階差数列であるから，$n\geqq 2$ で

$$p_n=p_1+\sum_{k=1}^{n-1}\left(-\dfrac{1}{3}\right)^{k+1}=\dfrac{3}{4}\left\{1-\left(-\dfrac{1}{3}\right)^{n+1}\right\} \quad \cdots\cdots ③$$

である。③は $n=1$ でも成り立つ。

(3) 「途中で n 点とならないで $2n$ 点となる」のは「$(n-1)$ 点となり，次の1回で2点をとり，そのあとちょうど $(n-1)$ 点とる」ときであるから，

←「$2n$ 点となる」場合から「途中で n 点となる」場合を除くと考えて，
$p_{2n}-(p_n)^2$
を求めてもよい。

$$p_{n-1}\cdot\dfrac{1}{3}\cdot p_{n-1}=\dfrac{3}{16}\left\{1-\left(-\dfrac{1}{3}\right)^n\right\}^2$$

である。

715 漸化式を利用して求める確率 (3)

片面を白色に，もう片面を黒色に塗った正方形の板が3枚ある。この3枚の板を机の上に横に並べ，次の操作を繰り返し行う。

さいころを振り，出た目が1, 2であれば左端の板を裏返し，3, 4であればまん中の板を裏返し，5, 6であれば右端の板を裏返す。

たとえば，最初，板の表の色の並び方が「白白白」であったとし，1回目の操作で出たさいころの目が1であれば，色の並び方は「黒白白」となる。更に，2回目の操作を行って出たさいころの目が5であれば，色の並び方は「黒白黒」となる。

(1) 「白白白」から始めて，3回の操作の結果，色の並び方が「黒白白」となる確率を求めよ。

(2) 「白白白」から始めて，n回の操作の結果，色の並び方が「黒白白」または「白黒白」または「白白黒」となる確率を p_n とする。
p_{2k+1} (kは自然数) を求めよ。

(東京大)

精講 (2) 黒が1枚だけになるのは奇数回後に限られます。そこで，2回をひとまとめにして，$(2k+1)$回後から$(2k+3)$回後の関係を調べて，p_{2k+1} と p_{2k+3} の間に成り立つ式を求めます。その際，$p_{2k+1}=q_k$ とおくと，$p_{2k+3}=p_{2(k+1)+1}=q_{k+1}$ となり，処理が楽になります。

解答 (1) 3枚の板を左からA, B, Cとする。
毎回，A, B, Cのいずれかがそれぞれ確率 $\dfrac{1}{3}$ で裏返される。

3回の操作で，「白白白」から「黒白白」になるのは，"Aが3回"，"Aが1回, Bが2回"または"Aが1回, Cが2回" 裏返されるときであるから，求める確率は
$$\left(\dfrac{1}{3}\right)^3 + 2 \cdot {}_3C_1 \cdot \dfrac{1}{3} \cdot \left(\dfrac{1}{3}\right)^2 = \dfrac{7}{27}$$
である。

(2) 1回の操作で，裏返されるのは1枚だけであるから，黒の枚数は1枚ずつ増減する。最初，黒はない

ので，奇数回後の黒は奇数枚である。したがって，$(2k+1)$ 回後の黒の面の枚数を N_{2k+1} と表すと，

$$N_{2k+1}=1 \text{ または } 3$$

であり，$N_{2k+1}=1$ となる確率が p_{2k+1} である。

$N_{2(k+1)+1}=N_{2k+3}=1$ となるのは，

(i) $N_{2k+1}=1$ で，続く 2 回で同じ板を 2 回，または $(2k+1)$ 回後における黒と白を 1 枚ずつ裏返す

(ii) $N_{2k+1}=3$ で，続く 2 回で異なる 2 枚を裏返す場合に限られる。

◂ 偶数回後の黒は偶数枚である。

◂ $N_{2k+1}=3$ は $N_{2k+1}=1$ の余事象であるから，その確率は $1-p_{2k+1}$ である。

(i)の確率：
$$p_{2k+1}\left\{{}_3C_1\cdot\left(\frac{1}{3}\right)^2+{}_2C_1\cdot 2\left(\frac{1}{3}\right)^2\right\}=\frac{7}{9}p_{2k+1}$$

(ii)の確率：
$$(1-p_{2k+1}){}_3P_2\left(\frac{1}{3}\right)^2=\frac{2}{3}(1-p_{2k+1})$$

◂ "白と黒を 1 枚ずつ" のとき，白板 2 枚のいずれかで ${}_2C_1$ 通り，白と黒の板が裏返される順で 2 通りある。

であるから，
$$p_{2k+3}=\frac{7}{9}p_{2k+1}+\frac{2}{3}(1-p_{2k+1})$$
$$=\frac{1}{9}p_{2k+1}+\frac{2}{3} \quad\cdots\cdots\text{①}$$

が成り立つ。ここで，$q_k=p_{2k+1}$ ($k=1, 2, \cdots\cdots$) とおくと，①より

$$q_{k+1}=\frac{1}{9}q_k+\frac{2}{3}$$

$$\therefore \quad q_{k+1}-\frac{3}{4}=\frac{1}{9}\left(q_k-\frac{3}{4}\right) \quad\cdots\cdots\text{②}$$

◂ このとき，
$q_{k+1}=p_{2(k+1)+1}$
$=p_{2k+3}$
である。

となる。ここで，3 回後に「白黒白」，「白白黒」になる確率も(1)で求めた確率に等しいから，

$$q_1=p_3=3\cdot\frac{7}{27}=\frac{7}{9} \quad\cdots\cdots\text{③}$$

である。よって，②，③より

$$q_k-\frac{3}{4}=\left(\frac{1}{9}\right)^{k-1}\left(q_1-\frac{3}{4}\right)=\frac{1}{4}\left(\frac{1}{9}\right)^k$$

$$\therefore \quad p_{2k+1}=q_k=\frac{3}{4}+\frac{1}{4}\left(\frac{1}{9}\right)^k$$

である。

716 二項係数の計算

n を自然数とする。

(1) $\sum_{k=1}^{n} k {}_n C_k$ を求めよ。

(2) $\sum_{k=0}^{n-1} \dfrac{{}_{2n}C_{2k+1}}{2k+2}$ を求めよ。 （横浜市大*）

精講 (1) $\sum_{k=1}^{n} k {}_n C_k = {}_nC_1 + 2{}_nC_2 + 3{}_nC_3 + \cdots + n{}_nC_n$ となるので，このままでは計算できません。そこで，$k {}_n C_k = (nの式) \cdot (二項係数)$ と書き直します。(2) (1)と同様に，$\dfrac{{}_{2n}C_{2k+1}}{2k+2} = (nの式) \cdot (二項係数)$ と書き直します。

解答 (1) $k = 1, 2, \cdots, n$ のとき，
$$k {}_n C_k = k \cdot \dfrac{n!}{k!(n-k)!}$$
$$= n \cdot \dfrac{(n-1)!}{(k-1)!(n-k)!}$$
$$= n \, {}_{n-1}C_{k-1}$$

であるから，
$$\sum_{k=1}^{n} k {}_n C_k = n \sum_{k=1}^{n} {}_{n-1}C_{k-1}$$
$$= n \sum_{j=0}^{n-1} {}_{n-1}C_j = \boldsymbol{n \cdot 2^{n-1}}$$

である。

⇐ 参考 のような解法も考えられる。

⇐ $\dfrac{(n-1)!}{(k-1)!(n-k)!}$
$= \dfrac{(n-1)!}{(k-1)!\{(n-1)-(k-1)\}!}$

⇐ ここで，$k-1 = j$ と置き換える。

⇐ 参考 の④で n の代わりに $n-1$ とおくと
$\sum_{k=0}^{n-1} {}_{n-1}C_k$
$= \sum_{j=0}^{n-1} {}_{n-1}C_j = 2^{n-1}$
である。

(2) $k = 0, 1, 2, \cdots, n-1$ のとき，
$$\dfrac{{}_{2n}C_{2k+1}}{2k+2} = \dfrac{1}{2k+2} \cdot \dfrac{(2n)!}{(2k+1)!(2n-2k-1)!}$$
$$= \dfrac{1}{2n+1} \cdot \dfrac{(2n+1)!}{(2k+2)!(2n-2k-1)!}$$
$$= \dfrac{1}{2n+1} {}_{2n+1}C_{2k+2}$$

であるから，
$$\sum_{k=0}^{n-1} \dfrac{{}_{2n}C_{2k+1}}{2k+2} = \dfrac{1}{2n+1} \sum_{k=0}^{n-1} {}_{2n+1}C_{2k+2} \quad \cdots\cdots ①$$

⇐ $\dfrac{(2n+1)!}{(2k+2)!(2n-2k-1)!}$
$= \dfrac{(2n+1)!}{(2k+2)!\{(2n+1)-(2k+2)\}!}$

である。そこで，
$$S=\sum_{k=0}^{n-1}{}_{2n+1}\mathrm{C}_{2k+2}={}_{2n+1}\mathrm{C}_2+{}_{2n+1}\mathrm{C}_4+\cdots\cdots+{}_{2n+1}\mathrm{C}_{2n}$$
とおく。

二項定理より
$$(x+1)^{2n+1}=\sum_{k=0}^{2n+1}{}_{2n+1}\mathrm{C}_k x^{2n+1-k} \quad \cdots\cdots ②$$
$$(x-1)^{2n+1}=\sum_{k=0}^{2n+1}{}_{2n+1}\mathrm{C}_k x^{2n+1-k}(-1)^k \quad \cdots\cdots ③$$

であり，②，③で $x=1$ とおくと
$$2^{2n+1}={}_{2n+1}\mathrm{C}_0+{}_{2n+1}\mathrm{C}_1+{}_{2n+1}\mathrm{C}_2$$
$$\qquad +\cdots\cdots+{}_{2n+1}\mathrm{C}_{2n}+{}_{2n+1}\mathrm{C}_{2n+1}$$
$$0={}_{2n+1}\mathrm{C}_0-{}_{2n+1}\mathrm{C}_1+{}_{2n+1}\mathrm{C}_2$$
$$\qquad -\cdots\cdots+{}_{2n+1}\mathrm{C}_{2n}-{}_{2n+1}\mathrm{C}_{2n+1}$$

← $\sum_{k=0}^{2n+1}{}_{2n+1}\mathrm{C}_k x^{2n+1-k}\cdot 1^k$
$=\sum_{k=0}^{2n+1}{}_{2n+1}\mathrm{C}_k x^{2n+1-k}$

← $\sum_{k=0}^{2n+1}{}_{2n+1}\mathrm{C}_k$ を和の形で表した。

← $\sum_{k=0}^{2n+1}{}_{2n+1}\mathrm{C}_k(-1)^k$ を和の形で表した。

となる。これら2式の辺々を加えると
$$2^{2n+1}=2({}_{2n+1}\mathrm{C}_0+{}_{2n+1}\mathrm{C}_2+{}_{2n+1}\mathrm{C}_4+\cdots\cdots+{}_{2n+1}\mathrm{C}_{2n})$$
$$\therefore\quad 2^{2n+1}=2(1+S)$$

← ${}_{2n+1}\mathrm{C}_0=1$

より
$$S=2^{2n}-1=4^n-1$$
となる。①に戻って，
$$\sum_{k=0}^{n-1}\frac{{}_{2n}\mathrm{C}_{2k+1}}{2k+2}=\frac{1}{2n+1}\cdot S=\boldsymbol{\frac{4^n-1}{2n+1}}$$
である。

> **参考**

$$(x+1)^n={}_n\mathrm{C}_n x^n+{}_n\mathrm{C}_{n-1}x^{n-1}+\cdots\cdots+{}_n\mathrm{C}_1 x+{}_n\mathrm{C}_0 \quad \cdots\cdots(*)$$
と$(*)$をxで微分した式
$$n(x+1)^{n-1}=n\cdot{}_n\mathrm{C}_n x^{n-1}+(n-1){}_n\mathrm{C}_{n-1}x^{n-2}+\cdots\cdots+{}_n\mathrm{C}_1$$
それぞれで，$x=1$ とおくと，
$$2^n={}_n\mathrm{C}_n+{}_n\mathrm{C}_{n-1}+\cdots\cdots+{}_n\mathrm{C}_1+{}_n\mathrm{C}_0=\sum_{k=0}^{n}{}_n\mathrm{C}_k \quad \cdots\cdots ④$$
$$n\cdot 2^{n-1}=n\cdot{}_n\mathrm{C}_n+(n-1){}_n\mathrm{C}_{n-1}+\cdots\cdots+2{}_n\mathrm{C}_2+1\cdot{}_n\mathrm{C}_1=\sum_{k=1}^{n}k\cdot{}_n\mathrm{C}_k$$
が得られる。

第8章 整数問題

801 正の整数で割った余りによる整数の分類

任意の整数 n に対して，$n^9 - n^3$ は 72 で割り切れることを示せ。 （京都大*）

精講 $72 = 9 \cdot 8$ で，9 と 8 は互いに素ですから，ある整数 N が 72 で割り切れることを示すには，N が 9 の倍数であり，かつ，8 の倍数であることを示すとよいのです。

$n^9 - n^3$ が 9 の倍数であることを示すためには，n を 3 で割ったときの余りで場合分けをして，8 の倍数であることについては n を 2 で割った余りで，つまり，n の偶奇で場合分けをして調べることになります。そこで，次のことを確認しておきましょう。

---

p を正の整数とするとき，整数 n を p で割った余りは
$$0, \ 1, \ 2, \ \cdots\cdots, \ p-1$$
のいずれかであるから，n は整数 m を用いて
$$pm, \ pm+1, \ pm+2, \ \cdots\cdots, \ pm+(p-1)$$
のいずれかで表される。

たとえば，3 で割った余りで分類すると，すべての整数は
$$3m, \ 3m+1, \ 3m+2 \quad (m \text{ は整数}) \qquad \cdots\cdots Ⓐ$$
のいずれかで表されますが，$3m+2 = 3(m+1) - 1$ ですから，すべての整数は
$$3m, \ 3m \pm 1 \quad (m \text{ は整数}) \qquad \cdots\cdots Ⓑ$$
のいずれかで表されると考えることもできます。問題処理においては，Ⓐ よりも Ⓑ の方が見かけ上の場合分けが少なくてすむ利点があります。

解答 まず，
$$N = n^9 - n^3 = n^3(n^3-1)(n^3+1) \quad \cdots\cdots ①$$
として，N が 9 の倍数であることを $n = 3m, \ 3m \pm 1$ (m は整数) の場合に分けて示す。① において，

$n = 3m$ のとき
$$n^3 = (3m)^3 = 27m^3$$

$n = 3m+1$ のとき ← 参考 1°参照。
$$n^3 - 1 = (3m+1)^3 - 1 = 9(3m^3 + 3m^2 + m)$$

$n=3m-1$ のとき
$$n^3+1=(3m-1)^3+1=9(3m^3-3m^2+m)$$
となるので，いずれの場合にも N は 9 の倍数である。

次に，
$$N=n^3(n^6-1)=n^3(n^2-1)(n^4+n^2+1) \quad \cdots\cdots ②$$
← 以下の議論のために①とは違う形で表した。

として，N が 8 の倍数であることを，$n=2l$, $2l+1$ (l は整数) の場合に分けて示す。②において，

$n=2l$ のとき　　　$n^3=8l^3$

$n=2l+1$ のとき　　$n^2-1=4l(l+1)$　　　……③
← 参考 2° 参照。

となるが，③において連続する整数 l, $l+1$ の一方は偶数であり，$l(l+1)$ は偶数であるから，いずれの場合にも N は 8 の倍数である。

以上より，$N=n^9-n^3$ は 9 の倍数であり，かつ 8 の倍数であるから，N は 72 で割り切れる。

（証明おわり）

参考

1° n が 3 の倍数でないとき，すなわち，$n=3m\pm1$ のときに $N=n^3(n^6-1)$ において，n^6-1 が 9 の倍数であることを二項定理を用いて示すこともできる。

$$n^6-1=(3m\pm1)^6-1$$
$$=\sum_{k=0}^{6}{}_6C_k(3m)^{6-k}(\pm1)^k-1$$
$$=(3m)^6+{}_6C_1(3m)^5(\pm1)+\cdots\cdots+{}_6C_4(3m)^2(\pm1)^4+{}_6C_5 3m(\pm1)^5+(\pm1)^6-1$$
$$=((3m)^2 \text{の倍数})\pm{}_6C_5 3m+1-1$$
$$=(9m^2 \text{の倍数})\pm18m \quad (複号同順)$$

であるから，n^6-1 は 9 の倍数であることがわかる。

2° n が奇数のとき，n を 4 で割った余りで分類すると，$n=4k\pm1$ (k は整数) と表されるので，
$$n^2-1=(4k\pm1)^2-1=8(2k^2\pm k) \quad (複号同順)$$
となることから，②において N は 8 の倍数であるとしてもよい。

802 互いに素な2整数の積で表される整数

3以上9999以下の奇数 a で，a^2-a が10000で割り切れるものをすべて求めよ。
(東京大)

精講 $a^2-a=a(a-1)$ において，a と $a-1$ は互いに素です（すなわち，1以外の公約数をもちません）から，a と $a-1$ がともに偶数であることはありません。また，ともに5の倍数であることもありません。これらのことを用いて，問題を処理します。

解答 $a^2-a=a(a-1)$ において，a と $a-1$ は互いに素であるから，$a(a-1)$ が $10000=2^4 \cdot 5^4$ で割り切れるとき，a または $a-1$ のいずれか一方だけが 2^4 の倍数であり，同様に，a または $a-1$ のいずれか一方だけが 5^4 の倍数である。

← a, $a-1$ の公約数を d とすると，d は2数の差 $a-(a-1)=1$ の約数でもあるから，$d=1$ に限る。

ここで，a は奇数であり，$a-1$ が偶数であることから，$a-1$ が 2^4 の倍数である。

次に，$a-1$ が 5^4 の倍数でもあるとすると，$a-1$ は $2^4 \cdot 5^4 = 10000$ の倍数となり，
$$3 \leq a \leq 9999 \qquad \cdots\cdots ①$$
であることに反するので，a が 5^4 の倍数である。

以上のことから，正の整数 p, q を用いて
$$\begin{cases} a=5^4 p = 625p & \cdots\cdots ② \\ a-1=2^4 q = 16q & \cdots\cdots ③ \end{cases}$$
と表される。②－③より
$$625p - 16q = 1 \qquad \cdots\cdots ④$$
となるが
$$625 \cdot 1 - 16 \cdot 39 = 1 \qquad \cdots\cdots ⑤$$

← 参考 1° 参照。

であるから，④－⑤より
$$625(p-1) = 16(q-39) \qquad \cdots\cdots ⑥$$
となる。$625=5^4$ と $16=2^4$ は互いに素であるから，⑥より
$$p-1=16k, \quad q-39=625k \quad (k は整数)$$
∴ $p=16k+1, \quad q=625k+39$

と表される。このとき，②より
$$a = 625(16k+1) = 10000k + 625$$
と表されるが，a が①を満たすことより，k は $k=0$ に限られて，求める a は
$$\mathbf{625}$$
だけである。

参考

1° 1次不定方程式④を満たす整数の組 (p, q) すべてを求めるには，④の1つの解，たとえば，⑤に示した解 $(p, q) = (1, 39)$ を探して，④を⑥のように変形するとよい。それでは，$(p, q) = (1, 39)$ はどのようにして見つけるのだろうか。

④における係数 625, 16 の大きい方 625 を小さい方 16 で割ると
$$625 = 16 \cdot 39 + 1$$
となるから，④は
$$(16 \cdot 39 + 1)p - 16q = 1$$
$$\therefore \quad 16(39p - q) + p = 1 \quad \cdots\cdots ④'$$
と書き直せる。④を満たす整数の組の1つとして，たとえば，
$$39p - q = 0, \ p = 1 \quad \therefore \quad p = 1, \ q = 39$$
が得られることになる。

←この種の式の変形については，806 (Ⅱ)(2) 参照。

2° ②，③を導いたあとは次のように処理してもよい。
$$a = 16q + 1 \quad \cdots\cdots ③'$$
より，a を 16 で割った余りは 1 である。また，②を
$$a = 625p = 16 \cdot 39p + p$$
と書き直すと，"p を 16 で割った余りは a を 16 で割った余りと一致し，1 である" ……(*) ことがわかる。

一方，①，②より
$$3 \leqq 625p \leqq 9999 \quad \therefore \quad 1 \leqq p \leqq 15 \quad \cdots\cdots ⑦$$
であるから，(*)と合わせると，$p = 1$ に限る。このとき，$a = 625$ となり，a が奇数であるという条件を満たす。よって，求める a は 625 に限る。

←$a - p = 16 \cdot 39p$ が 16 の倍数であるから，a, p を 16 で割った余りは一致する。

←$9999 = 625 \cdot 15 + 624$

803 整数の偶奇に関連する問題

(I) k は正の整数とする。方程式 $x^2-y^2=k$ が整数 x, y の解 (x, y) をもつための必要十分条件を求めよ。　　　（京都大*，一橋大*，静岡大*）

(II) a, b は正の整数で，$a<b$ とするとき，a 以上 b 以下の整数の総和を S とする。
(1) $S=500$ を満たす組 (a, b) をすべて求めよ。
(2) k を正の整数とするとき，$S=2^k$ を満たす組 (a, b) は存在しないことを示せ。　　　（大阪大*，滋賀大*）

精講　(I)，(II)いずれにおいても，次の事実が役に立ちます。

a, b を整数とするとき，$a+b$ と $a-b$ の偶奇は一致して，
$\begin{cases} a+b, a-b \text{ が偶数ならば，} a, b \text{ の偶奇は一致する} \\ a+b, a-b \text{ が奇数ならば，} a, b \text{ の偶奇は異なる} \end{cases}$

解答　(I)　　　$x^2-y^2=k$　　　……①
$\therefore \ (x+y)(x-y)=k$

が整数の解 (x, y) をもつとき，$x+y$ と $x-y$ の偶奇は一致するから，これらがともに偶数ならば k は 4 の倍数であり，ともに奇数ならば k は奇数である。

逆に，k が 4 の倍数のとき，$k=4l$（l は正の整数）とおくと，
$(x+y)(x-y)=4l$
は，たとえば，
$x+y=2l, \ x-y=2$
$\therefore \ (x, y)=(l+1, \ l-1)$
という整数の解 (x, y) をもつ。

また，k が奇数のとき，$k=2m+1$（m は 0 以上の整数）とおくと
$(x+y)(x-y)=2m+1$
は，たとえば，
$x+y=2m+1, \ x-y=1$

←$(x+y)+(x-y)=2x$ が偶数であるから。

←"整数の解 (x, y) をもつ"……(*) ための必要条件は，"k は 4 の倍数または奇数である"……(**) が示された。

$$\therefore \quad (x, y) = (m+1, m)$$
という整数の解 (x, y) をもつ。

⬅ $(**)$ は $(*)$ のための十分条件であることが示された。

以上より，①が整数の解 (x, y) をもつための k の必要十分条件は "k は 4 の倍数または奇数である" ことである。

(II) (1) $\quad S = a + (a+1) + \cdots\cdots + (b-1) + b$
$$= \frac{1}{2}(a+b)(b-a+1) \quad \cdots\cdots ①$$

⬅ 初項 a，末項 b，公差 1，項数 $b-(a-1) = b-a+1$ の等差数列の和である。

である。

$S = 500$ のとき，①より
$$\frac{1}{2}(a+b)(b-a+1) = 500$$
$$\therefore \quad (a+b)(b-a+1) = 2^3 \cdot 5^3 \quad \cdots\cdots ②$$
である。

ここで，
$$(a+b) + (b-a+1) = 2b+1$$
より，"$a+b$ と $b-a+1$ の偶奇は異なる。"
$\cdots\cdots(☆)$　また，$1 \leqq a < b$ より，
$$2 \leqq b-a+1 < a+b \quad \cdots\cdots ③$$
である。

⬅ $a+b$ と $b-a+1$ の和が奇数であることを示した。

⬅ $a+b-(b-a+1)$
$=2a-1>0$，
$b-a+1 \geqq 1+1 = 2$。

(☆)と③に注意すると，②より
$$\begin{pmatrix} a+b \\ b-a+1 \end{pmatrix} = \begin{pmatrix} 5^3 \\ 2^3 \end{pmatrix}, \begin{pmatrix} 2^3 \cdot 5 \\ 5^2 \end{pmatrix}, \begin{pmatrix} 2^3 \cdot 5^2 \\ 5 \end{pmatrix}$$
$$= \begin{pmatrix} 125 \\ 8 \end{pmatrix}, \begin{pmatrix} 40 \\ 25 \end{pmatrix}, \begin{pmatrix} 200 \\ 5 \end{pmatrix}$$
$$\therefore \quad (a, b) = (59, 66), (8, 32), (98, 102)$$

⬅ (☆)より 2^3 は $a+b$，$b-a+1$ のどちらか一方の約数である。

である。

(2) $S = 2^k$ (k は正の整数) のとき，①より
$$(a+b)(b-a+1) = 2^{k+1}$$
である。(☆)と③の右側の不等式より
$$a+b = 2^{k+1}, \quad b-a+1 = 1$$
$$\therefore \quad a = b = 2^k$$
となり，$a < b$ と矛盾するので，$S = 2^k$ を満たす組 (a, b) は存在しない。　　（証明おわり）

804 平方数 n^2 を正の整数で割った余り

直角三角形の 3 辺の長さがすべて整数であるとき,面積は 6 の倍数であることを示せ。　　　　　　　　　　　　　　　　　　　　　(一橋大*)

精講　平方数に関する次の性質を用いて証明します。

> 整数 n を正の整数 p で割った余りには $0, 1, 2, \ldots, p-1$ のすべてが現れるが,平方数 n^2 を割った余りには $0, 1, 2, \ldots, p-1$ のうちのいくつかが現れないことがある。

たとえば,平方数 $1^2, 2^2, 3^2, 4^2, \ldots$ を 3 で割った余りは順に 1, 1, 0, 1, …… となり,余りに 2 は現れません。また,これらの平方数を 4 で割った余りは 1, 0, 1, 0, …… となり,余りに 2, 3 は現れません。

解答　直角三角形の直角をはさむ 2 辺の長さを a, b,斜辺の長さを c (a, b, c は正の整数),面積を S とすると

$$a^2 + b^2 = c^2 \quad \cdots\cdots ①$$

$$S = \frac{1}{2}ab \quad \therefore \quad ab = 2S$$

である。

"S が 6 の倍数である,つまり,ab が 12 の倍数である" ことを示すには,"ab が 3 の倍数であり,かつ,4 の倍数である" ……(☆) ことを示すとよい。

まず,準備として,"平方数 n^2 を 3 で割った余りは,n が 3 の倍数のときは 0 であり,3 の倍数でないときは 1 である" ……Ⓐ を示す。　← 整数 n の 2 乗で表される数を平方数という。

n は $n = 3m, 3m \pm 1$ (m は整数) のいずれかで表され,　← n が 3 の倍数のときは $n = 3m$,n が 3 の倍数でないときは,$n = 3m \pm 1$ のいずれかで表される。

$$n^2 = (3m)^2 = 3 \cdot 3m^2$$
$$n^2 = (3m \pm 1)^2 = 3(3m^2 \pm 2m) + 1 \quad (複号同順)$$

より,Ⓐが成り立つ。

Ⓐを用いて，①において，"a, b の少なくとも一方は 3 の倍数である"……(＊)　ことを背理法によって示す。

　a, b のいずれも 3 の倍数でないとすると，Ⓐより a^2, b^2 を 3 で割った余りはいずれも 1 であるから，①の左辺を 3 で割った余りは 2 である。一方，右辺 c^2 を 3 で割った余りは 0 または 1 であるから，矛盾する。したがって，a, b の少なくとも一方は 3 の倍数である。

　以上で，(＊) が示された。

　"平方数 n^2 を 4 で割った余りは n が偶数のときは 0 であり，奇数のときは 1 である。"……Ⓑ　実際，n は $n=2l$, $2l+1$ (l は整数) いずれかで表されるから，
$$(2l)^2=4l^2,\ (2l+1)^2=4(l^2+l)+1$$
より明らかである。

　Ⓑを用いて，"ab は 4 の倍数である"……(＊＊) ことを示す。

　まず，a, b がいずれも奇数とすると，Ⓑより①の左辺 a^2+b^2 を 4 で割った余りは $1+1=2$ であり，右辺 c^2 を 4 で割った余り 0 または 1 と一致しないから，このような場合は起こらない。　　　　　　　　　　　　← a, b の少なくとも一方は偶数であることを背理法によって示している。

　そこで，a, b がともに偶数とすると，ab は 4 の倍数である。

　また，a, b の一方が偶数で，他方が奇数の場合，a を偶数，b を奇数として調べると十分である。このとき，Ⓑより①の左辺を 4 で割った余りは 1 であるから，c^2 を 4 で割った余りも 1，つまり，c は奇数である。そこで，
$$b=2p+1,\ c=2q+1\ (p, q \text{ は } 0 \text{ 以上の整数})$$
とおくと，①より
$$\begin{aligned}a^2&=c^2-b^2=(2q+1)^2-(2p+1)^2\\&=4q(q+1)-4p(p+1)\end{aligned}\quad……②$$
← 注 参照。

となるが，ここで $q(q+1)$, $p(p+1)$ は連続する 2 整数の積として偶数であるから，a^2 は 8 の倍数である。したがって，a は 4 の倍数である。

← a^2 が $8=2^3$ の倍数のとき，a は $2^2=4$ を約数にもつ。

以上で（＊＊）が示された。結果として，（☆）が証明された。　　　　　　　　　　　（証明おわり）

注 ②の代わりに
$$a^2=4(q-p)(q+p+1) \quad \cdots\cdots ②'$$
と変形した場合に，a^2 が 8 の倍数であることは次のように示される。2 つの整数 $q-p$, $q+p+1$ の和
$$(q-p)+(q+p+1)=2q+1$$
が奇数であるから，これら 2 つの整数の一方は偶数，他方は奇数となり，②′において，a^2 は 8 の倍数である。

← $(2q+1)^2-(2p+1)^2$
　 $=\{2q+1-(2p+1)\}$
　 　$(2q+1+2p+1)$
　 $=4(q-p)(q+p+1)$

← **803** 精講 参照。

参考

実は，"①が成り立つとき，a, b の少なくとも一方は 4 の倍数である" $\cdots\cdots(＊＊)'$ が成り立っている。

解答 (2)後半の議論から，a, b がともに偶数であるとした場合だけを調べるとよい。

a, b がともに偶数のとき，①の左辺は偶数であるから，右辺 c^2 も偶数，つまり，c も偶数である。よって，
$$a=2a', \quad b=2b', \quad c=2c'$$
(a', b', c' は正の整数) とおける。①に代入すると
$$(2a')^2+(2b')^2=(2c')^2 \quad \therefore \quad a'^2+b'^2=c'^2$$
となるから，解答 と同様に考えると，a', b' の少なくとも一方は偶数となるので，$a=2a'$, $b=2b'$ の少なくとも一方は 4 の倍数である。

← これ以外の場合は，a, b の一方は 4 の倍数であった。

類題 25　→ 解答 p.346

集合 S を $S=\{a^2+b^2 \mid a, b$ は整数である$\}$ と定める。
(1) S に属する整数 x, y の積 xy は S に属することを示せ。
(2) 290 および 1885 は S に属することを示し，2 つの平方数の和で表せ。
(3) 7542 は S に属さないことを示せ。
(4) 整数 p を 5 で割ったときの余りが 1 であり，整数 q を 5 で割ったときの余りが 2 であるとき，$\dfrac{p^2+q^2}{5}$ は S に属することを示せ。
(5) S に属する自然数 n が 5 の倍数であるとき，$\dfrac{n}{5}$ も S に属することを示せ。

(島根大*)

805 合同式の応用

p を素数とし，a は p では割り切れない正の整数とする．
(1) $k=1, 2, \cdots\cdots, p-1$ に対して，ka を p で割った余りを r_k とする．i, j を $1 \leq i < j \leq p-1$ を満たす整数とするとき，$r_i \neq r_j$ を示せ．
(2) $a^{p-1}-1$ は p で割り切れることを示せ．

精講　(1)の証明のためには，次のことを思い出しましょう．

> m を正の整数とし，a, b を整数とするとき，
> 　a, b を m で割った余りが等しい $\iff$ $a-b$ が m で割り切れる

(2) 合同式を用いると説明が簡潔になります．そこで，合同式について復習しておきましょう．

m を正の整数とする．2つの整数 a, b に対して，$a-b$ が m で割り切れるとき，「a と b は m を法として合同である」といい，$a \equiv b \pmod{m}$　……(☆) と表す．合同式(☆)が成り立つとき，a, b を m で割った余りは等しい．

合同式については，次の性質が成り立ちます．

> $a \equiv b \pmod{m}, \ c \equiv d \pmod{m}$ のとき，
> 1°　$a \pm c \equiv b \pm d \pmod{m}$　（複号同順）
> 　　特に，k を整数とするとき，$a \pm k \equiv b \pm k \pmod{m}$　（複号同順）
> 2°　$ac \equiv bd \pmod{m}$
> 　　特に，k を整数とするとき，$ka \equiv kb \pmod{m}$
> 3°　n を正の整数とするとき，$a^n \equiv b^n \pmod{m}$

解答　(1)　$1 \leq i < j \leq p-1$　……① のとき，
ia, ja を p で割った商を q_i, q_j とすると，
$$ia = pq_i + r_i \quad \cdots\cdots ②$$
$$ja = pq_j + r_j \quad \cdots\cdots ③$$
であり，③－② より

$$(j-i)a = p(q_j - q_i) + r_j - r_i \qquad \cdots\cdots ④$$

である。①より

$$1 \leq j - i \leq p - 2$$

であるから，④の左辺は p の倍数ではない。したがって，右辺も p の倍数ではないので，

$$r_j - r_i \neq 0 \qquad \therefore \quad r_i \neq r_j$$

である。　　　　　　　　　　　　　（証明おわり）

← p は素数であるから，p の倍数でない 2 つの整数 $j-i$，a の積 $(j-i)a$ は p の倍数でない。

(2) $k=1, 2, \cdots\cdots, p-1$ に対して，ka は p で割り切れないので，$r_k \neq 0$ であるから，

$$1 \leq r_k \leq p - 1 \qquad \cdots\cdots ⑤$$

である。また，(1)より，$r_1, r_2, \cdots\cdots, r_{p-1}$ は互いに異なるから，

$$\{r_1, r_2, \cdots\cdots, r_{p-1}\} = \{1, 2, \cdots\cdots, p-1\}$$
$$\cdots\cdots ⑥$$

である。

← p は素数であり，k, a は p では割り切れない整数であるから。

← ⑤より，$(p-1)$ 個の整数 r_1, $r_2, \cdots\cdots, r_{p-1}$ は 1 以上，$p-1$ 以下の整数のいずれかであり，かつ，互いに異なっているから。

②，③からわかるように，p を法とする合同式（$(\bmod p)$ は書くのを省略）を用いると，

$$a \equiv r_1, \ 2a \equiv r_2, \ \cdots\cdots, \ (p-1)a \equiv r_{p-1}$$

であり，これらの式の辺々をかけ合わせると，

$$a \cdot 2a \cdots\cdots (p-1)a \equiv r_1 r_2 \cdots\cdots r_{p-1}$$

である。⑥を用いると

$$(p-1)! \, a^{p-1} \equiv (p-1)!$$
$$\therefore \quad (p-1)!(a^{p-1} - 1) \equiv 0 \qquad \cdots\cdots ⑦$$

となる。ここで，$(p-1)!$ は p で割り切れないので，$a^{p-1} - 1$ は p で割り切れる。

（証明おわり）

← ⑦は左辺が p で割り切れることを表す。

← $1, 2, \cdots\cdots, p-1$ のいずれも素数 p の倍数でない。

> **注** p を素数とし，a, b を整数とするとき，ab が p で割り切れるならば，a, b の少なくとも一方は p で割り切れる。つまり，
>
> $$ab \equiv 0 \ (\bmod p) \implies a \equiv 0 \ (\bmod p) \ \text{または} \ b \equiv 0 \ (\bmod p)$$
>
> が成り立つ。
> しかし，p が素数でないときには，このような命題は成り立たないことに注意する。たとえば，合成数 $6 = 2 \cdot 3$ については，
>
> $$3 \cdot 4 \equiv 0 \ (\bmod 6) \ \text{であるが，} \ 3 \not\equiv 0 \ (\bmod 6) \ \text{かつ} \ 4 \not\equiv 0 \ (\bmod 6)$$
>
> である。

806 1次不定方程式 $ax+by=c$

(I) a, b は互いに素な正の整数とする。
  (1) k を整数とするとき，kb を a で割った余りを $r(k)$ で表す。k, l を $a-1$ 以下の正の整数とするとき，$k \neq l$ ならば $r(k) \neq r(l)$ であることを示せ。
  (2) $ma+nb=1$ を満たす整数 m, n が存在することを示せ。　　（大阪女大*）
(II) (1) 2432 と 703 の最大公約数 d を求めよ。
  (2) $2432x+703y=d$ を満たす整数 x, y を求めよ。

精講　(I) (1)では，**805**(1)と同様の議論をします。(2)では，次の事実を $g=1$ の場合に証明することになります。

> a, b, c を整数とするとき
> 1次不定方程式 $ax+by=c$ が整数解 (x, y) をもつ
> $\iff$ c は a, b の最大公約数 g で割り切れる

(II) (1) ユークリッドの互除法によると，2つの正の整数 a, b の最大公約数について次のことが成り立ちます。

> a を b で割ったときの商を q，余りを r とする，すなわち，
> 　　$a=bq+r$, $0 \leq r < b$
> のとき，
> 　　$[a, b$ の最大公約数 $g(a, b)] = [b, r$ の最大公約数 $g(b, r)]$
> である。ただし，$r=0$ のときには，$g(b, r)=b$ と約束する。

解答　(I) (1) $1 \leq k < l \leq a-1$ ……① としてよい。このとき，kb, lb を a で割ったときの商を q_k, q_l とすると，
　　$kb = aq_k + r(k)$ 　　　　　……②
　　$lb = aq_l + r(l)$ 　　　　　……③
であり，③－②より
　　$(l-k)b = a(q_l - q_k) + r(l) - r(k)$ 　　……④
である。a, b は互いに素であり，①より，

← k, l は $a-1$ 以下の整数で，$k \neq l$ であるから。

$$1 \leq l-k \leq a-2$$

であるから，④の左辺は a の倍数でない。したがって，右辺も a の倍数でないので，

$$r(l)-r(k) \neq 0 \quad \therefore \quad r(k) \neq r(l)$$

である。　　　　　　　　　　　　　　　　（証明おわり）

← 結果として，$r(l)-r(k)$ は a の倍数でない。

(2) $k=1, 2, \cdots\cdots, a-1$ に対して，kb は a で割り切れないから，$r(k) \neq 0$，すなわち，

$$1 \leq r(k) \leq a-1 \quad \cdots\cdots ⑤$$

である。(1)より，$r(1), r(2), \cdots\cdots, r(a-1)$ は互いに異なるから，⑤を考え合わせると，

$$r(n)=1, \quad 1 \leq n \leq a-1$$

となる n がある。そのとき

$$nb = aq_n + 1$$

となるので，$-q_n = m$ とおくと，

$$ma + nb = 1$$

となる。　　　　　　　　　　　　　　　　（証明おわり）

← $\{r(1), r(2), r(a-1)\} = \{1, 2, \cdots\cdots, a-1\}$ である。

(II) (1)
$$2432 = 703 \cdot 3 + 323$$
$$703 = 323 \cdot 2 + 57$$
$$323 = 57 \cdot 5 + 38$$
$$57 = 38 \cdot 1 + 19$$
$$38 = 19 \cdot 2$$

である。これより，正の整数 a, b の最大公約数を $g(a, b)$ と表すと，

$$d = g(2432, 703) = g(703, 323)$$
$$= g(323, 57) = g(57, 38) = g(38, 19)$$
$$= \mathbf{19}$$

である。

← ユークリッドの互除法による。

(2)
$$2432x + 703y = 19$$
$$\therefore \quad 128x + 37y = 1 \quad \cdots\cdots ①$$

を満たす整数 x, y を求めるとよい。①を

$$(37 \cdot 3 + 17)x + 37y = 1$$
$$17x + 37(y + 3x) = 1$$

として，$u = y + 3x$ ……② とおくと，

$$17x + 37u = 1$$

← $2432 = 19 \cdot 128, \ 703 = 19 \cdot 37$

← $128 = 37 \cdot 3 + 17$ より。係数（の絶対値）を小さくして，より簡単な方程式にする。

$$17x+(17\cdot2+3)u=1$$
$$17(x+2u)+3u=1$$

となる。さらに，$v=x+2u$ ……③ とおくと，
$$17v+3u=1 \quad ……④$$

◀ 必要ならば，さらに $2v+3(u+5v)=1$ として，$w=u+5v$ とおくと，$2v+3w=1$ となる。

となる。④を満たす整数 u，v として，$u=6$，$v=-1$ をとると，③，②から順に，$x=-13$，$y=45$ となり，これらは，①を満たす。すなわち，
$$128\cdot(-13)+37\cdot45=1 \quad ……⑤$$

であり，①－⑤ より
$$128(x+13)=-37(y-45)$$

となる。128 と 37 は互いに素であるから，求める整数解は，
$$x+13=37n,\ y-45=-128n$$
$$\therefore\ x=-13+37n,\ y=45-128n\ （n\text{ は整数}）$$

である。

研究

"a，b を整数とし，a，b の最大公約数を g とするとき，1次不定方程式 $ax+by=g$ ……㋐ は整数解をもつ"ことを少し変わった方法で証明してみよう。

集合 $M=\{ax+by\,|\,x,\ y \text{ は整数}\}$ に属する正の整数の中で最小のものを $m=ax_0+by_0$ （x_0，y_0 は整数） ……㋑ とする。

このとき，a を m で割ったときの商を q，余りを r とすると，
$$a=mq+r\ ……㋒,\quad 0\leqq r<m\ ……㋓$$

であるから，㋒に㋑を代入すると，
$$a=(ax_0+by_0)q+r \quad\therefore\ r=a(1-qx_0)+b(-qy_0)$$

となるので，r は M の要素である。m の定義より，m より小さい M の正の要素はないから，㋓より $r=0$ であり，a は m で割り切れる。同様に，b も m で割り切れる。したがって，m は a，b の公約数であるから g の定義より，$m\leqq g$ ……㋔ である。

また，㋑において，a，b は g の倍数であるから，m は g の正の倍数である。したがって，$g\leqq m$ ……㋕ である。

㋔，㋕より，$m=g$ であり，㋑より $ax_0+by_0=g$ となるので，㋐は整数解 $(x_0,\ y_0)$ をもつ。

(証明おわり)

807 正の整数の約数の個数とその総和

(I) 正の約数の個数が 28 個である最小の正の整数を求めよ。　　　　（早稲田大）

(II) 正の整数 a, b に対して，$n=2^a \cdot 3^b$ とし，n のすべての約数の和を S とする。$S=\dfrac{5}{2}n$ となるとき，a, b, n の値を求めよ。　　　　（大阪女大*）

精講　正の整数の正の約数については次が成り立ちます。

正の整数 n の素因数分解が $n=p_1^{\alpha_1} p_2^{\alpha_2} \cdots p_m^{\alpha_m}$（$p_1$, p_2, ……, p_m は互いに異なる素数，α_1, α_2, ……, α_m は正の整数）であるとき，

（n の正の約数の個数）$=(\alpha_1+1)(\alpha_2+1)\cdots(\alpha_m+1)$

（n の正の約数の総和）
$=(1+p_1+\cdots+p_1^{\alpha_1})(1+p_2+\cdots+p_2^{\alpha_2})\cdots(1+p_m+\cdots+p_m^{\alpha_m})$
　　　　　　　　　　　　　　　　　　　　　　　　　　……(*)

$=\dfrac{p_1^{\alpha_1+1}-1}{p_1-1} \cdot \dfrac{p_2^{\alpha_2+1}-1}{p_2-1} \cdots \dfrac{p_m^{\alpha_m+1}-1}{p_m-1}$

である。

(*) を展開したとき現れる数が n の正の約数のすべてです。

解答　(I)　正の約数の個数が 28 個である正の整数 N の素因数分解を

$N=p^\alpha q^\beta \cdots r^\gamma$

（p, q, ……, r は異なる素数，α, β, ……, γ は正の整数）とするとき，n の約数の個数は

　　$(\alpha+1)(\beta+1)\cdots(\gamma+1)$ 個　　　……①

である。N の約数の個数が $28=2\cdot 2\cdot 7$ のとき，N の異なる素因数の個数 K は①より 3 以下である。　　←$\alpha+1\geqq 2$, $\beta+1\geqq 2$, ……, $\gamma+1\geqq 2$ であるから。

$K=1$ のとき
$\alpha+1=28$ より $\alpha=27$ であるから
　　$N=p^{27}\geqq 2^{27}$　　　　　　　……②

$K=2$ のとき
$(\alpha+1, \beta+1)=(7, 4)$, $(14, 2)$ より，　　←$\alpha\geqq\beta$ と考えてよい。

$(\alpha, \beta) = (6, 3), (13, 1)$ であるから
$$N = p^6 q^3 \text{ または } p^{13} q$$
であり,
$$N = p^6 q^3 \geqq 2^6 \cdot 3^3 \qquad \cdots\cdots ③$$
$$N = p^{13} q \geqq 2^{13} \cdot 3 \qquad \cdots\cdots ④$$

$K = 3$ のとき
$(\alpha+1, \beta+1, \gamma+1) = (7, 2, 2)$ より,
$(\alpha, \beta, \gamma) = (6, 1, 1)$ であるから
$$N = p^6 q r \geqq 2^6 \cdot 3 \cdot 5 \qquad \cdots\cdots ⑤$$
である。

← $\alpha \geqq \beta \geqq \gamma$ と考えてよい。

②, ③, ④, ⑤ の大小を比べると
$$2^{27} > 2^{13} \cdot 3 > 2^6 \cdot 3^3 > 2^6 \cdot 3 \cdot 5$$
であるから,求める最小の正の整数は
$$2^6 \cdot 3 \cdot 5 = 960$$
である。

(Ⅱ) $n = 2^a \cdot 3^b$ (a, b は正の整数) の約数の和 S は
$$S = (1 + 2 + \cdots\cdots + 2^a)(1 + 3 + \cdots\cdots + 3^b)$$
$$= \frac{2^{a+1}-1}{2-1} \cdot \frac{3^{b+1}-1}{3-1} = \frac{1}{2}(2^{a+1}-1)(3^{b+1}-1)$$
であるから,$S = \dfrac{5}{2} n$ のとき
$$\frac{1}{2}(2^{a+1}-1)(3^{b+1}-1) = \frac{5}{2} \cdot 2^a \cdot 3^b \qquad \cdots\cdots ⑥$$
である。$2^a = x, \ 3^b = y \ \cdots\cdots ⑦$ とおくと,⑥ より
$$(2x-1)(3y-1) = 5xy$$
$$\therefore \ (x-3)(y-2) = 5$$
となる。⑦ において
$$x = 2^a \geqq 2, \ y = 3^b \geqq 3$$
であるから,
$$(x-3, y-2) = (1, 5), (5, 1)$$
$$\therefore \ (2^a, 3^b) = (x, y) = (4, 7), (8, 3)$$
となる。a, b は正の整数であるから,
$$a = 3, \ b = 1, \ n = 2^3 \cdot 3 = 24$$
である。

← 移項すると
$xy - 2x - 3y + 1 = 0$

← $a \geqq 1, \ b \geqq 1$ より。

← $(2^a, 3^b) = (4, 7)$ のとき,b は正の整数ではない。

808 正の整数が 9, 11 で割り切れる条件

正の整数 N は 10 進法で $a_n a_{n-1} \cdots a_1 a_0$ (a_n, a_{n-1}, $\cdots$, a_1, a_0 は 0 以上, 9 以下の整数で, $a_n \neq 0$) と表されている。このとき,
$$\alpha = a_n + a_{n-1} + \cdots + a_1 + a_0$$
$$\beta = (-1)^n a_n + (-1)^{n-1} a_{n-1} + \cdots - a_1 + a_0$$
とする。

(1) N が 99 で割り切れるための必要十分条件は, α が 9 で割り切れ, かつ β が 11 で割り切れることであることを示せ。

(2) α を 9 で割った余りが 6, β を 11 で割った余りが 3 であるとき, N を 99 で割った余りを求めよ。

(立教大*)

精講　"N と α を 9 で割った余りは等しい", "N と β を 11 で割った余りは等しい" ことを示します。そのためには, $N - \alpha$ が 9 の倍数であること, $N - \beta$ が 11 の倍数であることを示すとよいのです。(**805** 精講参照)

解答　(1) N は 10 進法で $a_n a_{n-1} \cdots a_1 a_0$ と表されているから,
$$N = a_n \cdot 10^n + a_{n-1} \cdot 10^{n-1} + \cdots + a_1 \cdot 10 + a_0$$
である。これより
$$N - \alpha$$
$$= a_n (10^n - 1) + a_{n-1} (10^{n-1} - 1) + \cdots + a_1 (10 - 1)$$
$$\cdots\cdots ①$$

である。ここで, k を正の整数とするとき,
$$10^k - 1$$
$$= (10 - 1)(10^{k-1} + 10^{k-2} + \cdots + 10 + 1)$$
$$= 9(10^{k-1} + 10^{k-2} + \cdots + 10 + 1)$$

← $x^k - 1$
$= (x - 1) \times$
$(x^{k-1} + x^{k-2} + \cdots + x + 1)$

は 9 の倍数であるから, ①より, $N - \alpha$ は 9 の倍数である。したがって,

"N と α を 9 で割った余りは等しい。"　……(A)

が成り立つ。また,
$$N - \beta$$
$$= a_n \{10^n - (-1)^n\} + a_{n-1} \{10^{n-1} - (-1)^{n-1}\}$$

$$+\cdots\cdots+a_1\{10-(-1)\} \quad \cdots\cdots ②$$

である。ここで, k を正の整数とするとき,

$$x^k-y^k$$
$$=(x-y)(x^{k-1}+x^{k-2}y+\cdots\cdots+xy^{k-2}+y^{k-1})$$

であり, $x=10$, $y=-1$ とおくと

$$10^k-(-1)^k$$
$$=11\{10^{k-1}-10^{k-2}+\cdots\cdots+10(-1)^{k-2}+(-1)^{k-1}\}$$

となるので, $10^k-(-1)^k$ は 11 の倍数である。

したがって, ②より, $N-\beta$ は 11 の倍数であるから,

"N と β を 11 で割った余りは等しい。" ……(B)

が成り立つ。

N が 99 で割り切れる, すなわち, N が 9 で割り切れ, かつ 11 で割り切れるための必要十分条件は (A), (B) より, α が 9 で割り切れ, かつ β が 11 で割り切れることである。 （証明おわり）

← N が 9 で割り切れる。
$\iff$ N を 9 で割った余りが 0。
$\iff$ α を 9 で割った余りが 0。
$\iff$ α は 9 で割り切れる。
11 についても同様である。

(2) (A), (B) より, N を 9 で割った余りが 6, 11 で割った余りが 3 であるから, N は

$$N=9p+6 \quad \cdots\cdots ③$$
$$N=11q+3 \quad \cdots\cdots ④$$

(p, q は整数) と表される。③, ④より

$$9p+6=11q+3$$
$$\therefore \quad 9p-11q=-3 \quad \cdots\cdots ⑤$$

であり,

$$9\cdot 7-11\cdot 6=-3 \quad \cdots\cdots ⑥$$

であるから, ⑤－⑥より

$$9(p-7)=11(q-6)$$

となる。9 と 11 は互いに素であるから, $p-7$ は 11 の倍数であり,

$$p-7=11l, \quad q-6=9l$$
$$p=11l+7, \quad q=9l+6 \quad (l \text{ は整数})$$

となる。③に代入すると

$$N=9(11l+7)+6=99l+69$$

となるので, N を 99 で割った余りは **69** である。

← $9(p-q)-2q=-3$ より $p-q=1$, $q=6$ とした。$p-q=-1$, $q=-3$ として, ⑥の代わりに $9\cdot(-4)-11\cdot(-3)=-3$ を用いてもよい。

← ④に代入しても同じ。

参考

(A), (B)から，10進法で表された整数 N が 9, 11 で割り切れる条件は以下の通りである。

N が 9 で割り切れる $\iff$ N の各位の数字の和が 9 で割り切れる

N が 11 で割り切れる $\iff$ N の 1 の位から数えて奇数番目の位の数字の和を K, 偶数番目の数字の和を L とするとき，
$K-L$ が 11 で割り切れる

たとえば，71082 は $7+1+0+8+2=18$ より 9 で割り切れ，54318 は $(8+3+5)-(1+4)=11$ より 11 で割り切れる。

研究

(2)を合同式を利用して解くと次のようになる。

N を 9, 11 で割った余りがそれぞれ 6, 3 であるから，合同式を用いると，

$N \equiv 6 \pmod{9}$ ……㋐

$N \equiv 3 \pmod{11}$ ……㋑

と表される。㋐より，

$N-6=9p$ ∴ $N=9p+6$ ……㋒ （p は整数）

と表されるので，㋑に代入すると

$9p+6 \equiv 3 \pmod{11}$

∴ $9p \equiv -3 \pmod{11}$ ……㋓

となる。ここで，

$9x \equiv 1 \pmod{11}$ ……㋔

となる x を，$x=1, 2, \cdots\cdots$ を㋔に代入して探すと，$x=5$ が見つかる。すなわち，

$45 \equiv 1 \pmod{11}$

であるから，両辺に p をかけると，

$45p \equiv p \pmod{11}$

である。そこで，㋓の両辺に 5 をかけると，

$45p \equiv -15 \pmod{11}$

∴ $p \equiv -15 \equiv -15+2\cdot 11 \equiv 7 \pmod{11}$ ……㋕

となる。㋕より，

$p-7=11l$ ∴ $p=11l+7$ （l は整数）

と表されるから，㋒に代入すると，

$$N = 9(11l+7)+6 = 99l+69 \quad \cdots\cdots ㊗$$

が得られる。

㊀から㋕を導いたときに用いたのは，

"a, b が互いに素な整数であるとき，$bx \equiv 1 \pmod{a}$ $\cdots\cdots$ ㋗

となる整数 x が存在する" $\cdots\cdots$ (*)

という事実である。

(*)は **806**(I)(2)を別な形で表現しただけである。実際，**806**(I)(2)より

$$ma + nb = 1$$

となる整数 m, n が存在し，

$$nb = 1 - ma \equiv 1 \pmod{a}$$

が成り立つので，$x = n$ は㋗を満たすことになる。

808(2)において，さらに N を 7 で割った余りが 4 であるとしたとき，N を $7 \cdot 9 \cdot 11 = 693$ で割った余りを求めてみよう。

㋐，㋑に加えて，

$$N \equiv 4 \pmod{7} \quad \cdots\cdots ㋙$$

であるから，㋙に㊗を代入すると，

$$99l + 69 \equiv 4 \pmod{7} \quad \cdots\cdots ㋚$$

となる。ここで，

$$99l \equiv l \pmod{7}, \quad 69 \equiv 6 \pmod{7}$$

であるから，㋚より

$$l + 6 \equiv 4 \pmod{7}$$

$$\therefore \quad l \equiv -2 \equiv 5 \pmod{7}$$

である。よって，

$$l - 5 = 7m \quad \therefore \quad l = 7m + 5 \ (m \text{ は整数})$$

と表されるので，㊗に代入すると

$$N = 99(7m+5) + 69 = 693m + 564$$

となるから，求める余りは 564 である。

類題 26 → 解答 p.347

$(2 \times 3 \times 5 \times 7 \times 11 \times 13)^{10}$ の 10 進法での桁数を求めよ。

(一橋大)

809 鳩の巣原理

A を 100 以下の自然数の集合とする。また，50 以下の自然数 k に対し，A の要素でその奇数の約数のうち最大のものが $2k-1$ となるものからなる集合を A_k とする。

(1) A の各要素は，A_1 から A_{50} までの 50 個の集合のうちのいずれか 1 つに属することを示せ。

(2) A の部分集合 B が 51 個の要素からなるとき，$\dfrac{y}{x}$ が整数となるような B の異なる要素 x, y が存在することを示せ。

(3) 50 個の要素からなる A の部分集合 C で，その中に $\dfrac{y}{x}$ が整数となるような異なる要素 x, y が存在しないものを 1 つ求めよ。

(愛知教育大)

精講 (2) A_k (k は整数，$1 \leq k \leq 50$) に属する 2 つの数の関係がわかると，あとは次の簡単な事実を用いるだけです。

鳩の巣原理 (Pigeonhole Principle)

$(n+1)$ 個以上のものを n 個の箱に入れたとき，2 個以上のものが入っている箱が少なくとも 1 つはある。

---

(3) (2)との関連はあまり考えない方がよいでしょう。

解答 (1) 100 以下の自然数 n を考える。

n が奇数のとき，$n = 2k-1$ (k は 50 以下の自然数) と表されるとすると，$n \in A_k$ である。 ← $1 = 2 \cdot 1 - 1$, $3 = 2 \cdot 2 - 1$, ……, $99 = 2 \cdot 50 - 1$。

また，n が偶数のとき，n を 2 で割って得られた数が偶数ならばさらに 2 で割ることを繰り返すと最後には奇数が現れるから，割った回数を a 回とすると，

$n = 2^a(2l-1)$ (l は 50 以下の自然数)

と表される。このとき，n の奇数の約数の最大のものは $2l-1$ であるから，$n \in A_l$ である。 ← n を 2 で a 回割ると奇数 $2l-1$ となるとする。

いずれにしても，n は A_1 から A_{50} のいずれか 1 つに属する。 (証明おわり)

(2) 集合 A_k $(k=1, 2, \cdots\cdots, 50)$ は 50 個しかないので，B に属する 51 個の数の中には，これら A_k のうちの同じ集合に属する 2 数が必ずある。それらを x, y $(x<y)$ として，いずれも A_m に属するとすると， ← 鳩の巣原理を用いた。
$$x=2^p(2m-1), \quad y=2^q(2m-1)$$
(p, q は整数，$0 \leq p < q$, m は 50 以下の自然数) と表されるので，
$$\frac{y}{x} = \frac{2^q(2m-1)}{2^p(2m-1)} = 2^{q-p}$$
は整数となる。　　　　　　　　　　（証明おわり）

(3) $C=\{51, 52, \cdots\cdots, 100\}$ とするとき，C の任意の　← 注 参照。
2 つの要素 x, y $(x<y)$ は
$$51 \leq x < y \leq 100$$
であり，
$$1 < \frac{y}{x} \leq \frac{100}{51} < 2$$

← $x<y$ より $\frac{y}{x}>1$,
　$x \geq 51$, $y \leq 100$ より
　$\frac{y}{x} \leq \frac{100}{51}$

となるので，$\frac{y}{x}$ は整数とはならない。

よって，$C=\{51, 52, \cdots\cdots, 100\}$ の中には $\frac{y}{x}$ が整数となるような異なる要素 x, y は存在しない。

注 (3)の C をすぐに思いつくことができれば苦労しないが，問題で与えられた集合 A_k から考えていくと次のようになる。

(2)の証明からわかる通り，このような集合 C の要素は A_1, A_2, $\cdots\cdots$, A_{50} から 1 個ずつ取り出されているはずである。また，異なる A_k に属する 2 数 x, y で，$\frac{y}{x}$ が整数になる例 ($3 \in A_2$, $60 \in A_8$) もある。そこで各 A_k に属する最大の数を集めてみると，結果として(3)に示した集合 C が得られる。

類題 27　→ 解答 p.347

1, 11, 111, 1111 のようにすべての桁の数字がすべて 1 である正の整数の全体を U とする。m を 2 でも 5 でも割り切れない正の整数とするとき，m の倍数である U の要素が存在することを示せ。

810 3つの整数解をもつ3次方程式

3次方程式 $x^3-12x^2+41x-a=0$ の3つの解がすべて整数となるような定数 a と，そのときの3つの解を求めよ。　　　　　（埼玉大）

精講　この方程式の実数解を曲線 $y=x^3-12x^2+41x$ と直線 $y=a$ の共有点の x 座標として視覚的に捉えます。そのとき，3つの共有点のうち，中間にあるものが存在する範囲に着目しましょう。

解答　3次方程式
$$x^3-12x^2+41x-a=0 \quad \cdots\cdots ①$$
$$\therefore \quad x^3-12x^2+41x=a$$
の実数解は，曲線
$$y=x^3-12x^2+41x \quad \cdots\cdots ②$$
と直線
$$y=a \quad \cdots\cdots ③$$
の共有点の x 座標に等しい。……(*)
$f(x)=x^3-12x^2+41x$ とおくと
$$f'(x)=3x^2-24x+41$$
より，$f(x)$ は $x_1=\dfrac{12-\sqrt{21}}{3}$ で極大値をとり，$x_2=\dfrac{12+\sqrt{21}}{3}$ で極小値をとるので，曲線 $y=f(x)$ ……② の概形は右図のようになる。

方程式①が3つの整数解 $\alpha,\ \beta,\ \gamma\ (\alpha\leqq\beta\leqq\gamma)$ をもつとすると，右図より
$$x_1<\beta<x_2 \quad \cdots\cdots ④$$
である。ここで，$4<\sqrt{21}<5$ より
$$\dfrac{7}{3}<x_1<\dfrac{8}{3},\ \dfrac{16}{3}<x_2<\dfrac{17}{3}$$

← $\dfrac{12-5}{3}<\dfrac{12-\sqrt{21}}{3}<\dfrac{12-4}{3}$，
$\dfrac{12+4}{3}<\dfrac{12+\sqrt{21}}{3}<\dfrac{12+5}{3}$

であるから，④を満たす整数 β は
$$\beta=3,\ 4,\ 5$$
のいずれかである。

$\beta=3$ のとき　$a=f(3)=42$ より，①は

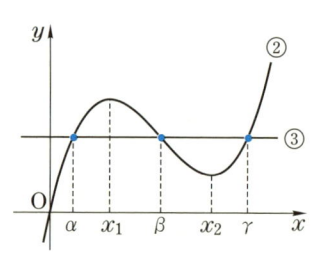

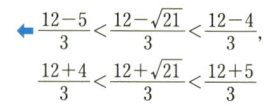

$$x^3-12x^2+41x-42=0$$
$$\therefore \quad (x-3)(x-2)(x-7)=0$$

← $(x-3)(x^2-9x+14)=0$

となるので，3解は 2, 3, 7 である。

$\beta=4$ のとき $a=f(4)=36$ より，① は
$$x^3-12x^2+41x-36=0$$
$$\therefore \quad (x-4)(x^2-8x+9)=0$$
$$x=4,\ 4\pm\sqrt{7}$$

となるので不適である。

$\beta=5$ のとき $a=f(5)=30$ より，① は
$$x^3-12x^2+41x-30=0$$
$$\therefore \quad (x-5)(x-1)(x-6)=0$$

← $(x-5)(x^2-7x+6)=0$

となるので，3解は 1, 5, 6 である。

以上をまとめると
$$\begin{cases} a=42 \text{ のとき，3つの解 } 2,\ 3,\ 7 \\ a=30 \text{ のとき，3つの解 } 1,\ 5,\ 6 \end{cases}$$
となる。

参考

3次方程式の解と係数の関係を利用することもできる。3つの整数解を $\alpha,\ \beta,\ \gamma\ (\alpha \leqq \beta \leqq \gamma\ \cdots\cdots ㋐)$ とおくと
$$\alpha+\beta+\gamma=12, \quad \alpha\beta+\beta\gamma+\gamma\alpha=41, \quad \alpha\beta\gamma=a$$
より，
$$\alpha^2+\beta^2+\gamma^2=(\alpha+\beta+\gamma)^2-2(\alpha\beta+\beta\gamma+\gamma\alpha)=62$$
である。

㋐より
$$12=\alpha+\beta+\gamma \leqq 3\gamma \quad \therefore \quad \gamma \geqq 4 \quad \cdots\cdots ㋑$$
となる。また，
$$62=\alpha^2+\beta^2+\gamma^2 \geqq \gamma^2 \quad \therefore \quad \gamma^2 \leqq 62 \quad \cdots\cdots ㋒$$
となるから，㋑，㋒より
$$\gamma=4,\ 5,\ 6,\ 7 \quad \cdots\cdots ㋓$$
のいずれかである。

㋓の γ に対応する a の値はそれぞれ
$$a=f(\gamma)=36,\ 30,\ 30,\ 42$$
となるので，これらについて調べるとよい。

811 実数 x を超えない最大の整数 $[x]$

(1) 不等式 $\dfrac{1995}{n} - \dfrac{1995}{n+1} \geqq 1$ を満たす最大の正の整数 n を求めよ。

(2) 次の 1995 個の整数の中に異なる整数は何個あるか。その個数を求めよ。

$$\left[\dfrac{1995}{1}\right],\ \left[\dfrac{1995}{2}\right],\ \left[\dfrac{1995}{3}\right],\ \cdots\cdots,\ \left[\dfrac{1995}{1994}\right],\ \left[\dfrac{1995}{1995}\right]$$

ここに，$[x]$ は，x を超えない最大の整数を表す（たとえば，$[2]=2$，$[2.7]=2$）。

(早稲田大)

精講 (2) 実数 x に対して，x を超えない最大の整数を表す記号 $[x]$ についてまとめておきます。

> n を整数とし，x を実数とするとき
> $$[x]=n \iff n \leqq x < n+1$$
> 1° $x \leqq y$ のとき $[x] \leqq [y]$
> 2° k が整数のとき $[x+k]=[x]+k$

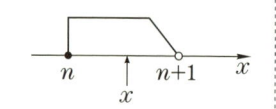

これより，$y-x \geqq 1$，つまり，$y \geqq x+1$ のときには，
$$[y] \geqq [x+1]=[x]+1 \quad \therefore\quad [y] > [x]$$

ですから，$\left[\dfrac{1995}{1}\right],\ \left[\dfrac{1995}{2}\right],\ \left[\dfrac{1995}{3}\right]$ などはすべて異なっています。一方，n が大きくなると $\left[\dfrac{1995}{n}\right]$ の中には同じ整数が現れますが，(1)より，それらの整数より小さい正の整数もすべて現れることがわかります。

解答 (1) $\dfrac{1995}{n} - \dfrac{1995}{n+1} \geqq 1$ ……①

より

$1995 \geqq n(n+1)$ ……①′

となる。ここで，

$44 \cdot 45 = 1980,\ 45 \cdot 46 = 2070$

であるから，①つまり①′を満たす最大の整数 n は 44 である。

(2) $n=1,\ 2,\ \cdots\cdots,\ 1995$ に対して

$$a_n = \frac{1995}{n}, \quad b_n = \left[\frac{1995}{n}\right] = [a_n]$$

とおく。(1)より，$n=1, 2, \cdots\cdots, 44$ のとき
$$a_n \geqq a_{n+1} + 1$$
であるから
$$b_n \geqq b_{n+1} + 1 \qquad \therefore \quad b_n > b_{n+1}$$

⬅ $y \geqq x+1$ のとき
$[y] \geqq [x+1] = [x]+1$

である。つまり
$$b_1 > b_2 > \cdots\cdots > b_{44} > b_{45} = 44 \qquad \cdots\cdots ②$$

⬅ $b_{45} = \left[\dfrac{1995}{45}\right]$
$= [44.3\cdots] = 44$

であり，ここには 45 個の整数が現れる。

また，$n \geqq 46$ のとき，(1)の結果から
$$\frac{1995}{n} - \frac{1995}{n+1} < 1 \qquad \therefore \quad a_n - a_{n+1} < 1$$
であるから，
$$a_{46} > a_{47} > \cdots\cdots > a_{1994} > a_{1995}$$
において，隣り合う 2 数の差は 1 より小さい。

よって，
$$a_{46} = \frac{1995}{46} = 43.3\cdots\cdots, \quad a_{1995} = \frac{1995}{1995} = 1$$
であることを合わせると，区間
$$I_m = \{x \mid m \leqq x < m+1\} \quad (m=1, 2, \cdots\cdots, 43)$$

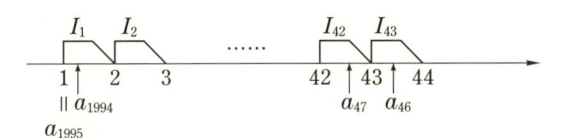

のすべてに，$a_{46}, a_{47}, \cdots\cdots, a_{1994}, a_{1995}$ の少なくとも 1 つが含まれるので，

⬅ $x \in I_m$ のとき，$[x] = m$ である。

$$[a_{46}], [a_{47}], \cdots\cdots, [a_{1994}], [a_{1995}]$$
には 43, 42, $\cdots\cdots$, 2, 1 のすべての整数が現れる。

②と合わせると，$b_n = [a_n] = \left[\dfrac{1995}{n}\right]$
($n=1, 2, \cdots\cdots, 1994, 1995$) の中の異なる整数は
$$45 + 43 = 88 \text{個}$$
である。

812 単位分数の和に関する方程式

x, y, z は正の整数とする。

(1) $\dfrac{1}{x}+\dfrac{1}{y}+\dfrac{1}{z}=1$ を満たす x, y, z の組 (x, y, z) は何通りあるか。

☆ (2) r を正の有理数とするとき，$\dfrac{1}{x}+\dfrac{1}{y}+\dfrac{1}{z}=r$ を満たす x, y, z の組 (x, y, z) は有限個しかないことを証明せよ。ただし，そのような組が存在しない場合は 0 個とし，有限個であるとみなす。　　　　　(信州大*)

精講　(1) この方程式だけでは分母を払ってみても何も見えてきません。そこで，まず x, y, z の間に大小関係，たとえば，$x \leqq y \leqq z$，を仮定して考えます。そのときには，最小の整数 x，最大の整数 z のいずれかの取り得る値の範囲が絞り込まれるはずです。

(2) 同様に，$x \leqq y \leqq z$ のもとで考えたとき，解の個数が有限個であれば大小関係のこの仮定をはずしても，解の個数は最大でも $3!$ 倍になるだけです。

解答　(1) まず，$x \leqq y \leqq z$ ……① のもとで

$$\dfrac{1}{x}+\dfrac{1}{y}+\dfrac{1}{z}=1 \quad\text{……②}$$

を満たす正の整数 x, y, z を考える。

①のもとで

$$\dfrac{1}{x} \geqq \dfrac{1}{y} \geqq \dfrac{1}{z} \quad\text{……③}$$

であるから，②より

$$1=\dfrac{1}{x}+\dfrac{1}{y}+\dfrac{1}{z} \leqq \dfrac{1}{x}+\dfrac{1}{x}+\dfrac{1}{x}=\dfrac{3}{x} \quad\text{……④}$$

∴ $x \leqq 3$

である。以下，④のもとで調べる。

$x=3$ のとき，②，③より

$$\dfrac{2}{3}=\dfrac{1}{y}+\dfrac{1}{z} \leqq \dfrac{1}{y}+\dfrac{1}{y}=\dfrac{2}{y}$$

∴ $y \leqq 3$

となるが，$y \geqq x=3$ と合わせると，

← このような条件設定をすることが問題解決への第一歩である。

← $1=\dfrac{1}{x}+\dfrac{1}{y}+\dfrac{1}{z}$
$\geqq \dfrac{1}{z}+\dfrac{1}{z}+\dfrac{1}{z}=\dfrac{3}{z}$
∴ $z \geqq 3$
としても，3 以上の整数は無数にあるので役に立たない。

← **注** 参照。

$$(y,\ z)=(3,\ 3)$$
となるので，
$$(x,\ y,\ z)=(3,\ 3,\ 3) \quad \cdots\cdots ⑤$$
である。

$x=2$ のとき，②，③より
$$\frac{1}{2}=\frac{1}{y}+\frac{1}{z}\leqq\frac{1}{y}+\frac{1}{y}=\frac{2}{y}$$
$\therefore\ y\leqq 4$

となるが，$y\geqq x=2$ と合わせると，
$$(y,\ z)=(4,\ 4),\ (3,\ 6)$$
となるので，
$$(x,\ y,\ z)=(2,\ 4,\ 4),\ (2,\ 3,\ 6) \quad \cdots\cdots ⑥$$
となる。

また，$x=1$ とすると，②は
$$\frac{1}{y}+\frac{1}{z}=0$$
となり，このような正の整数 y，z はない。

以上より，①の仮定を取り除くと，②を満たす正の整数の組 $(x,\ y,\ z)$ は⑤から1組，⑥からそれぞれ $_3C_1=3$ 組，$3!=6$ 組 得られるので，全部で
$$1+3+6=\mathbf{10\ 通り}$$
である。

← $\dfrac{2}{3}=\dfrac{1}{3}+\dfrac{1}{z}$ より
$z=3$

← $y=2$ のとき
$\dfrac{1}{2}=\dfrac{1}{2}+\dfrac{1}{z}$
を満たす z はないので不適である。

← たとえば，⑥の左側からは，
$(x,\ y,\ z)$
$=(2,\ 4,\ 4),\ (4,\ 2,\ 4),$
$(4,\ 4,\ 2)$
の3組が得られる。

(2) ここでも，①のもとで
$$\frac{1}{x}+\frac{1}{y}+\frac{1}{z}=r \quad \cdots\cdots ⑦$$
を考える。④と同様に
$$r=\frac{1}{x}+\frac{1}{y}+\frac{1}{z}\leqq\frac{3}{x}$$
$\therefore\ x\leqq\dfrac{3}{r}$

であるから，正の整数 x の取り得る値はせいぜい
$$1,\ 2,\ \cdots\cdots,\ \left[\frac{3}{r}\right] \quad \cdots\cdots ⑧$$
の $\left[\dfrac{3}{r}\right]$ 個である。

← $\left[\dfrac{3}{r}\right]$ は $\dfrac{3}{r}$ を超えない最大の整数である。**811** 参照。

次に，x が⑧の1つの値 x_0 をとるとき，⑦は
$$\frac{1}{y}+\frac{1}{z}=r-\frac{1}{x_0} \quad \cdots\cdots ⑨$$
となる。⑨を満たす正の整数 y, z が存在するのは，
$$r-\frac{1}{x_0}>0$$
のときであり，このとき，⑨より ← ⑧の中でこの不等式を満たさないものは除くことにする。
$$r-\frac{1}{x_0}=\frac{1}{y}+\frac{1}{z} \leqq \frac{1}{y}+\frac{1}{y}=\frac{2}{y}$$
$$\therefore \quad y \leqq \frac{2}{r-\frac{1}{x_0}}=\frac{2x_0}{rx_0-1}$$

であるから，正の整数 y の取り得る値は多くても $\left[\dfrac{2x_0}{rx_0-1}\right]$ 個であり，y が決まると⑨より z も1通りに決まる。 ← z が整数とならないときには除くことにする。

以上より，仮定①のもとで，⑦を満たす組 (x, y, z) において，x の取り得る値は有限個であり，x のそれぞれの値に対して，y, z の取り得る値も有限個であるから，(x, y, z) の個数は有限個である。その個数を N とするとき，仮定①をはずしたときに⑦を満たす組 (x, y, z) の個数は最大でも $3!N=6N$ であるから，やはり有限個である。

← 0個の場合も含む。
← (y, z) についても，0個の場合を含む。
← $N=0$ の場合も含む。

（証明おわり）

注 (1)において，$x=3$ のとき，$\dfrac{1}{y}+\dfrac{1}{z}=\dfrac{2}{3}$ の分母を払って
$$3z+3y=2yz \quad \therefore \quad (2y-3)(2z-3)=9$$
とし，$3=x \leqq y \leqq z$ より
$$(2y-3, 2z-3)=(3, 3) \quad \therefore \quad (y, z)=(3, 3)$$
を導いてもよい。

$x=2$ のとき，$\dfrac{1}{y}+\dfrac{1}{z}=\dfrac{1}{2}$ についても同様である。

類題 28　→ 解答 p.348

$7(x+y+z)=2(xy+yz+zx)$ を満たす自然数の組 $x, y, z\ (x \leqq y \leqq z)$ をすべて求めよ。

（大分大）

813 二項係数 $_m\mathrm{C}_r$ の約数

自然数 $m \geq 2$ に対し，$m-1$ 個の二項係数
$$_m\mathrm{C}_1,\ _m\mathrm{C}_2,\ \cdots\cdots,\ _m\mathrm{C}_{m-1}$$
を考え，これらすべての最大公約数を d_m とする。すなわち d_m はこれらすべてを割り切る最大の自然数である。

(1) m が素数ならば，$d_m = m$ であることを示せ。
(2) すべての自然数 k に対し，$k^m - k$ が d_m で割り切れることを，k に関する数学的帰納法によって示せ。
(3) m が偶数のとき d_m は 1 または 2 であることを示せ。 (東京大)

精講 (1) m が素数のとき，$r = 1, 2, \cdots\cdots, m-1$ に対して，$r!$ は m では割り切れないということを用いるだけです。

(2) 数学的帰納法の第 2 段階では二項定理を用います。

(3) (2)の結果，$(k-1)^m - (k-1)$，$k^m - k$ はいずれも d_m の倍数です。これをどのように利用するかを考えることになります。

解答 (1) $1 \leq r \leq m-1$ ……① のとき，
$$_m\mathrm{C}_r = \frac{_m\mathrm{P}_r}{r!}$$
$\therefore\ r!\,_m\mathrm{C}_r = m(m-1)\cdots\cdots(m-r+1)$ ……②

← $_m\mathrm{P}_r = m(m-1)$
$\qquad\qquad \cdots\cdots(m-r+1)$

を考える。②の右辺は素数 m の倍数であり，①のもとで $r! = r(r-1)\cdots\cdots 2\cdot 1$ は m の倍数ではないから，$_m\mathrm{C}_r$ は m の倍数である。つまり，m は $_m\mathrm{C}_r$ $(1 \leq r \leq m-1)$ の公約数であるから，
$d_m \geq m$ ……③ である。

← d_m は $_m\mathrm{C}_r\,(1\leq r\leq m-1)$ の最大公約数であるから。

一方，d_m は $_m\mathrm{C}_1 = m$ の約数であるから，③と合わせると，$d_m = m$ である。 (証明おわり)

← d_m は m の約数であるから，$d_m \leq m$ である。

(2) $k = 1, 2, 3, \cdots\cdots$ に対して，"$k^m - k$ が d_m で割り切れる" ……(∗) ことを数学的帰納法で示す。

(I) $1^m - 1 = 0$ は d_m で割り切れるから，$k=1$ のとき，(∗)は成り立つ。

(II) $k = n$ (n は正の整数)のとき，(∗)が成り立つ，すなわち，"$n^m - n$ は d_m で割り切れる" ……Ⓐ

とする。このとき

$$(n+1)^m - (n+1)$$
$$= \sum_{r=0}^{m} {}_m C_r n^{m-r} - (n+1)$$
$$= n^m + {}_m C_1 n^{m-1} + \cdots + {}_m C_{m-1} n + 1 - (n+1)$$
$$= n^m - n + ({}_m C_1 n^{m-1} + \cdots + {}_m C_{m-1} n)$$
$$\cdots\cdots ④$$

において，$n^m - n$ はⒶより d_m で割り切れ，${}_m C_1$，……，${}_m C_{m-1}$ も d_m で割り切れるから，④，つまり，$(n+1)^m - (n+1)$ も d_m で割り切れる。

←d_m は ${}_m C_1$, ……, ${}_m C_{m-1}$ の公約数である。

以上，(I), (II)より，すべての自然数 k に対して，($*$) が成り立つ。　　　　　　　　　(証明おわり)

(3) m が偶数のとき，k を2以上の整数とすると，

$$(k-1)^m - (k-1) = \sum_{r=0}^{m} {}_m C_r k^{m-r} (-1)^r - (k-1)$$
$$= k^m + \sum_{r=1}^{m-1} {}_m C_r k^{m-r} (-1)^r + (-1)^m - (k-1)$$
$$= k^m - k + \sum_{r=1}^{m-1} {}_m C_r k^{m-r} (-1)^r + 2 \quad \cdots\cdots ⑤$$

←m が偶数であるから，$(-1)^m = 1$ となる。

←$r = 1, 2, \cdots, m-1$ のとき d_m は ${}_m C_r$ の約数である。

となる。(1), (2)より，d_m は $(k-1)^m - (k-1)$, $k^m - k$, ${}_m C_r (1 \leq r \leq m-1)$ の約数であるから，⑤より，d_m は 2 の約数である。すなわち，d_m は 1 または 2 である。　　　(証明おわり)

←$2 = (k-1)^m - (k-1)$
　$- (k^m - k)$
　$- \sum_{r=1}^{m-1} {}_m C_r k^{m-r} (-1)^r$

参考

(2)の ($*$) は $k = 0$ でも成り立つので，(3)では，$(d_m - 1)^m - (d_m - 1)$ が d_m の倍数である。したがって，

$$(d_m - 1)^m - (d_m - 1) = \sum_{r=0}^{m} {}_m C_r d_m{}^{m-r} (-1)^r - (d_m - 1)$$
$$= \sum_{r=0}^{m-1} {}_m C_r d_m{}^{m-r} (-1)^r + (-1)^m - d_m + 1$$
$$= d_m \left\{ \sum_{r=0}^{m-1} {}_m C_r d_m{}^{m-r-1} (-1)^r - 1 \right\} + 2$$

←{ } の中は整数である。

において，左辺は d_m で割り切れるから，d_m は 2 の約数，つまり，d_m は 1 または 2 であることが示せる。

←右辺第1項を移項すると $d_m \cdot$(整数)$= 2$ となる。

814 3項間の漸化式で定まる整数列の性質

整数からなる数列 $\{a_n\}$ を漸化式
$$a_1=1,\ a_2=3,\ a_{n+2}=3a_{n+1}-7a_n \quad (n=1,\ 2,\ \cdots\cdots)$$
によって定める。

(1) a_n が偶数となることと，n が 3 の倍数となることとは同値であることを示せ。

(2) a_n が 10 の倍数となるための条件を(1)と同様の形式で求めよ。 　　（東京大）

精講　(1) 漸化式を用いて，$a_n\ (n=1,\ 2,\ \cdots\cdots)$ の値を順に調べてみると次のようになります。

n	1	2	3	4	5	6	7	8	9	$\cdots$
a_n	1	3	2	-15	-59	-72	197	1095	1906	$\cdots$

確かに，$a_n\ (n=1,\ 2,\ 3,\ \cdots\cdots)$ においては奇数，奇数，偶数の並びが繰り返されていると予想できます。予想が正しいことを数学的帰納法で示すには証明すべき命題をどのように設定するとよいでしょうか。

(2) a_n が 10 の倍数，すなわち，偶数かつ 5 の倍数になる条件ですが，偶数については(1)で調べたので，5 の倍数について調べることになります。上の表からは，a_n が 5 の倍数になるのは n が 4 の倍数のときのようですが，これを(1)と同様の数学的帰納法で示すのは難しいでしょう。（その理由は，偶奇の場合とは異なり，a_n が 5 の倍数でないとき，5 で割った余りとして 1, 2, 3, 4 の 4 通りがあるからです。）

そこで，"a_{n+4} と a_n を 5 で割った余りは等しい" という予想をたててみます。これを示すためには何を示すとよいかは，**805 精講** で学習したはずです。

解答　(1)　$a_1=1,\ a_2=3$ 　　　　　　……①
　　　　　　$a_{n+2}=3a_{n+1}-7a_n$ 　　　　……②

である。

$m=0,\ 1,\ 2,\ \cdots\cdots$ に対して，命題 (P_m) "a_{3m+1}, a_{3m+2}, a_{3m+3} は順に奇数，奇数，偶数である" が成り立つことを数学的帰納法で示す。

以下，奇数を㋾，偶数を㋕と表す。

(I) $a_1=1$, $a_2=3$ は奇数であり, ②より,
$$a_3=3a_2-7a_1=3\cdot 3-7\cdot 1=2$$
であるから, (P_0) は成り立つ.

(II) (P_k) (k は 0 以上の整数) が成り立つとすると,
$$a_{3k+1}=\text{㊡}, \ a_{3k+2}=\text{㊡}, \ a_{3k+3}=\text{㊲}$$
である。このとき, ②より
$$a_{3(k+1)+1}=a_{3k+4}=3a_{3k+3}-7a_{3k+2}$$
$$=3\cdot\text{㊲}-7\cdot\text{㊡}=\text{㊡}$$
$$a_{3(k+1)+2}=a_{3k+5}=3a_{3k+4}-7a_{3k+3}$$
$$=3\cdot\text{㊡}-7\cdot\text{㊲}=\text{㊡}$$
$$a_{3(k+1)+3}=a_{3k+6}=3a_{3k+5}-7a_{3k+4}$$
$$=3\cdot\text{㊡}-7\cdot\text{㊡}=\text{㊲}$$

← 以下の 3 式は, ②で $n=3k+2$, $3k+3$, $3k+4$ とおいたものである。

であるから, (P_{k+1}) が成り立つ.

以上より, $m=0, 1, 2, \cdots\cdots$ に対して, (P_m) が成り立つから, a_n が偶数になることと n が 3 の倍数となることは同値である。　　　(証明おわり)

(1) <別解> (①, ② までは同じとする。)

②より,
$$a_{n+3}=3a_{n+2}-7a_{n+1}$$
$$=3(3a_{n+1}-7a_n)-7a_{n+1}$$
$$=2a_{n+1}-21a_n \quad\cdots\cdots ③$$
$$\therefore \ a_{n+3}-a_n=2(a_{n+1}-11a_n)$$

← (2)で示す 5 の倍数に関する証明と同じ方針である。

← ②で n の代わりに $n+1$ とおく。

である。これより, $a_{n+3}-a_n$ は偶数であるから,
"a_{n+3} と a_n の偶奇は一致する。" ……(*)

ここで, ①, ②より
$$a_1=1, \ a_2=3, \ a_3=3\cdot 3-7\cdot 1=2 \quad\cdots\cdots ④$$

← 803 <精講> 参照。

← a_1, a_2, a_3 は順に奇数, 奇数, 偶数である。

である。

④と(*)より,
$$a_n \text{ は偶数である} \iff n \text{ は 3 の倍数である}$$
が成り立つ。　　　(証明おわり)

(2) a_n が 10 の倍数となるための条件は, "a_n が偶数である" ……(A) かつ "a_n が 5 の倍数である" ……(B) が成り立つことである。(A)については, (1)で調べたので, 以下, (B)について調べる。

②, ③より
$$a_{n+4} = 3a_{n+3} - 7a_{n+2}$$
$$= 3(2a_{n+1} - 21a_n) - 7(3a_{n+1} - 7a_n)$$
$$= -15a_{n+1} - 14a_n$$
$$\therefore \quad a_{n+4} - a_n = -15(a_{n+1} + a_n)$$

である。これより, $a_{n+4} - a_n$ は 5 の倍数であるから, "a_{n+4} と a_n を 5 で割った余りは一致する。"
……(**)

← ②で n の代わりに $n+2$ とおいた。

ここで, ①, ②, ④より
$$a_1 = 1, \ a_2 = 3, \ a_3 = 2, \ a_4 = -15 \quad \cdots\cdots ⑤$$
である。

← $a_4 = 3 \cdot 2 - 7 \cdot 3 = -15$

⑤と(**)より
  (B) $\iff$ n は 4 の倍数である

が成り立つ。

← a_1, a_2, a_3, a_4 の中で 5 の倍数は a_4 だけである。

以上より, a_n が 10 の倍数となることは, n が 3 の倍数となり, かつ 4 の倍数となる, すなわち, **n が 12 の倍数となること**と同値である。

← (1)より,
(A) $\iff$ "n が 3 の倍数である"

研 究

1° $a_n \ (n=1, 2, \cdots\cdots)$ を 5 で割ったときの余りを r_n とする, つまり,
$$a_n = 5b_n + r_n \quad (b_n, \ r_n \text{ は整数}, \ 0 \leq r_n \leq 4)$$
とする。
$$a_1 = 1, \ a_2 = 3, \ a_3 = 2, \ a_4 = -15 = 5(-3),$$
$$a_5 = -59 = 5(-12) + 1, \ a_6 = -72 = 5 \cdot (-15) + 3, \ \cdots\cdots$$
より,
$$r_1 = 1, \ r_2 = 3, \ r_3 = 2, \ r_4 = 0, \ r_5 = 1, \ r_6 = 3, \ \cdots\cdots$$
であるが, $r_n \ (n=1, 2, \cdots\cdots)$ だけならば次のように求めることができる。

5 を法とする合同式で考えると, $a_n \equiv r_n$ であるから, ②より,
$$r_{n+2} \equiv 3r_{n+1} - 7r_n \equiv 3(r_{n+1} + r_n) \quad \cdots\cdots ㋐$$
が成り立つ。$r_1 = 1, \ r_2 = 3$ と㋐より
$$r_3 \equiv 3(3+1) \equiv 2, \ r_4 \equiv 3(2+3) \equiv 0, \ r_5 \equiv 3(0+2) \equiv 1,$$
$$r_6 \equiv 3(1+0) \equiv 3, \ \cdots\cdots$$
であることがわかる。

ここで, $(r_5, r_6) = (r_1, r_2)$ であるから, ㋐より

$$r_7 \equiv 3(r_5+r_6) \equiv 3(r_1+r_2) \equiv r_3 \quad \therefore \quad r_7 \equiv r_3 \quad \cdots\cdots ④$$

である。r_3, r_7 はいずれも 0 以上 4 以下の整数であることと④より，$r_7=r_3$ である。同様にして，$r_8=r_4$, …… であるから，数列 $\{r_n\}$ ($n=1, 2, ……$) は r_1, r_2, r_3, r_4 の繰り返し，つまり，1，3，2，0 の繰り返しである。

2° 1° で述べたことは次のように一般化できる。

整数からなる数列 $\{a_n\}$ を漸化式

$$a_1=a, \quad a_2=b, \quad a_{n+2}=ca_{n+1}+da_n \quad (n=1, 2, ……) \quad \cdots\cdots ⑦$$

によって定める。ここで，a, b, c, d は整数とする。

p を 2 以上の整数とし，a_n ($n=1, 2, ……$) を p で割った余りを r_n とすると，数列 $\{r_n\}$ においては途中から (最初からの場合もあるが) 一定の数の並びが繰り返し現れることになる。実際，1° に示した数列 $\{r_n\}$ においては最初から，1，3，2，0 の並びが繰り返し現れた。

その理由は，r_n ($n=1, 2, ……$) の取り得る値は 0，1，2，……，$p-1$ の p 通りであるから，組 (r_n, r_{n+1}) ($n=1, 2, ……$) の中で異なるものは最大でも p^2 通りしかない。したがって，必ず，

$$(r_l, r_{l+1})=(r_m, r_{m+1}), \quad l<m \quad \cdots\cdots ㊁$$

となる l, m がある。漸化式⑦から，

$$r_{n+2} \equiv cr_{n+1}+dr_n \pmod{p}$$

であり，r_{n+2} は (r_n, r_{n+1}) によって定まるので，㊁のとき，r_m, r_{m+1}, r_{m+2}, …… は r_l, r_{l+1}, r_{l+2}, …… と一致する。したがって，r_l, r_{l+1}, …… のあとは，r_l, r_{l+1}, ……, r_{m-1} の並びが繰り返し現われることになる。

類題 29 → 解答 p.348

r を 0 以上の整数とし，数列 $\{a_n\}$ を次のように定める。

$$a_1=r, \quad a_2=r+1, \quad a_{n+2}=a_{n+1}(a_n+1) \quad (n=1, 2, 3, ……)$$

また，素数 p を 1 つとり，a_n を p で割った余りを b_n とする。ただし，0 を p で割った余りは 0 とする。

(1) 自然数 n に対し，b_{n+2} は $b_{n+1}(b_n+1)$ を p で割った余りと一致することを示せ。

(2) $r=2$, $p=17$ の場合に，10 以下のすべての自然数 n に対して，b_n を求めよ。

(3) ある 2 つの相異なる自然数 n, m に対して，$b_{n+1}=b_{m+1}>0$, $b_{n+2}=b_{m+2}$ が成り立ったとする。このとき，$b_n=b_m$ が成り立つことを示せ。

(4) a_2, a_3, a_4, …… に p で割り切れる数が現れないとする。このとき，a_1 も p で割り切れないことを示せ。

(東京大)

815 連立漸化式で定まる整数列の公約数

nを2以上の自然数とし，整式x^nを$x^2-6x-12$で割った余りを$a_n x+b_n$とする。
(1) a_{n+1}, b_{n+1}をa_nとb_nを用いて表せ。
(2) 各nに対して，a_nとb_nの公約数で素数となるものをすべて求めよ。

(東北大*)

精講 (1) x^{n+1}の余りは，$x^{n+1}=x\cdot x^n$と考えることによってx^nの余りを用いて表せます。

(2) a_n, b_nが6を公約数にもつことは簡単にわかります。あとは，2と3以外の素数の約数はあるのかということですが，あるとすれば……と考えてみる（背理法）と，矛盾が生じるはずです。

解答 (1) x^nを$x^2-6x-12$で割った商を$Q(x)$とおくと
$$x^n=(x^2-6x-12)Q(x)+a_n x+b_n$$
と表されるので，両辺にxをかけると
$$\begin{aligned}x^{n+1}&=(x^2-6x-12)xQ(x)+a_n x^2+b_n x\\&=(x^2-6x-12)\{xQ(x)+a_n\}\\&\qquad+(6a_n+b_n)x+12a_n\end{aligned}$$

← $a_n x^2+b_n x$
$=a_n(x^2-6x-12)$
$+(6a_n+b_n)x$
$+12a_n$

となる。
一方，定義からx^{n+1}を$x^2-6x-12$で割った余りは$a_{n+1}x+b_{n+1}$であるから，
$$\begin{cases}a_{n+1}=6a_n+b_n &\cdots\cdots ①\\ b_{n+1}=12a_n &\cdots\cdots ②\end{cases}$$
が成り立つ。

(2) $x^2=(x^2-6x-12)\cdot 1+6x+12$
より
$$a_2=6, \quad b_2=12 \qquad\cdots\cdots ③$$

← x^2を$x^2-6x-12$で割った余りが$a_2 x+b_2$である。

である。また，①，②より，a_n, b_nが6の倍数であるとすると，a_{n+1}, b_{n+1}も6の倍数となる。
したがって，数学的帰納法より，$n=2, 3, \cdots\cdots$に対して，a_n, b_nは6の倍数であるから，a_nとb_nは

素数の公約数 2, 3 をもつ。

次に, 2 以上のいずれの整数 n に対しても, a_n と b_n は 2, 3 以外の素数の公約数をもたないことを背理法によって示す。

ある整数 m $(m \geqq 3)$ に対して, a_m と b_m は 2, 3 以外の素数 p を公約数にもつとする。

← $a_2 = 6$, $b_2 = 12$ の素数の公約数は 2, 3 だけであるから, $m \geqq 3$ としてよい。

このとき, ①, ② より
$$\begin{cases} a_m = 6a_{m-1} + b_{m-1} & \cdots\cdots ④ \\ b_m = 12a_{m-1} & \cdots\cdots ⑤ \end{cases}$$
であるが, ⑤ において, 左辺 b_m は 2, 3 以外の素数 p の倍数であるから, a_{m-1} は p の倍数である。さらに, ④ を

← p は 12 と互いに素であることに注意する。

$$b_{m-1} = a_m - 6a_{m-1}$$
と表すと, 右辺の a_m, a_{m-1} が p の倍数であるから, b_{m-1} は p の倍数である。したがって, p は a_{m-1} と b_{m-1} の公約数である。

同様のことを繰り返すと, p は

← 注 1° 参照。

a_{m-2} と b_{m-2}, ……, a_3 と b_3, a_2 と b_2

の公約数であることになる。しかし, ③ より a_2 と b_2 は 2, 3 以外の素数の公約数をもたないから矛盾である。

以上のことから, すべての整数 m $(m \geqq 3)$ に対して, a_m と b_m は 2, 3 以外の素数を公約数にもたない。

← 注 2° 参照。

よって, 各 n に対して, a_n, b_n の公約数で素数となるものは 2, 3 だけである。

注 1° (2)の背理法において, a_m と b_m の性質から a_{m-1} と b_{m-1} の性質を導くという, "逆向きの帰納法" を用いたが, 「"a_n と b_n が 2, 3 以外の素数の公約数 p をもつ"……(☆) のような整数 n $(\geqq 3)$ のうち最小のもの を m とする」と仮定すると, a_{m-1} と b_{m-1} が公約数 p をもつことが示された時点で(☆) を満たす最小の n が m であることに反するので, 矛盾が示されたことになる。

2° (2)では, 命題 P「ある整数 m $(m \geqq 3)$ に対して, a_m と b_m は 2, 3 以外の素数 p を公約数にもつ」として矛盾を導いて, P の否定「すべての整数 m $(\geqq 3)$ に対して, a_m と b_m は 2, 3 以外の素数を公約数にもたない」が成り立つことを示した。

第9章 論証

901 恒等式に関する論証

1次式 $A(x)$, $B(x)$, $C(x)$ に対して $\{A(x)\}^2+\{B(x)\}^2=\{C(x)\}^2$ が成り立つとする。このとき，$A(x)$ と $B(x)$ はともに $C(x)$ の定数倍であることを示せ。
(京都大)

精講　$A(x)$, $B(x)$, $C(x)$ がすべて実数係数の1次式であるときには，因数定理をうまく適用すると解決します。しかし，ここでは少しレベルを上げて，係数が複素数であっても通用する証明を考えてみましょう。

解答　$\{A(x)\}^2+\{B(x)\}^2=\{C(x)\}^2$ ……①
より
$\{A(x)\}^2=\{C(x)\}^2-\{B(x)\}^2$
∴ $\{A(x)\}^2=\{C(x)+B(x)\}\{C(x)-B(x)\}$ ……①′
である。ここで，
"$A(x)$, $B(x)$, $C(x)$ は1次式である" ……(☆)
ことから，$C(x)+B(x)$, $C(x)-B(x)$ は1次以下の式であるが，$\{A(x)\}^2$ が2次式であるから，①′ が成り立つとき，$C(x)+B(x)$, $C(x)-B(x)$ はいずれも1次式でなければならない。

← $C(x)+B(x)$, $C(x)-B(x)$ の一方が定数ならば，①′の右辺は1次以下の式になるので矛盾。

さらに，①′の左辺の1次式の因数は $A(x)$ に限るから，$C(x)+B(x)$, $C(x)-B(x)$ は $A(x)$ の定数倍である。これより，
$$\begin{cases} C(x)+B(x)=aA(x) \\ C(x)-B(x)=\dfrac{1}{a}A(x) \end{cases}$$
となる定数 $a\ (a\neq 0)$ がある。これら2式より

← a としては複素数まで考えている。

$$\begin{cases} aA(x)-B(x)=C(x) & \cdots\cdots ② \\ A(x)+aB(x)=aC(x) & \cdots\cdots ③ \end{cases}$$
さらに，②×a+③，③×a−② より
$(a^2+1)A(x)=2aC(x)$ ……④
$(a^2+1)B(x)=(a^2-1)C(x)$ ……⑤

第9章 論証　311

となる。ここで，$a^2+1=0$ とすると，④より $C(x)=0$ ← $0 \cdot A(x) = \pm 2iC(x)$
となり，$a=\pm 1$ とすると，⑤より $B(x)=0$ となり， ← $2B(x)=0 \cdot C(x)$
いずれも（☆）に反する。したがって，
$$2a \neq 0, \quad a^2+1 \neq 0, \quad a^2-1 \neq 0$$
であり，
$$A(x)=\frac{2a}{a^2+1}C(x), \quad B(x)=\frac{a^2-1}{a^2+1}C(x)$$
であるから，$A(x)$, $B(x)$ はともに $C(x)$ の定数倍である。
（証明おわり）

📎 参考

$A(x)$, $B(x)$, $C(x)$ が実数係数の1次式であるときには，次のような証明も考えられる。

（証明） $C(x)$ は実数の定数 k（$k \neq 0$），α を用いて，
$$C(x)=k(x-\alpha) \quad \cdots\cdots ㋐$$
と表すことができる。このとき，
$$\{A(x)\}^2+\{B(x)\}^2=\{C(x)\}^2$$
の両辺で，$x=\alpha$ とおくと
$$\{A(\alpha)\}^2+\{B(\alpha)\}^2=0 \quad \cdots\cdots ㋑$$
となるが，$A(\alpha)$, $B(\alpha)$ は実数であるから
$$A(\alpha)=B(\alpha)=0$$
である。したがって，因数定理より，$A(x)$, $B(x)$ は $x-\alpha$ を因数にもち，1次式であることと合わせると，
$$A(x)=l(x-\alpha), \quad B(x)=m(x-\alpha) \cdots\cdots ㋒$$
（l, m は実数の定数，$l \neq 0$, $m \neq 0$）とおける。
㋐，㋒より $A(x)$, $B(x)$ は $C(x)$ の定数倍である。
（証明おわり）

← ㋐より $C(\alpha)=0$

← 係数が複素数の場合には，㋑から
$A(\alpha)=B(\alpha)=0$
を導けない点に注意する。

類題 30 → 解答 p.349

$Q(x)$ を2次式とする。整式 $P(x)$ は $Q(x)$ では割り切れないが，$\{P(x)\}^2$ は $Q(x)$ で割り切れるという。このとき，2次方程式 $Q(x)=0$ は重解をもつことを示せ。
（京都大）

902 有理数と無理数

n を1以上の整数とするとき,次の2つの命題はそれぞれ正しいか。正しいときは証明し,正しくないときはその理由を述べよ。

命題 p：ある n に対して,$\sqrt{n}$ と $\sqrt{n+1}$ はともに有理数である。

命題 q：すべての n に対して,$\sqrt{n+1}-\sqrt{n}$ は無理数である。　　　　（京都大）

精講　有理数とは $\dfrac{a}{b}$（a,b は整数,$b \neq 0$）と表される実数であり,無理数とは有理数ではない実数です。命題 p ではまず有理数のこのような定義に基づいて,$\sqrt{n}$ が有理数となるような正の整数 n はどのようなものかを調べます。その結果,n は平方数（整数の2乗）であることがわかりますから,n,$n+1$ のいずれもが平方数であることが起こり得るかを考えます。

無理数の定義からわかるように一般にある数 x が無理数であることを示すには,x が有理数と仮定して矛盾を導くという論法（背理法）を用いることになります。命題 q についても同様に考えることになります。

命題 p,q において背理法を用いるときには,命題「ある n に対して,……」,「すべての n に対して,……」を否定するとどのようになるかを思い出すことも必要です。

解答　"正の整数 n において,$\sqrt{n}$ が有理数であるとき,n は平方数である"……（＊）

ことを示す。

　← 有理数とは $\dfrac{(整数)}{(整数)}$ と表される実数である。

$\sqrt{n}$ が有理数であるとき,$\sqrt{n}=\dfrac{a}{b}$ ……① （a,b は正の整数で互いに素である　……（☆））と表される。

　← 2つの整数 a,b が1以外の公約数をもたないとき,a,b は互いに素であるという。

①を2乗して分母を払うと
$$nb^2 = a^2 \qquad \cdots\cdots ②$$

となる。ここで,b が素数の約数 d をもつとすると,②の右辺 a^2 が素数 d を約数にもつ,したがって,a が素数 d を約数にもつことになり,（☆）と矛盾するから,b は素数の約数をもたない。すなわち,$b=1$ であり,②より $n=a^2$ は平方数である。

　← a,b が素数 d を公約数にもつことになったので。

　← 1より大きい整数はすべて素数の約数をもつので。

命題 p が正しい，つまり，"ある n に対して，$\sqrt{n}$, $\sqrt{n+1}$ がともに有理数である" とすると，(*) より，n, $n+1$ はいずれも平方数であるから，
$$n=k^2,\ n+1=l^2 \qquad \cdots\cdots ③$$
となる正の整数 k, l がある。③より，
$$1=l^2-k^2 \quad \therefore\quad (l-k)(l+k)=1 \qquad \cdots\cdots ④$$
となるが，$l-k$, $l+k$ は整数で，$l+k$ は 2 以上であるから，④と矛盾する。

←命題 p が正しくないことを背理法で示そうとしている。

よって，命題 p は正しくない。

次に，命題 q が正しくない，つまり，"ある n に対して，$\sqrt{n+1}-\sqrt{n}$ が有理数である" とすると，
$$\sqrt{n+1}-\sqrt{n}=r \quad \cdots\cdots ⑤ \quad (r\text{ は正の有理数})$$
とおける。⑤より
$$\frac{1}{\sqrt{n+1}-\sqrt{n}}=\frac{1}{r}$$
$$\therefore\quad \sqrt{n+1}+\sqrt{n}=\frac{1}{r} \qquad \cdots\cdots ⑥$$

←「すべての n に対して，……である」を否定すると，「ある n に対して，……でない」となる。

←$\dfrac{1}{\sqrt{n+1}-\sqrt{n}}$ の分母の有理化を行うと $\sqrt{n+1}+\sqrt{n}$ となる。

であり，$\dfrac{1}{2}\{⑥-⑤\}$, $\dfrac{1}{2}\{⑥+⑤\}$ より
$$\sqrt{n}=\frac{1}{2}\left(\frac{1}{r}-r\right),\ \sqrt{n+1}=\frac{1}{2}\left(\frac{1}{r}+r\right) \quad \cdots\cdots ⑦$$
となる。r は有理数であるから，⑦より $\sqrt{n}$, $\sqrt{n+1}$ はともに有理数となり，命題 p について示したことと矛盾する。

よって，命題 q は正しい。

類題 31　→解答 p.350

(1) $\sqrt{3}$ が無理数であることを証明せよ。

(2) a, b を有理数とする。多項式 $f(x)=x^2+ax+b$ が $f(1+\sqrt{3})=0$ を満たすとき，a, b を求めよ。

(3) n を 2 以上の自然数とする。$g(x)$ は有理数を係数とする n 次多項式で最高次の係数が 1 であるとする。$g(1+\sqrt{3})=0$ となるとき，$g(1-\sqrt{3})=0$ を示せ。

(大阪大)

903 複素数の積に関する論証

(1) 複素数 α, β に対して $\alpha\beta=0$ ならば, $\alpha=0$ または $\beta=0$ であることを示せ.

(2) 複素数 α に対して α^2 が正の実数ならば, α は実数であることを示せ.

(3) 複素数 $\alpha_1, \alpha_2, \ldots, \alpha_{2n+1}$ (n は自然数) に対して, $\alpha_1\alpha_2, \ldots, \alpha_k\alpha_{k+1}, \ldots, \alpha_{2n}\alpha_{2n+1}$ および $\alpha_{2n+1}\alpha_1$ がすべて正の実数であるとする. このとき, $\alpha_1, \alpha_2, \ldots, \alpha_{2n+1}$ はすべて実数であることを示せ.

(早稲田大)

精講 (1) 複素数 $z=x+yi$ (x, y は実数) において, $z=0$ は $x=y=0$ と同値です. これより, 何を示すとよいかがわかるはずです. (2) (1)で示したことを適用するだけです. (3) (2)で示したことから, $\alpha_1\alpha_2\cdots\alpha_{2n+1}$ は実数であることがわかります. その結果をいかに利用するかを考えましょう.

解答 (1) 複素数 α, β を
$$\alpha=a+bi, \quad \beta=c+di \quad (a, b, c, d \text{ は実数})$$
とおくとき,
$$\alpha\beta=(a+bi)(c+di)$$
$$=(ac-bd)+(ad+bc)i$$
であるから,
$$\alpha\beta=0$$

← $ac-bd$, $ad+bc$ がそれぞれ $\alpha\beta$ の実部, 虚部である.

のとき,
$$ac-bd=0 \quad \cdots\text{①}, \quad ad+bc=0 \quad \cdots\text{②}$$
である. ①^2+②^2 より,
$$0=(ac-bd)^2+(ad+bc)^2$$
$$=a^2c^2-2abcd+b^2d^2+a^2d^2+2abcd+b^2c^2$$
$$=(a^2+b^2)(c^2+d^2)$$
であるから,
$$a^2+b^2=0 \quad \text{または} \quad c^2+d^2=0$$
$\therefore\ a=b=0 \quad \text{または} \quad c=d=0$
$\therefore\ \alpha=0 \quad \text{または} \quad \beta=0$
である. (証明おわり)

← 以下, $a=0$, $a\neq0$ で場合分けして示すこともできる.

← 数Ⅲ複素数平面を学習していれば, $|\alpha\beta|=|\alpha||\beta|$ の計算に対応することがわかる.

← x, y を実数とするとき, $xy=0$ ならば, $x=0$ または $y=0$ を用いる.

← a, b は実数であるから, $a^2+b^2=0 \iff a=b=0$

第9章 論証 315

(2) α^2 が正の実数 p であるとき，
$$\alpha^2 = p$$
$$(\alpha - \sqrt{p})(\alpha + \sqrt{p}) = 0 \quad \cdots\cdots ③$$
である。(1)で示したことから，③より
$$\alpha - \sqrt{p} = 0 \text{ または } \alpha + \sqrt{p} = 0$$
$$\therefore \alpha = \sqrt{p} \text{ または } \alpha = -\sqrt{p}$$
であり，$\sqrt{p}$ は正の実数であるから，α は実数である。 (証明おわり)

(3) $(2n+1)$ 個の複素数 $\alpha_1\alpha_2$, $\alpha_2\alpha_3$, ……, $\alpha_k\alpha_{k+1}$, ……, $\alpha_{2n+1}\alpha_1$ ……(*) はすべて正の実数であるから，これらすべての積
$$\alpha_1\alpha_2 \cdot \alpha_2\alpha_3 \cdot \cdots\cdots \alpha_k\alpha_{k+1} \cdot \cdots\cdots \alpha_{2n+1}\alpha_1$$
$$= (\alpha_1\alpha_2 \cdots\cdots \alpha_k \cdots\cdots \alpha_{2n+1})^2$$
も正の実数である。したがって，(2)で示したことから，"$\alpha_1\alpha_2\cdots\cdots\alpha_k\cdots\cdots\alpha_{2n+1}$ は実数である。" ……(☆)

← $\alpha_k\ (2 \leq k \leq 2n)$ は $\alpha_{k-1}\alpha_k$, $\alpha_k\alpha_{k+1}$ において，α_1 は，$\alpha_1\alpha_2$, $\alpha_{2n+1}\alpha_1$ において，α_{2n+1} は $\alpha_{2n}\alpha_{2n+1}$, $\alpha_{2n+1}\alpha_1$ においてちょうど2回ずつ現れている。

ここで，α_1, α_2, ……, α_k, ……, α_{2n+1} をこの順に1つの円周上に並べる。このとき，$\alpha_k\ (k=1, 2, \cdots\cdots, 2n+1)$ を除いた $2n$ 個の複素数を α_{k+1} と α_{k+2}, ……, α_{k-2} と α_{k-1}, の2数ずつ n 個の組に分けると，同じ組の2数の積はいずれも (*) の中に現れているから，正の実数である。

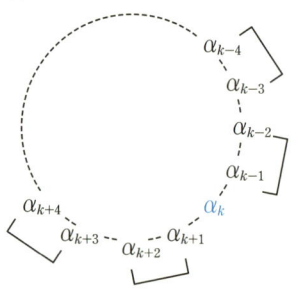

したがって，(☆) と合わせると
$$\alpha_k = \frac{\alpha_1\alpha_2\cdots\cdots\alpha_k\cdots\cdots\alpha_{2n+1}}{(\alpha_{k+1}\alpha_{k+2})\cdots\cdots(\alpha_{k-2}\alpha_{k-1})}$$
は実数である。(ただし，$\alpha_0 = \alpha_{2n+1}$, $\alpha_{-1} = \alpha_{2n}$, $\alpha_{2n+2} = \alpha_1$, $\alpha_{2n+3} = \alpha_2$ とする。) (証明おわり)

参考

(3)は偶数個の複素数の場合には成り立たない。

たとえば，$\alpha_1 = \alpha_3 = i$, $\alpha_2 = \alpha_4 = -i$ とすると，$\alpha_1\alpha_2$, $\alpha_2\alpha_3$, $\alpha_3\alpha_4$, $\alpha_4\alpha_1$ はすべて正の実数1であるが，α_1, α_2, α_3, α_4 は実数ではない。

904 2組の n 個の数どうしの積の和の最大・最小

$a_1>a_2>\cdots>a_n$ および $b_1>b_2>\cdots>b_n$ を満たす $2n$ 個の実数がある。集合 $\{a_1, a_2, \cdots, a_n\}$ から要素を1つ、集合 $\{b_1, b_2, \cdots, b_n\}$ から要素を1つ取り出して掛け合わせ、積を作る。どの要素も一度しか使わないこととし、この操作を繰り返し n 個の積を作る。それら n 個の積の和を S とする。
(1) $n=2$ のとき、S の最大値と最小値を求めよ。
(2) n が2以上のとき、S の最大値と最小値を求めよ。　　　　　　（お茶の水女大）

精講　(1) $n=2$ のとき、S は2つしかないので、どちらが大きいかを調べるだけです。
(2) (1)の結果から最大値、最小値を予想する、その予想が正しいことを示すという2つの作業が要求されます。

解答　(1) S としては
$$S_1=a_1b_1+a_2b_2, \quad S_2=a_1b_2+a_2b_1$$
の2つしかなくて、
$$S_1-S_2=(a_1-a_2)(b_1-b_2)>0$$
であるから、
最大値 $\boldsymbol{a_1b_1+a_2b_2}$, 最小値 $\boldsymbol{a_1b_2+a_2b_1}$
である。

(2) 最初に、"S が最大値をとるときには、S は a_1b_1 を含む" ……(*) ことを示す。

もし、S が a_1b_1 を含まずに、a_1b_i, a_jb_1 ($i\neq1$, $j\neq1$) を含むとすると、
$$a_1b_1+a_jb_i-(a_1b_i+a_jb_1)$$
$$=(a_1-a_j)(b_1-b_i)>0$$
より、S において、$a_1b_i+a_jb_1$ を $a_1b_1+a_jb_i$ に置き換えた方が大きくなる。したがって、S が最大となるときには、a_1b_1 を含む。

また、最大となる S において、a_1b_1 以外の $(n-1)$ 個の積を考えると、
$$a_2>a_3>\cdots>a_n, \quad b_2>b_3>\cdots>b_n$$

← $\{a_n\}$, $\{b_n\}$ の両方で、それぞれ大きい方から順に取り出した数どうしの積を作ったときに最大となると予想している。

← $a_1>a_j$, $b_1>b_i$

← 残り $(n-2)$ 個の積はそのままにしておく。

であるから，同様の理由で，S は

$$a_2b_2,\ a_3b_3,\ \cdots\cdots,\ a_nb_n$$

を含むことが順に示される。したがって，最大値は

$$a_1b_1+a_2b_2+\cdots\cdots+a_nb_n$$

である。

←この部分に関しては，帰納法を用いてもよい。

次に，"S が最小値をとるときには，S は a_1b_n を含む" $\cdots\cdots(**)$ ことを示す。

←$\{a_n\}$ は大きい方から，$\{b_n\}$ は小さい方から順に取り出した数どうしの積を作ったとき最小となると予想している。

もし，S が a_1b_n を含まずに，$a_1b_k,\ a_lb_n\ (k \neq n,\ l \neq 1)$ を含むとすると

$$a_1b_n+a_lb_k-(a_1b_k+a_lb_n)$$
$$=(a_1-a_l)(b_n-b_k)<0$$

←$a_1>a_l,\ b_k>b_n$

より，S において，$a_1b_k+a_lb_n$ を $a_1b_n+a_lb_k$ に置き換えた方が小さくなる。したがって，S が最小となるときには，a_1b_n を含む。

←残り $(n-2)$ 個の積はそのままにしておく。

また，最小となる S において，a_1b_n 以外の $(n-1)$ 個の積を考えると，

$$a_2>a_3>\cdots\cdots>a_n,\ b_1>b_2>\cdots\cdots>b_{n-1}$$

であるから，同様の理由で，S は

$$a_2b_{n-1},\ a_3b_{n-2},\ \cdots\cdots,\ a_nb_1$$

を含むことが順に示される。したがって，最小値は

$$a_1b_n+a_2b_{n-1}+\cdots\cdots+a_nb_1$$

である。

📎 参考

この問題は有名なものであり，過去に何度も大学入試において出題されている。また，次のような同種の問題の出題例も多い。

「$a_k,\ b_k\ (k=1,\ 2,\ \cdots\cdots,\ n)$ は同じ仮定を満たすとして，$b_1,\ b_2,\ \cdots\cdots,\ b_n$ の並び換え（置換）を $x_1,\ x_2,\ \cdots\cdots,\ x_n$ とするとき，$Q=\sum\limits_{k=1}^{n}(a_k-x_k)^2$ を最大，最小にするような $x_k\ (k=1,\ 2,\ \cdots\cdots,\ n)$ は何か」という問題である。

$\sum\limits_{k=1}^{n}a_k^2=A,\ \sum\limits_{k=1}^{n}x_k^2=\sum\limits_{k=1}^{n}b_k^2=B$ は一定であり，**904** の S を用いると

$$Q=\sum_{k=1}^{n}(a_k^2-2a_kx_k+x_k^2)=A+B-2S$$

となるので，Q の最大・最小は S の最小・最大に対応することになる。

905 必要条件と十分条件

a, b を正の実数とする。
(1) $0<a<1$ を満たすどのような a に対しても $|4x-1|\leq a$ かつ $|4y-1|\leq a$ が $|x-y|\leq b$ かつ $|x+y|\leq b$ であるための十分条件であるという。そのような b の最小値を求めよ。
(2) a を $1<a$ とする。$|4x-1|\leq a$ かつ $|4y-1|\leq a$ が $|x-y|\leq 1$ かつ $|x+y|\leq 1$ であるための必要条件であるという。そのような a の最小値を求めよ。

(神戸学院大)

精講　まず，必要条件と十分条件について復習しておきましょう。

> 2つの条件 p, q において，
> $$p ならば q \quad (p \Longrightarrow q)$$
> が成り立つ（真である）とき
> $$p は q であるための十分条件，q は p であるための必要条件$$
> という。

また，

> 条件 p, q を満たすもの全体の集合（真理集合）をそれぞれ P, Q と表すとき，
> $$p ならば q が成り立つ \iff P \subset Q$$
> である。

したがって，(1), (2)でも，2つの条件それぞれを満たす点 (x, y) 全体の集合を図示して，それらの包含関係を調べることになります。

解答　(1) 領域 P, Q を
$$P : |4x-1|\leq a \quad かつ \quad |4y-1|\leq a \qquad \cdots\cdots ①$$
$$Q : |x-y|\leq b \quad かつ \quad |x+y|\leq b \qquad \cdots\cdots ②$$
によって定める。
①より
$$\left|x-\frac{1}{4}\right|\leq \frac{a}{4} \quad かつ \quad \left|y-\frac{1}{4}\right|\leq \frac{a}{4}$$

であるから，P は右図のような点 $\left(\dfrac{1}{4}, \dfrac{1}{4}\right)$ を中心とする 1 辺の長さ $\dfrac{a}{2}$ の正方形全体である．

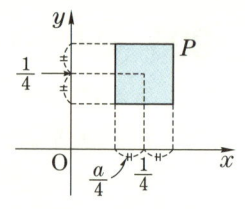

② より，
$$-b \leqq x-y \leqq b \quad \text{かつ} \quad -b \leqq x+y \leqq b$$
∴ $\quad x-b \leqq y \leqq x+b \quad$ かつ $\quad -x-b \leqq y \leqq -x+b$
であるから，Q は右図のような正方形全体である．

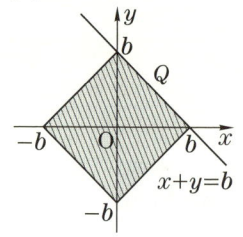

したがって，① が ② の十分条件である，すなわち，$P \subset Q$ が成り立つのは，P の右上方の頂点 $\left(\dfrac{1}{4}+\dfrac{a}{4},\ \dfrac{1}{4}+\dfrac{a}{4}\right)$ が直線 $x+y=b$ より下方に（直線上を含む）あるときであるから，
$$\left(\dfrac{1}{4}+\dfrac{a}{4}\right)+\left(\dfrac{1}{4}+\dfrac{a}{4}\right) \leqq b \quad \therefore \quad b \geqq \dfrac{a+1}{2} \quad \cdots\cdots ③$$
のときである．

$0<a<1$ を満たすすべての a に対して ③ が成り立つような b の範囲は $b \geqq 1$ であるから，求める b の最小値は **1** である．

← 実数 $x,\ c$ に対して $|x| \leqq c \iff -c \leqq x \leqq c$

← a を $0<a<1$ で固定したとき，① が ② の十分条件となるような b の値の範囲である．

(2) P は (1) と同様とし，領域 R を
$$R : |x-y| \leqq 1 \quad \text{かつ} \quad |x+y| \leqq 1 \quad \cdots\cdots ④$$
によって定めると，R は Q において，$b=1$ としたときの正方形全体となる．

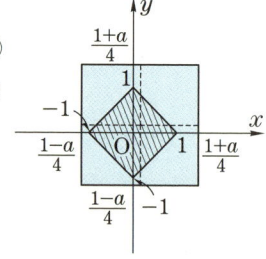

① が ④ であるための必要条件である，すなわち，$R \subset P$ が成り立つような a の値の範囲は，
$$\dfrac{1-a}{4} \leqq -1 \quad \text{かつ} \quad \dfrac{1+a}{4} \geqq 1 \quad \therefore \quad a \geqq 5$$
である．このような a の最小値は **5** である．

📎 **参考**

本問とは異なり，2 つの条件 $p,\ q$ の真理集合 $P,\ Q$ を簡単に図示できない場合に，p が q の十分条件である，つまり，$P \subset Q$ を示すには，"P の任意の要素が Q の要素である" こと，つまり，"$x \in P$ ならばつねに $x \in Q$" であることを示さなければならない．逆に，p が q の必要条件であることを示すには，"$x \in Q$ ならばつねに $x \in P$" を示すことになる．

906 格子点を頂点とする三角形

xy 平面上の点 (a, b) は，a と b がともに整数のときに格子点と呼ばれる。

(I) xy 平面において，3つの頂点がすべて格子点である正三角形は存在しないことを示せ。ただし，必要ならば $\sqrt{3}$ が無理数であることは証明なしで使ってよい。 (大阪大*)

(II) (1) 格子点を頂点とする三角形の面積は $\dfrac{1}{2}$ 以上であることを示せ。

(2) 格子点を頂点とする凸四角形の面積が 1 であるとき，この四角形は平行四辺形であることを示せ。 (京都大*)

精講 (I), (II)いずれも，次のことを利用します。(**209** 精講(2)参照。)

座標平面上の △ABC において，
$$\vec{CA}=(x_1, y_1), \quad \vec{CB}=(x_2, y_2)$$
であるとき
$$\triangle ABC \text{ の面積 } S = \frac{1}{2}|x_1 y_2 - x_2 y_1|$$
である。

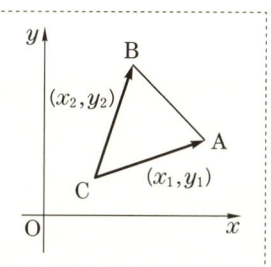

解答 (I) 3頂点が格子点であるような正三角形 ABC があるとするとき，
$$\vec{CA}=(x_1, y_1), \quad \vec{CB}=(x_2, y_2)$$
とすると，x_1, y_1, x_2, y_2 は整数となる。

したがって，△ABC の面積を S とすると，
$$S = \frac{1}{2}|x_1 y_2 - x_2 y_1|$$
であり，S は有理数である。　　……(*)

一方，△ABC は正三角形であるから，
$$S = \frac{1}{2}CA^2 \sin\frac{\pi}{3} = \frac{\sqrt{3}}{4}(x_1^2 + y_1^2)$$
である。ここで，$x_1^2 + y_1^2$ は正の整数であるから，S は無理数となる。　　……(**)

(*)と(**)は矛盾するので，xy 平面上で3頂

点がすべて格子点である正三角形は存在しない。
　　　　　　　　　　　　　　　　　　　（証明おわり）

(Ⅱ) (1) 格子点を頂点とする △ABC において，
$$\vec{CA}=(x_1,\ y_1),\ \vec{CB}=(x_2,\ y_2)$$
とすると，$x_1,\ y_1,\ x_2,\ y_2$ は整数となる。

　したがって，△ABC の面積を S とすると，
$$S=\frac{1}{2}|x_1y_2-x_2y_1| \quad \cdots\cdots①$$
であり，①において $x_1y_2-x_2y_1$ は整数である。また，面積 S は 0 ではないから，$|x_1y_2-x_2y_1|$ は 1 以上の整数であり，S は $\frac{1}{2}$ 以上である。

　　　　　　　　　　　　　　　　　　　（証明おわり）

(2) 格子点を頂点とする凸四角形 ABCD を考える。四角形 ABCD を対角線 AC で 2 つに分けると，(1)より，△ABC，△ACD の面積は $\frac{1}{2}$ 以上であるから，それらの和が四角形 ABCD の面積 1 に等しいことを考え合わせると，
$$\triangle ABC=\triangle ACD=\frac{1}{2} \quad \cdots\cdots②$$
である。また，対角線 BD で 2 つに分けると，同様の理由で
$$\triangle ABD=\triangle DBC=\frac{1}{2} \quad \cdots\cdots③$$
である。

　②，③より，底辺 AB を共有する △ABC と △ABD の面積が等しいので，2 つの三角形の高さ，つまり，C，D から AB までの距離が等しい。したがって，CD∥AB である。

　また，△ABC と △DBC の面積が等しいので，同様の理由から，AD∥BC である。

　以上より，四角形 ABCD は，2 組の向かい合う辺どうしが平行であるから，平行四辺形である。
　　　　　　　　　　　　　　　　　　　（証明おわり）

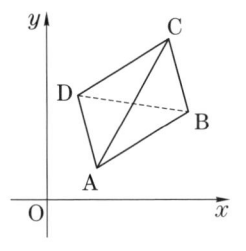

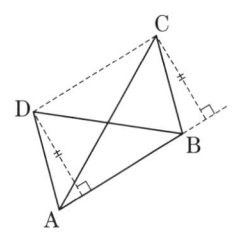

907 格子点中心の円による座標平面の被覆

座標平面上の点の集合 S を
$$S=\{(a-b,\ a+b)\mid a,\ b \text{ は整数}\}$$
とするとき，次の命題が成り立つことを証明せよ．

(1) 座標平面上の任意の点 P に対し，S の点 Q で P と Q の距離が 1 以下となるものが存在する．

(2) 1 辺の長さが 2 より大きい正方形は，必ずその内部に S の点を含む．

(お茶の水女大)

精講　(1) まず，S はどのような格子点の集合であるかと考えると，x 座標と y 座標の偶奇が一致する格子点の全体であることがわかります．次に，任意の点 P をとったとき，$PQ \leq 1$ となる S の点 Q の存在を直接示すのは面倒です．逆に，S に属するすべての点を中心とする半径 1 の円が平面全体を覆うことを示す方が楽なはずです．そのときの説明をスッキリさせるための工夫を考えます．

(2) (1)で示したことの利用を考えます．

解答　(1) $S=\{(a-b,\ a+b) \mid a,\ b \text{ は整数}\}$ において，$a-b,\ a+b$ は偶奇が一致する整数であるから，S の点の x 座標，y 座標は偶奇が一致する整数である．

逆に，$m,\ n$ を偶奇が同じである 2 つの整数とするとき，$a=\dfrac{m+n}{2},\ b=\dfrac{n-m}{2}$ とおくと，$a,\ b$ は整数であって，
$$(m,\ n)=(a-b,\ a+b) \in S$$
である．したがって，
$$S=\{(m,\ n) \mid m,\ n \text{ は偶奇が一致する整数}\}$$
である．

← 803 精講 参照．

← "S の点は偶奇が一致する格子点である" を示した．

← $a-b=m,\ a+b=n$ を解いた．

← "偶奇が一致する格子点は S の点である" を示した．

← 注 参照．

座標平面を右図のようにSの点を頂点とする1辺の長さ$\sqrt{2}$の正方形に分割する。

任意の点Pをとったとき，この分割でできた正方形（境界を含む）の中でPを含むものを正方形KLMNとする。頂点K，L，M，Nを中心とする半径1の円をそれぞれD_K, D_L, D_M, D_Nとおくと，これら4つの円は正方形KLMN全体を覆うので，点Pはいずれかの円に含まれる。たとえば，円D_Kに含まれるときには，KP$\leqq$1となるから，Q=Kとすると，QはSの点で PQ$\leqq$1 となる。

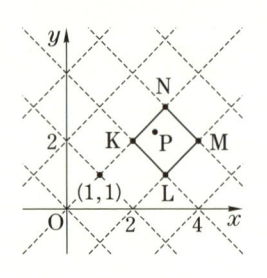

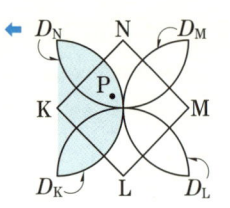

(証明おわり)

(2) 1辺の長さが2より大きい正方形Eの対角線の交点をPとするとき，Pを中心とする半径1の円D_PはEの内部（周は除く）に含まれる。また，(1)で示したことより，円D_P内にはSの点Qが存在する。

結果として，Eの内部にSの点Qが含まれる。

(証明おわり)

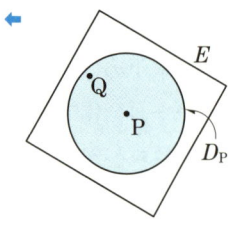

注 座標平面のSの点を頂点とする正方形の分割における境界は，
$$y = x + 2k, \quad y = -x + 2l \quad (k, l = 0, \pm 1, \pm 2, \cdots\cdots)$$
である。

参考

(1)では，格子点を頂点として，各辺がx軸，y軸に平行な1辺の長さ1の正方形によって座標平面を分割してもよい。

このとき，任意にとった点Pが正方形ABCDに含まれるとすると，(AとC)または，(BとD)のいずれか一方の組の2点だけがSの要素である。たとえば，A，CがSの要素のときには，A，Cを中心とする半径1の円D_A, D_Cによって正方形ABCDは覆われるので，AP$\leqq$1 または CP$\leqq$1 が成り立つことから示すこともできる。

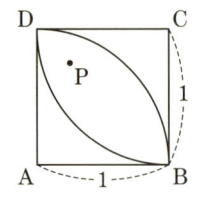

908 整数から整数への対応に関する論証

(1) 円周上に m 個の赤い点と n 個の青い点を任意の順序に並べる。これらの点により，円周は $(m+n)$ 個の弧に分けられる。このとき，これらの弧のうち両端の点の色が異なるものの数は偶数であることを証明せよ。ただし，$m \geqq 1$，$n \geqq 1$ であるとする。　　　　　　　　　　　　　　　　　　　（東京大）

(2) n，k は自然数で $k \leqq n$ とする。穴のあいた $2k$ 個の白玉と $(2n-2k)$ 個の黒玉にひもを通して輪を作る。このとき適当な2箇所でひもを切って n 個ずつの2組に分け，どちらの組も白玉 k 個，黒玉 $(n-k)$ 個からなるようにできることを示せ。　　　　　　　　　　　　　　　　　　　　（京都大）

精講　(1) 最初赤い点だけがあるとして，青い点を1個ずつ加えたときの変化を調べるとか，$(m+n)$ 個の弧を両端の色（赤赤，赤青，青青）で分類したときの，それぞれの個数を調べるなどが考えられます。

(2) n 個ずつ2組に分けたとき，2組の白玉の個数の「差」に着目します。切る場所が玉1個分だけ移ったとき，「差」はどのように変化するでしょうか？そこから，「差」=0 が起こることを示すとよいのです。

解答　(1) まず，m 個の赤い点があるとして，青い点を順に1個ずつ加えていくと考えて，そのときの両端の色の異なる弧の個数 N の変化を調べる。

右図の(i)，(ii)，(iii)の場合があるが，N は(i)では2増え，(ii)，(iii)では変化しない。

赤い点だけのとき，$N=0$ であることと合わせると，N はつねに偶数である。　　　　（証明おわり）

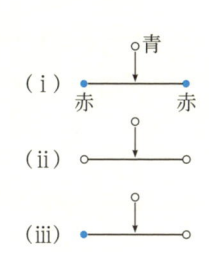

別解

$(m+n)$ 個の弧に分けたとき，弧の端点は $2(m+n)$ 個できるが，このうち赤い端点は $2m$ 個である。したがって，両端が赤い弧が r 個，両端の色が異なる弧が d 個とすると，
$$2r+d=2m \quad \therefore \quad d=2(m-r)$$
となるので，d は偶数である。　　　　（証明おわり）

← 弧に分けたあとでは，1つの赤い点から2つの赤い端点ができる。

← 赤い端点にだけ着目する。

(2) できた輪を平面上に置いて，$2n$ 個の玉に時計回りに順に，$\boxed{1}$，$\boxed{2}$，……，$\boxed{2n}$ の番号をつける。$k=1, 2, \cdots, 2n$ とし，$\boxed{k-1}$ と $\boxed{k}$，$\boxed{k+n-1}$ と $\boxed{k+n}$ の間で切ることを C_k で表す。さらに，n 個の玉 $\boxed{k}$，$\boxed{k+1}$，……，$\boxed{k+n-1}$ の中の白玉の個数を F，残り n 個の中の白玉の個数を L とし，

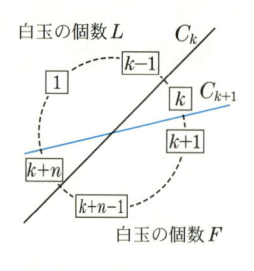

$$f(k) = F - L \quad \cdots\cdots ①$$

とおく。ただし，$\boxed{2n+1} = \boxed{1}$，$\boxed{2n+2} = \boxed{2}$，……
また，$\boxed{0} = \boxed{2n}$ と考える。

ここで，$F+L=2k$ が偶数であり，F と L の偶奇が一致するから，$f(k)$ は偶数である。

また，

$$f(k+1) - f(k)$$
$$= \begin{cases} 2 & \boxed{k}\text{が黒，}\boxed{k+n}\text{が白のとき} \\ 0 & \boxed{k}, \boxed{k+n}\text{が同じ色のとき} \\ -2 & \boxed{k}\text{が白，}\boxed{k+n}\text{が黒のとき} \end{cases}$$

←F は $+1$，L は -1。
←F, L は変化なし。
←F は -1，L は $+1$。

であり，k が1だけ変化すると，$f(k)$ は 2，0，-2 だけ変化する。　……(*)

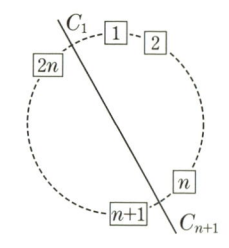

右図からわかるように，C_{n+1} における F, L はそれぞれ C_1 における L, F に等しいから，① より

$$f(n+1) = -f(1) \quad \cdots\cdots ②$$

である。

条件を満たす切り方は，$F=L$，つまり，$f(k)=0$ となるものであるから，$f(1)=0$ のときには，C_1 が条件を満たす。また，$f(1) \neq 0$ のとき，② より，$f(1)$ と $f(n+1)$ は異符号の偶数であるから，(*) を考え合わせると，$f(2), f(3), \cdots, f(n)$ の中に 0 であるものが少なくとも1つある。それを $f(l)$ とすると，C_l が条件を満たす切り方である。

（証明おわり）

←正の偶数から 2 ずつ変化して負の偶数になるとき，また，その逆のとき，途中に必ず 0 が現れることに注意する。

909 1が連続して現れるような連続する3整数の積

次の命題Pを証明したい。

命題P

次の条件(a), (b)をともに満たす自然数（1以上の整数）Aが存在する。

(a) Aは連続する3つの自然数の積である。

(b) Aを10進法で表したとき，1が連続して99回以上現れるところがある。

(1) yを自然数とする。このとき不等式
$$x^3+3yx^2<(x+y-1)(x+y)(x+y+1)<x^3+(3y+1)x^2$$
が成り立つような正の実数xの範囲を求めよ。

(2) 命題Pを証明せよ。

(東京大)

精講　(1)は(2)のためのヒントに過ぎないのですが，(2)の議論のためにキチンと計算しておく必要があります。

(2) x, yが正の整数のとき，(1)の不等式の中央の項は連続する3つの自然数 $x+y-1$, $x+y$, $x+y+1$ の積になっていますから，これをAと考えて，Aが(b)を満たすようにx, yを選べることを示すとよいのです。

$x=10^n$（nは正の整数），$3y$をm桁の正の整数とし，$m<n$とするとき，$x^3+3yx^2=10^{3n}+3y\cdot 10^{2n}$ を10進法で表すと，10^{2n}の位から10^{2n+m-1}の位までの数字は$3y$の数字の並びと同じになることに着目します。

解答　(1)　$x^3+3yx^2<(x+y-1)(x+y)(x+y+1)$
$$<x^3+(3y+1)x^2$$

より

$$x^3+3yx^2<(x+y)^3-(x+y)<x^3+(3y+1)x^2 \quad \leftarrow (x+y)^3=x^3+3yx^2+3y^2x+y^3$$

であり，左側の不等式，右側の不等式はそれぞれ

$$\begin{cases} (3y^2-1)x+y(y^2-1)>0 & \cdots\cdots① \\ x^2-(3y^2-1)x-y(y^2-1)>0 & \cdots\cdots② \end{cases}$$

となる。

yは自然数であるから，xが正の実数のとき，①はつねに成り立つ。したがって，xの範囲は②より，　$\leftarrow 3y^2-1>0$, $y(y^2-1)\geqq 0$

$$x > \frac{1}{2}\{(3y^2-1) + \sqrt{(3y^2-1)^2 + 4y(y^2-1)}\}$$

← $x>0$ であるから。

……③

である。

(2) 10進法で1が99個並ぶ99桁の数 $11\cdots\cdots 11$ は3の倍数であるから，

← (各位の数字の和)＝99 が3で割り切れるから。

$$3y = \underbrace{11\cdots\cdots 11}_{99\text{個}}$$

となる正の整数 y がある。この y に対して，

$$10^n > (\text{③の右辺}) \quad \text{かつ} \quad n \geqq 99$$

を満たす十分大きな正の整数 n をとり，

$$x = 10^n$$

とする。このとき，

$$A = (x+y-1)(x+y)(x+y+1)$$
$$B = x^3 + 3y \cdot x^2 = 10^{3n} + 11\cdots\cdots 11 \cdot 10^{2n}$$
$$C = x^3 + (3y+1)x^2 = 10^{3n} + 11\cdots\cdots 12 \cdot 10^{2n}$$

← B, C の下 $(2n+99)$ 桁はそれぞれ，

$$\underbrace{11\cdots\cdots 11}_{99\text{個}}\underbrace{0\cdots\cdots 0}_{2n\text{個}}$$

$$\underbrace{11\cdots\cdots 12}_{98\text{個}}\underbrace{0\cdots\cdots 0}_{2n\text{個}}$$

とすると，

$$B < A < C$$

であるから，A の 10^{2n} の位から 10^{2n+98} の位までは1が並ぶ。

以上で，命題 P が証明された。 　　(証明おわり)

📎 参考

(2)だけを次のように答えることもできる。

$N = a \cdot 10^{100}$ とし，$A = N(N+1)(N+2) = N^2(N+3) + 2N$ が(b)を満たすような正の整数 a を求める。$N^2(N+3)$ の下200桁は0であるから，$2a$ を100桁以下の数とすると，A の下200桁は $2N = 2a \cdot 10^{100}$ と一致する。そこで，$a = \underbrace{55\cdots\cdots 5}_{99\text{個}}$ とおくと，$2N = \underbrace{11\cdots\cdots 1}_{99\text{個}}\underbrace{000\cdots\cdots 0}_{100\text{個}}$ となるので A は(b)を満たす。

また，$M = b \cdot 10^{100}$ とし，$A = (M-1)M(M+1) = M^3 - M$ とおくと，A の下200桁は $10^{200} - M$ となるので，$b = \underbrace{88\cdots\cdots 89}_{98\text{個}}$ とすると，A の下101桁から下199桁の数字は1であり，A は(b)を満たす。

類題の解答

第1章

1 $x^2+px+q=0$ の異なる2つの実数解が $\alpha,\ \beta\ (\alpha<\beta)$ であるから，
$$\alpha=\frac{-p-\sqrt{p^2-4q}}{2},$$
$$\beta=\frac{-p+\sqrt{p^2-4q}}{2}$$

であり，区間 $I=[\alpha,\ \beta]$ は $x=-\dfrac{p}{2}$ に関して対称である。したがって，$-\dfrac{p}{2}$ が整数とすると I に含まれる整数の個数は奇数個であるから，個数が2個のときには p は奇数である。そこで
$$p=-2m+1\ (m\text{は整数})\quad\cdots\cdots①$$
とおくと，I は
$$x=-\frac{p}{2}=m-\frac{1}{2}$$
に関して対称であるから，"含まれる2個の整数は $m-1,\ m$ である。" ……(*)
$$f(x)=x^2+px+q$$
$$=x^2-(2m-1)x+q$$
とおく。α が整数でないとき，$\alpha+\beta=-p$ より，β も整数でないので，(*)の条件は
$$\begin{cases} f(m)=-m^2+m+q<0 & \cdots\cdots② \\ f(m+1)=-m^2+m+2+q>0 & \cdots\cdots③ \end{cases}$$
である。

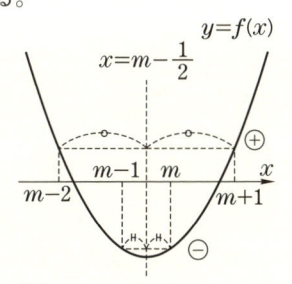

②, ③ より
$$m^2-m-2<q<m^2-m$$
ここで，q は整数であるから

$$q=m^2-m-1 \quad\cdots\cdots④$$
①, ④ より
$$\beta-\alpha$$
$$=\sqrt{p^2-4q}$$
$$=\sqrt{(2m-1)^2-4(m^2-m-1)}$$
$$=\sqrt{5}\quad\cdots\cdots\text{答}$$

[別解]
解と係数の関係から
$$\alpha+\beta=-p,\ \alpha\beta=q\quad\cdots\cdots⑤$$
これより，α が整数でないとき，β も整数でないので，区間 $[\alpha,\ \beta]$ に整数がちょうど2個含まれるとき
$$1<\beta-\alpha<3\quad\cdots\cdots⑥$$
である。

⑤, ⑥ より
$$1<(\beta-\alpha)^2<9$$
$$1<(\alpha+\beta)^2-4\alpha\beta<9$$
$$1<p^2-4q<9\quad\cdots\cdots⑦$$
平方数 p^2 を4で割った余りは0，または1であるから，p^2-4q も同様である。
したがって，⑦より
$$D=p^2-4q=4,\ 5,\ \text{または}\ 8$$
$D=4$ のとき，p は偶数であり，
$$\alpha,\ \beta=\frac{-p\pm\sqrt{D}}{2}=-\frac{p}{2}\pm 1$$
は整数となるので不適である。

$D=8$ のとき，p は偶数であり
$$\alpha,\ \beta=\frac{-p\pm\sqrt{D}}{2}=-\frac{p}{2}\pm\sqrt{2}$$
となり，区間 $[\alpha,\ \beta]$ には3つの整数 $-\dfrac{p}{2},\ -\dfrac{p}{2}\pm 1$ が含まれるので不適である。

$D=5$ のとき，p は奇数であり，
$$\alpha,\ \beta=\frac{-p\pm\sqrt{D}}{2}=\frac{-p\pm\sqrt{5}}{2}$$
となり，区間 $[\alpha,\ \beta]$ には2つの整数

$\dfrac{-p\pm 1}{2}$ が含まれる。

以上より，$D=(\beta-\alpha)^2=5$ であり
$\beta-\alpha=\sqrt{D}=\sqrt{5}$

2 $f(x)=(x+a)(x+2)$
$\qquad =x^2+(a+2)x+2a$
$\qquad =\left(x+\dfrac{a+2}{2}\right)^2-\left(\dfrac{a-2}{2}\right)^2$

x がすべての実数値をとるとき，$X=f(x)$ の取り得る値の範囲は
$$X\geqq -\left(\dfrac{a-2}{2}\right)^2 \qquad \cdots\cdots ①$$
である。

したがって，"すべての実数 x に対して，$f(f(x))>0$ である" は，"①において，$f(X)>0$ である" $\cdots\cdots$(☆) と同値である。
$$a\geqq 2 \qquad \cdots\cdots ②$$
であるから，$Y=f(X)$ のグラフより，

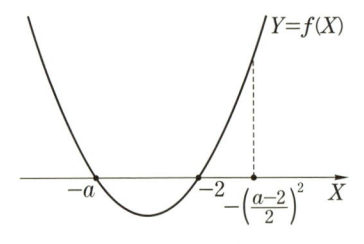

(☆) $\iff -2<-\left(\dfrac{a-2}{2}\right)^2$
$\qquad\quad a^2-4a-4<0$

②と合わせて
$$2\leqq a<2+2\sqrt{2} \qquad \cdots\cdots \boxed{答}$$

別解
$f(x)=(x+a)(x+2)$
$\qquad =x^2+(a+2)x+2a$
より
$f(f(x))$
$=(f(x)+a)(f(x)+2)$
$=\{x^2+(a+2)x+3a\}$
$\quad\times\{x^2+(a+2)x+2a+2\}$

$a\geqq 2$ より
$x^2+(a+2)x+3a$
$\qquad \geqq x^2+(a+2)x+2a+2 \quad\cdots\cdots③$
であるから，③の両辺の x^2 の係数が正であることに注意すると，"すべての実数 x に対して，$f(f(x))>0$ である" は "すべての実数 x に対して，
$x^2+(a+2)x+2a+2>0$
である" と同値である。したがって，
$(a+2)^2-4(2a+2)<0$
$a^2-4a-4<0$
$a\geqq 2$ と合わせて
$2\leqq a<2+2\sqrt{2}$

3 (1) $u=\sqrt[3]{\sqrt{\dfrac{28}{27}}+1}$，$v=\sqrt[3]{\sqrt{\dfrac{28}{27}}-1}$
とおく。
$\alpha=u-v$
$uv=\sqrt[3]{\left(\sqrt{\dfrac{28}{27}}+1\right)\left(\sqrt{\dfrac{28}{27}}-1\right)}$
$\quad =\sqrt[3]{\dfrac{28}{27}-1}=\dfrac{1}{3}$
であるから，
$\alpha^3=(u-v)^3$
$\quad =u^3-3uv(u-v)-v^3$
$\quad =\sqrt{\dfrac{28}{27}}+1-3\cdot\dfrac{1}{3}(u-v)$
$\qquad\qquad -\left(\sqrt{\dfrac{28}{27}}-1\right)$
$\quad =2-\alpha$
$\therefore \quad \alpha^3+\alpha-2=0$
これより，α は3次方程式
$$x^3+x-2=0 \qquad \cdots\cdots ①$$
の解である。　　　　　　(証明おわり)

(2) ①は
$(x-1)(x^2+x+2)=0$
となるので，①の実数解は $x=1$ に限る。α は実数であるから，(1)で示したことより
$$\alpha=1 \qquad \cdots\cdots \boxed{答}$$

4 $-1 \leqq x \leqq 1$, $-1 \leqq y \leqq 1$ ……① において,
$$f(x, y) = 1 - ax - by - axy$$
とおく。

まず y を固定して,x だけを $-1 \leqq x \leqq 1$ の範囲で動かしたときの最小値を $m(y)$ とおくと,
$$f(x, y) = (-a - ay)x + 1 - by$$
は x の 1 次関数であるから,最小値 $m(y)$ は
$$f(-1, y) = (a - b)y + a + 1$$
……②
$$f(1, y) = -(a + b)y - a + 1$$
……③
の小さい方(大きくない方)である。

次に,y を $-1 \leqq y \leqq 1$ で動かしたときの $m(y)$ の最小値が①における $f(x, y)$ の最小値 M であるが,$m(y)$ が ②,③のいずれであっても,上と同じ理由で,M は $m(1)$,$m(-1)$ のいずれか,すなわち,
$$f(-1, -1) = b + 1$$
$$f(-1, 1) = 2a - b + 1$$
$$f(1, -1) = b + 1$$
$$f(1, 1) = -2a - b + 1$$
の最小のものである。したがって,a, b の満たすべき条件,つまり,$M > 0$ は
$$b + 1 > 0,\ 2a - b + 1 > 0,$$
$$-2a - b + 1 > 0$$
となり,図示すると下図の斜線部分(境界を除く)となる。

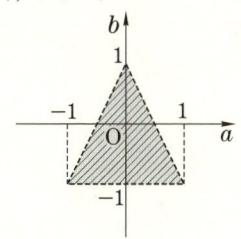

5 (1) $P(x) = (x + 1)(x + 2)^n$
$P(x)$ を $x - 1$ で割った余りは
$$P(1) = 2 \cdot 3^n \quad \text{……答}$$

(2) 二項定理より
$$(x + 2)^n$$
$$= \sum_{k=0}^{n} {}_nC_k x^{n-k} \cdot 2^k$$
$$= x^n + {}_nC_1 x^{n-1} \cdot 2 + \cdots\cdots$$
$$\quad + {}_nC_{n-2} x^2 \cdot 2^{n-2} + {}_nC_{n-1} x \cdot 2^{n-1} + 2^n$$
$$= x^2 Q(x) + n \cdot 2^{n-1} x + 2^n \quad \text{……①}$$
($Q(x)$ は x の多項式)
これより,余りは
$$n \cdot 2^{n-1} x + 2^n \quad \text{……答}$$

(3) ①の両辺に $x + 1$ をかけると
$$(x + 1)(x + 2)^n$$
$$= (x + 1)\{x^2 Q(x) + n \cdot 2^{n-1} x + 2^n\}$$
$$= x^2\{(x + 1)Q(x) + n \cdot 2^{n-1}\}$$
$$\quad + (n + 2)2^{n-1} x + 2^n$$
これより,余りは
$$(n + 2)2^{n-1} x + 2^n \quad \text{……答}$$

(4) $P(x)$ を x^2 で割ったときの商を $F(x)$ とおくと,(3)より
$$P(x) = x^2 F(x)$$
$$\quad + (n + 2)2^{n-1} x + 2^n$$
……②
両辺で,$x = 1$ とおくと
$$P(1) = F(1) + (n + 2)2^{n-1} + 2^n$$
(1)の式から
$$F(1) = 2 \cdot 3^n - (n + 4)2^{n-1}$$
したがって,
$$F(x) = (x - 1)G(x) + 2 \cdot 3^n$$
$$\quad - (n + 4)2^{n-1}$$
($G(x)$ は x の多項式)
②に代入すると
$$P(x) = x^2(x - 1)G(x)$$
$$\quad + \{2 \cdot 3^n - (n + 4)2^{n-1}\}x^2$$
$$\quad + (n + 2)2^{n-1} x + 2^n$$
これより,余りは
$$\{2 \cdot 3^n - (n + 4)2^{n-1}\}x^2$$
$$\quad + (n + 2)2^{n-1} x + 2^n$$
……答

第 2 章

6 (1)

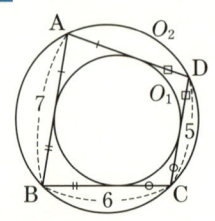

四角形 ABCD は円 O_1 に外接するので,
$$AB+CD=BC+DA$$
$$7+5=6+DA$$
∴ $DA=6$ ……**答**

(2) 円 O_2 に内接しているから,余弦定理より,BD^2 について
$$7^2+6^2-2\cdot 7\cdot 6\cos A$$
$$=5^2+6^2-2\cdot 5\cdot 6\cos(180°-A)$$
∴ $\cos A=\dfrac{1}{6},\ \sin A=\dfrac{\sqrt{35}}{6}$

また,
$$BD=\sqrt{71}$$

正弦定理より,円 O_2 の半径 r_2 は
$$r_2=\dfrac{BD}{2\sin A}=\dfrac{3\sqrt{71}}{\sqrt{35}}$$ ……**答**

四角形 ABCD の面積を S とすると,
$$S=\triangle ABD+\triangle BCD$$
$$=\dfrac{1}{2}(7\cdot 6+6\cdot 5)\sin A$$
$$=6\sqrt{35} \quad\cdots\cdots\text{①}$$

円 O_1 の中心を I,半径を r_1 とすると
$$S=\triangle IAB+\triangle IBC+\triangle ICD+\triangle IDA$$
$$=\dfrac{1}{2}\cdot r_1\cdot(7+6+5+6)$$
$$=12r_1 \quad\cdots\cdots\text{②}$$

①,② より
$$r_1=\dfrac{\sqrt{35}}{2}$$ ……**答**

(注) 四角形 ABCD が等脚台形であることを利用して,r_1, r_2 を求めることもできる。

7 (1) 加法定理を用いると
$$(\cos\alpha+i\sin\alpha)(\cos\beta+i\sin\beta)$$
$$=\cos\alpha\cos\beta-\sin\alpha\sin\beta$$
$$+i(\sin\alpha\cos\beta+\cos\alpha\sin\beta)$$
$$=\cos(\alpha+\beta)+i\sin(\alpha+\beta)$$
(証明おわり)

(2) (1)より
$$\left(\cos\dfrac{2\pi k}{n}+i\sin\dfrac{2\pi k}{n}\right)$$
$$\times\left(\cos\dfrac{2\pi}{n}+i\sin\dfrac{2\pi}{n}\right)$$
$$=\cos\left(\dfrac{2\pi k}{n}+\dfrac{2\pi}{n}\right)$$
$$+i\sin\left(\dfrac{2\pi k}{n}+\dfrac{2\pi}{n}\right)$$
$$=\cos\dfrac{2\pi(k+1)}{n}+i\sin\dfrac{2\pi(k+1)}{n}$$

したがって,
$$z\left(\cos\dfrac{2\pi}{n}+i\sin\dfrac{2\pi}{n}\right)$$
$$=\sum_{k=1}^{n}\left\{\left(\cos\dfrac{2\pi k}{n}+i\sin\dfrac{2\pi k}{n}\right)\right.$$
$$\left.\times\left(\cos\dfrac{2\pi}{n}+i\sin\dfrac{2\pi}{n}\right)\right\}$$
$$=\sum_{k=1}^{n}\left\{\cos\dfrac{2\pi(k+1)}{n}\right.$$
$$\left.+i\sin\dfrac{2\pi(k+1)}{n}\right\}$$
$$=\sum_{j=2}^{n+1}\left(\cos\dfrac{2\pi j}{n}+i\sin\dfrac{2\pi j}{n}\right)=(*)$$

ここで,$j=n+1$ に対応する項は
$$\cos\dfrac{2\pi(n+1)}{n}+i\sin\dfrac{2\pi(n+1)}{n}$$
$$=\cos\left(2\pi+\dfrac{2\pi}{n}\right)+i\sin\left(2\pi+\dfrac{2\pi}{n}\right)$$
$$=\cos\dfrac{2\pi}{n}+i\sin\dfrac{2\pi}{n}$$

となり,$j=1$ に対応する項に等しいので,
$$(*)=\sum_{j=1}^{n}\left(\cos\dfrac{2\pi j}{n}+i\sin\dfrac{2\pi j}{n}\right)$$
$$=z$$

すなわち,

$$z\left(\cos\frac{2\pi}{n}+i\sin\frac{2\pi}{n}\right)=z$$
……①
が成り立つ。　　　　（証明おわり）

(3) ①より
$$\left(\cos\frac{2\pi}{n}+i\sin\frac{2\pi}{n}-1\right)z=0$$
n は 2 以上の自然数であるから
$$\cos\frac{2\pi}{n}+i\sin\frac{2\pi}{n}-1\neq 0$$
したがって，
$$z=0$$
z の実部，虚部が 0 であるから，
$$\sum_{k=1}^{n}\cos\frac{2\pi k}{n}=\sum_{k=1}^{n}\sin\frac{2\pi k}{n}=0$$
（証明おわり）

8 (1) △ABC の重心が G であるから，
$$\overrightarrow{OG}=\frac{1}{3}(\overrightarrow{OA}+\overrightarrow{OB}+\overrightarrow{OC})$$
……①

したがって，
$$\overrightarrow{OG}=\frac{1}{3}\overrightarrow{OA}$$
……②

のとき，①，②より
$$\overrightarrow{OB}+\overrightarrow{OC}=\vec{0}$$
$\overrightarrow{OB}$, $\overrightarrow{OC}$ は逆向きの半径，つまり，BC が直径であるから
$$\angle BAC=90°$$
である。

したがって，△ABC は $\angle BAC=90°$ の直角三角形である。
（証明おわり）

(2) $\overrightarrow{OG}=k\overrightarrow{OA}$　……③

のとき，①，③より
$$(3k-1)\overrightarrow{OA}=\overrightarrow{OB}+\overrightarrow{OC}$$
$k\neq\frac{1}{3}$ より
$$\overrightarrow{OA}=\frac{1}{3k-1}(\overrightarrow{OB}+\overrightarrow{OC})\ \cdots\text{④}$$
BC の中点を M とすると，④より

$$\overrightarrow{OA}=\frac{2}{3k-1}\overrightarrow{OM}$$
……⑤

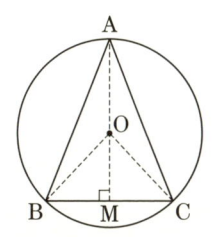

△OBC は OB=OC の二等辺三角形であるから，OM⊥BC である。⑤より，A は直線 OM（BC の垂直 2 等分線）上にあるので，△ABC は AB=AC の二等辺三角形である。
（証明おわり）

9 (1) A(1, 1, 2) と z 軸を含む平面 α 上の点 (x, y, z) は $x=y$ を満たす。C は α 上にあるので，C($a, a, 0$) とおける。

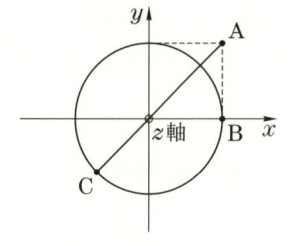

（z 軸方向から見た図）

また，C は円
$$x^2+y^2=1,\ z=0$$
上にあるから，
$$a^2+a^2=1\quad\therefore\quad a=\pm\frac{1}{\sqrt{2}}$$
線分 AC が z 軸と交わるのは，$a<0$ の方であるから，
$$C\left(-\frac{1}{\sqrt{2}},\ -\frac{1}{\sqrt{2}},\ 0\right)\ \cdots\text{答}$$

(2) P を頂点とし，xy 平面上の原点を

中心とする半径1の円を底面とする直円錐の母線として，PB＝PC であるから，
$$PA+PB=PA+PC \quad \cdots\cdots ①$$
平面 α で考えると，①が最小となるのは A，P，C がこの順に一直線上に並ぶときである。

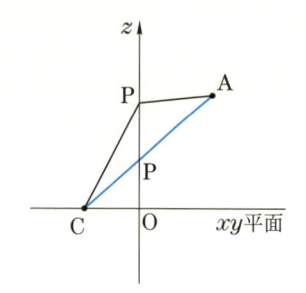

（平面 α による断面）

そのとき，
$$\overrightarrow{OP}=t\overrightarrow{OA}+(1-t)\overrightarrow{OC}$$
$$=\left(t-\frac{1-t}{\sqrt{2}},\ t-\frac{1-t}{\sqrt{2}},\ 2t\right)$$
と表され，P の x 座標，y 座標が 0 であるから，
$$t-\frac{1-t}{\sqrt{2}}=0$$
$$\therefore\ t=\frac{1}{\sqrt{2}+1}=\sqrt{2}-1$$
したがって，
$$P(0,\ 0,\ 2(\sqrt{2}-1))\quad\cdots\cdots\ \boxed{答}$$

10　$OA=OB=OC \quad\cdots\cdots ①$
　　　$\angle AOB=\angle BOC=\angle COA$
より，$\triangle OAB$，$\triangle OBC$，$\triangle OCA$ は合同な二等辺三角形であり，
　　　$AB=BC=CA$
$\triangle ABC$ は正三角形であり，①より，O から $\triangle ABC$ に下ろした垂線の足 G は $\triangle ABC$ の外心，したがって，重心と一致する。

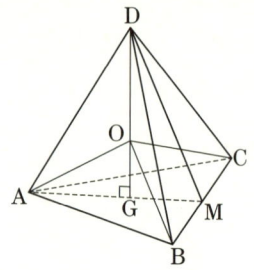

$$\overrightarrow{OG}=\frac{1}{3}(\overrightarrow{OA}+\overrightarrow{OB}+\overrightarrow{OC})$$
であるから，
$$\overrightarrow{OA}+\overrightarrow{OB}+\overrightarrow{OC}+\overrightarrow{OD}=\vec{0}$$
より
$$\overrightarrow{OD}=-3\overrightarrow{OG}$$
これより，O は DG を $3:1$ に内分しているので，
$$OG=\frac{1}{3}OD=\frac{\sqrt{5}}{3}$$
$$DG=OD+OG=\frac{4\sqrt{5}}{3}$$
$$AG=\sqrt{OA^2-OG^2}=\frac{2}{3}$$
BC の中点を M とすると，G は $\triangle ABC$ の重心であるから，
$$AM=\frac{3}{2}AG=1$$
$$GM=\frac{1}{3}$$
$$BC=\frac{2}{\sqrt{3}}AM=\frac{2}{\sqrt{3}}$$
$$DM=\sqrt{DG^2+GM^2}=3$$
以上より，三角錐 ABCD の体積を V，内接球の半径を r とすると
$$V=\frac{1}{3}\cdot\triangle ABC\cdot DG$$
$$=\frac{1}{3}\cdot\frac{1}{2}\cdot\frac{2}{\sqrt{3}}\cdot 1\cdot\frac{4\sqrt{5}}{3}$$
$$=\frac{4\sqrt{15}}{27}$$

$$V = \frac{1}{3}(3\triangle DBC + \triangle ABC) \cdot r$$
$$= \frac{1}{3}\left\{3 \cdot \frac{1}{2} \cdot \frac{2}{\sqrt{3}} \cdot 3 + \frac{1}{2} \cdot \frac{2}{\sqrt{3}} \cdot 1\right\} r$$
$$= \frac{10\sqrt{3}}{9} r$$

したがって
$$\frac{10\sqrt{3}}{9} r = \frac{4\sqrt{15}}{27}$$
$$\therefore\ r = \frac{2\sqrt{5}}{15} \qquad \cdots\cdots \boxed{答}$$

第3章

11 $\log_{10}\left(\dfrac{10^x \cdot 10^y}{10} + 10000 \cdot \dfrac{100^x}{100^y} - 1000 \cdot \dfrac{10^{3x}}{10^y}\right) \geqq 0$

$\iff \dfrac{10^x \cdot 10^y}{10} + 10^4 \cdot \dfrac{(10^x)^2}{(10^y)^2} - 10^3 \cdot \dfrac{(10^x)^3}{10^y} \geqq 1$

ここで
$$10^x = X(>0),\ 10^y = Y(>0)$$
とおくと
$$\frac{XY}{10} + 10^4 \cdot \frac{X^2}{Y^2} - 10^3 \cdot \frac{X^3}{Y} \geqq 1$$

両辺に $10Y^2(>0)$ をかけて
$$XY^3 + 10^5 X^2 - 10^4 X^3 Y \geqq 10Y^2$$
$$Y^2(XY - 10) + 10^4 X^2(10 - XY) \geqq 0$$
$$(XY - 10)(Y^2 - 10^4 X^2) \geqq 0$$
$$\therefore\ (XY - 10)(Y - 10^2 X)(Y + 10^2 X) \geqq 0$$

$Y + 10^2 X > 0$ であるから,
$$(XY - 10)(Y - 10^2 X) \geqq 0$$
$$\therefore\ \begin{cases} XY \geqq 10 \text{ かつ } Y \geqq 10^2 X \\ XY \leqq 10 \text{ かつ } Y \leqq 10^2 X \end{cases}$$

x, y の式に戻すと
$$\begin{cases} 10^{x+y} \geqq 10 \text{ かつ } 10^y \geqq 10^{x+2} \\ 10^{x+y} \leqq 10 \text{ かつ } 10^y \leqq 10^{x+2} \end{cases}$$
$$\therefore\ \begin{cases} x+y \geqq 1 \text{ かつ } y \geqq x+2 \\ x+y \leqq 1 \text{ かつ } y \leqq x+2 \end{cases}$$

求める領域は下図の斜線部分(境界を含む)である。

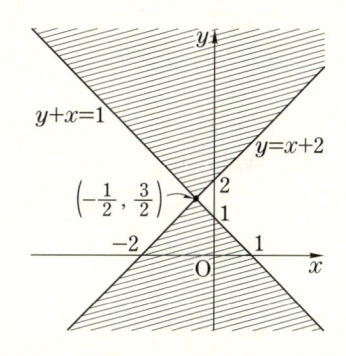

第4章

12 (1) $z = \dfrac{w-1}{w+1}$
より
$$z(w+1) = w-1$$
$$w(z-1) = -(z+1)$$
$z=1$ のとき，この式は成り立たないので，$z \neq 1$ であり
$$w = -\dfrac{z+1}{z-1} \quad \cdots\cdots \text{答}$$
これより
$$s+ti = -\dfrac{x+1+yi}{x-1+yi}$$
$$= -\dfrac{(x+1+yi)(x-1-yi)}{(x-1+yi)(x-1-yi)}$$
$$= \dfrac{-(x^2+y^2-1)+2yi}{(x-1)^2+y^2}$$
実部，虚部を比較して
$$s = \dfrac{-(x^2+y^2-1)}{(x-1)^2+y^2} \quad \cdots\cdots① \text{答}$$
$$t = \dfrac{2y}{(x-1)^2+y^2}$$

(2) ①を
$$0 \leq s \leq 1 \text{ かつ } 0 \leq t \leq 1$$
に代入して
$$0 \leq -\dfrac{x^2+y^2-1}{(x-1)^2+y^2} \leq 1 \quad \cdots\cdots②$$
かつ
$$0 \leq \dfrac{2y}{(x-1)^2+y^2} \leq 1 \quad \cdots\cdots③$$
ここで，$z \neq 1$ つまり，
$$(x, y) \neq (1, 0) \quad \cdots\cdots④$$
のもとで，$(x-1)^2+y^2 > 0$ であるから，②，③より
$$0 \leq -(x^2+y^2)+1 \leq (x-1)^2+y^2$$
かつ
$$0 \leq 2y \leq (x-1)^2+y^2$$
これを整理すると
$$x^2+y^2 \leq 1, \ \left(x-\dfrac{1}{2}\right)^2+y^2 \geq \dfrac{1}{4}$$
$$\cdots\cdots⑤$$
かつ
$$y \geq 0, \ (x-1)^2+(y-1)^2 \geq 1$$
$$\cdots\cdots⑥$$
D は④かつ⑤かつ⑥を満たす部分であるから，下図の斜線部分(境界を含む)である。

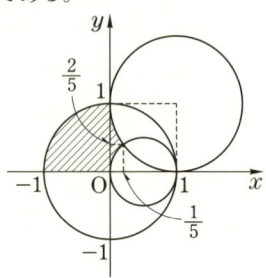

13 $C_1 : y = x^2$，$C_2 : y = -(x-6)^2$
とするとき，C_1 上の点と C_2 上の点の距離の最小値を考える。
C_1 上の点 $A(\alpha, \alpha^2)$，C_2 上の点 $B(\beta, -(\beta-6)^2)$ をとり，A，B における接線を l，m とするとき，右上図より，
$$l \,/\!/\, m \quad \cdots\cdots①, \quad l \perp AB \quad \cdots\cdots②$$
となる α，β があれば，AB が求める最小値である。
①より
$$2\alpha = -2(\beta-6)$$
$$\therefore \ \beta = 6-\alpha \quad \cdots\cdots③$$
②より
$$2\alpha \cdot \dfrac{-(\beta-6)^2-\alpha^2}{\beta-\alpha} = -1$$
③を代入して
$$2\alpha \cdot \dfrac{-2\alpha^2}{6-2\alpha} = -1$$
$$\therefore \ 2\alpha^3+\alpha-3 = 0$$
$$\therefore \ (\alpha-1)(2\alpha^2+2\alpha+3) = 0$$
α は実数であるから，
$$\alpha = 1, \ \beta = 5$$
であり，$A(1, 1)$，$B(5, -1)$ が得られる。

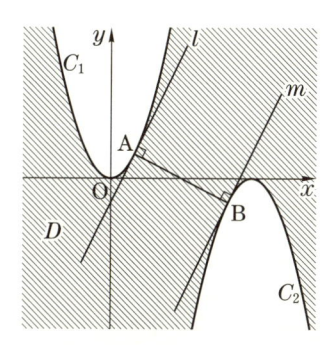

領域 $D: y \leq x^2,\ y \geq -(x-6)^2$
内で半径 r の円 S を自由に動かすことができるとき，S の中心が線分 AB 上にある場合を考えると，

$(S \text{の直径}) \leq AB$ ……④
$2r \leq 2\sqrt{5}$ ∴ $r \leq \sqrt{5}$

でなければならない。逆に，④のもとでは，上図からわかるように，S は線分 AB を越えて D 内を自由に動ける。よって，

$(r \text{の最大値}) = \sqrt{5}$ ……答

14 $A(\alpha, 2\alpha^2),\ B(\beta, 2\beta^2)$ とおくと，$\angle AOB$ が直角であるから，

$\overrightarrow{OA} \cdot \overrightarrow{OB} = 0$
$\alpha\beta + 4\alpha^2\beta^2 = 0$
$\alpha\beta(4\alpha\beta + 1) = 0$

$A \neq O,\ B \neq O$ より $\alpha \neq 0,\ \beta \neq 0$ であるから，

$\alpha\beta = -\dfrac{1}{4}$ ……①

直線 AB は

$y = \dfrac{2\alpha^2 - 2\beta^2}{\alpha - \beta}(x - \alpha) + 2\alpha^2$
$y = 2(\alpha + \beta)x - 2\alpha\beta$

であり，①より

$y = 2(\alpha + \beta)x + \dfrac{1}{2}$ ……②

となる。

②は，つねに $C\left(0, \dfrac{1}{2}\right)$ を通るので，$\angle OPC = 90°$ であり，$P = C$ の場合を含めて，P は OC を直径とする円：

$x^2 + y\left(y - \dfrac{1}{2}\right) = 0$ ……③
$x^2 + \left(y - \dfrac{1}{4}\right)^2 = \dfrac{1}{16}$

上にある。

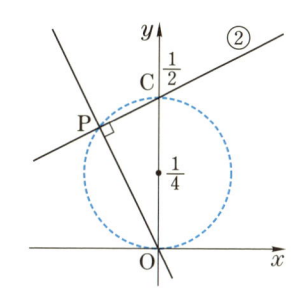

ここで，②の傾き $2(\alpha + \beta) = m$ とおくと，①と $\alpha + \beta = \dfrac{m}{2}$ より，$\alpha,\ \beta$ は

$t^2 - \dfrac{m}{2}t - \dfrac{1}{4} = 0$ ……④

の2解と一致するが，

$(\text{判別式}) = \left(-\dfrac{m}{2}\right)^2 - 4\left(-\dfrac{1}{4}\right)$
$= \dfrac{m^2}{4} + 1 > 0$

より，④はつねに異なる2つの実数解をもつので，m はすべての実数値をとれる。つまり，②は y 軸を除いて，点 C を通るすべての直線となりうる。したがって，直線 OP は x 軸を除いて，原点 O を通るすべての直線となりうる。

以上より，P の軌跡は円③から原点 $O(0, 0)$ を除いた部分である。 ……答

第5章

15
$$y = \sin 2\theta \cos\theta + a\sin\theta$$
$$= 2\sin\theta\cos\theta \cdot \cos\theta + a\sin\theta$$
$$= 2\sin\theta(1-\sin^2\theta) + a\sin\theta$$
$$= -2\sin^3\theta + (a+2)\sin\theta$$

ここで，$x = \sin\theta$ とし，
$$f(x) = -2x^3 + (a+2)x$$
とする。$0 \leq \theta < 2\pi$ より，x の変域は
$$-1 \leq x \leq 1 \quad \cdots\cdots ①$$
$a > -2$ より
$$f'(x) = -6x^2 + (a+2)$$
$$= -6\left(x + \sqrt{\frac{a+2}{6}}\right)\left(x - \sqrt{\frac{a+2}{6}}\right)$$

①における $y = f(x)$ の増減を調べる。

(i) $\sqrt{\dfrac{a+2}{6}} < 1$, つまり，
$$-2 < a < 4 \quad \cdots\cdots ② \text{ のとき}$$

x	-1	$\cdots$	$-\sqrt{\dfrac{a+2}{6}}$	$\cdots$	$\sqrt{\dfrac{a+2}{6}}$	$\cdots$	1
$f'(x)$		$-$	0	$+$	0	$-$	
$f(x)$		↘		↗		↘	

これより，"①における $f(x)$ の最大値が $\sqrt{2}$ となる" $\cdots\cdots(*)$ のは
$$f(-1) \leq f\left(\sqrt{\frac{a+2}{6}}\right) = \sqrt{2}$$
$$\cdots\cdots③$$
または
$$f\left(\sqrt{\frac{a+2}{6}}\right) \leq f(-1) = \sqrt{2}$$
$$\cdots\cdots④$$

の場合である。ここで，
$$f\left(\sqrt{\frac{a+2}{6}}\right) = 4\left(\sqrt{\frac{a+2}{6}}\right)^3$$
$$f(-1) = -a$$
である。
③のとき
$$4\left(\sqrt{\frac{a+2}{6}}\right)^3 = \sqrt{2}$$
$$\sqrt{\frac{a+2}{6}} = \frac{1}{\sqrt{2}} \quad \therefore \quad a = 1$$

$a = 1$ は②を満たし，$f(-1) = -1$ となるので，③は成り立つ。
④のとき
$$-a = \sqrt{2}, \quad a = -\sqrt{2}$$
$a = -\sqrt{2}$ は②を満たし，
$$f\left(\sqrt{\frac{a+2}{6}}\right) = \frac{2}{3\sqrt{6}}(\sqrt{2-\sqrt{2}})^3$$
$$< \frac{2}{3\sqrt{6}} < \sqrt{2}$$
となるので，④は成り立つ。

(ii) $\sqrt{\dfrac{a+2}{6}} \geq 1$, つまり，
$$a \geq 4 \quad \cdots\cdots ⑤ \text{ のとき}$$
①において，$f'(x) \geq 0$ であり，$f(x)$ は増加するので，$(*)$ のとき
$$f(1) = \sqrt{2}$$
$$\therefore \quad a = \sqrt{2}$$
$a = \sqrt{2}$ は⑤を満たさないので不適である。

以上より，求める a の値は
$$a = 1, \quad -\sqrt{2} \quad \cdots\cdots 答$$

16 (1) 2つの直角三角形 △PQR，△PQS において，PQ は共通で，PR=PS であるから，これらは合同である。そこで，
$$PQ = x, \quad QR = QS = y$$
とおくと，
$$x^2 + y^2 = a^2 \quad \cdots\cdots ①$$

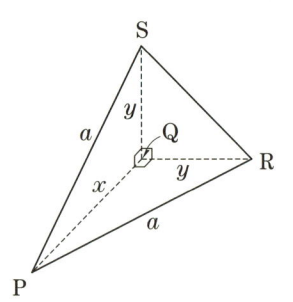

PQ⊥△QRS より，四面体の体積 V は

$$V = \frac{1}{3} \cdot \triangle QRS \cdot PQ$$
$$= \frac{1}{3} \cdot \frac{1}{2} y^2 \cdot x$$
$$= \frac{1}{6}(a^2 - x^2)x$$
$$\frac{dV}{dx} = \frac{1}{6}(a^2 - 3x^2)$$
$$= \frac{1}{2}\left(\frac{a}{\sqrt{3}} + x\right)\left(\frac{a}{\sqrt{3}} - x\right)$$

①より，x の変域は
$$0 < x < a$$
であり，

x	(0)	…	$\frac{a}{\sqrt{3}}$	…	(a)
$\frac{dV}{dx}$		+	0	−	
V		↗		↘	

これより，$x = \frac{a}{\sqrt{3}}$ のとき，V は最大となり，

(V の最大値) $= \frac{\sqrt{3}}{27}a^3$ ……**答**

(2) BD の中点を M とする。△ABD，△CBD はいずれも BD を底辺とする二等辺三角形であるから，
AM⊥BD，CM⊥BD
より
△ACM⊥BD

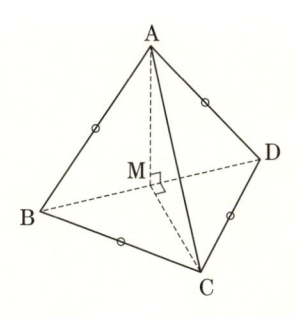

したがって，この四面体の体積を U とすると，

$$U = \frac{1}{3} \cdot \triangle ACM \cdot BD \quad \cdots\cdots ②$$

ここで，BD が一定，したがって AM＝CM が一定のもとで，∠AMC＝θ を変化させるとき，②において，変化するのは

$$\triangle ACM = \frac{1}{2} AM \cdot CM \sin\theta$$

における $\sin\theta$ だけであり，△ACM は $\theta = \frac{\pi}{2}$ のとき最大となる。

このとき，四面体 BMAC，DMAC はいずれも，(1)で考えた四面体の条件を満たしているので，

(U の最大値)
$= 2 \cdot (V \text{ の最大値}) = \frac{2\sqrt{3}}{27}a^3$
……**答**

17 (1) $y(y - |x^2 - 5| + 4) \leq 0$
より，
$$\begin{cases} y \geq 0 \text{ かつ } y \leq |x^2 - 5| - 4 \\ y \leq 0 \text{ かつ } y \geq |x^2 - 5| - 4 \end{cases}$$
であり，これより，さらに
$|x| \geq \sqrt{5}$ のとき
$\quad 0 \leq y \leq x^2 - 9$
$\quad\quad\quad$ または $x^2 - 9 \leq y \leq 0$
$|x| < \sqrt{5}$ のとき
$\quad 0 \leq y \leq -x^2 + 1$
$\quad\quad\quad$ または $-x^2 + 1 \leq y \leq 0$
となる。また
$\quad y + x^2 - 2x - 3 \leq 0$
より
$\quad y \leq -x^2 + 2x + 3$
であるから，D は図の斜線部分(境界を含む)である。

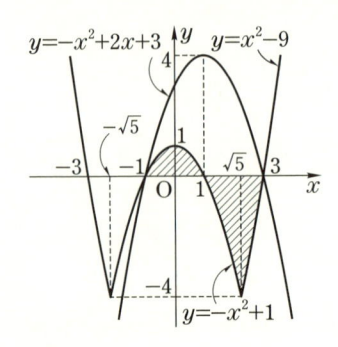

(2) （D の面積）
$$=\int_{-1}^{1}(-x^2+1)\,dx+\int_{1}^{\sqrt{5}}-(-x^2+1)\,dx$$
$$+\int_{\sqrt{5}}^{3}-(x^2-9)\,dx$$
$$=2\left[-\frac{1}{3}x^3+x\right]_0^1+\left[\frac{1}{3}x^3-x\right]_1^{\sqrt{5}}$$
$$+\left[-\frac{1}{3}x^3+9x\right]_{\sqrt{5}}^{3}$$
$$=\frac{4}{3}+\left(\frac{2}{3}\sqrt{5}+\frac{2}{3}\right)+\left(18-\frac{22}{3}\sqrt{5}\right)$$
$$=20-\frac{20}{3}\sqrt{5} \quad\quad\quad \cdots\cdots \text{答}$$

18 $f(x)$ は $f(0)=0$ を満たす 2 次関数であるから
$$f(x)=px^2+qx \quad (p\neq 0)$$
$$f'(x)=2px+q$$
とおける。また，
$$g(x)=\begin{cases} ax & (x\leq 0) \\ bx & (x>0) \end{cases}$$
より
$$g'(x)=\begin{cases} a & (x<0) \\ b & (x>0) \end{cases}$$
したがって，
$$I=\int_{-1}^{0}\{f'(x)-g'(x)\}^2\,dx$$
$$+\int_{0}^{1}\{f'(x)-g'(x)\}^2\,dx$$
$$=\int_{-1}^{0}(2px+q-a)^2\,dx$$
$$+\int_{0}^{1}(2px+q-b)^2\,dx$$
$$=\int_{-1}^{0}\{4p^2x^2+4p(q-a)x$$
$$+(q-a)^2\}\,dx$$
$$+\int_{0}^{1}\{4p^2x^2+4p(q-b)x$$
$$+(q-b)^2\}\,dx$$
$$=\frac{4}{3}p^2-2p(q-a)+(q-a)^2$$
$$+\frac{4}{3}p^2+2p(q-b)+(q-b)^2$$
$$=a^2+2(p-q)a+b^2-2(p+q)b$$
$$+\frac{8}{3}p^2+2q^2$$
$$=(a+p-q)^2+\{b-(p+q)\}^2$$
$$+\frac{2}{3}p^2$$

これより，I を最小にする a, b は
$$a=-p+q \quad\quad \cdots\cdots ①$$
$$b=p+q \quad\quad \cdots\cdots ②$$
である。
$$g(-1)=-a, \quad f(-1)=p-q$$
であるから，① より
$$-g(-1)=-f(-1)$$
∴ $g(-1)=f(-1)$
である。また，
$$g(1)=b, \quad f(1)=p+q$$
であるから，② より
$$g(1)=f(1)$$
である。 （証明おわり）

第6章

19 (1) 「1回目の目は何でもよくて，残り$(n-1)$回は直前の回の目と異なる目が出る」……(*) 確率であるから，
$$a_n = 1 \cdot \left(\frac{5}{6}\right)^{n-1} = \left(\frac{5}{6}\right)^{n-1} \text{……圏}$$
……①

(2) 事象(*)を
(i) 1回目とn回目の目が異なる
(ii) 1回目とn回目の目が同じである
場合に分けて考える。
(i)の確率はb_nであり，(ii)では$(n-1)$回目と1回目の目は異なるので，$(n-1)$回目までの確率はb_{n-1}であり，n回目に1回目と同じ目が出る確率は$\frac{1}{6}$であるから，(ii)の確率は$b_{n-1} \cdot \frac{1}{6} = \frac{1}{6}b_{n-1}$である。
したがって，
$$a_n = b_n + \frac{1}{6}b_{n-1} \quad \text{……圏}$$
……②

(3) ①，②より
$$b_n + \frac{1}{6}b_{n-1} = \left(\frac{5}{6}\right)^{n-1} \quad \text{……③}$$
ここで，$b_2 = \frac{5}{6}$であるから，$b_1 = 0$と考えると，③は$n=2$でも成り立つ。
③$\times \left(\frac{6}{5}\right)^n$より
$$\left(\frac{6}{5}\right)^n b_n + \frac{1}{5}\left(\frac{6}{5}\right)^{n-1} b_{n-1} = \frac{6}{5}$$
ここで
$$c_n = \left(\frac{6}{5}\right)^n b_n \quad (n=1, 2, \cdots\cdots)$$
とおくと，$n \geq 2$のとき
$$c_n + \frac{1}{5}c_{n-1} = \frac{6}{5}$$
$$c_n - 1 = -\frac{1}{5}(c_{n-1} - 1)$$

数列$\{c_n - 1\}$は公比$-\frac{1}{5}$の等比数列であるから，
$$c_n - 1 = \left(-\frac{1}{5}\right)^{n-1}(c_1 - 1)$$
$c_1 = \frac{6}{5}b_1 = 0$であるから，
$$c_n = 1 - \left(-\frac{1}{5}\right)^{n-1}$$
したがって，
$$b_n = \left(\frac{5}{6}\right)^n c_n$$
$$= \left(\frac{5}{6}\right)^n + 5\left(-\frac{1}{6}\right)^n \quad (n \geq 2)$$
……圏

20 $n = 2, 3, \cdots\cdots$に対して，命題P_n「n個の正の数の和がnであるとき，それらの積は1以下である」を数学的帰納法で証明する。

(I) $n=2$のとき
$$x_1 + x_2 = 2, \quad x_1 > 0, \quad x_2 > 0$$
より
$$x_1 x_2 = x_1(2 - x_1)$$
$$= 1 - (x_1 - 1)^2 \leq 1$$
よって，P_2は成り立つ。

(II) P_n（nは2以上の整数）が成り立つとして，
$$x_1 + x_2 + \cdots\cdots + x_n + x_{n+1} = n+1 \quad \text{……①}$$
を満たす$(n+1)$個の正の数$x_1, x_2, \cdots\cdots, x_n, x_{n+1}$について調べる。

必要ならば順序を変えて，これらの最大のものをx_n，最小のものをx_{n+1}とすると，
$$x_n \geq 1, \quad 0 < x_{n+1} \leq 1 \quad \text{……②}$$
より
$$x_n + x_{n+1} - 1 > 0$$
である。このとき，n個の正の数
$$x_1, x_2, \cdots\cdots, x_{n-1},$$
$$x_n + x_{n+1} - 1$$

を考えると，①よりこれらの和は n であるから，帰納法の仮定より
$$x_1 x_2 \cdots\cdots x_{n-1}(x_n+x_{n+1}-1) \leq 1$$
$$\cdots\cdots ③$$
である。ここで，②より
$$(x_n+x_{n+1}-1)-x_n x_{n+1}$$
$$=(x_n-1)(1-x_{n+1}) \geq 0$$
$$\therefore \quad 0 < x_n x_{n+1} \leq x_n+x_{n+1}-1$$
$$\cdots\cdots ④$$
であるから，③，④を結ぶと
$$x_1 x_2 \cdots\cdots x_{n-1} x_n x_{n+1}$$
$$\leq x_1 x_2 \cdots\cdots x_{n-1}(x_n+x_{n+1}-1) \leq 1$$
となるので，P_{n+1} が成り立つことが示された。

(I), (II)より $n=2, 3, \cdots\cdots$ について，P_n が成り立つ。　　　　(証明おわり)

21 (1) $(a_1+a_2+\cdots\cdots+a_n)^2$
$$=a_1^3+a_2^3+\cdots\cdots+a_n^3 \quad \cdots\cdots ①$$
$$a_{3m-2}>0, \ a_{3m-1}>0, \ a_{3m}<0$$
$$\cdots\cdots ②$$

②より $a_1>0$ であり，①で $n=1$ とおくと，
$$a_1^2=a_1^3 \quad \therefore \quad a_1=1 \quad \cdots\cdots \boxed{答}$$
②より $a_2>0$ であり，①で $n=2$ とおくと，
$$(1+a_2)^2=1+a_2^3$$
$$a_2(a_2+1)(a_2-2)=0$$
$$\therefore \quad a_2=2 \quad \cdots\cdots \boxed{答}$$
②より $a_3<0$ であり，①で $n=3$ とおくと
$$(1+2+a_3)^2=1^3+2^3+a_3^3$$
$$a_3(a_3+2)(a_3-3)=0$$
$$\therefore \quad a_3=-2 \quad \cdots\cdots \boxed{答}$$
同様にして，
$$a_4=2, \ a_5=3, \ a_6=-3 \cdots\cdots \boxed{答}$$
である。

(2) (1)の結果から，$m=1, 2, \cdots\cdots$ に対して
$$a_{3m-2}=m, \ a_{3m-1}=m+1,$$

$$a_{3m}=-(m+1) \quad \cdots\cdots ③$$
と予想できる。③を m に関する数学的帰納法で示す。

(I) $a_1=1, a_2=2, a_3=-2$ であるから，$m=1$ のとき，③は成り立つ。

(II) $m \leq k$（k は正の整数）を満たすすべての正の整数 m について③が成り立つ $\cdots\cdots(*)$ とする。
$n=1, 2, \cdots\cdots$ に対して
$$S_n=\sum_{j=1}^{n} a_j, \ T_n=\sum_{j=1}^{n} a_j^3$$
とおくと，①は
$$S_n^2=T_n \quad \cdots\cdots ④$$
と表される。④で n の代りに $n+1$ とおくと
$$S_{n+1}^2=T_{n+1}$$
$$\therefore \quad (S_n+a_{n+1})^2=T_n+a_{n+1}^3$$
$$\cdots\cdots ⑤$$
⑤－④より
$$2a_{n+1}S_n+a_{n+1}^2=a_{n+1}^3$$
$$a_{n+1}(a_{n+1}^2-a_{n+1}-2S_n)=0$$
②より，$a_{n+1} \neq 0$ であるから
$$a_{n+1}^2-a_{n+1}-2S_n=0 \quad \cdots\cdots ⑥$$
ここで，⑥は①，②だけから導かれ，一般に $n=1, 2, \cdots\cdots$ に対して成り立つ関係式であることに注意する。

帰納法の仮定$(*)$を用いると
$$S_{3k}=\sum_{j=1}^{k}(a_{3j-2}+a_{3j-1}+a_{3j})$$
$$=\sum_{j=1}^{k}\{j+(j+1)-(j+1)\}$$
$$=\sum_{j=1}^{k} j = \frac{1}{2}k(k+1)$$
である。したがって，⑥で $n=3k$ とおくと
$$a_{3k+1}^2-a_{3k+1}-k(k+1)=0$$
$$\{a_{3k+1}-(k+1)\}(a_{3k+1}+k)=0$$
$a_{3k+1}=a_{3(k+1)-2}>0$ であるから，
$$a_{3(k+1)-2}=a_{3k+1}=k+1$$
$$\cdots\cdots ⑦$$

これより，
$$S_{3k+1} = S_{3k} + k + 1$$
$$= \frac{1}{2}(k+1)(k+2)$$

したがって，⑥で $n=3k+1$ とおくと
$$a_{3k+2}{}^2 - a_{3k+2} - (k+1)(k+2) = 0$$
$$\{a_{3k+2} - (k+2)\}(a_{3k+2} + k + 1) = 0$$
$a_{3k+2} = a_{3(k+1)-1} > 0$ であるから
$$a_{3(k+1)-1} = a_{3k+2} = k+2$$
……⑧

これより，
$$S_{3k+2} = S_{3k+1} + k + 2$$
$$= \frac{1}{2}(k+2)(k+3)$$

したがって，⑥で $n=3k+2$ とおくと
$$a_{3k+3}{}^2 - a_{3k+3} - (k+2)(k+3) = 0$$
$$\{a_{3k+3} - (k+3)\}(a_{3k+3} + k + 2) = 0$$
$a_{3k+3} = a_{3(k+1)} < 0$ であるから
$$a_{3(k+1)} = a_{3k+3} = -(k+2)$$
……⑨

⑦，⑧，⑨より，③は $m=k+1$ のときに成り立つ。

(I)，(II)より，$m=1, 2, \cdots\cdots$ について③が成り立つ。

以上より，$m=1, 2, \cdots\cdots$ に対して
$$a_{3m-2} = m, \ a_{3m-1} = m+1,$$
$$a_{3m} = -(m+1) \quad \cdots\cdots \text{答}$$
である。

第7章

22 (1) 1000 から 9999 までの自然数全体の集合を U とし，U の要素で 1 が使われていないものの全体を A とする。

U の個数 $n(U)$ は
$$n(U) = 9000$$
である。A に属する数の千の位は 2 から 9 までの 8 通りで，百，十，一の位はそれぞれ 1 以外の 9 通りであるから
$$n(A) = 8 \cdot 9 \cdot 9 \cdot 9 = 5832$$
よって，1 が使われているものは
$$n(U) - n(A) = 3168 \text{ 個} \ \cdots\cdots \text{答}$$

(2) U の要素で 2 が使われていないものの全体を B とすると，1，2 のいずれかが使われていないものの全体は $A \cup B$ である。

$A \cap B$ に属する数の千の位は 3 から 9 までの 7 通りで，百，十，一の位はそれぞれ 1，2 以外の 8 通りであるから，
$$n(A \cap B) = 7 \cdot 8 \cdot 8 \cdot 8 = 3584$$
また，
$$n(B) = n(A)$$
である。よって，
$$n(A \cup B) = n(A) + n(B)$$
$$ - n(A \cap B)$$
$$= 2 \cdot 5832 - 3584$$
$$= 8080$$

よって，1，2 の両方が使われているものは
$$n(U) - n(A \cup B) = 920 \text{ 個}$$
……答

(3) 3 が使われていないものの全体を C とすると，1, 2, 3 のいずれかが使われていないものの全体は $A \cup B \cup C$ である。

(2)と同様に考えると，
$$n(A \cap B \cap C) = 6 \cdot 7 \cdot 7 \cdot 7 = 2058$$
であるから，
$$n(A \cup B \cup C)$$
$$= n(A) + n(B) + n(C)$$

$$-\{n(A\cap B)+n(A\cap C)+n(B\cap C)\}+n(A\cap B\cap C)$$
$$=3\cdot 5832-3\cdot 3584+2058$$
$$=8802$$

よって，1，2，3のすべてが使われているものは
$$n(U)-n(A\cup B\cup C)=198 \text{ 個}$$
……**答**

(3) 〔別解〕

使われる4つの数を1，2，3，a として，条件を満たす4桁の整数を数える。

a が0のとき，
$$3\cdot 3!=18 \text{ 個}$$

a が1，2，3のとき，
$$3\cdot \frac{4!}{2!}=36 \text{ 個}$$

a が4から9までの数のとき
$$6\cdot 4!=144 \text{ 個}$$

以上より，
$$18+36+144=198 \text{ 個}$$

23 (1) $x+2y\leqq m$，$x\geqq 0$，$y\geqq 0$
……①

$m=2l$，$2l+1$（l は0以上の整数）の場合に分けて調べる。

$m=2l$（偶数）のとき，①より
$$x+2y\leqq 2l \quad \cdots\cdots ②$$

これより，y の取り得る値は0，1，2，……，l である。

$y=i$ $(i=0, 1, 2, \cdots\cdots, l)$ のとき，②より
$$x\leqq 2l-2i$$

$x=0$，1，2，……，$2l-2i$ の $(2l-2i+1)$ 通り

よって，条件を満たす組 (x, y) の個数は，等差数列の和の公式を用いると
$$\sum_{i=0}^{l}(2l-2i+1)$$

$$=\frac{1}{2}(l+1)\{(2l+1)+1\}$$
$$=(l+1)^2=\left(\frac{m}{2}+1\right)^2 \text{ 個} \quad \cdots\cdots ③$$

$m=2l+1$（奇数）のとき，①より
$$x+2y\leqq 2l+1 \quad \cdots\cdots ④$$

これより，y の取り得る値は0，1，2……，l である。

$y=i$ $(i=0, 1, 2, \cdots\cdots, l)$ のとき④より
$$x\leqq 2l+1-2i$$

$x=0$，1，2，……，$2l-2i+1$ の $(2l-2i+2)$ 通り

よって，条件を満たす組 (x, y) の個数は
$$\sum_{i=0}^{l}(2l-2i+2)$$

$$=\frac{1}{2}(l+1)\{(2l+2)+2\}$$
$$=(l+1)(l+2)$$
$$=\frac{(m+1)(m+3)}{4} \text{ 個} \quad \cdots\cdots ⑤$$

以上より
$$\begin{cases} m \text{ が偶数のとき } \left(\dfrac{m}{2}+1\right)^2 \text{ 個} \\ m \text{ が奇数のとき } \dfrac{(m+1)(m+3)}{4} \text{ 個} \end{cases}$$
……**答**

(2) $\dfrac{x}{6}+\dfrac{y}{3}+\dfrac{z}{2}\leqq n$

∴ $x+2y+3z\leqq 6n$

∴ $x+2y\leqq 6n-3z \quad \cdots\cdots ⑥$

$x\geqq 0$，$y\geqq 0$，$z\geqq 0$ であるから，⑥より z の取り得る値は，
$$6n-3z\geqq 0 \text{ より } 0\leqq z\leqq 2n$$

ここで，$6n-3z$ の偶奇，つまり，z の偶奇で場合分けをして，⑥を満たす (x, y) の組の個数 N を調べる。

(i) $z=2j$ $(j=0, 1, \cdots\cdots, n)$ のとき

⑥より
$$x+2y\leqq 6n-6j$$

したがって，①で $m=6n-6j$

の場合であるから，③より
$$N = \left(\frac{6n-6j}{2}+1\right)^2$$
$$= (3n+1-3j)^2 \text{ 個}$$

(ii) $z = 2j-1$ $(j=1, 2, \cdots, n)$
のとき
⑥より
$$x+2y \leq 6n-6j+3$$
したがって，①で
$m = 6n-6j+3$ の場合であるから，
⑤より
$$N = \frac{(6n-6j+4)(6n-6j+6)}{4}$$
$$= (3n+2-3j)(3n+3-3j) \text{ 個}$$

(i), (ii)より，条件を満たす整数の組 (x, y, z) の個数は

$$\sum_{j=0}^{n}(3n+1-3j)^2$$
$$+ \sum_{j=1}^{n}(3n+2-3j)(3n+3-3j)$$
$$= (3n+1)^2$$
$$+ \sum_{j=1}^{n}\{(3n+1-3j)^2$$
$$+ (3n+2-3j)(3n+3-3j)\}$$
$$= (3n+1)^2$$
$$+ \sum_{j=1}^{n}\{18j^2 - 3(12n+7)j$$
$$+ 18n^2+21n+7\}$$
$$= (3n+1)^2 + 18 \cdot \frac{1}{6}n(n+1)(2n+1)$$
$$- 3(12n+7) \cdot \frac{1}{2}n(n+1)$$
$$+ (18n^2+21n+7)n$$
$$= \left(6n^3 + \frac{21}{2}n^2 + \frac{11}{2}n + 1\right) \text{ 個}$$
……答

24 (1) k 番目の箱を選び，かつ，1 球目に赤球が取り出される確率は
$\frac{1}{n} \cdot \frac{k}{n} = \frac{k}{n^2}$ であるから，

$$P(A_1) = \sum_{k=1}^{n} \frac{k}{n^2}$$
$$= \frac{1}{n^2} \cdot \frac{1}{2}n(n+1) = \frac{n+1}{2n}$$
……答

(2) $P(A_1 \cap B_k) = \frac{1}{n} \cdot \frac{k}{n} = \frac{k}{n^2}$
であるから，
$$P_{A_1}(B_k) = \frac{P(A_1 \cap B_k)}{P(A_1)}$$
$$= \frac{k}{n^2} \cdot \frac{2n}{n+1} = \frac{2k}{n(n+1)}$$
……答

(3) k 番目の箱を選び，かつ，1 球目，2 球目にいずれも赤球が取り出される確率は
$$\frac{1}{n} \cdot \frac{k}{n} \cdot \frac{k-1}{n-1} = \frac{k(k-1)}{n^2(n-1)}$$
であるから，（この結果は $k=1$ のときにも成り立つことに注意する）
$$P(A_1 \cap A_2) = \sum_{k=1}^{n} \frac{k(k-1)}{n^2(n-1)}$$
$$= \frac{1}{n^2(n-1)} \cdot \frac{1}{3}(n+1)n(n-1)$$
$$= \frac{n+1}{3n}$$
したがって，
$$P_{A_1}(A_2) = \frac{P(A_1 \cap A_2)}{P(A_1)}$$
$$= \frac{n+1}{3n} \cdot \frac{2n}{n+1} = \frac{2}{3}$$
……答

第8章

25 (1) S の要素 x, y を
$x = a^2 + b^2$, $y = c^2 + d^2$
(a, b, c, d は整数) とするとき,
$$xy = (a^2+b^2)(c^2+d^2)$$
$$= (ac-bd)^2 + (ad+bc)^2 \in S$$
（証明おわり）

（注） $xy = (ac+bd)^2 + (ad-bc)^2$ としてもよい。

(2) $290 = 10 \cdot 29$
$= (1^2+3^2)(2^2+5^2)$
$= (1 \cdot 2 - 3 \cdot 5)^2 + (1 \cdot 5 + 3 \cdot 2)^2$
$= 13^2 + 11^2 \in S$

または
$290 = (1 \cdot 2 + 3 \cdot 5)^2 + (1 \cdot 5 - 3 \cdot 2)^2$
$= 17^2 + 1^2 \in S$ ……答

$1885 = 5 \cdot 13 \cdot 29$
において, 上と同様に考えて
$5 \cdot 13 = 1^2 + 8^2$, $4^2 + 7^2$
とすると,
$5 \cdot 13 \cdot 29 = (1^2+8^2)(2^2+5^2)$
$= 38^2 + 21^2$, $42^2 + 11^2$
$5 \cdot 13 \cdot 29 = (4^2+7^2)(2^2+5^2)$
$= 27^2 + 34^2$, $43^2 + 6^2$
……答

いずれにしても,
$1885 \in S$

(3) 平方数 n^2 を 8 で割った余りは, 0, 1, 4 のいずれかである ……(*)
ことを示す。

n は $n=4m$, $4m\pm1$, $4m+2$ (m は整数) のいずれかで表されて,
$(4m)^2 = 8 \cdot 2m^2$
$(4m\pm1)^2 = 8(2m^2\pm m)+1$
$(4m+2)^2 = 8(2m^2+2m)+4$
であるから, (*) が成り立つ。

ここで,
$7542 = 942 \cdot 8 + 6$
より, 7542 を 8 で割った余りは 6 である ……(**)

一方, 7542 が S に属するとすると
$7542 = a^2 + b^2$
となる整数 a, b が存在し, (*) より, 8 を法とする合同式では
$a^2 + b^2 \equiv 0+0$, $0+1$, $0+4$,
　　　　　　$1+1$, $1+4$, $4+4$
$\equiv 0$, 1, 4, 2, 5, 0
となる。これより, a^2+b^2 を 8 で割った余りは 6 とはならないので, (**) と矛盾する。

したがって, 7542 は S に属さない。
（証明おわり）

(4) 以下, 5 を法とする合同式を用いる。
$p \equiv 1$, $q \equiv 2$ より
$2p - q \equiv 0$, $p + 2q \equiv 5 \equiv 0$
であるから,
$2p - q = 5k$, $p + 2q = 5l$ ……①
(k, l は整数)
とおける。① より
$(2p-q)^2 + (p+2q)^2 = (5k)^2 + (5l)^2$
∴ $\dfrac{p^2+q^2}{5} = k^2 + l^2 \in S$
（証明おわり）

(4) 〔別解〕
$p = 5e+1$, $q = 5f+2$
(e, f は整数)
とおけるから
$p^2 + q^2$
$= (5e+1)^2 + (5f+2)^2$
$= 5(5e^2+2e+5f^2+4f+1)$
これより,
$\dfrac{p^2+q^2}{5}$
$= 5e^2 + 2e + 5f^2 + 4f + 1$
$= (2e-f)^2 + (e+2f+1)^2 \in S$
（証明おわり）

(5) $n \in S$ より
$n = p^2 + q^2$ ……②
(p, q は整数)

ここで, 平方数を 5 で割った余りは 0, 1, 4 のいずれかであるから, n が 5 の倍数であるとき

(i) $p^2 \equiv 0$, $q^2 \equiv 0$

(ii) $p^2 \equiv 1$, $q^2 \equiv 4$
  　　($p^2 \equiv 4$, $q^2 \equiv 1$ は(ii)と同じ)
のいずれかである。
(i)のとき
$$p = 5k, \quad q = 5l$$
　　　　　　　　　　(k, l は整数)
とおけるので，②より
$$\frac{n}{5} = \frac{(5k)^2 + (5l)^2}{5}$$
$$= 5(k^2 + l^2)$$
$$= (2k-l)^2 + (k+2l)^2 \in S$$
(ii)のとき
　　$p \equiv 1$ または 4, $q \equiv 2$ または 3
である。
　　$p \equiv 1$, $q \equiv 2$ のときは(4)で示したように，
$$\frac{n}{5} = \frac{p^2 + q^2}{5} \in S$$
　　$p \equiv 1$, $q \equiv 3$ のときは
　　　　$2p + q \equiv 0$, $2q - p \equiv 0$
　　$p \equiv 4$, $q \equiv 2$ のときは
　　　　$2p + q \equiv 0$, $2q - p \equiv 0$
　　$p \equiv 4$, $q \equiv 3$ のときは
　　　　$2p - q \equiv 0$, $p + 2q \equiv 0$
であるから，①と同様の置き換えによって
$$\frac{n}{5} = \frac{p^2 + q^2}{5} \in S$$
が示される。　　　　　　　（証明おわり）

26　$7 \times 11 \times 13 = 1001$
であるから，
$$N = (2 \times 3 \times 5 \times 7 \times 11 \times 13)^{10}$$
$$= 3^{10} \times 1001^{10} \times 10^{10} \quad \cdots\cdots ①$$
二項定理より
$$1001^{10} = (1000 + 1)^{10}$$
$$= 1000^{10} + {}_{10}C_1 \cdot 1000^9 + {}_{10}C_2 \cdot 1000^8 +$$
$$\cdots\cdots + {}_{10}C_9 \cdot 1000 + 1$$
$${}_{10}C_1 \cdot 1000^9 = 10 \times 1000^9$$
$2 \leqq k \leqq 9$ のとき
$${}_{10}C_k \leqq {}_{10}C_5 = 252 < 1000$$

より
$${}_{10}C_k \cdot 1000^{10-k}$$
$$< 1000 \cdot 1000^{10-k} \leqq 1000^9$$
であるから，
$$1001^{10}$$
$$< 1000^{10} + 10 \times 1000^9 + 1000^9 +$$
$$\cdots\cdots + 1000^9 + 1$$
$$< 1000^{10} + 10 \times 10 \times 1000^9$$
$$= 1.1 \times 10^{30}$$
∴　$10^{30} < 1001^{10} < 1.1 \times 10^{30}$ 　　……②
また，
$$3^{10} = (3^5)^2 = (243)^2$$
より
$$(200)^2 < 3^{10} < (300)^2$$
∴　$4 \times 10^4 < 3^{10} < 9 \times 10^4$ 　　……③
②, ③の辺々どうしをかけて
$$4 \times 10^{34} < 3^{10} \times 1001^{10} < 9.9 \times 10^{34}$$
　　　　　　　　　　　　　　　　……④
④$\times 10^{10}$ より
$$4 \times 10^{44} < 3^{10} \times 1001^{10} \times 10^{10}$$
$$< 9.9 \times 10^{44}$$
①に戻ると，N の桁数は 45。　　……**答**

27　正の整数を m で割ったときの余りは $0, 1, \cdots\cdots, m-1$ の m 通りであるから，U の $(m+1)$ 個の要素
$$1, 11, 111, \cdots\cdots, \underbrace{11\cdots\cdots1}_{(m+1)\text{個}}$$
をとると，この中には m で割ったときの余りが等しい 2 つの数の組が少なくとも 1 つ存在する。それらを 1 がそれぞれ p 個, q 個 ($1 \leqq p < q$) 並んだ数とすると，
$$\underbrace{11\cdots\cdots1}_{q\text{個}} - \underbrace{11\cdots\cdots1}_{p\text{個}}$$
$$= \underbrace{11\cdots\cdots1}_{(q-p)\text{個}}\underbrace{0\cdots\cdots0}_{p\text{個}}$$
$$= \underbrace{11\cdots\cdots1}_{(q-p)\text{個}} \cdot 2^p \cdot 5^p$$
は m の倍数である。ここで，m は $2, 5$ を約数にもたないので，U の要素

$\underbrace{11\cdots\cdots 1}_{(q-p)\text{個}}$ が m の倍数である。

(証明おわり)

28 $7(x+y+z)=2(xy+yz+zx)$
  $\cdots\cdots$ ①
より
  $x(7-2y)+y(7-2z)+z(7-2x)=0$
  $\cdots\cdots$ ②
ここで，$x \geqq 4$ とすると，
  $4 \leqq x \leqq y \leqq z$
より，②の左辺は負となるので適さない。
したがって，$x \leqq 3$ である。
  $x=1$ のとき，①より
    $2yz-5y-5z=7$
    $(2y-5)(2z-5)=39$
  $1=x \leqq y \leqq z$ より
    $-3 \leqq 2y-5 \leqq 2z-5$
  であるから
    $(2y-5, 2z-5)=(1, 39), (3, 13)$
  $\therefore\ (y, z)=(3, 22), (4, 9)$
  $x=2$ のとき，①より
    $2yz-3y-3z=14$
    $(2y-3)(2z-3)=37$
  $2=x \leqq y \leqq z$ より
    $1 \leqq 2y-3 \leqq 2z-3$
  であるから
    $(2y-3, 2z-3)=(1, 37)$
  $\therefore\ (y, z)=(2, 20)$
  $x=3$ のとき，①より
    $2yz-y-z=21$
    $(2y-1)(2z-1)=43$ $\cdots\cdots$ ③
  $3=x \leqq y \leqq z$ より
    $5 \leqq 2y-1 \leqq 2z-1$
  であるから，③は成り立たない。
  以上より
    $(x, y, z)=(1, 3, 22), (1, 4, 9),$
    $(2, 2, 20)$ $\cdots\cdots$ **答**
(注) $x \leqq 3$ を次のように導いてもよい。
  $x \leqq y \leqq z$ より $x^2 \leqq yz$

であるから，
  $7(x+y+z)=2(xy+yz+zx)$
  $\geqq 2(xy+x^2+zx)$
  $\geqq 2x(x+y+z)$
  $\therefore\ 7 \geqq 2x$
x は自然数であるから，$x \leqq 3$ である。

29 (1) p を法とする合同式を用いると，b_n の定義から，$n=1, 2, \cdots\cdots$ に対して，
    $a_n \equiv b_n$ かつ
    $0 \leqq b_n \leqq p-1$ $\cdots\cdots$ ①
  このとき，
    $a_{n+2} \equiv b_{n+2}$
    $a_{n+1}(a_n+1) \equiv b_{n+1}(b_n+1)$
  であるから，
    $a_{n+2}=a_{n+1}(a_n+1)$
  より
    $b_{n+2} \equiv b_{n+1}(b_n+1)$ $\cdots\cdots$ ②
  が成り立つ。したがって，①より，b_{n+2} は $b_{n+1}(b_n+1)$ を p で割った余りと一致する。 (証明おわり)
(2) ②を $p=17$ を法とする合同式と考えて，$b_n\ (n=1, 2, \cdots\cdots, 10)$ を求めると
    $b_1=2,\ b_2=3,\ b_3=9,\ b_4=2,$
    $b_5=3,\ b_6=9,\ b_7=2,\ b_8=3,$
    $b_9=9,\ b_{10}=2$ $\cdots\cdots$ **答**
(3) $b_{n+2}=b_{m+2}$ であるから，②より
    $b_{n+1}(b_n+1) \equiv b_{m+1}(b_m+1)$
  ここで，
    $b_{n+1}=b_{m+1}>0$ $\cdots\cdots$ ③
  であるから
    $b_{n+1}(b_n+1) \equiv b_{n+1}(b_m+1)$
  $\therefore\ b_{n+1}(b_n-b_m) \equiv 0$ $\cdots\cdots$ ④
  ④より，$b_{n+1}(b_n-b_m)$ は素数 p で割り切れるが，①，③より
    $1 \leqq b_{n+1} \leqq p-1$
  であるから，b_n-b_m が p で割り切れる。よって，①に注意すると，

$$-(p-1) \leq b_n - b_m \leq p-1$$
より
$$b_n - b_m = 0 \quad \therefore \quad b_n = b_m$$
である。　　　　　　　　（証明おわり）

(4) $a_2, a_3, a_4, \cdots\cdots$ は p で割り切れないので，$n \geq 2$ のとき
$$1 \leq b_n \leq p-1 \quad \cdots\cdots ⑤$$

数列 $\{b_n\}$ の連続する2項の組 $(b_n, b_{n+1})(n \geq 2)$ を考えると，⑤より，このような組で異なるものは多くても $(p-1)^2$ 通りしかないので，
$$(b_k, b_{k+1}) = (b_l, b_{l+1})$$
$$2 \leq k < l$$
を満たす正の整数 k, l が存在する。
⑤より，
$$b_k = b_l > 0$$
であるから，(3)で示したことより
$$b_{k-1} = b_{l-1}$$
が成り立つ。
$k-1 \geq 2$ のときには，
$$(b_{k-1}, b_k) = (b_{l-1}, b_l)$$
$$b_{k-1} = b_{l-1} > 0$$
となるので，上と同様に，
$$b_{k-2} = b_{l-2}$$
となる。これをくり返すと，結局
$$(b_1, b_2) = (b_{l-k+1}, b_{l-k+2})$$
$$\therefore \quad b_1 = b_{l-k+1}$$
となるが，
$$l-k+1 \geq 2$$
であるから，⑤より
$$b_1 = b_{l-k+1} \geq 1$$
である。したがって，a_1 は p で割り切れない。　　　　　　　（証明おわり）

第9章

30 背理法で証明する。そこで，2次方程式 $Q(x) = 0$ ……① が重解をもたないとする。そのとき，①の2解を α, β ($\alpha \neq \beta$ ……②) とすると，
$$Q(x) = k(x-\alpha)(x-\beta)$$
(k は定数，$k \neq 0$) と表される。
　$\{P(x)\}^2$ は $Q(x)$ で割り切れるから，その商を $A(x)$ とすると
$$\{P(x)\}^2 = Q(x)A(x)$$
$$= k(x-\alpha)(x-\beta)A(x)$$
$$\cdots\cdots ③$$
となる。③で，$x = \alpha, \beta$ とおくと
$$\{P(\alpha)\}^2 = 0, \quad \{P(\beta)\}^2 = 0$$
$$\therefore \quad P(\alpha) = 0, \quad P(\beta) = 0$$
となるから，因数定理より②のもとで $P(x)$ は異なる1次式 $x-\alpha, x-\beta$ を因数にもつ。したがって，
$$P(x) = (x-\alpha)(x-\beta)B(x)$$
($B(x)$ は整式) となるので，$P(x)$ は $Q(x)$ で割り切れることになり，仮定と矛盾する。
　結局，$Q(x) = 0$ は重解をもつ。
　　　　　　　　　　　　　（証明おわり）

〔別解〕 $P(x)$ は2次式 $Q(x)$ で割り切れないから，$P(x)$ を $Q(x)$ で割ったときの商を $S(x)$，余りを $r(x)$ とおくと，
$$P(x) = Q(x)S(x) + r(x)$$
と表され，"$r(x)$ は1次以下の整式であって，$r(x) \neq 0$ である。"……(*)
　このとき，
$$\{P(x)\}^2 = \{Q(x)S(x) + r(x)\}^2$$
$$= Q(x)\Bigl[Q(x)\{S(x)\}^2$$
$$+ 2S(x)r(x)\Bigr] + \{r(x)\}^2$$
となるが，$\{P(x)\}^2$ が $Q(x)$ で割り切れることから，$\{r(x)\}^2$ が $Q(x)$ で割り切れる。
　ここで，$r(x)$ が0以外の定数とすると，$\{r(x)\}^2$ も0以外の定数であるから，

2次式 $Q(x)$ では割り切れないことになり，矛盾である。

したがって，(*) より $r(x)$ は1次式であり，$\{r(x)\}^2$ は2次式となるから，2次式 $\{r(x)\}^2$ が2次式 $Q(x)$ で割り切れることより，
$$\{r(x)\}^2 = dQ(x) \quad (d \text{ は定数}, d \neq 0)$$
となる。これより，2次方程式 $Q(x)=0$ は1次方程式 $r(x)=0$ の解を重解にもつ。

（証明おわり）

31 (1) $\sqrt{3}$ が有理数であると仮定し，
$$\sqrt{3} = \frac{p}{q} \quad \cdots\cdots ①$$
（p, q は互いに素な正の整数 $\cdots\cdots$(*)）
とおく。

①の両辺を2乗して，分母を払うと
$$3q^2 = p^2 \quad \cdots\cdots ②$$

これより，p^2 が3の倍数，したがって，p が3の倍数であるから
$$p = 3p' \quad (p' \text{ は正の整数})$$
とおける。②に代入すると，
$$q^2 = 3p'^2$$

上と同様に，q は3の倍数であるから，p, q は公約数3をもつことになり，(*)と矛盾する。

したがって，$\sqrt{3}$ は有理数ではない，すなわち，無理数である。

（証明おわり）

(2) $f(1+\sqrt{3}) = 0$
より
$$(1+\sqrt{3})^2 + a(1+\sqrt{3}) + b = 0$$
$$\therefore (a+2)\sqrt{3} + a + b + 4 = 0$$
ここで，$a+2 \neq 0$ とすると，
$$\sqrt{3} = -\frac{a+b+4}{a+2} = (\text{有理数})$$
となるので矛盾である。よって
$$a+2 = 0, \quad a+b+4 = 0$$
$$\therefore a = b = -2 \quad \cdots\cdots \text{答}$$

(3) $g(x)$ を(2)で定めた2次式 $f(x) = x^2 - 2x - 2$ で割ったときの商を $Q(x)$，余りを $cx+d$ とする。このとき，整式の割り算を実際に実行するときの手順から，整式 $Q(x)$ の係数および c, d は有理数である。
$$g(x) = f(x)Q(x) + cx + d \quad \cdots\cdots ③$$
であり，③で $x = 1+\sqrt{3}$ とおくと
$$g(1+\sqrt{3})$$
$$= f(1+\sqrt{3})Q(1+\sqrt{3})$$
$$+ c(1+\sqrt{3}) + d$$
ここで
$$g(1+\sqrt{3}) = 0, \quad f(1+\sqrt{3}) = 0$$
であるから，
$$c\sqrt{3} + c + d = 0$$
これより，(2)と同じ理由で，
$$c = d = 0$$
③に戻って，
$$g(x) = f(x)Q(x)$$
したがって，
$$f(1-\sqrt{3})$$
$$= (1-\sqrt{3})^2 - 2(1-\sqrt{3}) - 2 = 0$$
より，
$$g(1-\sqrt{3})$$
$$= f(1-\sqrt{3})Q(1-\sqrt{3}) = 0$$
である。（証明おわり）